# L'INSECTOLOGIE AGRICOLE

## JOURNAL

TRAITANT

DES INSECTES UTILES ET DE LEURS PRODUITS
DES INSECTES NUISIBLES ET DE LEURS DÉGATS

ET DES MOYENS PRATIQUES DE LES ÉVITER

SOUS LA DIRECTION SCIENTIFIQUE DE M.

### MAURICE GIRARD

Licencié ès-sciences naturelles,
Membre de la Société Entomologique de France, etc.

PRIX DE L'ABONNEMENT : 10 fr. PAR AN

PARAIT CHAQUE MOIS

TROISIÈME ANNÉE

PARIS

LIBRAIRIE DE E. DONNAUD, ÉDITEUR

1869

L'INSECTOLOGIE AGRICOLE

PARIS. — IMPRIMERIE HORTICOLE DE E. DONNAUD,
9, RUE CASSETTE, 9.

TROISIÈME ANNÉE

# L'INSECTOLOGIE AGRICOLE

JOURNAL

TRAITANT

DES INSECTES UTILES ET DE LEURS PRODUITS

DES INSECTES NUISIBLES ET DE LEURS DÉGATS

ET DES MOYENS PRATIQUES DE LES ÉVITER

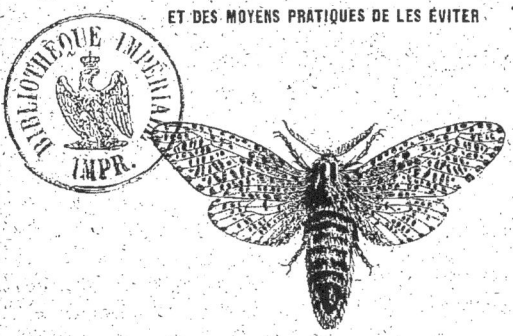

PARIS
LIBRAIRIE DE E. DONNAUD, ÉDITEUR
9, RUE CASSETTE, 9

1869

# L'INSECTOLOGIE AGRICOLE

Le premier des fabulistes, le *bon La Fontaine*, nous présente le roi des animaux, le lion, dont la voix seule fait trembler de terreur tous les habitants des forêts, humilié dans sa force et sa puissance, tourmenté misérablement, réduit à demander merci, par l'un des insectes les plus infimes, par un moucheron. Il en tire cette conclusion :

. . . . . . . . . Entre nos ennemis,
Les plus à craindre sont souvent les plus petits.

Né faible et sans armes, l'homme est devenu puissant par son intelligence. Dans les contrées où cette intelligence a pris un grand développement, il n'a plus rien à redouter des animaux les plus terribles : le lion, le tigre fuient devant lui; l'éléphant est devenu son esclave; les sangliers, les ours, les loups se cachent à son approche, et cependant l'homme est souvent victime des moindres animaux. Je ne veux pas parler ici de la mouche qui lui inocule le charbon, des vers intestinaux qui font périr tant d'enfants dans les convulsions. Je veux parler d'animaux plus petits encore et pourtant mille fois plus terribles pour l'espèce humaine, des insectes qui, en nuisant aux fruits de la terre, en diminuant les récoltes, produisent la rareté, la cherté des subsistances et par suite la famine avec ses effets constants, la gravité des maladies et une augmentation considérable dans la mortalité.

Dans nos pays, grâce à la liberté des transactions et aux puissants moyens de circulation, on ne meurt plus de faim lorsque la récolte du froment est peu abondante, comme cela arrivait autrefois en France avant 1789, comme cela arrive de nos jours en Algérie ; mais un grand nombre d'hommes, même dans les pays civilisés, n'en périssent pas moins alors par l'effet de la disette. En effet, si les prolétaires sont obligés de dépenser plus d'argent pour acheter du pain, ils achètent moins de viande et de vin, ils économisent sur les vêtements, le chauffage, et ils meurent parce que leur corps, épuisé par une nourriture moins fortifiante, par les privations, n'a plus assez de forces pour résister aux causes de maladies et aux maladies elles-mêmes. En faut-il des preuves? J'en citerai une prise sous nos yeux : Pendant les années où le pain est cher, les registres de l'état civil de Bourg comptent constamment un tiers en plus de décès. Or les insectes, tels que la cécydomie et le thrips, cause de la nielle des blés, la calandre et l'alucite ne jouent-ils pas un grand rôle dans la destruction de ce grain si important pour la nourriture des populations?

Depuis que le naturaliste, aidé du microscope, a fait de grands progrès dans l'observation des infiniment petits, n'a-t-il pas été reconnu que la plupart des maladies des végétaux cultivés proviennent des atteintes de divers insectes et de leurs larves?

Les insectes qui diminuent d'autres récoltes que celle du froment : le *dacus oleæ*, celle des olives; la noctuelle des moissons, celle de la betterave qu'elle ronge autour des collets et qu'elle fait périr; l'altise, celle des navettes; la pyrale, celle des raisins, etc., sont également une source de pertes, de misère, de privations et, par suite, de mortalité. Les cultivateurs, qui vivent du produit de l'une de ces récoltes, recueillent parfois des fruits en moindre abondance; ils sont obligés de s'imposer, d'imposer à leur famille des privations. Ils ont une nourriture moins fortifiante; de là, de la faiblesse et une facilité plus grande à contracter les maladies; de là une mortalité plus grande.

Il importe donc que l'homme, qui a su se mettre à l'abri des atteintes des grands animaux, emploie aussi son intelligence à prévenir les ravages des insectes sur ses récoltes. Pour cela, il faut qu'il les connaisse et soit au courant de leurs mœurs.

Vulgariser les notions déjà acquises sur les insectes ennemis de nos récoltes, sur les moyens de prévenir leurs ravages; provoquer de nouvelles observations et les essais de destruction; guider et concentrer les efforts; réunir leurs résultats; tel est le but principal du journal *l'Insectologie agricole*.

Les numéros que j'ai examinés renferment des monographies excellentes sur le chlorops, dont la larve vit au cœur des tiges de froment et les fait dessécher avant le temps; sur l'*Agrotis* des moissons, dont les dégâts ont été si désastreux pour l'industrie du sucre et s'étendent aux raves et aux navettes; sur l'altise, dont la larve et l'insecte parfait dévorent le parenchyme des feuilles de la vigne; sur l'écrivain ou gribouri qui, à l'état de larve, ronge les racines, et, à l'état parfait, les feuilles de la vigne; sur la pyrale, cet autre ennemi des vignerons; sur le négril, le dévastateur des champs de luzerne ; sur la tipule, de la famille des culicides, qui attaque les avoines ; sur le puceron lanigère, l'ennemi des pommiers ; sur l'yponomeute du même arbre ; sur le hanneton, etc.

Le journal *l'Insectologie* indique les moyens dont l'expérience a confirmé l'efficacité pour détruire plusieurs de ces ennemis qui n'attaquent pas directement l'homme, mais qui néanmoins lui sont très-nuisibles. C'est par exemple, pour l'écrivain, la fumure des vignes avec le pain ou tourteau de colza ; pour la pyrale, le lavage des ceps et des échalas avec de l'eau bouillante ; pour le *dacus oleæ*, la récolte des olives avant la maturité ; pour plusieurs insectes destructeurs du froment, le chaulage et aussi l'alternance des cultures opérée en grand et d'une manière méthodique, etc.

L'homme ne saurait, pour les insectes comme pour les grands animaux, les attaquer un à un. Ils sont si nombreux, qu'il y perdrait sa peine et son temps. Il faut qu'il emploie des moyens de destruction les anéantissant en grand nombre à la fois. Malheureusement il ne connaît des moyens de destruction que pour un nombre limité d'insectes. Il lui importe donc de ne pas détruire, de multiplier même autant que possible les oiseaux qui mangent les insectes, surtout ceux à bec fin qui en font leur nourriture habituelle. Indiquons à ce propos une observation de grande importance qui n'a été publiée nulle part que nous sachions ; c'est que les oiseaux, contrairement à ce que fait l'homme, respectent ceux des insectes qui détruisent eux-mêmes les insectes ennemis de nos récoltes. Aucun oiseau ne dévore la punaise verte qui vit d'altises ; les carabes, qui se nourrissent de limaces et de chenilles ; les staphylins qui ont les mêmes appétits ; le lion des pucerons, etc. Est-ce là une vue providentielle du Créateur ? Je l'ignore. Les oiseaux ne mangent pas les insectes insectivores parce que ceux-ci ont une odeur et une saveur plus fortes. Quoi qu'il en soit, l'homme a grand intérêt à ne pas détruire les oiseaux qui se nourrissent d'insectes, à respecter leurs nids et même, comme on le fait en plusieurs contrées, à leur offrir des refuges dans les jardins, dans les champs et les bois. Le journal *l'Insectologie* renferme sur ce dernier sujet, les nids artificiels, un article très-intéressant.

Peut-être pourra-t-on plus tard apprivoiser des animaux destructeurs d'insectes, en dresser à les détruire, de même que l'on a apprivoisé le chat qui débarrasse nos demeures des souris.

En mon jardin de Bel-Air, j'ai vu un chien suivre le jardinier lorsqu'il bêchait, se jeter sur chaque vers blanc mis à découvert, bien mieux, les sentir dans les mottes de terre et rompre celles-ci pour s'en emparer; il était également vorace des hannetons.

Dans le Midi on conduit dans les vignes des troupeaux de canards, puis de dindons, pour y dévorer les limaçons, pour y détruire les écrivains que l'on fait tomber en ébranlant les ceps, etc.

Il est des insectes que l'homme sait faire travailler à son profit, les abeilles, le kermès et les chenilles, chaque jour plus nombreuses, dont il tire la soie. Le journal *l'Insectologie* aurait eu tort de les passer sous silence. Il ne leur a pas fait défaut et il a consacré divers chapitres à exposer les meilleures méthodes de les élever.

Écrit parfois avec élégance, toujours avec clarté, le journal *l'Insectologie* se lit sans effort, avec plaisir. S'il renferme deux ou trois articles par des naturalistes de cabinet, de Paris, aux idées peu pratiques, ces articles sont en si petite minorité, que nous aurions mieux fait peut-être de ne pas en parler. Mais notre nature mauvaise veut que nous ne puissions louer ce qui est bien sans mêler aux éloges quelque blâme.

Point de ces histoires de mœurs, écrites d'imagination, en complet désaccord avec l'histoire naturelle, de ces recettes toujours infaillibles mais absurdes dont fourmillent certains journaux, les grands journaux surtout, et que les feuilles des départements reproduisent à l'envi. Il signale les insectes nuisibles, fait connaître les moyens qui ont été employés avec plus ou moins de succès. Sa rédaction, le choix des articles sont certainement l'œuvre de naturalistes instruits. Cherchant à dissiper, à propos des insectes, l'ignorance qui, là comme ailleurs, est le plus grand ennemi du bien-être de l'homme, il est appelé à rendre de grands services à la culture des jardins, des vergers, des champs et des vignes. La Société d'horticulture ne saurait mieux faire que de lui prêter son concours.

(Rapport de M. le docteur E. Ebrard, lu à la Société d'horticulture de l'Ain dans la séance du 9 août 1868.)

Nous avons cru devoir publier ce rapport comme préface de la *troisième* année de *l'Insectologie agricole*, parce qu'il détermine le but du journal et qu'il nous justifie de certains reproches que nous ont adressés indirectement quelques savants orthodoxes. « Vulgariser les notions déjà acquises sur les insectes ennemis de nos récoltes, sur les moyens de prévenir leurs ravages; provoquer de nouvelles observations et les essais de destruction ; guider et concentrer les efforts; réunir leurs résultats; » en un mot, éclairer ceux qui ignorent : tel est le modeste rôle que nous ambitionnons.                                                   H. HAMET.

---

### Bulletin insectologique.

*Question du hannetonnage. — Recherche des procédés de destruction. — Institution d'une commission départementale.*— Le préfet de la Somne..., considérant que des études comparatives et méthodiques sur les mœurs et les instincts des vers blancs sont de nature à donner des indications sur les moyens à employer pour en restreindre le nombre, et prévenir, ainsi, dans une certaine mesure, les ravages causés aux récoltes et qui affectent si gravement les intérêts de l'agriculture : arrête : qu'il est institué une commission départementale chargée de faire expérimenter les procédés de destruction des vers blancs par voie de labours, et de faire essayer les engrais ou les différents mélanges de produits chimiques proposés pour les empoisonner dans les terres arables. Cette commission, composée d'agriculteurs, est divisée en cinq sous-commission, une par arrondissement. Il est à désirer que la même institution soit organisée dans chaque département.

De son côté le préfet de la Seine-Inférieure a adressé une circulaire aux maires dans laquelle on lit : « L'art. 20, section IV, titre I de la loi du 28 septembre-6 octobre 1791 vous fait un devoir d'encourager par des récompenses la destruction des insectes nuisibles. Le conseil général a, en vue d'atteindre ce but, inscrit de nouveau au budget départemental de 1869 un crédit de 25,000 fr., spécialement affecté au payement de primes pour la destruction des mans et des hannetons. »

La Société d'agriculture de la Seine-Inférieure décernera un prix de 300 fr. et une médaille d'or à la personne qui aura donné le meilleur moyen de détruire soit les *hannetons*, soit les *mans*. Ce moyen doit être applicable à la grande culture, d'un facile emploi et à bon marché ; la substance dont on se servira ne devra pas être nuisible aux plantes. Les procédés mis en usage devront être décrits dans un mémoire qui sera déposé, sous peine de déchéance, au plus tard le 1er février 1870, entre les mains de M. Biard, secrétaire de la correspondance, place Saint-Hilaire, à Rouen.

*Hannetonnage par les écoles.* — Une circulaire du ministre de l'instruction publique engage les instituteurs primaires à coopérer à la destruction des hannetons. Dans le département du Pas-de-Calais, les élèves des écoles primaires ont en 1868 détruit 106 hectolitres de hannetons, ou environ 4,260,000 insectes, en les évaluant à 40,000 par hectolitre. Le conseil général du département a voté une somme de 300 fr. pour encouragement aux instituteurs dont les élèves se livrent au hannetonnage.

*L'hiver trompeur.* — La température extraordinaire de l'hiver, publiait le *Journal d'agriculture* de la Gironde au mois de février, a trompé bien du monde. Les hannetons, qui passent pour peu réfléchis, s'y sont laissé prendre des premiers. N'ayant pas d'almanachs à consulter et sentant de la tiédeur dans l'air, ils se sont hâtés de quitter leur sombre demeure un peu à l'étourdie. Aussi quel désenchantement! Qu'on se figure une armée se mettant en campagne sans nourriture et sans campement. On les voit ramper misérablement à terre, s'épuiser en vains efforts, et traîner de défaillance en défaillance jusqu'à ce que mort s'ensuive. Cet empressement leur coûte cher, et il est probable que nous aurons ce printemps une disette de hannetons. Qui s'en plaindra ? Ce ne sont pas les disciples de M. Romieu, qui, de son vivant, a écrit de si jolies choses sur les hannetons et les césars.

*Causes des maladies des vers à soie.* — Parmi les récompenses que décernera en 1869 la Société des sciences industrielles de Lyon, on trouve celle-ci : au meilleur mémoire déterminant les causes de la maladie des vers à soie, et les moyens de la prévenir. Adresser au secrétariat, 6, quai de Retz à Lyon, avant le 1$^{er}$ août prochain.

*Arrivage de graines de vers à soie.* — Les arrivages de graines de vers à soie, par le port de Marseille, qui ne s'étaient élevés en 1867 qu'à 123,426 kil., ont atteint en 1868 le chiffre de 249,564 kil. En voici le détail par provenances, pour les deux dernières années :

|  | 1867 | 1868 |
|---|---|---|
| Possessions anglaises de la Méditerranée | 14.260 | 45 |
| Association allemande | » | 22 |
| Royaume d'Italie | 277 | 3.844 |
| Turquie | 2.236 | 3.349 |
| Égypte | 11.090 | 3.024 |
| Chine | 268 | 3.595 |
| Japon | 94.882 | 234.922 |
| Autres pays | 413 | 783 |
|  | 123.426 | 249.564 |

Comme on le voit par ce tableau, l'augmentation ne porte que sur les arrivages du Japon, tandis que toutes les autres provenances ont vu diminuer leurs importations.

Le mouvement des soies en cocons secs ou frais, en ce qui concerne les arrivages, a également dépassé le chiffre de 1867, il n'avait été cette année que de 920,039 kil., tandis qu'en 1868 notre commerce a reçu 1,423,677 kil. de cet article.

Les soies grèges ont vu aussi s'élever le chiffre de leurs importations qui, de 2,057,491 kil. en 1867, se sont élevées à 2,298,324 kil.

Ces articles riches constituent aujourd'hui à Marseille un commerce réellement très-important. Nos relations récentes avec l'extrême Orient tendent de plus en plus à se développer, et il n'y a pas à douter que notre place ne devienne bientôt le siège d'un marché assez important pour les graines de vers à soie et les cocons, où une grande partie de l'Europe viendra s'approvisionner. En attendant, c'est par ses larges importations de notre port que l'industrie si considérable des soieries en France a dû se maintenir au premier rang, à la suite des désastres causés dans nos contrées séricicoles par suite de la maladie des vers à soie.

*Développements de la nouvelle maladie de la vigne.* — Dans l'arrondissement d'Orange, un tiers du vignoble est perdu ; sur 10,000 hectares de vignes que compte cet arrondissement, 3,600 sont déjà morts. Le mal ne s'est heureusement pas propagé d'une manière aussi effrayante dans le reste de la région ; mais cependant que de ruines amoncelées ! Sarrians n'a presque plus de vignes saines, Roquemaure a perdu au moins la moitié des siennes.

La maladie s'aggrave tous les jours et n'a pas reculé d'un seul pas. Elle paraît jusqu'à ce moment suivre et longer le cours du Rhône plutôt que de gagner en largeur.

Le mal commence aux environs d'Arles, dans les Bouches-du-Rhône, et remonte jusqu'au-dessus de Pierrelate, dans la Drôme. Montélimar est sur le point d'être atteint. La tache d'huile couvre déjà en longueur plus de 100 kilomètres.

Evidemment, sur ce long parcours, il s'en faut de beaucoup que tout soit atteint ; mais les foyers du mal se sont multipliés ; ils rayonnent autour d'eux, répandant la contagion sur de vastes surfaces.

Ces nouvelles doivent engager les viticulteurs du Lyonnais et du Beaujolais à étendre leurs jeunes plantations pour combler le déficit dans la production qui résultera de la destruction d'une partie des vignobles méridionaux.

*Exposition de nids artificiels.* — La Société genevoise pour la protection des animaux, dans le but de favoriser les intérêts agricoles, par la multiplication des oiseaux insectivores, a décidé de rassembler dans une exposition, les nombreux modèles de nids, déjà inventés, et d'en encourager la fabrication, au moyen de primes accordées aux meilleurs spécimens. Dans ce but, elle prie tous les inventeurs d'envoyer tous les modèles de nids, dessins et publications relatifs à ce sujet, à l'adresse de MM. Carey frères, 3, Vieux-Collège (pour la Société protectrice des animaux). L'affranchissement est obligatoire.

*Effets souverains de la médaille de saint Benoît pour la guérison de la gale des chats, la destruction des chenilles, la gestion des chèvres, etc., etc.* — On ne peut croire, à moins que de le voir, qu'en 1869 il se publie encore et se colporte impunément des recettes telles que celles dont nous donnons le titre. Ces inepties se trouvent dans un volume édité dans la même rue que *l'Insectologie agricole*.

*Suppression de l'étouffage des abeilles.* — La Société centrale d'apiculture met annuellement au concours plusieurs questions de théorie et de pratique apicoles. Cette année, elle affecte une médaille d'or pour le moyen à la portée de tous de reconnaître avec précision la fraude des cires, et une médaille de vermeil pour le moyen le plus efficace de combattre l'étouffage des abeilles. Elle consacre aussi des prix en argent (prix Carcenac) pour les instituteurs qui enseignent et propagent la culture des abeilles. Les concours ouverts seront fermés le 15 novembre prochain. S'adresser au secrétaire général, rue Saint-Victor, 67, à Paris.　　　　　　　　　　　　　　H. HAMET.

---

### Sentinelle, prenez garde à vous !

*Les chenilles.* — Ce cri : Sentinelle, prenez garde à vous ! est celui des vedettes préposées à la garde des armées assiégées ; il a pour but de tenir en éveil les soldats qui observent les mouvements des assaillants, afin de prévenir les surprises et les désastreuses conséquences de ces attaques imprévues. Nous le poussons, nous, pour qu'il soit entendu de tous les paisibles soldats laboureurs, parce que nous avons visité les camps retranchés de l'ennemi redoutable qui dévaste nos champs et nos jardins depuis plusieurs années, et ses bataillons nous paraissent plus nombreux que jamais. Oui ! garde à vous, impassibles cultivateurs. Les bataillons de chenilles dont il s'agit sont encore dans leurs campements d'hiver, mais ils en sortiront au printemps prochain en colonnes serrées et se jetteront sur vos arbres qui seront bientôt dévastés.

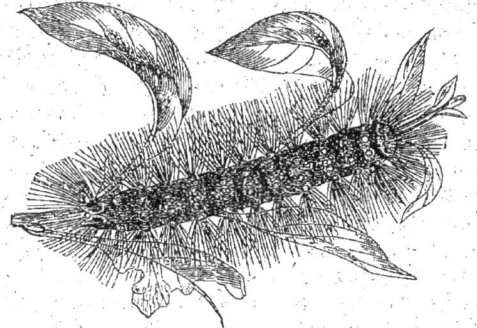

Fig. 1. — Chenille du Bombyx disparate.

Sus ! donc à l'ennemi pendant qu'il sommeille ; les surprises sont de bonne guerre. Fondons sur lui, et livrons-le en holocauste aux dieux des fournaises, de l'huile lourde et du pétrole ! Cette guerre est très-facile pendant tout l'hiver ; d'un seul coup de racloir ou de brosse on détruit des milliers d'individus ; c'est bien autrement expéditif, comme on voit, que le fusil à aiguille.

Fig. 2. — Papillon femelle du Bombyx disparate.   Fig. 3. — Femelle occupée à pondre.

Les chenilles dont nous avons à craindre les dévastations sont celles du

Bombyx *processionnaire* et particulièrement du Bombyx *disparate*, espèces de papillons de nuit (*Bombyx processonea*, L., et *Liparis dispar*, L.).

Les processionnaires adultes établissent à la base des arbres, des nids qui ressemblent à des sortes de bosses, ou nodosités, comme il en pousse souvent aux troncs d'arbres ; ils ont de 40 à 50 centimètres de long sur 15 à 20 de large, et les deux bouts sont arrondis. Les chenilles sortent par une ouverture supérieure, et la marche s'exécute dans un ordre et avec un ensemble qui n'a rien de comparable à l'ordre et à l'ensemble avec lesquels la garde nationale non mobile exécute ses marches et contre-marches. « Au moment où elles sortent, dit le docteur Boisduval, dans son *Essai sur l'Entomologie horticole* (1), une chenille va la première et ouvre la marche — (c'est le chef de bataillon), les autres la suivent à la file en formant une espèce de cordon. La première est toujours seule ; les autres sont quelquefois deux, trois ou quatre. Elles observent un alignement si parfait que la tête de l'une ne dépasse pas celle de l'autre. Quand la conductrice s'arrête, la troupe qui suit n'avance pas ; elle attend que celle qui est à la tête se détermine à marcher pour la suivre. C'est dans cet ordre qu'on les voit souvent traverser les allées des bois, ou passer d'un arbre à l'autre quand elles ne trouvent plus une nourriture suffisante sur celui qu'elles abandonnent. »

Les chenilles processionnaires exécutent leurs évolutions militaires le soir, et c'est durant la nuit qu'elles se livrent à la dévastation. Par conséquent, comme elles rentrent tous les matins dans leur domicile, il devient facile de les détruire en détachant les nids pendant le jour avec un grattoir emmanché au bout d'une perche ou en les brûlant. Le docteur Boisduval conseille de faire cette opération au milieu de juillet, par un temps pluvieux, afin que les chenilles soient toutes rentrées dans le nid. M. le conservateur du bois de Boulogne a employé avec succès, dit-il, un mélange de dix parties d'huile lourde de gaz, avec cent parties d'eau ; d'un coup de brosse ou de balai trempé dans le liquide, on imbibe les nids et un instant après la garnison ne contient plus que des cadavres.

Mais ce n'est pas tant la chenille processionnaire que nous avons à redouter pour nos jardins : elle ne s'attaque qu'aux chênes. Ce n'est par conséquent que dans les parcs qu'elle est à craindre. La plus redoutable

(1) Un volume in-8°, de 650 pages et 125 dessins, à la librairie d'horticulture de Donnaud, 9, rue Cassette, Paris. Prix : 6 fr.

c'est la chenille du Bombyx disparate (*Liparis dispar*) que les forestiers désignent par le nom de *spongieuse*, et que le commun des mortels appelle *zigzag* : c'est elle qui a dévoré, le printemps dernier, toutes les feuilles des arbres des jardins, et même des bois, des environs de Paris et très-certainement de beaucoup d'autres localités.

Nous venons d'explorer quelques-unes de ces contrées, et nous sommes effrayés des préparatifs qu'a faits la nature pour nous donner, au mois de mai prochain, une nouvelle représentation de cet attristant spectacle.

Il n'est pas, en effet, un arbre qui ne porte une douzaine au moins de nids d'œufs de cette dévorante chenille barbue, que les femelles ont déposé dans la partie inférieure de son tronc. On peut prévoir, dès à présent, qu'une innombrable quantité de chenilles recommencera encore l'année prochaine ses dévastations, si les jardiniers ne préviennent pas l'éclosion des œufs par la destruction des nids ; cette destruction est très-facile. Les œufs sont appliqués sur l'écorce et forment des petites plaques laineuses saillantes, assez semblables, par la couleur et la nature, à des morceaux d'amadou. Comme ils sont placés à la partie inférieure des troncs d'arbre, les plus élevés n'étant guère à plus de 3 mètres du sol, on peut les détacher facilement avec un grattoir et les brûler.

C'est ce que nous avons vu faire dans le parc de Segrez, par des enfants, et M. Alphonse Lavallée espère que la destruction sera complète avant l'éclosion, qui commence dans les premiers jours du mois de mai.

Il est peut-être un moyen plus prompt encore, ce serait d'enlever ces plaques d'œufs avec des brosses imbibées de pétrole ou d'acide phénique étendu d'eau. C'est ce que nous nous proposons d'expérimenter ; nous en ferons connaître le résultat.

Mais, nous le répétons : Prenez garde à vous ! Détruisez, détruisez le plus vite possible les nids de cette malfaisante chenille, ou alors renoncez à la récolte de vos fruits. Eug. de MARTRAGNY.

## Petits protecteurs des prairies artificielles et Lépidoptères nuisibles.

PAR M. MAURICE GIRARD.

Les prairies artificielles de trèfle, de luzerne, de sainfoin, si avantageuses pour nourrir le bétail à l'étable, se multiplient de plus en plus à mesure que les héritages se morcellent ; elles conviennent mieux que les céréales et les prairies de graminées à la petite culture et donnent des regains en rapport avec l'humidité de l'année. Un certain nombre d'insectes tendent à dévorer les légumineuses qui les composent. Ils appartiennent à divers ordres, et dans le Midi, les agriculteurs se préoccupent à un haut degré des ravages d'un coléoptère chrysomélien, le Négril, scientifiquement *Colaphus* (Redt.), *ater* (Oliv.) ou *Colaspidema* (Cast.). Je ne compte m'occuper ici que des Lépidoptères qui dévorent les prairies artificielles. Ils appartiennent aux sous-ordres les plus distincts, mais ont ce caractère commun que tous, à l'état parfait, volent dans le jour. Nous connaissons en premier lieu deux papillons qui frappent les yeux par leurs vives couleurs. Variées chez tous deux de taches et de bandes noires, les ailes de l'un ont le fond d'un jaune orange et chez l'autre d'un soufré pâle. Leur abondance change beaucoup suivant les années. Le premier est le *Colias edusa* (Linn.), vulgairement le *Souci* (Geoffr.), le second le *Colias hyale* (Linn.) ou le *Soufre* (Engram.). Ils appartiennent aux Rhopalocères (Duméril) ou Diurnes. Leurs chenilles, qui ont deux générations par an, sont à seize pattes ; elles sont en dessus d'un vert velouté avec ligne jaune ou blanche de chaque côté. Leurs chrysalides s'attachent par la queue et par un lien ceintural aux tiges des plantes des prairies artificielles.

Au mois de juin, apparaissent dans les mêmes cultures des papillons appelés *Sphinx béliers* par Geoffroy, en raison de la forme de leurs antennes. Ils sont massifs et d'un vol lourd. Leur corps est d'un violet verdâtre ainsi que leurs ailes supérieures embellies par des points rouges ; les inférieures sont rouges. Les chenilles filent, attachées aux tiges, des coques oblongues, d'un blanc satiné, en forme de longs bateaux. Ce sont les Zygènes dont plusieurs espèces très-voisines se trouvent dans les prairies artificielles ; ainsi *Zygena filipendulæ* (Linn.), *Z. trifolii* (Esper), *Z. hippocrepidis* (Hübn.), *Z. onobrychis* (Fabr.), *Z. lonicerœ* (Esper), toutes espèces analogues.

On remarque moins d'autres papillons plus nuisibles que les précédents. Ils font partie des Noctuelles (Hétérocères, Boisduval), nom mal choisi pour eux, car ils volent à l'ardeur du soleil, d'un élan rapide et en tourbillonnant, partant à quelques pas de ceux qui foulent les herbes et se cachant au milieu des trèfles et luzernes pour s'envoler bientôt de nouveau. Leurs chenilles sont dites *demi-arpenteuses*. Elles n'ont que douze pattes, six en avant, six en arrière, de sorte qu'en marchant elles plient au milieu le corps en légère boucle. La *Plusia gamma* (Linn.), le *Lambda* (Geoffr.), est remarquable par la lettre grecque argentée qu'elle porte sur les ailes supérieures obscurcies, les inférieures plus claires étant d'un gris jaunâtre. La chenille est verte avec des raies longitudinales blanchâtres. Elle se trouve toute l'année et ne vit pas seulement dans les prairies artificielles, mais sur une foule de plantes basses, et nuit aussi aux plantes potagères, comme nous l'apprend M. Goureau (Insectes nuisibles, Paris, V. Masson et fils, 1862, p. 200). Le genre *Euclidia* (Ochsenheimer) nous offre deux espèces nuisibles, spéciales aux plantes qui nous occupent. Leurs chenilles sont allongées et se chrysalident dans des coques assez grossières, à la surface du sol dans les débris de végétaux. L'une des espèces est l'*Euclidia mi* (Linn.), l'*M noire* d'Engramelle, à ailes d'un brun violacé avec bandes et dessins blancs, l'autre, plus commune encore, est l'*Euclidia glyphica* (Linn.), la *Doublure jaune* (Engr.), à ailes supérieures ondulées et d'un gris brun, les inférieures jaunes en partie. Cette espèce est citée par M. Menault (Insectes nuisibles, Paris, Furne, 1866, p. 249), d'après M. Joigneaux. Sa chenille est d'un jaune clair ou rougeâtre, avec des lignes longitudinales, obscurcies. Elle apparaît deux fois dans l'année, en juillet et octobre. Les chrysalides de la seconde génération passent l'hiver pour éclore en mai de l'année suivante.

Le groupe des Phalénides nous présente deux espèces nuisibles aux prairies artificielles, et leurs papillons encore volent en plein jour. Ici les chenilles, *arpenteuses complètes*, n'ont plus que dix pattes, six en avant, quatre en arrière, de sorte qu'en marchant leurs corps, pareil à un compas, se relève au milieu en une forte boucle. L'une des espèces est la *Strenia clathrata* (Linn.), offrant sur un fond gris blanchâtre des lignes noires entre-croisées mal définies qui l'ont fait nommer les *Barreaux* par Geoffroy. La chenille est d'un vert pâle avec des raies longitudinales blanchâtres. Elle vit sur les légumineuses qui nous occupent. Une autre espèce plus petite est la *Lythria purpuraria* (Linn.), ou l'*Ensanglantée* (Geoffr.), paraissant en mai, puis en juillet et août, variant beaucoup, à ailes d'un fauve olivâtre avec des bandes et une bordure d'un rose vineux. La chenille est d'un vert obscur ou d'un rose vineux, et vit sur beaucoup de plantes, le sarrasin, les oseilles sauvages, les Légumineuses de nos prairies artificielles.

Dans cette énumération, bien longue malheureusement pour l'agriculteur, j'ai omis à dessein de mentionner le *Bombyx trifolii* (Fabr.), le *Petit minime à bandes* (Engr.) et sa variété *medicaginis*. (Ochs.). Cette espèce est décrite comme nuisible par M. Goureau (Op. cit., p. 274), ce que reproduit M. Menault (Op. cit., p. 250). Peut-être cette espèce a-t-elle commis des dégâts dans les prairies artificielles de quelques localités d'Allemagne, mais je puis affirmer qu'elle ne leur est pas nuisible dans les environs de Paris. Sa chenille, qui est polyphage, peut se rencontrer sur les trèfles et les luzernes, mais on la récolte habituellement sur les genêts. Le papillon est peu commun près de Paris, bien moins commun que les espèces sylvestres, le *Bombyx quercus* (Linn.) et même le *Bombyx rubi* (Linn.). Il reste à combattre assez d'ennemis sans en accroître le nombre imaginairement.

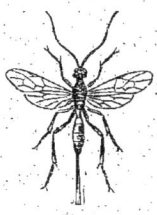
Fig. 4.

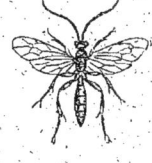
Fig. 5.

Nous représentons deux Ichneumoniens, qui ne sont pas ceux de notre note, mais qui donneront parfaitement l'idée aux agriculteurs des insectes utiles dont nous parlons. Ils sont de plus grande taille que les nôtres. L'un, à courte tarière, comme ceux de notre note, est destiné à pondre dans le corps des chenilles vivant à découvert ; l'autre, à longue tarière, dans des chenilles ou dans des larves, abritées dans des nids ou à l'intérieur des tiges.

Nous sommes bien désarmés devant ces chenilles de plantes basses; c'est la nature qui nous viendra surtout en aide. On aperçoit fréquemment dans les prairies artificielles, attachés aux tiges, des apparences de cocons soyeux, ovoïdes, blancs ou d'un jaune pâle. Ils ont même causé l'erreur de certains agriculteurs qu'il existait une sorte de ver à soie dans leurs luzernes, dont on pourrait peut-être tirer parti. Il n'en est rien ; il n'y a là que des pseudo-cocons non dévidables. Leur centre est le corps d'une chenille morte, d'où sont sortis de nombreux petits hyménoptères provenant d'œufs introduits dans le corps de la chenille. Les larves ont dévoré les tissus graisseux, puis les organes essentiels, ont percé en sortant le corps de toute part et ont filé en commun une

une foule de petits cocons, à soie entrelacée, simulant l'apparence d'un cocon unique. Les agriculteurs doivent se réjouir en voyant ces masses soyeuses briller au milieu de la sombre verdure de leurs luzernes; les regains seront épargnés par les secondes générations des chenilles, et même le nombre des ennemis diminuera pour les semis que la rotation des cultures fera faire l'année suivante dans les champs voisins, la mort de chaque chenille anéantissant la funeste postérité du papillon. Il est facile de reconnaître les petits protecteurs à qui l'on doit ce bienfait. Si on conserve ces pseudo-cocons, on en voit sortir en abondance, au bout de 2 à 3 semaines, un petit hyménoptère dont le corps a environ deux millimètres de long. L'abdomen est grêle, les antennes et le corps bruns, les pattes jaunes, les ailes un peu enfumées avec une forte tache brune au milieu de la nervure costale de l'aile supérieure. C'est le *Microgaster perspicuus* (Westmaël), de la famille des Braconides. Il diffère du *Microgaster glomerator* (Linn.) ou *Ichneumon à coton jaune* de Geoffroy, outre certains caractères organiques, parce que ses cocons sont confondus, tandis que ceux du second, accolés deux ou trois ensemble, sont bien distincts. Le premier protège nos luzernes, le second anéantit les chenilles des Crucifères (*Pieris brassicæ* (Linn.) et *rapæ* (Linn.)) de nos potagers. Il faut remarquer que c'est le même *Microgaster perspicuus*, qui a, dans les luzernes, des cocons tantôt jaunes tantôt blancs, selon la nature sans doute des sucs des chenilles dont ses larves se sont nourries, et l'espèce de celles-ci. Malheureusement le Créateur, qui cherche avant tout à assurer l'équilibre des êtres vivants, a limité l'action de ces utiles *Microgaster*, qui sont des parasites du 1er degré des chenilles, par d'autres petits hyménoptères qui pondent aussi dans les chenilles, mais dont les larves attaquent, sous la peau de la chenille, les larves des *Microgaster*. Ce sont donc des parasites de parasites ou parasites du 2e degré. M. le Dr Giraud, savant hyménoptérologiste, a même constaté quelquefois des parasites de parasites de parasites, ou parasites du troisième degré.

Dans les cocons qui nous occupent, récoltés par moi pendant plusieurs années au mois de septembre dans les prairies artificielles de la Brie, j'ai toujours constaté l'éclosion de deux parasites du *Microgaster perspicuus*. Ils sortent souvent à une époque un peu différente de celle de l'espèce qu'ils attaquent. L'un est un Ichneumonide, le *Mesochorus splendidulus* (Gravenhorst), à thorax brun, à ailes analogues à celles du *Microgaster*, mais plus claires, à antennes plus longues et plus grêles, à face jaunâtre, ainsi qu'une partie de l'abdomen longuement pédiculé. Sa taille dépasse un peu celle du *Microgaster*. L'autre parasite est un Chalcidien, le *Pteromalus puparum* (Sweder.), qu'on voit sortir de beaucoup de chrysalides. Il est de la taille du *Microgaster*, d'un vert bronzé brillant, avec les pattes jaunâtres ; son abdomen est aplati. Une particularité curieuse nous est offerte par ce *Pteromalus* : certains amas de cocons de *Microgaster* ne donnent que des femelles du parasite, avec pas ou très-peu de mâles; d'autres, au contraire, ne donnent que des mâles (1). Il y a donc ou certains instincts qui guident la ponte des femelles, celles-ci connaissant le sexe de leurs œufs, ou bien elles ont des pontes alternatives de l'un et de l'autre sexe, ou, enfin, certaines nourritures détruisent un sexe et non l'autre, selon l'espèce de la chenille qui abrite les *Microgaster* et les *Pteromalus*, donnant ainsi asile à des frères ennemis.

Pendant longtemps, par exemple dans le travail d'Audouin sur la Pyrale de la vigne, on croyait que tous ces petits êtres sortant des chenilles attaquées étaient des protecteurs de l'agriculture. Il n'en est rien ; les uns nous servent, d'autres nous sont funestes en limitant le nombre de nos auxiliaires. La vie est un combat continuel d'où sortent vainqueurs les reproducteurs les plus robustes et les plus féconds. Les animaux passent leur existence les uns dans la fuite et la ruse des abris, les autres dans la ruse des agressions et la chasse. Je dis la chasse, c'est-à-dire le combat naturel et légitime, et non la guerre. La guerre est l'apanage exclusif de l'homme que le docte Linnœus appelle, avec une candeur quelque peu ironique, *homo sapiens*, pour le distinguer, selon lui, du Troglodyte ou homme des bois, qui ne sait pas faire la guerre.

M. GIRARD.

### Note sur un insecte qui détruit le sainfoin ou l'esparcette
(*Onobrychis sativa*).

Nous extrayons du *Messager agricole* du Midi du commencement de cette année une courte notice, qui nous a paru intéressante, de M. Jules Lichtenstein au sujet des ravages exercés aux environs de Montpellier dans les champs de sainfoin.

« J'observai, dit-il, attentivement les plantes malades et je ne tardai pas à découvrir que la cause du mal était une larve blanche apode, d'environ un pouce de long. Les premiers anneaux de cette larve, aplatis

(1) Observations du D$^r$ Giraud, à qui nous devons les déterminations précédentes.

en forme de raquette, indiquaient suffisamment qu'elle devait appartenir à quelque coléoptère du genre *Bupreste* des anciens auteurs.

Effectivement, huit ou dix jours après avoir observé la larve, je trouvai d'abord la nymphe et puis l'insecte parfait du *Sphenoptera gemellata* (Manh.) insecte propre au midi de la France et à l'Algérie. C'est un joli petit bupreste de 6 à 8 lignes de long, d'une couleur cuivrée métallique brillante en dessous, plus mate en dessus, et qui ne se rencontre pas très-souvent à l'état parfait, fig. 8.

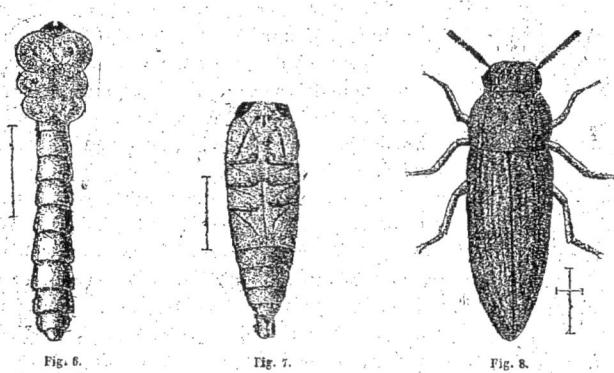

Fig. 6.   Fig. 7.   Fig. 8.

Je me dispense de donner ici les caractères génériques du *Sphenoptera* qui n'intéressent guère que les savants, et qui sont du reste assez difficiles à saisir ; je me contenterai de décrire sa manière de vivre et de le signaler comme très-préjudiciable à une plante fourragère très-cultivée dans nos pays.

L'insecte parfait paraît en juin et juillet ; il doit vivre très-peu de temps et se tenir bien caché, car je répète qu'on ne le trouve pas souvent. La femelle me semble avoir déposé ses œufs (et probablement un seul à chaque plante) à l'embranchement des petites tiges sur la racine ; on aperçoit à partir de ce point-là la route que suit la petite larve à sa naissance ; elle descend dans la racine pivotante de la plante par une petite galerie qui longe la partie intérieure de l'écorce de la racine ; mais elle ne paraît se nourrir que de la partie ligneuse. Au fur et à mesure qu'elle grossit, sa galerie s'élargit, et il arrive un moment où, parvenue à l'extrémité de la racine, son corps en remplit le diamètre intérieur. Alors, au lieu de manger de haut en bas, elle se retourne et remonte en dévorant de bas en haut la partie ligneuse, jusqu'à ce qu'elle arrive à un ou deux centimètres au-dessous du collet. Parvenue là, elle a acquis tout son développement; alors elle élargit sa loge, fig. 9, et, avec les débris du bois et même aussi avec un peu d'écorce, qu'elle mâche et agglütine, elle se forme une espèce de cocon, où elle ne tarde pas à se transformer en une nymphe blanche qui elle-même devient bientôt insecte parfait en se colorant d'abord en un beau bleu métallique, et puis en cuivre. Les téguments durcissent assez rapidement, et l'insecte parfait sort de terre pour se reproduire.

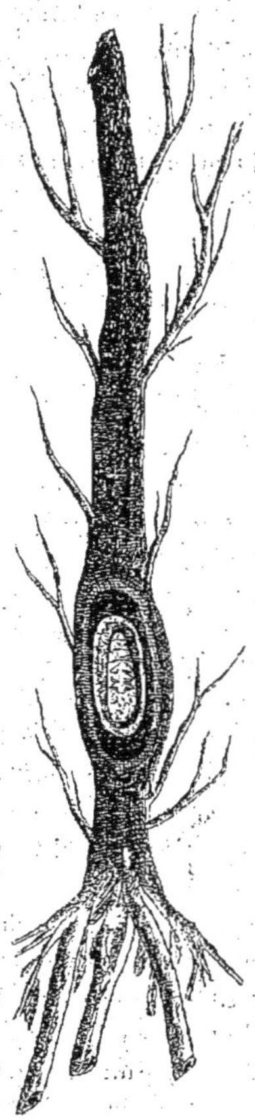

J'ai évalué à peu près à un cinquième le nombre des plantes tuées dans le champ que j'ai examiné.

Le meilleur moyen qui se présente à l'esprit pour se débarrasser de cet insecte paraît être de faire arracher en avril ou mai les plantes qui sont jaunâtres et de les brûler. Cette opération se fait assez facilement après une journée de pluie; seulement, il faut faire attention que souvent la racine se casse à l'endroit où est l'insecte rongeur, et il convient d'enlever la racine entière avec un couteau long ou une pioche.

Le champ sur lequel j'ai fait mes observations a été traité ainsi, et aujourd'hui, 8 janvier 1869, il a l'air en bon état; mais le sarclage auquel il a été soumis et la grande quantité de plantes qui ont été arrachées peuvent avoir influé favorablement sur la végétation de celles qui ont survécu, favorisée du reste par une température exceptionnelle.

Je ne pourrai guère voir le résultat définitif qu'en avril ou mai, et je me réserve alors de donner plus de détails, non-seulement sur l'insecte lui-même, mais aussi sur les ennemis parasites par lesquels il est dévoré à son tour, et qui me paraissent être de petits *Chalcidiens* dont je n'ai pu encore déterminer l'espèce.

Fig. 9.

Jules LICHTENSTEIN.

Nous devons faire remarquer que les dangers causés par les buprestes ne doivent s'appliquer qu'à nos cultures les plus méridionales. Les buprestiens sont essentiellement des coléoptères des régions chaudes où ils atteignent une taille considérable et nuisent beaucoup aux bois, où leurs larves s'éjournent pendant un temps très-long.

Nous n'avons près de Paris que quelques petites espèces non dangereuses et assez rares. Il faut citer comme répandu par toute l'Europe le *Buprestis mariana* (Linn.), d'assez forte taille, attaquant les sapins et présentant une zone d'habitation très-étendue, de la Suède à l'Algérie, comme cela arrive au reste pour un certain nombre d'insectes spéciaux aux Conifères. (*La Réd.*)

---

### Le Symbiote commun.

(*Voir planche.*)

Le *Symbiote commun* est un Acarien de la famille des *Sarcoptides* groupe des *Psoriques* et du genre *Symbiote* dont on ne connaît encore guère que cette espèce.

Le genre SYMBIOTE (Gerlach) a pour caractères : un *rostre* composé : 1° d'une *lèvre* large et arrondie entièrement ; 2° de deux *palpes* tri-articulés, coniques, beaucoup plus grêles que ceux des Sarcoptes et libres comme eux ; 3° de deux *mandibules* didactiles à mors formant crochets plus effilés que chez les Sarcoptes, mais beaucoup moins allongés que chez les Psoroptes. Comme on voit, le rostre des Symbiotes, pour la forme de ses pièces, tient le milieu entre celui des Sarcoptes et celui des Psoroptes, mais n'est pas, ainsi que l'ont dit MM. Delafond et Bourguignon, identiquement semblable au premier.

Les Symbiotes ont le corps élégamment strié à peu près de même forme et de même volume que celui des Psoroptes ; comme chez eux aussi, le mâle présente une paire de ventouses copulatrices et deux prolongements caudiformes portant chacun un bouquet de longs poils, mais les pattes sont très-différentes : ici, tout en étant aussi longues, elles sont beaucoup plus grêles, et toutes terminées par un ambulacre presque sessile et à large ventouse cupuliforme. La femelle seule présente une paire de pattes incomplète terminée seulement par deux longs poils, c'est la troisième ; la quatrième paire de pattes dans les deux sexes, quoique très-petite, est terminée par un ambulacre à ventouse et par un long poil.

Le genre de vie des Symbiotes a beaucoup d'analogie avec celui des Psoroptes ; comme eux ils labourent l'épiderme de leurs mandibules, mais ils ne tracent pas de sillons sous-épidermiques.

On a rencontré des Symbiotes sur le cheval, sur le bœuf, sur la chèvre, sur le chien et sur l'éléphant; ils diffèrent peu entre eux, et ne sont à proprement parler que des variétés d'une même espèce.

Le *Symbiote* trouvé sur le cheval (voyez planche) a une taille d'environ un demi-millimètre ; il est d'une couleur blanc jaunâtre sale avec les pattes, le rostre a toutes les parties dures d'une couleur rouille foncée.

Gerlach de Berlin a découvert cet Acarien en 1857 dans les croûtes d'une affection psorique qui occupait l'extrémité inférieure des quatre membres d'un cheval, et il était bien la cause de la maladie, puisque sa destruction par les acaricides ordinaires amena immédiatement la guérison de l'animal galeux.

Un *Symbiote* tout à fait semblable a été trouvé sur un veau par Héring en 1855, et il avait provoqué sur cet animal le développement d'une gale analogue à celle que détermine le Psoropte et qui céda par les mêmes moyens.

En 1854, Delafond trouva sur la chèvre un Acarien qu'il nomma *Sarcodermatodècte*, et qui n'est autre qu'un *Symbiote*, semblable à ceux trouvés sur le cheval et le veau par les dimensions et les formes générales, seulement présentant des membres qui paraissent plus forts. La gale, qu'il détermine a beaucoup d'analogie avec celle des moutons causée par le Psoropte, mais elle est beaucoup plus rare, moins rebelle et moins grave dans ses conséquences. Elle se guérit facilement par les mêmes moyens.

Le Symbiote commun a été encore rencontré par plusieurs observateurs dans une maladie particulière de l'intérieur de la conque de l'oreille du chien. Dans ce cas particulier, on guérit l'affection qu'il provoque au moyen d'injections d'eau tiède dans laquelle on mêle quelques gouttes d'huile empyreumatique.

En résumé on détruit les Symbiotes et par conséquent on fait cesser la gale qu'ils causent par les mêmes moyens que ceux que nous avons déjà indiqués pour les Sarcoptes et les Psoroptes, c'est-à-dire par des frictions avec la benzine, l'huile de pétrole, la pommade d'Helmorie ou par une solution arsenicale au centième. Ils sont même plus faciles à détruire que ces derniers.

MÉGNIN.

## Analyse de quelques insectes tinctoriaux.

PAR CH. MÈNE.

Les résultats suivants portent sur les insectes du genre cochenille. Ces analyses ont été entreprises dans le but de connaître la composition de ces espèces sur leurs sortes commerciales; par conséquent les échantillons sont de provenance certaine : ils ont été remis par M. Manuel Lemus (de Guatémala) qui avait un intérêt direct à en connaître la valeur.

| Cochenilles de | Guatémala. | Canaries. | Variété morte. | Java. |
|---|---|---|---|---|
| Eau et perte. . . . . | 4 700 | 6 060 | 4 135 | 8 033 |
| Stéarine. . . . . . | 8 455 | 10 131 | 3 090 | 4 255 |
| Margarine ou palmitine. | 8 451 | 8 293 | 3 007 | 3 108 |
| Parties insolubles à l'eau | 6 172 | 6 004 | 12 742 | 14 500 |
| Matières azotées. . . | 7 115 | 7 152 | 15 145 | 12 482 |
| Parties solubles à l'eau. | 13 208 | 10 031 | 30 674 | 17 647 |
| Matières colorantes. . | 48 823 | 39 007 | 26 172 | 33 795 |
| Cendres. . . . . . | 3 376 | 3 322 | 5 065 | 6 210 |
| (Acide phosphorique, chlore et potasse.) | 100 000 | 100 000 | 100 000 | 100 000 |

|  | Kermès du chêne vert. | Kermès de Provence. | Kermès d'Espagne. | Kermès de Pologne |
|---|---|---|---|---|
| Eau et perte. . . . . | 7 214 | 6 435 | 6 855 | 6 217 |
| Stéarine. . . . . . | 3 108 | 2 925 | 2 935 | 3 220 |
| Margarine ou palmitine. | 1 435 | 1 409 | 1 517 | 2 006 |
| Parties insolubles à l'eau. | 12 735 | 11 728 | 11 892 | 14 445 |
| Matières azotées. . . | 15 355 | 14 915 | 14 925 | 13 277 |
| Matières colorantes. . . | 26 955 | 14 190 | 20 975 | 15 100 |
| Cendres. . . . . . | 6 233 | 8 150 | 7 060 | 8 680 |
| Parties solubles à l'eau. | 25 956 | 38 248 | 33 841 | 37 755 |
|  | 100 100 | 100 100 | 100 000 | 100 000 |

## De la maladie de la vigne causée par le Phylloxera.

*Compte rendu des travaux de la section d'agriculture au congrès scientifique de France, dont la 35ᵉ session s'est tenue à Montpellier. (Séance du 7 décembre 1868.)*

La discussion devant s'engager sur la question n° 25 du programme, intitulée : de la Maladie qui fait périr en ce moment les vignes dans les départements de Vaucluse et des Bouches-du-Rhône, M. le Président donne la parole à M. Gaston Bazille, qui désire présenter tout d'abord l'historique de la question.

M. Bazille rappelle qu'à la suite des communications adressées à la Société d'agriculture de l'Hérault par le Comice agricole de Carpentras et par M. le Maire de Saint-Rémy, les vignobles attaqués par la nouvelle maladie furent visités dans le courant de l'été par divers agriculteurs, et au mois de juillet, notamment, par une commission de la Société d'agriculture de l'Hérault, qui découvrit le puceron sur les racines des vignes malades. La commission n'hésita pas à attribuer au *Phylloxera* les ravages qu'elle constatait. D'autres personnes, parmi lesquelles figure M. Henri Marès, virent l'origine du mal dans des causes supérieures générales, telles que les conditions climatériques anormales que nous avons eu à subir. Dans le premier cas, il y aurait lieu d'être très-alarmé ; dans la seconde hypothèse, au contraire, ces conditions climatériques anormales ayant disparu, on devrait espérer, grâce à de bonnes cultures, voir disparaître la maladie. M. Bazille ajoute que personnellement il ne partage pas cette confiance, et que les témoignages qu'apportent au Congrès plusieurs propriétaires des localités envahies ne sont pas faits pour l'inspirer. Il ignore si le puceron est la cause première de la maladie, mais il ne doute pas que sa présence en si grand nombre sur les racines des vignes malades ne soit sinon la seule, du moins la principale cause du dépérissement et de la mortalité des ceps ; il pense donc qu'on doit chercher avant tout à le détruire. Si la maladie persistait après la destruction complète des pucerons, ce qui ne lui paraît pas probable, il faudrait bien admettre que cet insecte était innocent de tous les méfaits dont on l'accuse.

Après cette communication, M. le Président propose de faire donner lecture du rapport de M. Alphandéry, qui a été annoncé dans une précédente séance et qui est déposé sur le bureau ; mais, sur l'observation qui est faite par un membre que ce mémoire est extrêmement long, et remonte d'ailleurs au 20 août 1868, l'assemblée décide de se contenter des conclusions, qui sont les suivantes :

« Le puceron n'est pas la cause de la maladie de la vigne.

» La maladie n'est pas contagieuse et sera facilement guérie par des fumures abondantes et par le retour d'une période pluvieuse. »

M. Henri Marès expose à son tour de quelle manière il envisage la question. Il rend certainement hommage à la découverte entomologique de M. le professeur Planchon, membre de la commission de la Société d'agriculture qui s'est rendue en Provence au mois de juillet dernier, mais il ne peut cependant pas considérer la présence du *Phylloxera vastatrix* sur les racines de la vigne comme la cause unique de la maladie. Pour lui ces causes sont complexes, et dépendent à la fois, ainsi qu'il l'a indiqué, des intempéries qui ont signalé l'année 1867-68, de la nature du sol, et enfin de la présence des insectes.

M. Ripert et M. Léopold Desplan, d'Orange, propriétaires dans le Comtat, exposent que le mal qui sévit chez eux avec tant d'intensité remonte déjà à plusieurs années.

Les premiers symptômes apparurent en 1865 et se représentèrent de nouveau en 1866, sans que la maladie fît des progrès très-sensibles. Il en fut de même en 1867. Diverses expériences furent tentées par ces messieurs. Une fumure très-active avec de la chaux, des vinasses et du fumier de ferme donna de bons résultats chez M. Ripert, qui obtint 107 hectolitres par hectare, lorsque, dans les parties non fumées, il n'en obtenait plus que 47. Mais, en 1868, la maladie s'est déclarée avec une telle intensité que, dans diverses localités, des vignobles entiers sont considérés comme perdus sans ressource. La chaux, qui chez M. Ripert, dans un terrain silico-argileux, avait paru donner de bons résultats, n'en a produit aucun chez M. Ménard, maire d'Orange, dont le terrain est calcaire, et ses vignes paraissent très-compromises.

M. Planchon pense à cet égard que la chaux se carbonate au bout de quelque temps et n'a plus alors aucune action sur les racines adventives.

M. Ripert donne encore plusieurs détails intéressants. Il constate que les vignes malades ont donné des vins supérieurs à ceux des vignes saines quant au degré glucométrique et d'une excellente qualité, mais qui se sont aigris au bout de très-peu de temps. Il cite de plus une plantation de l'année faite avec des plants importés d'Espagne, qui se trouve en grande partie détruite par le puceron. Certainement on ne saurait admettre dans ce cas l'action de causes antérieures qui auraient prédisposé ce vignoble à la maladie.

M. Planchon prend ensuite la parole, et, dans une communication qui est écoutée avec le plus vif intérêt, il trace d'abord la description du puceron de la vigne. Il indique que c'est un *Phylloxera*, semblable à celui qu'on trouve sous les feuilles du chêne blanc. Cet insecte se présenté sous la forme ailée, aussi bien que sous la forme aptère. L'œuf du puceron est ellipsoïde; il éclôt dans une période de cinq à huit jours. Il en sort une petite larve pédiculiforme à six pattes, qui se promène, cherche et se fixe bientôt sur les radicelles de la vigne.

Au bout de quinze jours, le puceron, devenu adulte, commence à pondre avec une très-grande fécondité. En effet, chaque femelle peut produire une trentaine d'œufs. La présence de l'insecte sur les radicelles détermine rapidement sur ces organes des nodosités qui se remplissent de fécule. Dans cet état, la racine ne remplit plus ses fonctions, et la vigne commence à souffrir. Bientôt les nodosités s'affaissent et les radicelles meurent; le puceron se dirige alors vers de plus grosses racines, et ainsi de suite, de proche en proche, sur toute la souche, qui finit par succomber. La propagation à distance doit avoir lieu par l'insecte ailé; c'est là pour M. Planchon un motif d'espérer que le Languedoc pourrait être préservé. En effet, les vents qui nous viennent du côté du Rhône nous amènent presque invariablement la pluie, tandis que c'est le mistral, soufflant dans la direction de la Provence, qui doit être le véhicule du puceron.

M. Planchon pense que le *Phylloxera* est la cause de la maladie de la vigne, comme d'autres pucerons sont la cause de l'état maladif d'une foule de végétaux.

Il y a là une analogie qui s'impose tout d'abord à la réflexion. Les renflements bien évidents que l'insecte détermine sur les racines sont une seconde preuve; enfin l'extension progressive du mal en est une troisième. Les paysans la comparent à la marche d'une armée.

*Pour extrait*: F. CAZALIS.

(*A suivre.*)

---

Les livraisons à venir de l'*Insectologie* paraîtront sans interruption.

---

*Bibliographie.* — Il sera rendu compte de tout ouvrage d'entomologie dont deux exemplaires auront été remis chez l'Editeur du journal.

*L'Éditeur-propriétaire* : E. DONNAUD.

---

Paris. — Imprimerie de E. DONNAUD, rue Cassette, 9.

N° 2.     3ᵉ ANNÉE.     1869

# L'INSECTOLOGIE AGRICOLE

### De la maladie de la vigne causée par le Phylloxera.

*Compte rendu des travaux de la section d'agriculture au Congrès scientifique de France, dont la 35ᵉ session s'est tenue à Montpellier. (Séance du 7 décembre 1868.)*

(Suite et fin.)

On a attribué la maladie actuelle de la vigne à des causes générales à des influences climatériques. Il se peut que certaines circonstances aient favorisé le développement du puceron; mais ces circonstances générales sont encore obscures et ne sauraient être déterminées à priori.

Pour le moment, le puceron est constaté; occupons-nous de le détruire. Plaçons d'abord la voile dans la direction voulue; nous disserterons plus tard sur la théorie des vents.

M. de Caumont remercie M. Planchon des détails si intéressants qu'il vient de donner. Il sera heureux de pouvoir communiquer le résultat de ses études en Normandie, où beaucoup de pommiers périssent en ce moment d'un mal qui présente des symptômes analogues. La cause est inconnue encore. D'après les uns, ce sont les vers blancs : d'après les autres, certains vents qui font ces ravages. On commence cependant à attribuer à un puceron la pourriture des racines que l'on a souvent constatée, et les renseignements que vient de donner M. Planchon sont bien faits pour appuyer cette opinion.

M. Planchon croit devoir, avant de terminer, donner lecture à l'assemblée d'un rapport qui vient de lui parvenir sur la maladie de la vigne en Provence et qui émane de M. Laval.

Ce travail, des plus complets, confirme ce qui a été déjà dit verbalement par MM. Ripert et Desplans. Comme eux, il constate les faits et les développements successifs de la maladie dans les terrains les plus divers et dans les alluvions de la plaine, dans les terres argilo-sablonneuses de Gigondas, dans les assises quaternaires, dans les terrains de galets de Pontet, enfin dans les cailloux calcaires des garrigues de Sarrians.

Comme ces messieurs, il croit que le puceron est la cause de la maladie, et qu'il faut le combattre énergiquement en mettant la racine en contact avec certaines substances.

Il cite les expériences faites à cet égard par M. Célestin Masson, dans son domaine de Jonquières :

Après avoir fait déchausser les souches de tout un carré de vigne, on essaya sur les souches d'une première rangée une pelletée de chaux vive ; sur celles d'une seconde rangée une demi-pelletée de chaux vive du gaz (1) ; sur celles d'une troisième rangée 300 grammes d'eau ammoniacale du gaz dilués dans 20 litres d'eau ; sur celles d'une quatrième rangée 250 grammes de tourteau de colza ; sur celles d'une cinquième rangée 200 grammes de coaltar. — Le carré fut immédiatement arrosé.

Il résulte des observations faites par M. Masson que les souches où on avait employé de la chaux vive ou du coaltar eurent au bout de peu de temps leurs racines complétement débarrassées des pucerons, tandis qu'à peu de distance les souches non traitées étaient tellement garnies de ces insectes qu'elles paraissaient revêtues d'un vernis.

En conséquence, M. Laval recommande beaucoup l'emploi de la chaux vive et du coaltar préalablement mélangés avec une substance inerte. Il engage de plus les propriétaires des vignes qui paraîtraient guéries à ne pas négliger de leur donner une forte fumure et des cultures fréquentes, afin de leur rendre la vigueur qui leur a été enlevée par les atteintes de la maladie (2).

M. Henri Marès ayant obtenu la parole, déclare que dans sa pensée les influences climatériques, la sécheresse et le froid de l'année dernière sont, ainsi que l'influence pernicieuse des terrains à sous-sols imperméables, la cause première de la maladie. Comment expliquer sans cela la marche du fléau, ue le vent aurait propagé dans certaines parties du département et non pas dans d'autres ? qui est resté, d'après M. Ripert, d'après M. Laval, presque à l'état latent jusqu'à l'année dernière, et qui éclate subitement avec une intensité effrayante en 1868 ?

Les mêmes circonstances, objecte-t-on, n'ont pas favorisé le dévelop-

---

(1) C'est-à-dire de la chaux ayant servi à purifier le gaz à éclairage et imprégnée d'huiles hydro-carburées. (*La Rédaction*.)

(2) Le mémoire de M. Laval a été publié dans le *Messager agricole*, n° de février 1869.

pement du puceron en Languedoc. Mais n'y avait-il pas dans la vallée du Rhône des causes particulières de nature à expliquer cette contradiction apparente? Causes inhérentes au sol, au sous-sol, à la végétation, à la nature du cépage cultivé (1), au genre de culture, au mode de plantation, etc., etc.

C'est dans les localités où le sous-sol est imperméable que la maladie a surtout sévi, car ce sont celles qui ont été exposées aux plus grandes humidités, aux plus grands froids, à la plus grande sécheresse. Dans les localités voisines à sols profonds et naturellement drainés, le puceron n'existe pas. Il faut citer notamment comme ravagés le plateau du Pujo, les pentes qui dominent Roquemaure et même certaines plaines voisines aux environs d'Orange, Sainte-Cécile, Violès; près Carpentras, Sarrians, et plus bas, une grande partie de la Crau.

On a taillé, l'année dernière, dans cette région, des ceps d'une grande vigueur; les sarments étaient très-longs, la récolte a été abondante et, tout à coup, on a eu, cette année, dès les premiers jours de mai, une végétation excessivement chétive et des racines pourries sur tous les points. En Crau, au mas de Vertz, chez M. Meffredy, M. Marès a constaté des faits qui viennent à l'appui de son opinion. Il a parcouru une vigne qui paraissait très-malade : les racines étaient pourries, mais pas un seul puceron, soit dans la partie malade, soit dans celle qui commençait à l'être, soit dans celle d'apparence normale. Plusieurs observateurs ont à différentes époques cherché des pucerons dans cette vigne, et n'ont pu en trouver. M. de Courtois, d'Arles, lui a signalé d'autres cas de ce genre. Donc, quand le puceron existe sur une vigne, il aggrave le mal, mais le mal existe en divers lieux sans le puceron. Le puceron n'est donc pas la cause unique du mal.

M. Marès croit donc à une influence extérieure, à une influence atmosphérique qui a favorisé l'invasion d'un insecte. La sécheresse étant favorable à la multiplication des insectes, ils ont envahi les vignes de Provence qui, sous l'influence des froids intenses et d'une sécheresse excessive, n'ont pu réagir, surtout dans les mauvais sols mouilleux. Si le temps eût été plus favorable, la vigne aurait poussé plus vigoureusement; elle aurait refait son bois et ses racines, et le puceron n'aurait pas été le plus fort.

(1) Le grenache, cépage dominant dans les vignobles attaqués, est un de ceux qui redoutent le plus le froid et les sols mouilleux.

Il faut donc nécessairement employer des moyens culturaux en même temps que les autres dirigés contre les insectes pour combattre la maladie avec succès.

Il faut oxygéner les terres par le drainage, par des engrais appropriés, par des cultures profondes, par des arrosages au besoin. Si l'on ne devait pouvoir guérir la maladie qu'en détruisant tous les pucerons, ce serait, d'après M. Marès, une œuvre impossible, à cause de la profondeur où ces insectes se trouvent souvent. Sa théorie ouvre heureusement des perspectives plus rassurantes et permet, avec des soins et des saisons favorables, d'entrevoir la fin de ces ravages.

M. Planchon demande à répondre quelques mots. Il passe successivement en revue les trois influences qui, d'après M. H. Marès, seraient la cause du mal : le froid, la sécheresse et l'état du sous-sol.

En ce qui concerne le froid, il fait remarquer que le froid a été le même en Languedoc qu'en Provence, et que le Languedoc n'a pourtant pas eu de pucerons. Là où le froid a sévi, la vigne a repoussé du collet ; le mal ne s'était produit qu'à l'extérieur, les racines ont été rarement atteintes.

Quant à la sécheresse, n'a-t-elle pas été la même dans l'Hérault que dans Vaucluse et a-t-elle développé chez nous le puceron? M. Marès a dit qu'il avait trouvé des racines pourries sans qu'il y eût de pucerons ; c'est incontestable : lorsque le puceron a été découvert, il a été constaté que, dès qu'une radicelle était pourrie, cet insecte l'abandonnait pour passer sur une radicelle saine et l'envahir à son tour.

L'état du sous-sol, ajoute M. Planchon, varie dans bien des localités où la maladie a été observée, et il n'est pas dès lors exact de dire que les sols mouilleux sont les seuls où cette maladie ait sévi.

Comment, avec la théorie de M. Marès, explique-t-on ce fait de vignes envahies pour la première fois, *il y a trois mois*, en septembre dernier, et où le mal n'a cessé de progresser depuis lors?

M. Hortolès fait observer qu'il y aurait une chose bien simple à faire pour vider la question. L'eau de tabac, dit-il, est souveraine pour la destruction du puceron. Qu'on l'applique en Provence à un certain nombre de souches envahies et sérieusement malades, les pucerons seront détruits ; et, si les souches redeviennent alors saines et vigoureuses, on ne pourra plus douter que ces insectes ne soient la véritable cause du mal.

Vu l'heure avancée, M. le Président propose de clore la discussion.

M. Heddebault (de Lille), un des vice-présidents de la section, propose de voter des remercîments à l'éminent directeur de l'école de pharmacie de Montpellier, M. le professeur Planchon, qui lui paraît avoir rendu un immense service à la Provence par ses intéressantes recherches et par la précieuse découverte qui en a été la conséquence.

Cette proposition est accueillie par les applaudissements de l'assemblée.

M. le Président croit qu'il y a lieu de voter aussi des remercîments à tous les agriculteurs qui sont allés étudier la maladie sur lieux et qui viennent de rendre compte au Congrès de leurs observations.

Cette seconde proposition est, comme la précédente, chaleureusement accueillie.

---

### Bulletin insectologique.

*Ravages de l'altise sur le colza.* Les mesures que prennent des départements pour combattre les ravages du hanneton doivent s'appliquer à tous les insectes ennemis de nos moissons, et particulièrement à l'altise qui, cette année, va diminuer de plus d'un tiers la récolte des colzas et des navettes. Voici quelques renseignements sur les ravages de cette *puce* des champs et des jardins. Les Andelys (Eure) : nos colzas sont pour le moment ravagés par les pucerons (nom champêtre des altises), et bon nombre de champs ont été retournés. Brie-Comte-Robert (Seine-et-Marne) : les colzas sont dévorés par les pucerons, et le ver blanc pullule dans certains cantons. Château-Gontier (Mayenne) : la plante de colza a beaucoup souffert des gelées et des pucerons, au point que beaucoup de champs ont dû être labourés. Dourdan (Seine-et-Oise) : le peu de colzas que l'on a faits sont en fleur et ne prennent pas beaucoup de grains ; ils coulent et le puceron les gêne. Humicourt (Haute-Marne) : les fleurs de colza sont totalement chargées de puceron. Les lins sont aussi dévorés en partie par les pucerons. Niort (Deux-Sèvres) : les cultivateurs se plaignent que les pucerons font des ravages. Orchies (Nord) : nos colzas sont dévorés par les pucerons ; on en a retourné les deux tiers. Péronne (Somme) : le peu de colzas qu'on a plantés est envahi par les pucerons. Vic-sur-Aisne (Aisne) : les colzas, qui avaient une belle apparence, sont aujourd'hui complétement perdus : le puceron les ronge tous. On craint fort pour les lins : ils souffrent aussi de la vermine.

Il y avait un moyen d'atténuer les ravages des altises, c'était l'emploi de l'*épuceronnière* inventée par M. Bénard, à Ypreville-Biville par Valmont (Seine-Inférieure).

*Destruction radicale des pucerons.* Tel est le titre d'une recette de destruction du puceron par le *tabac* que donne le *Bulletin* de la Société d'horticulture et de botanique de Beauvais (1). — Deux manières d'employer le tabac sont à notre portée : la première consiste à faire bouillir dans six litres d'eau un kilogramme de tabac, pendant un quart d'heure, ce qui, après le soutirage à clair fournira trois litres de jus ; après être refroidi, on le conserve dans des bouteilles en grès bien bouchées. Au moment de l'employer, chaque litre de ce jus devra être mêlé à dix fois son volume d'eau ; puis, à l'aide d'une seringue de jardin, on mouillera toutes les parties de l'arbre par une belle soirée, et tout de suite, sans attendre le développement de cet insecte. N'oublions pas que, pour bien détruire, il faut savoir prévenir et, en cela, faire comme l'oïdium de la vigne qui exige l'emploi du remède avant l'apparition de la maladie.

Un autre mode de se servir du tabac, si toutefois les déchets sont fins, c'est de saupoudrer à l'aide du soufflet ventilateur les parties mouillées de l'arbre. Ce poussier agira longtemps, vu le dégorgement continu du jus âcre de nicotine qui, pour les pucerons, est un poison actif. Le poussier de tabac ne pourra jamais être entraîné par les pluies, si on a eu le soin d'abriter les arbres par des auvents.

*Autre remède contre les pucerons.* Prendre : eau pure, 2 litres ; savon gras, 60 grammes ; *Quassia amara*, 2 cuillerées à café, s'il est en poudre, ou 10 grammes s'il est en copeaux. On doit faire bouillir le tout pendant vingt-cinq minutes, et, avec une éponge, asperger les plantes attaquées. Cette recette est extraite du Bulletin hebdomadaire de l'Agriculture, de M. Barral (1869, n° 19, p. 291). Le *Quassia amara* est un arbre de la Guyane dont la racine et le bois ont un principe des plus amers, surtout dans la couche corticale. On se le procure en droguerie à bon marché, mais, comme le bois est dur, la mise en poudre ou en copeaux exige une main-d'œuvre qui augmente le prix. Cela est à considérer si on doit opérer en grand.

*Moyen de destruction du puceron (phylloxera) de la vigne.* On communique au *Moniteur de l'agriculture* la recette suivante que nous reproduisons sans pouvoir affirmer son efficacité. Aussitôt que l'on a reconnu

(1) Il est question ici des véritables pucerons, aphidiens, hémiptères, homoptères.

la présence de ce pernicieux insecte, on placera au pied du cep un vase dans lequel on aura versé une cuillerée d'essence d'aspic.

Pour un vignoble entièrement attaqué, on distance des vases de 10 à 15 mètres. Quelques heures après ce placement, on verra les hordes de ces insectes fuir l'odeur pour eux insupportable de cette essence. Périssent-ils? Nous l'ignorons. Mais il est certain qu'ils ne reparaissent plus dans l'endroit infesté, du moins au dire de mon ami.

Il y a quelques années, nous avons employé ce procédé pour nous délivrer des charançons, alucites et papillons. Deux jours après il n'y avait plus un seul de ces ravageurs.

Il résulte de divers essais qui ont été tentés que le coaltar mêlé à de la chaux ou à un corps poudreux, tel que la cendre ou la tannée, serait un spécifique propre à détruire les pucerons qui rongent les racines de la vigne et à prévenir leur invasion (1).

*Ravages des escargots.* Le temps sec d'avril a empêché les escargots de se livrer à de grands ravages au moment de la pousse des vignes. On écrit de Bordeaux que ces animaux voraces commençaient à donner des inquiétudes qui ne se sont pas réalisées. Aux environs de Paris la chaleur et la sécheresse ont également contraint les escargots à se renfermer dans leur coquille ; mais depuis que la sécheresse a cessé, ils apparaissent en assez grand nombre. On n'a d'autre moyen pour les détruire que l'escargottage, c'est-à-dire de les faire ramasser.

*Destruction des limaçons.* Choisir des feuilles de chou les plus grandes et les plus unies, les exposer pendant quelques instants au soleil ou devant le feu pour les amollir et les rendre moins cassantes; frotter l'envers de ces feuilles avec une graisse quelconque, pourvu qu'elle ne soit pas salée (la panne de porc est la meilleure) ; étendre à la fin du jour, sur la terre, les feuilles du côté graissé, dans les endroits fréquentés par les limaçons, environ à un mètre de distance; les enlever le matin en les empilant, et les emporter dans un endroit commode pour les nettoyer, ce qui se fait en détachant avec une lame de couteau à bout rond, pour ne pas endommager les feuilles, tous les limaçons qui s'y trouvent, et les faire tomber, si l'on veut, dans une dissolution de poudre Peyrat, où ils meurent à l'instant. On peut renouveler cette opération plusieurs jours de suite avec les mêmes feuilles, en ayant soin de les

---

(1) Moyen analogue à l'emploi de la naphtaline proposée contre les Altises, par M. E. Pelouze.

graisser tous les trois ou quatre jours. Pour conserver les feuilles plus longtemps fraîches, on peut les mettre à la cave pendant le jour (1).

*Fosse aux asticots.* On sait que la nourriture des faisandeaux se compose, pendant les premiers jours, *d'œufs de fourmis*, c'est-à-dire larves et nymphes. Mais on n'a pas toujours des œufs de fourmis sous la main. Dans ce cas, on peut remplacer les larves de fourmis par des larves de mouches. On est toujours assuré par là d'avoir à sa portée et sans dérangement des approvisionnements abondants.

Dans une partie reculée de la cour ou du jardin, hors des atteintes des chats ou des chiens, à l'abri des rayons trop ardents du soleil et de la pluie, on place un vieux pot à soupe en terre ou tout autre récipient, et on charge la cuisinière de déposer là quelques ventres de volaille. Au bout de trois ou quatre jours, la récolte commence. Des milliers de vers blancs s'agitent dans cette étrange préparation. Il faut mêler les asticots à de la pâtée, pour ne pas échauffer les jeunes oiseaux.

*Nids artificiels exposés à Genève du 22 au 26 avril.* La Société genevoise pour la protection des animaux, désireuse d'encourager l'usage des nids artificiels pour favoriser la multiplication des oiseaux insectivores, ces auxiliaires si utiles à l'agriculture, a ouvert à côté de l'exposition horticole, une exposition des différents modèles de nids usités jusqu'ici. Une vingtaine d'exposants ont répondu à son appel, et ont envoyé plus de 50 spécimens de nichoirs qui ont été placés sur des arbres amenés exprès, et l'on a pu les accompagner d'oiseaux de chaque espèce correspondant à chaque nichoir, grâce à la bienveillante complaisance du conseil d'administration et du conservateur du musée, M. Lunel. Les distinctions ont été réparties de la manière suivante par un jury nommé *ad hoc*, composé de naturalistes et d'agriculteurs. 1er prix, M. Basse, constructeur à Hanovre, pour la légèreté, la simplicité et la solidité de ses modèles en écorce de sapin. Trois *seconds* prix ont été donnés à des nichoirs en bois, envoyés par la Société pour la protection des animaux d'Yverdon, par M. Charles Piguet, à Nyon, et par M. Chilphin, forestier à

---

(1) Nous n'avons pas besoin de faire remarquer que les Mollusques dont il s'agit ne rentrent nullement, au point de vue scientifique, dans le cadre du Journal d'insectologie. Nous en parlons quelquefois uniquement parce que leurs dégâts sont analogues à ceux de beaucoup d'insectes phytophages, que certains insectes carnassiers nous en délivrent, comme ils le font pour les insectes nuisibles, et que les moyens mécaniques ou chimiques usités contre les insectes s'appliquent aussi très-souvent aux Limaces et aux Hélix. (*La Réd.*)

Brugg (Argovie); puis, des mentions honorables à M. Davall, inspecteur forestier à Vevey; à M. Bleichen, garde forestier près Colmar (envoi de M. Ehrlen); au bureau central d'assistance, à Genève; à MM. Dessaix, à Évian; Ziégler, à Schaffhouse; Mooser, à Saint-Gall; Soller, à Genève, dépositaire de nids provenant de la fabrique de M. Richner, à Aarau.

*Les insectes dans la Brie; recette contre les Altises et autres insectes nuisibles des potagers.* — Nous recevons d'un des collaborateurs du journal, M. Maurice Girard, des renseignements très-récents et *de visu* sur les ravages des insectes aux environs de Brie-Comte-Robert (Seine-et-Marne). On peut dire que les vers blancs sont partout; les poulaillers roulants de M. Giot fonctionnent activement dans ses cultures; beaucoup de cultivateurs font pratiquer le ramassage à la main derrière la charrue. La plus grande partie des vers blancs sont de seconde année, à moitié taille, à la période de leur développement où ils sont des plus nuisibles aux racines des plantes annuelles et bisannuelles. Une assez forte fraction des larves ramassées est du commencement de la troisième année, destinées à cesser leurs ravages dès le commencement de septembre en devenant nymphes en terre. Dans des jardins maraîchers récemment aménagés et voisins de grandes prairies, d'où viennent sans doute les insectes attirés par un aliment plus à leur goût, les salades sont détruites par une foule de larves d'Elaters (Coléoptères), de Tipules (Diptères némocères), de chenilles de Pyralides (Lépidoptères). Les colzas dans la Brie offrent un triste aspect. Dans beaucoup de cultures des environs de Lagny et de Meaux, on s'est décidé à les arracher, après en avoir donné un peu en vert aux bestiaux, nourriture que ceux-ci ne mangent du reste pas volontiers. M. Girard a vu, près de Chevry-Cossigny, un champ de colza où la plante avait poussé vigoureusement et dont le propriétaire espérait au début 5,000 fr. de récolte. Il est aujourd'hui (15 mai 1869) presqu'entièrement perdu, les siliques n'existent que çà et là, le plus souvent tordues, difformes, vides; presque toutes ne sont indiquées que par leur pétiole. Il y a *coulage, action de vents froids*, disent la plupart des paysans qui ne savent pas le plus souvent voir les très-petits insectes. En réalité ce sont les Altises, ou *pucerons* pour le vulgaire et des petits Charançons à long bec, qui ont rongé les siliques dans la fleur. On n'en voit plus en ce moment, les adultes ont péri, mais les œufs et les très-petites larves restent. On aperçoit maintenant sur des colzas voler beaucoup de Tipules (Diptères némocères) dont les larves ont vécu des racines. Leur action directe a été peu importante, le colza ayant de fortes racines ramifiées; il n'en est pas moins vrai qu'elles ont dû affaiblir le végétal et le rendre plus accessibles aux ravages des Altises. C'est un fait général que les insectes recherchent les plantes faibles, malades, de sorte que, souvent, le plus grand mal que cause une espèce nuisible, c'est de prédisposer la plante à succomber sous les attaques d'une espèce plus redoutable.

Ce sera le cas pour les fermiers de la Brie d'essayer à l'avenir pour la terre destinée aux colzas le mélange de sable et de naphtaline indiqué par M. E. Pelouze, moyen dont le Journal d'insectologie a rendu compte (2ᵉ année). A ce propos il est bon d'indiquer une recette efficace, difficile à employer dans la grande culture, où la main-d'œuvre est toujours la question principale, mais excellente et pratique pour les potagers. On prend du sel de morue, qu'on se procure partout à très-bas prix et qui ne nuit pas aux plantes, on le dissout dans l'eau en solution concentrée, et on y ajoute de 1/15 à 1/20 d'huile de schiste commune. On arrose les plates-bandes de légumes attaquées; non-seulement on détruit les insectes qui s'y trouvent, mais tous les insectes volants du voisinage, Altises, Punaises, etc., qui pourraient venir pour ravager ou pour déposer leurs œufs sont écartés par l'odeur. Quand il s'agit de purger les choux des insectes stationnaires, comme les chenilles des Piérides (*Pieris brassicæ* Linn. et *Pieris rapæ* Linn.), et les jeunes Pentatomes ou Punaises, alors qu'elles n'ont pas encore d'ailes, il suffit de l'arrosage avec la solution concentrée de sel de morue, sans addition d'huile minérale.

Nous sommes dans une année où il faut essayer toutes les recettes, car l'absence de fortes gelées au premier printemps et la végétation luxuriante développée par l'humidité du mois de mai ont favorisé la propagation des insectes.

*Ravages des mans ou vers blancs.* Les hannetons ne se sont pas montrés en grand nombre nulle part; mais les vers blancs exercent des ravages dans plusieurs cantons. On écrit de Dieppe à la date du 10 mai : Les vers blancs commencent à ronger les racines des blés en terre, de telle sorte que l'on s'aperçoit que certains champs dépérissent chaque jour. Dans plusieurs la plante de blé est jaune, et en le tirant, elle vient facilement à la main avec un ou plusieurs mans. Dans l'Aisne on redoute la présence du ver blanc et celle du ver gris dans les champs de betteraves.

*Moyen de chasser les fourmis des appartements.* De tous les moyens conseillés le plus efficace est l'emploi de citron pourri, dont l'odeur chasse complètement les fourmis. H. HAMET.

### Utilisation des fourmilières.

Nous recevons, extrait et complété par l'auteur, le résumé d'une note de M. Maurice Girard, insérée dans le dernier bulletin de la Société d'acclimatation, sous ce titre : *Le gibier à plumes et les Fourmis ; moyen commode de récolter les prétendus œufs de ces insectes.* (Bull. mars 1869.)

On sait que les jeunes oiseaux des divers ordres, ayant tous une croissance très-rapide au sortir de l'œuf, ont besoin alors d'une nourriture fortement azotée. Pour élever les jeunes gallinacés, perdreaux, faisans, colins, etc., destinés à repeupler nos bois et nos champs et à contre-balancer ainsi la destruction du gibier amenée par diverses causes, pour nourrir en cage divers passereaux chanteurs, rossignols, fauvettes, etc., on donne à ces oiseaux au sortir de l'œuf ce qu'on appelle vulgairement des *œufs de Fourmis*. Ce ne sont pas réellement les produits presque imperceptibles de la ponte de ces Hyménoptères, mais des larves et des nymphes souvent plus grosses que les Fourmis adultes. En les examinant de près, on voit que les uns sont des vers arrondis, courbés, à anneaux renflés, à tête peu distincte, sans pattes ; les autres, entourés d'un petit cocon soyeux, nous offrent, sous une mince pellicule, la forme et les organes des Fourmis, mais blanches, immobiles, comme emmaillottées. On les trouve le plus souvent dans les bois où l'on rencontre au pied des arbres, dans les sentiers, des monticules ayant quelquefois près d'un mètre de hauteur, formés de petites buchettes amoncelées. De toutes parts se rendent vers la montagne, chargées de butin, cheminant par des sentiers rayonnants, de grosses Fourmis d'un brun rougeâtre, apportant des débris de fruits, des chenilles mortes, attelées parfois plusieurs à une petite branche, comme des ouvriers qui portent avec peine une poutre gigantesque. Ce sont les neutres ou ouvrières (femelles à organes génitaux avortés) de la *Formica rufa* Linn. On sait que les Fourmis ne constituent pas plus de républiques ou de monarchies que les abeilles ; c'est une de nos manies d'affubler les animaux des gouvernements divers qu'il nous plaît de nous octroyer ou de subir. Les animaux n'ont pas besoin d'une subordination inutile, puisqu'ils ne peuvent se révolter contre d'immuables instincts. Les Apides, les Vespides, les Formicides exigent pour se reproduire le concours de trois espèces d'individus (il en faut jusqu'à quatre chez les Termites), tandis qu'en général deux suffisent et un seul même chez les animaux inférieurs hermaphrodites. Les mères ne savent pas élever leur postérité chez les

Fourmis. Un instinct admirable anime les ouvrières ou mères de second rang. Elles transportent les larves et les nymphes à diverses places dans le nid ; aux jours froids et pluvieux le précieux dépôt reste dans les chambres profondes du nid ; quand paraît le soleil les neutres ramènent ces enfants inertes et débiles près de la surface, afin que leur corps éprouve l'influence des rayons bienfaisants. Au moment du danger, ainsi qu'on le voit si le pied du promeneur oisif bouleverse la chère patrie, les Fourmis ne pensent pas à elles ; elles saisissent dans leurs mandibules ces globules ovoïdes, espérance de l'avenir, et les charrient sur leur dos ou portés devant elles, dans les retraites les plus profondes du nid.

La recherche de ces œufs prétendus est un élément précieux de la conservation du gibier à plumes. Déjà les grands nids d'accès facile de la *Formica rufa* sont devenus beaucoup moins communs dans nos bois. La loi sur la chasse a omis de garantir cet excellent agent d'élevage des jeunes oiseaux aux propriétaires des bois, en interdisant l'enlèvement et la destruction des fourmilières. Bien des gens, appartenant surtout aux braconniers et aux *ravageurs*, parcourent les bois pour récolter les œufs de Fourmis, et c'est par subterfuge, sous prétexte de vagabondage, que les gardes, ne pouvant pas verbaliser directement, cherchent à s'opposer à un enlèvement qu'on n'est pas légalement en droit d'interdire, quand il n'y a pas de clôture ni de dommage causé aux taillis ou au jeune plant. un récolte maintenant les larves et les nymphes de toutes les espèces de Formicides. La plupart des personnes passent la fourmilière au tamis et au crible et séparent ainsi les prétendus œufs des parties inutiles et des Fourmis agiles qui ne peuvent être données aux jeunes oiseaux à qui elles échappent. On perd ainsi beaucoup du produit utile ; on est fort incommodé par la sécrétion musquée et par l'acide formique, acide très-corrosif, irritant le nez et les yeux, et que les Fourmis lancent avec force par l'anus. C'est pourquoi on ne doit remuer la fourmilière qu'avec des gants épais ou mieux avec une cuiller de bois, car l'acide enlèverait l'épiderme des mains. Si on a affaire à des nids de Ponères, assez rares près de Paris, mais plus communes dans le midi de l'Europe, on sera en outre gravement et douloureusement incommodé. Au lieu de la simple démangeaison que causent les Fourmis ordinaires qui courent sur le corps de l'opérateur, en s'introduisant sous les vêtements, les Ponères produiront de brûlantes piqûres, car elles ont un petit aiguillon avec sa glande à venin, cet organe étant resté rudimentaire chez les Myrmiques et chez les Fourmis proprement dites.

Il est un moyen aisé et peu connu de faire, sans embarras, sans danger, un triage rapide et complet des œufs et des larves. On rassemble dans un sac de toile une ou plusieurs fourmilières des bois ou des champs ; on creuse avec une pelle, sur une aire de terrain découverte, contenant un cercle d'environ 2 mètres carrés, une série de petits trous, distants chacun de 20 à 25 centimètres et profonds de 2 à 3. Chaque fossette est recouverte de feuilles ou de gazons. On frappe sur le sac ou on le secoue, afin de remplir les Fourmis de colère et d'épouvante ; on vide le sac au milieu du cercle et on s'éloigne. Bientôt l'instinct maternel des ouvrières leur fait retrouver les œufs prétendus, et, avant de reconstruire le nid dans un lieu propice, elles songent à soustraire le précieux dépôt de leur race aux rayons du soleil qui dessécherait leur corps délicat et aux regards des oiseaux et des insectes hostiles. Les trous bien clos sont là ; les larves et nymphes y sont déposées à l'abri. L'opérateur n'a plus qu'à vider les petites cavités, à condition de ne pas attendre trop longtemps, car les Fourmis reviendraient chercher leur progéniture une fois les fondations de la nouvelle demeure ébauchées.

On trouve indiqué dans le Manuel du faisandier par Gérard, à Grenelle (ouvrage épuisé), un moyen qui ressemble à celui que nous faisons connaître. Il recommande de placer la fourmilière dans une caisse et de la recouvrir de feuilles sous lesquelles les Fourmis s'empressent de rassembler leurs larves et nymphes (p. 13), de sorte qu'on n'a qu'à soulever les feuilles au bout de quelque temps pour récolter abondamment l'aliment de prédilection des jeunes faisans et des jeunes colins. Il est très-probable que les interstices des feuillages semblent aux Fourmis de bonnes chambres d'incubation où elles apportent leur progéniture ; mais le moyen de Gérard oblige d'apporter chez soi toute la fourmilière, transport gênant si on l'a récoltée au loin. En outre les Fourmis peuvent s'échapper de la caisse si on omet de la fermer exactement, emporter leurs œufs, envahir le jardin ou la maison et y causer des dégâts, etc. Ce que nous faisons connaître paraît bien préférable.

On trouve mentionné dans plusieurs manuels de faisanderie un procédé de récolte analogue, mais beaucoup moins général, comme nous le ferons voir. Ce moyen ne s'applique qu'aux fourmilières de la *Formica rufa*, bien surveillée dans les parcs, à l'abri de tout enlèvement. Il est pratiqué depuis longtemps par les gardes forestiers saxons, on s'en sert à la faisanderie de Compiègne (1). On fait un trou au sommet de la

(1) Voir par exemple : *Guide pratique pour élever les faisans*, etc., par A. Legraud, p. 51. Paris, Goin, éd.

fourmilière et on le remplit de branchages avec leurs feuilles, au milieu desquelles les Fourmis apportent les œufs et les larves ; on retire les branches tous les trois ou quatre jours et on les secoue sur la boîte où l'on conserve le produit. On remet les branches en place, en ayant soin de déranger le nid le moins possible, car les Fourmis trop tourmentées délogeraient. C'est, comme on le voit, une mise en coupe réglée des fourmilières, bonne pour les faisandiers des chasses impériales et pour les grands propriétaires à parcs clos ; mais la plupart des fermiers ou des amateurs de chasse n'ont pas ces avantages. S'ils veulent repeupler leurs guérets de gibier, il est bien plus simple pour eux de faire des excursions de tous côtés et de récolter, comme nous l'avons dit, au moyen de l'instinct maternel des Fourmis, cette succulente nourriture des jeunes couvées que l'on pourra ainsi élever dans le moindre jardin.

**Protection aux oiseaux insectivores.**

Bruxelles, le 3 mai 1869.

Ce n'est pas d'aujourd'hui que je m'aperçois que les autorités françaises se préoccupent plus que les nôtres de la conservation des oiseaux insectivores. Dans votre pays, le bon exemple souvent part de haut et les fonctionnaires intelligents, depuis les ministres et les préfets jusqu'aux maires et aux instituteurs publics, ne croient pas déroger en prêchant une croisade en faveur de ces auxiliaires naturels des cultivateurs ; chez nous, au contraire, on dirait que la morgue bureaucratique a englué la gent officielle. Depuis plusieurs années, la Société centrale d'agriculture de Belgique, dont j'ai l'honneur d'être secrétaire, poursuit la réparation de cet outrage au bon sens ; elle se rend l'écho des aspirations et des discours où les bestioles utiles sont glorifiées, et fait tout ce qu'elle peut pour engager le pouvoir central à entrer enfin dans la voie que suivent la France et l'Autriche. C'est ainsi que nous venons d'adresser à la Chambre des représentants la pétition dont la teneur suit :

« Bruxelles, le 19 avril 1869.

» A Messieurs les président et membres de la Chambre des représentants, à Bruxelles.

» Messieurs,

» Dans une des dernières séances de son conseil administratif, la Société centrale d'agriculture de Belgique s'est de nouveau préoccupée de la protection nécessaire à la conservation des oiseaux insectivores, ainsi que des immenses intérêts qui la rattachent directement à la production du sol. Avec une persévérance que ne décourage pas l'insuccès, le conseil a mis en regard, d'un côté, l'indifférence, pour ne pas dire plus, de l'administration en Belgique et, de l'autre, la sollicitude toute récente manifestée, à ce propos, par le gouvernement hongrois. En effet, tandis que dans un pays comme le nôtre, qui se prétend à la tête du progrès, la loi abandonne, en quelque sorte, à une destruction aveugle et barbare les auxiliaires ailés du cultivateur, un peuple encore livré aux tribulations qu'amènent toujours les grands mouvements politiques, n'a pas méconnu l'importance de ce problème agricole.

» Les soussignés, Messieurs, osent espérer que la législature belge, en dehors même de l'initiative du pouvoir, si cette dernière restait muette, voudra bien évoquer et résoudre cette question. C'est à cette fin qu'ils ont l'honneur :

» 1° De vous faire hommage du bulletin de la société centrale d'agriculture de Belgique, qui renferme la traduction des lois promulguées tout récemment en Hongrie ;

» 2° De vous prier de bien vouloir formuler au sujet de la protection ue aux oiseaux insectivores, une loi de nature à sauvegarder les intérêts qui la réclament.

» A ce propos, les soussignés estiment que la loi, au moins quant à présent, pourrait se borner à interdire la capture des oiseaux de ce genre (sauf les ortolans qui se prennent en juillet) pendant toute la période annuelle que représente la fermeture de la chasse. »

» Les soussignés, comptant sur votre intervention que légitime une véritable nécessité sociale, ont l'honneur de vous présenter, Messieurs, l'hommage de leur respectueuse considération.

» Signés : V. VANDEN BROECK et comte de ROBIANO. »

Réussirons-nous à éveiller, enfin, la sollicitude administrative ? Cela me paraît douteux, le directeur de l'agriculture en Belgique étant, en même temps, directeur des beaux-arts et ayant, sans doute, en ces deux qualités qui hurlent quelque peu d'être réunies dans le même homme, autre chose à faire qu'à se préoccuper des insectes, *de minimis non curat !* Espérons néanmoins ; dans notre monde officiel rien n'est moins impossible que l'improbable et, déjà, dans une des dernières séances de la Chambre des représentants, M. le ministre de l'intérieur a daigné faire entrevoir qu'il se pourrait bien qu'on s'occupât un jour de la question.

Recevez.....  V. Vanden Broeck, secrétaire.

---

**La criocère brune.** (*Crioceris brunnea* Fabr.)

Cette espèce est très-jolie; elle est d'un rouge un peu ferrugineux; les yeux, les antennes, la poitrine et la base de l'abdomen sont noirs. Elle diffère de la criocère du lis (*Crioceris merdigera* Linn.) en ce qu'elle a la tête noire, ainsi que le dessous du corps. On voit, dès la fin d'avril, la criocère brune envahir les touffes de ciboules, les jeunes tiges d'oignons, d'ail et ronger à belles dents ces liliacées. D'abord il n'y a que quelques rares insectes parfaits, accouplés à la manière des grenouilles (1); ensuite on peut voir des milliers de petits œufs d'un rouge pâle qui sont collés du haut en bas des tiges de ciboules, de ciboulettes et d'oignons. Quelques jours suffisent à ces œufs pour éclore; la larve qui en sort très-peu visible d'abord, se développe avec une telle rapidité que, deux jours après, elle a atteint la grosseur de l'insecte parfait. Pour acquérir ce développement rapide, cette larve mange sans cesse. Ses excréments ramenés sur son dos, à cause de la disposition de l'anus, la rendent hideuse et dégoûtante; les ménagères éprouvent une véritable répugnance à utiliser les feuilles sur lesquelles l'insecte vit; les oiseaux ne touchent pas à cette proie. A mesure qu'une larve avance en âge et se transforme, d'autres plus jeunes, fraîches écloses la remplacent. De nouveaux individus parfaits apparaissent en plus grand nombre et souvent il ne reste plus, au mois de juillet, dans les carrés d'oignons, que quelques feuilles à moitié rongées, jaunes et sans sève. L'oignon est chétif; l'insecte a tout dévoré.

Les ouvrages d'entomologie que j'ai consultés disent que la criocère brune vit sur le mayanthème à deux feuilles et sur le muguet de mai. Ces deux jolies fleurs champêtres sont très-communes dans nos haies, et, depuis près de dix ans que je m'occupe de l'étude des insectes, je

---

(1) Nous ferons remarquer que les grenouilles et les crapauds ne s'accouplent pas réellement. Le mâle grimpe sur le dos de la femelle très-fortement accroché autour de son cou avec ses pattes de devant. Il reste ainsi parfois plusieurs semaines, la fatiguant de son poids, afin de la forcer à pondre ses œufs. Il les tire avec ses pattes de derrière, pour faciliter leur sortie, et répand en même temps sur eux la laitance qui doit les féconder.  (*La Réd.*)

n'ai jamais rencontré l'insecte dont je parle que sur la ciboulette, l'ail et l'oignon, mais ses ravages dans nos potagers font le désespoir de nos ménagères.

Voici le moyen le plus simple de les prévenir. Tous ceux qui ont observé les mœurs de cet insecte savent qu'il paraît en avril, que les premiers individus sont rares, mais tous accouplés. Rien de plus aisé alors que de surveiller l'éclosion de ces premiers ravageurs, dont la nymphe a passé l'hiver dans la terre du jardin, et de les écraser à mesure qu'ils paraissent. Le carré de liliacées est d'ordinaire peu étendu et cette chasse est d'autant plus facile que l'insecte est facile à voir de loin à cause de sa couleur éclatante, et qu'il ne s'envole pas, mais se laisse tomber à terre lorsqu'on l'approche. Si par hasard des œufs avaient été déposés, il est facile de les voir et de les détruire ; si des larves étaient déjà écloses, qu'on leur fasse une chasse rigoureuse. En un mot, il est très-aisé de se délivrer de cet ennemi, qui est peu voyageur et qui, une fois anéanti dans un jardin, n'y reparaît plus de longtemps. Je m'en suis assuré en détruisant, il y a quelques années, ceux de mon carré d'oignons, qui depuis n'en a plus fourni.

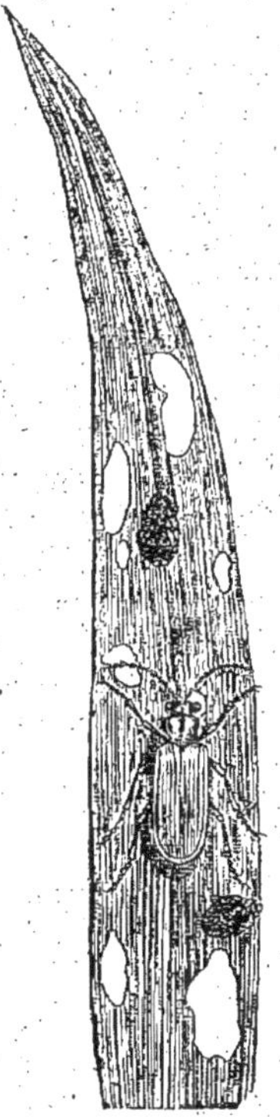

Mais ici, comme partout dans les campagnes, on ne s'inquiète nullement de prévenir les ravages causés par les insectes à l'agriculture ; on se borne à constater et à déplorer le mal, sans même se rendre compte de la cause qui le produit. Nos paysannes croient que la larve de la criocère est une espèce de limaçon, et malgré les leçons d'entomologie agricole que je m'efforce de donner à l'occasion, on a peine à croire que ce limaçon soit le même animal que la petite bête rouge, qui est assez inoffensive et qu'on voit se promener sur les feuilles des oignons et sur les touffes des ciboulettes ! On ne croit pas

Fig. 30.
Criocère des lis grossie (1).

---

(1) Nous figurons une espèce très-voisine, la Criocère du lis, pareille, en figure noire, à celle de l'article.

sincèrement non plus que les chenilles puissent se transformer en papillons et que ceux-ci puissent pondre des chenilles. Les instituteurs s'efforcent toutefois de donner aux enfants quelques notions d'entomologie agricole, et la génération future sera plus instruite que celle qui descend dans la tombe.   X. THIRIAT.
(*Bulletin hebdomadaire de l'agriculture.* 1869, n° 19. p. 293.)

### Bibliographie.

*Etudes d'histoire naturelle* (Entomologie), *par Romuald Jacquemoud.* — Moutiers-Tarentaise (Savoie), Ch. Ducrey, éd., 1869. On doit toujours constater avec plaisir, comme un heureux symptôme, la publication d'études intéressantes d'histoire naturelle dans les localités éloignées des grands centres, et où la vie intellectuelle manque de ces excitations puissantes que lui communiquent, dans les grandes villes, les chaires de haut enseignement et la communauté des idées entretenue par les sociétés savantes. Aussi M. R. Jacquemoud rend-il un véritable service en réunissant en volume une série d'articles qui ont été disséminés dans le journal *le Savoyard,* et qui ont appelé sur ce jeune naturaliste la bienveillante attention des journaux de la Savoie, de l'Isère, de l'Ain et du Rhône. L'ouvrage est écrit d'un style élégant et facile et, par sa nature, est en partie littéraire et en partie scientifique. On y reconnaît l'œuvre d'un jeune homme qui étudie les insectes avec goût et comprend toute la portée que peut offrir la connaissance exacte de leurs mœurs et de leurs instincts.

C'est seulement, en effet, quand on sait exactement quelle est la nature de l'ennemi qu'on peut arriver à le combattre et à le décrire, car malheureusement les insectes ne sont pas seulement pour nous le sujet de poétiques dissertations, mais un grand et terrible fléau qui menace de plus en plus nos cultures à mesure qu'elles s'étendent et se renouvellent plus rapidement par l'emploi rationnel des engrais. Il y a encore dans le livre de M. Jacquemoud quelque complaisance pour l'amplification brillante à la façon de l'ouvrage de M. Michelet; il a besoin d'acquérir des notions plus précises de déterminations scientifiques.

Mais M. Jacquemoud sait observer par lui-même, et a joint des faits personnels intéressants à ce qu'il avait acquis par la lecture des auteurs entomologiques.

Le premier chapitre du livre est destiné à donner au lecteur des notions générales sur la structure des insectes, sur leurs métamorphoses, leurs instincts, leurs moyens d'attaque et de défense, et l'auteur repousse l'ancienne erreur des générations spontanées qui a si longtemps régné à leur égard.

L'auteur s'occupe ensuite des relations des insectes et de l'homme, si désastreuses souvent pour ce dernier. Il rappelle les terribles conséquences des dévastations des criquets (vulgairement nommés sauterelles), les dangers que courent les céréales et les vignes, la funeste mouche *tsetsé* de l'intérieur de l'Afrique, etc. M. Jacquemoud rapporte les curieuses observations qu'il a faites sur la ténacité de la vie chez les hannetons et les carabes, qui reviennent à l'existence après avoir été plongés longtemps dans l'eau ou enfouis en terre. Cela tient à ce que les insectes, fermant volontairement leurs stigmates ou orifices respiratoires, gardent de l'air respirable à l'intérieur de leurs trachées. Les observations de M. Jacquemoud confirment d'anciennes expériences, ainsi celles de Réaumur et celles que rapporte Strauss-Durkheim dans son ouvrage célèbre. (*Considérations générales sur l'anatomie des animaux articulés et particulièrement du hanneton.* Paris, 1828.)

Les autres chapitres de l'ouvrage constituent des monographies pleines d'attrait. Dans l'une, M. Jacquemoud s'occupe du Cousin (*Culex pipiens* Linn.), de ses métamorphoses aquatiques, des soins qui remédient à ses piqûres ou les préviennent. Les Libellules en général et leurs larves dans l'eau forment l'objet d'un autre travail. Vient ensuite une étude instructive et que nous recommandons, de la plus grande de nos Cigales (*Cicada plebeia* Latr.). M. Jacquemoud a pu observer lui-même et fréquemment ce curieux et nuisible insecte que nous ne connaissons pas dans la France du nord. Il décrit exactement l'appareil stridulent du mâle, les soins maternels des femelles qu'il a vues sondant en quelque sorte les branches des arbres avant de leur confier les œufs dans une entaille qu'elles pratiquent. Il rend compte des ravages que les larves des Cigales occasionnent en rongeant les racines de beaucoup d'arbres de nos plantations méridionales. Le papillon tête de mort (*Acherontia atropos.* Linn.), puis les abeilles sont l'objet des deux chapitres suivants. Nous recommandons à M. Jacquemoud, au sujet des abeilles, les observations nouvelles relatives à leur reproduction, la ponte des œufs de mâles par la reine vierge, la nécessité de l'accouplement pour la production des œufs de femelles. Il y a encore bien à faire sur ces questions difficiles où la vérité est si souvent côtoyée par l'erreur, ainsi que le montre la récente controverse sur les assertions controuvées de M. Landois, que la nourriture seule des larves ferait à volonté des mâles ou des femelles.

Les mœurs des araignées les plus habituellement observées terminent l'ouvrage. M. Jacquemoud, contrairement à d'autres assertions, pense pouvoir affirmer que l'araignée domestique (*Tegenaria domestica*, Linn.) ne vit qu'un an, et celle des jardins (*Epeira diadema*) deux ans. Il rapporte, comme observation personnelle, un curieux fait d'araignée apprivoisée venant chercher à heure fixe des mouches qu'on lui présentait. Enfin il réfute les erreurs si accréditées, surtout dans le Midi, que les araignées seraient dangereuses pour l'homme. M. Jacquemoud a reconnu qu'on peut les tenir presque toutes entre les doigts sans aucun danger, que seules la tarentule et l'araignée des caves piquent quelquefois avec leurs chélicères, mais sans accident de quelque gravité. Nous devons favoriser la propagation des araignées dans les bois, les jardins, et ne pas détruire leurs toiles, et même dans toutes les parties des maisons où on peut les laisser sans inconvénient; les araignées sont pour nous d'utiles auxiliaires et peuvent détruire beaucoup de ces mouches des groupes des tipules, des cécidomyes, des chlorops, si dangereuses souvent pour nos moissons et nos potagers.

Maurice GIRARD.

## SYLVICULTURE.

### Les chenilles processionnaires,

PAR LE D<sup>r</sup> BOISDUVAL.

Les chenilles qui sont aux environs de Paris et dans toute la France centrale un redoutable fléau dans les bois et les parcs plantés de chênes ne sont pas de celles qui nuisent à l'agriculture et à l'horticulture, attendu qu'elles ne se trouvent jamais dans les champs ni dans les jardins.

Il y a des années où les processionnaires du chêne sont si abondantes dans nos bois, que ce n'est pas sans danger que l'on se hasarde à pénétrer dans les localités où ces chenilles ont établi leurs nids. En 1865, le bois de Boulogne en était tellement infesté que M. Pissot, l'intelligent conservateur de cette promenade publique, dut, dans l'intérêt de la santé des promeneurs, interdire la circulation dans plusieurs cantons. Le pré Catelan et le jardin d'acclimatation n'étaient pas plus épargnés ; les bois de Vincennes et de Meudon étaient également envahis par les chenilles.

C'est précisément à l'époque où nous sommes qu'a lieu l'éclosion des œufs. Ceux-ci sont déposés par petits tas sur les écorces des chênes, vers la fin du mois d'août, et légèrement recouverts d'une espèce de bourre que la femelle du papillon détache de son abdomen. Ils supportent le froid de nos plus rudes hivers sans éprouver la moindre altération. Ces œufs, au nombre de sept à huit cents, donnent naissance à autant de petites chenilles qui, aussitôt après leur naissance, filent en commun une toile légère pour se mettre à l'abri. Dans leur jeunesse, elles changent plusieurs fois de domicile, sans pour cela quitter le tronc de l'arbre. Ce n'est qu'après leur dernier changement de peau qu'elles ont une habitation fixe. Cette dernière demeure a ordinairement de 50 à 60 centimètres de long, sur 15 à 20 de large; elle est arrondie à chaque bout et appliquée verticalement sur l'écorce des chênes, tantôt assez près de terre et tantôt à 2 mètres ou même à 2 mètres 50 au-dessus du sol. La configuration de ces nids n'a rien de constant ni de bien régulier; ils forment à l'endroit du tronc où ils sont placés des espèces de bosses comparables à certaines nodosités que l'on voit sur les vieux arbres. Dans le haut de ce sac composé d'une soie grisâtre, il y a une ouverture par laquelle les chenilles sortent et rentrent à volonté, lorsqu'elles quittent leur logement pour aller s'établir ailleurs ou le soir pour se répandre sur les branches ou se nourrir pendant la nuit. (voyez notre figure). Leur mouvement s'exécute dans un ordre régulier : au moment où elles sortent, une chenille va la première et ouvre la marche; les autres suivent à la file en formant un cordon non interrompu. La première est toujours seule, les autres sont quelquefois deux ou trois de front. Elles observent un alignement si parfait que la tête de l'une ne dépasse pas celle de sa voisine. Quand la conductrice s'arrête, la colonne reste immobile, elle attend que celle qui est à la tête se mette en marche pour la suivre. Lorsque ces chenilles sont bien repues, elles rentrent le matin de bonne heure dans leur nid. Il n'est pas rare cependant d'en trouver à peu de distance de leur habitation, réunies par paquets les unes à côté des autres, ou même les unes sur les autres, en train de prendre le frais. Dans cet état elles sont tellement plaquées sur les écorces qu'on peut passer à côté sans les apercevoir.

Ces chenilles, lorsqu'elles sont adultes, sont un peu plus petites que celles de la livrée. Leur dos est d'un brun noirâtre avec les côtés d'un cendré pâle et le ventre d'un gris jaunâtre ; elles sont, outre cela, pourvues sur chaque anneau d'une rangée circulaire de petits tubercules rougeâtres donnant naissance à de longs poils blanchâtres inégaux, peu touffus, chacun terminés par un petit crochet.

Quand le moment de la métamorphose arrive, elles filent, chacune dans le nid commun, une coque particulière où elles se changent en chrysalides. Le papillon connu sous le nom scientifique de *Bombyx processionnea* éclôt dans les premiers jours du mois d'août, rarement plus tôt. Il est d'une couleur peu brillante : le mâle dont nous donnons la figure est d'un gris blanchâtre, avec les ailes supérieures marquées de trois raies transversales d'un gris noirâtre et d'un arc central de la même couleur. Ses ailes inférieures, beaucoup plus blanches, sont traversées par une seule raie ; sa femelle est plus grande ; ses quatre ailes sont d'un gris-cendré pâle, avec une ombre à la base des supérieures et une raie commune, transversale, un peu plus obscure que le fond ; son abdomen est garni à l'extrémité d'une plaque écailleuse, munie d'une espèce de brosse composée de poils d'un gris roussâtre qui servent à recouvrir les œufs au moment de la ponte.

Nous avons dit que les processionnaires étaient un fléau dans nos bois, moins parce qu'elles dépouillent en partie les chênes de leurs feuilles que parce que leur voisinage est dangereux pour les personnes qui les touchent par imprudence ou qui s'en approchent par ignorance. Dans ce cas on ne tarde pas à éprouver d'affreuses démangeaisons souvent compliquées de fièvre et d'éruptions sur tout le corps et même le gonflement du visage et des mains. Les plus à craindre de ces nids sont ceux dont les papillons sont éclos, parce que leurs dépouilles étant desséchées se brisent avec la plus grande facilité et se réduisent en une poussière fine qui s'attache à la peau. Hâtons-nous d'ajouter que ces accidents n'ont jamais rien eu de très-alarmant, c'est l'affaire de trois ou quatre jours, surtout si l'on fait usage de lotions acidulées et de bains d'amidon.

L'échenillage prescrit par la loi du 26 ventôse an IV, que l'on fait exécuter presque toujours trop tard ou assez mal, comme nous le démontrerons dans un prochain article, n'est pas applicable aux chenilles de la processionnaire, dont les œufs passent l'hiver cachés dans les fissures des écorces. C'est donc en été qu'il faut leur faire la guerre. Le meilleur moyen et le plus simple, selon nous, est de brûler les nids avec une poignée de paille ou une torche allumée. C'est celui que nous avons conseillé pour en purger le jardin d'acclimatation. M. Pissot en a employé un autre qui lui a bien réussi ; il consiste à mélanger dix parties d'huile lourde de gaz avec cent parties d'eau et à imbiber à l'aide d'une grosse éponge ou d'un balai les nids avec ce liquide.

La processionnaire du chêne n'existe pas en Angleterre, ni même dans le nord de la France; selon Ratzeburg, elle est assez peu répandue en Allemagne, où les forêts sont en grande partie constituées par des essences résineuses.

Nous avons dans le midi de la France et en Algérie une autre chenille processionnaire, c'est celle du pytiocampe *Bombyx pityocampa*, qui dévore les pins, principalement les espèces désignées sous les noms de *pinus sylvestris*, *maritima* et *alpensis*. Cette espèce forme à l'extrémité des branches des nids d'une soie blanche qui ressemblent à des cônes renversés, renfermant ordinairement une colonie de sept ou huit cents individus qui le soir sortent de leur retraite pour dévorer les feuilles aciculaires de ces conifères. Nous les avons vus sortir en plein jour à la fin de l'hiver pour prendre l'air au soleil et se réunir par paquets, puis ensuite faire leur procession en observant le même ordre et la même régularité que l'espèce précédente.

Les chenilles du pityocampe, lorsqu'elles sont adultes, ont le dos d'un bleu noirâtre avec des tubercules rougeâtres surmontés d'aigrettes et poils fauves clair-semées, terminées chacun par un petit crochet. Elles mangent tout l'hiver et acquièrent leur développement complet vers les premiers jours de mars ; alors elles quittent le domicile commun, descendent au pied des pins et entrent très-superficiellement en terre pour se métamorphoser en chrysalides dans une petite coque de soie. L'éclosion du papillon a lieu en juin ; celui-ci est d'une couleur grisâtre comme celui de notre processionnaire, mais les raies transversales sont plus flexueuses et mieux écrites. Après l'accouplement les œufs sont pondus en juillet, au bout des rameaux. Dès que les petites chenilles sont écloses, ce qui a lieu dans le même mois, elles filent une petite tente proportionnée à leur taille dans laquelle elles renferment comme provision un certain nombre d'aiguilles de pin. Après chaque mue, elles changent de domicile et continuent de vivre en commun pendant l'automne et une partie de l'hiver.

La chenille du pityocampe est considérée par les forestiers comme une calamité dans les forêts de pin. Ses nids occasionnent les mêmes accidents que ceux de la processionnaire du chêne, lorsqu'on a l'imprudence d'y toucher sans précaution.

On peut en détruire une grande quantité à l'aide d'un échenilloir longuement emmanché. Mais il faut pour cela choisir une journée pluvieuse, pour être certain que les chenilles sont toutes renfermées dans leur tente.

Cette chenille est très-nuisible dans les forêts de l'Allemagne. Ratzeburg signale une autre espèce, *Bombyx pinivora*, que nous n'avons pas en France, mais qui dans certaines localités est aussi redoutée que le pityocampe.

## De la fumagine ou maladie noire de l'olivier. Maladie noire de la vigne.

(*Séance du 8 décembre 1868, du Congrès scientifique de France à Montpellier.*)

M. Planchon demande à dire quelques mots sur la fumagine, ou maladie noire de l'olivier. La parole lui est accordée; mais avant d'aborder cette question, il appelle l'attention des membres du Congrès sur un insecte qui détruit les plantes du sainfoin ou esparcette (*Onobrychis sativa*). Les mœurs de cet insecte (le *Sphenoptera gemellata* Déjean) ont été étudiées par M. Jules Lichtenstein (1) dans une note que le *Messager agricole* a eu la bonne fortune de publier le premier (Voir le numéro du 5 février 1869, p. 9).

M. Planchon donne ensuite des détails fort intéressants sur le miellat, sur les pucerons et la production de la fumagine.

M. Planchon dit ensuite quelques mots sur la maladie noire de la vigne qui avait été signalée, en 1863, par M. Frédéric Cazalis, et qui est due également à un insecte de la famille des kermès.

M. Henri Marès fait observer qu'on trouve sur le mûrier et sur la vigne une maladie noire analogue à celle de l'olivier, et croit devoir rassurer les agriculteurs sur les conséquences que peuvent avoir les maladies noires. Il pense que par la taille, le soufrage et par le badigeonnage à la chaux de ces végétaux, on peut arriver à détruire les in-

(1) (Voir *Bulletin de la Société centrale d'agriculture de l'Hérault*, années 1838, 1839, 1840, 1841 et 1842.)

sectes qui occasionnent ces maladies. Ainsi, la poussière noire qui couvre les plantes atteintes de fumagine et l'état d'épuisement où tombent ces plantes ne se produisent que postérieurement à la piqûre d'insectes du genre *coccus*, désignés sous le nom de *gallinsectes*. C'est à la fin de mai et dans les premiers jours de juin que ces derniers se multiplient à l'excès, se répandent sur les feuilles et les écorces, les couvrent de piqûres et leur font exsuder une espèce de miellat après lequel se développe la fumagine. La sève est alors profondément troublée, la fructification entravée, etc. Les gallinsectes restent en grand nombre sur les branches et sur le feuillage; on les diminue considérablement par une taille sévère; l'application d'un lait de chaux vive, devenue facile après la taille, en détruit aussi un grand nombre. Le soufrage pratiqué au moment de la naissance des insectes nuit beaucoup à leur multiplication. De bonnes cultures et des engrais qui font réagir vigoureusement les végétaux atteints contribuent aussi à les débarrasser. On sait que le froid tue les gallinsectes de l'olivier à une température que le docteur Companyo (de Perpignan) a fixée à — 6°; aussi, après les hivers rigoureux, les voit-on purgés de fumagine. C'est ce qui est arrivé cette année dans une foule de localités où sévissait cette fâcheuse maladie. Il faut espérer qu'elle sera sérieusement enrayée pour longtemps. Elle a d'ailleurs paru à diverses reprises; ainsi, dans le siècle dernier, Amoreux, auteur d'un bon *Traité sur l'olivier*, la signalait comme très-pernicieuse. Sur les vignes et les mûriers, qu'on taille beaucoup plus sévèrement que l'olivier, la fumagine ou maladie noire n'a jamais commis de ravages sérieux, et on ne l'a pas vue s'étendre d'une manière dangereuse. Il en est autrement de l'olivier. Depuis quelques années, le découragement où elle a jeté un grand nombre de propriétaires d'oliviers les a décidés à arracher leurs arbres. Si elle n'a pas causé directement leur mort, elle a au moins été le prétexte de leur destruction.

M. Dufour fait observer que, jusqu'à présent, on s'est mépris sur l'insecte qui atteint la vigne et qui produit la fumagine.

On a pensé que cette maladie était causée par le *kermès vitis* de Latreille; cette erreur n'est plus possible aujourd'hui, grâce aux recherches de M. Vinas, de Béziers.

Pendant longtemps cet observateur a cru que c'étaient les mêmes insectes, à forme estivale et hivernale; plus tard, les ayant trouvés sur la même souche et sous leurs formes différentes en hiver, il a dû conclure à la différence des espèces et peut-être des genres, et a établi ainsi qu'il suit les caractères qui les séparent :

1° Le *kermès vitis*, au moment de sa naissance, n'a que neuf anneaux, tandis que l'insecte qui produit la fumagine en a quatorze.

2 Le *kermès vitis* se fixe peu après sa naissance, ses pattes s'atrophient; ses téguments se durcissent au point qu'on ne peut plus distinguer aucun segment ; tandis que l'insecte qui produit la fumagine ne se fixe jamais, et ses anneaux sont toujours très-visibles.

3° Le *kermès vitis* n'a qu'une génération par an, tandis que l'autre en a plusieurs.

4° Enfin, le *kermès vitis* est inoffensif pour la vigne et n'amène jamais la fumagine, tandis que l'autre l'amène toujours.

Voici les mœurs et les habitudes de l'insecte, telles que M. Vinas les a observées :

D'octobre en juin, l'insecte vit sur les vieux bois et sous l'écorce. Il n'est pas cependant à l'état de complète torpeur, puisqu'il grossit pendant cette période.

Dans les premiers jours de juin, l'insecte, considérablement grossi, mais en petit nombre encore, car probablement une bonne partie a succombé aux atteintes de l'hiver, sort de sa torpeur et envahit la souche. Fin juin, M. Vinas a déjà trouvé des œufs contenus en très-grand nombre dans des paquets de matière lanugineuse blanche qui entoure les mères, et dont une petite quantité commençait à éclore.

Ces nouvelles éclosions grossissent rapidement, et les nouvelles générations font de nouvelles pontes qui se répandent sous les feuilles et sur les rafles.

Vers la fin de juillet commence à se manifester, sur la frondaison et sur le raisin, cette exsudation visqueuse et sucrée produite par le miellat et connue sous le nom de *fumagine*.

La vigne atteinte ainsi est dans un état apparent de souffrance; le raisin ne se développe pas et les pousses sont étiolées. Cet état se prolonge et marche progressivement jusqu'à la fin de septembre, époque où le kermès se réfugie sous le vieux bois de la souche pour y hiverner.

M. Hortolès soumet à l'assemblée quelques plantes qu'il a apportées, entre autres, des *Cestrum aurantiacum*, qui portent des traces de fumagine, et croit pouvoir conclure des recherches minutieuses qu'il a faites sur ces plantes que la fumagine peut se produire sans le concours du kermès, dont il n'a trouvé, dit-il, aucune trace sur ces plantes.

M. Dufour combat cette opinion; selon lui, en admettant que ces recherches aient été faites avec tout le soin possible, il pense que la fumagine peut exister sur ces plantes, soit parce qu'elles se seront trouvées placées sous des arbres atteints du kermès, soit parce que les kermès auront disparu après avoir occupé la plante, et l'on sait bien que la fumagine persiste longtemps après qu'elle a été déposée.

Il pose en principe que certaines variétés de kermès peuvent quelquefois se montrer sans fumagine, mais que la fumagine est toujours sûrement l'indice de la présence d'un kermès, et qu'en suivant à la trace les mouches et les fourmis attirées par la fumagine, elles conduisent au kermès avec la sûreté d'un chien sur la piste du gibier.

M. Planchon partage l'opinion émise par M. Dufour; il ajoute, toutefois, que la fumagine peut avoir aussi pour cause la présence de certains pucerons, et s'étant livré à des recherches sur les plantes apportées par M. Hortolès, il y découvre quelques pucerons verts qu'il pense pouvoir être la cause de cette fumagine.

M. Dufour parle de l'apparition de la maladie noire du kermès sur plusieurs vignobles du département de l'Hérault, et des alarmes qu'elle a données aux propriétaires. Il croit pouvoir les rassurer, car jusqu'à présent ces invasions n'ont été que de très-courte durée.

Si cet insecte a de puissants éléments de reproduction, il paraît en avoir contre lui de tout aussi puissants de destruction; et, si un petit nombre de souches atteintes peut communiquer l'année suivante la maladie à quelques milliers de souches environnantes, il arrive le plus communément que l'année d'après la voit disparaître.

D'après les conditions où elle s'est montrée dans l'Hérault, elle est bien loin d'avoir la gravité ni la durée persistante et presque éternelle des invasions de cochylis et de pyrale.

Il est du reste un moyen efficace d'arrêter cet insecte dans son développement, c'est d'écorcer les premières souches atteintes et de les badigeonner au lait de chaux.

M. F. Cazalis a observé cette année un très-grand nombre d'insectes du même genre que ceux de l'olivier sur des plantes d'aubergine. Il ne peut pas affirmer, toutefois, que ce soit la même espèce; il faudrait, pour être fixé à cet égard, étudier l'insecte lorsqu'il est encore jeune, c'est-à-dire peu de jours après l'éclosion.

## SÉRICICULTURE.

On lit dans le *Courrier de Lyon* :

Nous avons des nouvelles toutes fraîches sur les éducations de vers à soie.

La situation n'est pas beaucoup changée ces jours derniers. Dans la Drôme, dans le Gard, en Italie et en Turquie, les vers ont en général dépassé la troisième mue dans de bonnes conditions.

Les races à cocons verts d'importation directe se comportent fort bien jusqu'à ce jour et promettent une récolte relativement abondante. Quant aux graines de reproduction, surtout de reproduction annuelle, elles donnent lieu à des plaintes générales, et la plupart des sériciculteurs, avant ou après la deuxième mue, ont dû les remplacer en mettant à l'éclosion des cartons japonais, qui, du reste, se vendaient à vil prix, après s'être tenus longtemps à un taux très-élevé (1).

On a quelques craintes pour les éducations, qui se sont jusqu'à ce jour bien comportées ; quelques chambrées précoces ayant éprouvé des échecs à la quatrième mue, qui est habituellement la période critique, on a peur de voir le mal se généraliser. Espérons que ce ne sont là que des chimères et qu'elles ont pris naissance chez les gens qui ont un parti pris habituel de pessimisme en matière d'éducation des vers à soie.

Les japons verts et blancs à petits cocons sont robustes ; malheureusement on craint qu'il n'y ait parmi ces derniers une certaine quantité de bivoltins, car ils semblent marcher bien vite et n'absorber qu'une faible quantité de feuille, ce qui les amènerait à ne produire que des cocons défectueux.

Le prix moyen de la feuille de mûrier dans les contrées séricicoles est de 9 fr. environ les 100 kilogrammes.

Dans certaines contrées de l'Italie, il y a des vers qui arrivent à la montée, d'autres même qui ont déjà fait leur cocon. Il y aurait même déjà des acheteurs sur la base de 6 à 6 fr. 50. Mais les prix ne peuvent encore être établis.

(1) Le même fait s'est produit l'année dernière ; on voyait les Japonais récents réussir à côté de vers malades de la flacherie ou de la pébrine, provenant de graines d'origines diverses, mais faites en France. Il y a donc toujours des foyers épidémiques locaux. (La Réd.)

*L'Éditeur-propriétaire* : E. DONNAUD.

# L'INSECTOLOGIE AGRICOLE

### Bulletin insectologique.

*Histoire naturelle populaire ; les ennemis et les auxiliaires naturels des cultivateurs.* — Le ministre de l'instruction publique vient d'adresser aux inspecteurs d'académie une circulaire par laquelle il recommande l'acquisition, pour les écoles primaires et les cours d'adultes, d'une collection de tableaux ayant pour titre : *Histoire naturelle populaire ; les ennemis et les auxiliaires naturels des cultivateurs.* Ces dessins ont été faits conformément aux instructions du ministre par les artistes du Muséum d'histoire naturelle, sous la direction de M. Milne Edwards, membre de l'Institut, doyen de la faculté des sciences de Paris, qui a bien voulu rédiger lui-même le texte explicatif placé à côté des figures.

Sous le titre d'*animaux utiles*, les tableaux représentent : la taupe, la chevêche (chouette), la musaraigne commune, la chauve-souris, le merle commun, le pivert, le hérisson, le tarier, la fauvette à tête noire, les insectes ennemis de la pyrale, l'engoulevent, la fauvette des jardins, le sansonnet ou étourneau commun, le rossignol, l'hirondelle de cheminée, le martinet, la bergeronnette grise et la jaune, les mésanges, la pie-grièche rousse, le rossignol des murailles, le crapaud et la rainette, la grande rousserolle.

Ces tableaux contiennent, sous le titre d'*animaux nuisibles* : le lérot, le loir, les criquets et sauterelles, le muscardin, les chrysomèles, la pyrale de la vigne, les teignes et autres insectes nuisibles à la vigne, les chenilles processionnaires, les teignes padelles (yponomeutes), les insectes nuisibles aux céréales, la vipère, les insectes nuisibles aux arbres, le putois. Le prix de la collection des six tableaux rendus *franco* est fixé à 2 fr. 40.

Il est bon de rappeler d'autres tableaux muraille d'un grand secours pour l'enseignement. Ce sont ceux édités par la maison Bouasse-Lebel. Les tableaux d'insectologie de la collection Bouasse-Lebel, notamment ceux de *sériciculture* et d'*apiculture*, ont obtenu une médaille de bronze à l'exposition des insectes de 1868.

*Criquets et sauterelles.* — Sur plusieurs points de l'Algérie, on signalait, vers la fin de mai, l'apparition des criquets, dont la dent vorace menaçait quelques champs de froment des hauts plateaux et des environs de Sétif. Quant aux orges elles sont trop avancées pour être atteintes, et promettent une très-bonne récolte.

Le *Moniteur de l'Algérie* indique, s. g. d. g., un moyen d'éloigner les sauterelles (1); le voici : « Il a été remarqué, dans les dernières invasions, que le maudit animal fuyait comme la peste les eucalyptus et les oliviers. Il ne serait pas impossible que ces deux arbres dégageassent des émanations qui fussent désagréables ou nuisibles, et il suffirait alors de planter dans les terres que l'on tiendrait à préserver, et seulement lorsque le fléau est menaçant, une vingtaine de perches par hectare, au bas desquelles on attacherait un petit fagot de branchages frais de l'une ou de l'autre de ces deux plantes. »

*Destruction des courtilières.* M. Gonet, sous-inspecteur des forêts, fait connaître un procédé simple et ingénieux pour la destruction des courtilières qui font tant de ravages parmi les jeunes plantes et que le hasard seul lui a fait découvrir. Voici comment il s'exprime dans la *Revue des eaux et forêts :*

Une de mes jeunes couches, destinée à élever des jeunes plants d'essences précieuses, étaient surtout préférées par cet insecte ; elle était percée à jour comme une écumoire. Deux fois déjà tous les plants dont je l'avais garnie avaient été détruits, et une troisième plantation ne semblait pas devoir être plus heureuse. J'étais tout déconcerté, d'autant plus qu'un soleil brûlant, tout à fait déplacé au mois de mai, conspirait pour compléter ma ruine. Afin de protéger contre ses ardeurs les quelques centaines de plants qui avaient survécu jusqu'alors, je les faisais abriter le jour avec des paillassons, qu'on enlevait tous les soirs. Un matin on oublia de les placer, et comme on avait arrosé la veille, un d'eux resta jusqu'à onze heures ou midi sur un sol humide; j'allai le relever, la terre sous la paille était encore fraîche, tandis que tout autour elle était desséchée. Grand fut mon étonnement de mettre à découvert une dizaine de

---

(1) Nous remarquerons qu'en Algérie on appelle *criquets* les larves et nymphes privées d'ailes de l'*Acridium peregrinum* (Orthoptères, Acridiens), et *sauterelles* les adultes ailés parcourant le pays en essaims dévastateurs ; il s'agit du même insecte à ses divers états. Les *Acridium* ont des végétaux de prédilection, mais, au besoin, mangent tout ; en Chine on les voit dévorer les portes des maisons et les vêtements de leurs habitants. Certaines plantes peuvent sans doute être respectées et mêmes évitées, mais tout dépend en réalité de l'état de faim de l'invasion ; pour les derniers venus tout est bon. (*La Réd.*)

courtilières de la plus belle venue qui, après un instant d'hésitation, se précipitèrent vers leurs galeries me laissant à peine le temps d'en saisir et d'en écraser la moitié.

J'avais trouvé le procédé que je cherchais; immédiatement je fis arroser et recouvrir de paillassons trois ou quatre places, bien choisies, aux extrémités et sur les côtés de ma couche. Une heure après je soulevais mes claies avec plus de précaution; cette fois sous chacune d'elles je découvrais bon nombre de courtilières. A la fin de la semaine, ma couche était complétement purgée de ces hôtes incommodes et mes jeunes plants étaient sauvés.

Le moyen que j'indique n'exige donc, comme outillage, qu'un arrosage et quelques paillassons hors de service. Ceux qui seront tentés de l'expérimenter devront choisir une journée chaude, et de préférence un temps de sécheresse; au coucher du soleil, ils arroseront et couvriront les places qui paraîtront les plus infestées. Attirées par la fraîcheur, toutes les courtilières du voisinage viendront le lendemain, aux heures les plus chaudes de la journée, s'allonger à l'ombre des paillassons, et rien ne sera plus facile que de les saisir et de les détruire. Cette chasse devra se faire le plutôt possible, dès le mois de mai, avant la ponte et l'éclosion.

— Quant à la dépense, elle est insignifiante; trois ou quatre fois par jour un enfant fait sa tournée et en quelques minutes il détruit les courtilières par dizaines.

*Pucerons du houblon.* Par suite des pluies continuelles de la deuxième quinzaine de mai, les pucerons ont exercé de grands ravages sur les houblonnières des environs d'Alost, et dans d'autres cantons du Nord et de l'Est. Les houblonniers demandent à cors et à cris un moyen efficace de se débarrasser de ces parasites. Malheureusement ceux indiqués jusqu'à ce jour ne sont pas applicables pour la grande culture. On peut employer les infusions de tabac, de feuilles de noyer, d'hyèble et autres plantes à odeur forte qu'on répand sur les pucerons à l'aide d'une pompe de jardin.

*Attrape-mouche campagnard.* On prend deux planches de la grandeur du papier écolier qu'on réunit à l'un des bouts par une ficelle et qu'on suspend au plancher de l'habitation infestée de mouches. La disposition de ces deux planches est d'un A renversé. On les frotte intérieurement de mélasse étendue d'eau, ou d'une autre matière sucrée, et de temps à autre, lorsqu'elles sont garnies de mouches, on rapproche précipitamment ces deux planches.

On fait aussi usage d'une seule planche, mais alors plus grande, qu'on enduit de mélasse épaisse. Les mouches se précipitent sur cette glu, s'y empêtrent et périssent. Lorsque la couche des mouches mortes est trop forte, on l'enlève en raclant la planche, et on applique de nouveau de la mélasse à l'aide d'un pinceau.

*Ravages des Insectes dans la Brie.* Nous recevons d'un des collaborateurs du Journal, M. Maurice Girard, la note suivante, qui continue une communication insérée dans le précédent numéro, sur les insectes qui nuisent cette année aux cultures de toutes sortes de la Brie, au commencement de juin 1869.

Dans les forêts de ce pays (bois d'Armainvilliers, de Lagrange, Notre-Dame, de Romaine, de la Marsaudière, etc.), on aperçoit çà et là quelques individus adultes de la *Tortrix viridana* (Linn.), la *chape verte* de Geoffroy, mais sans qu'on puisse dire, jusqu'à présent du moins, qu'il y ait dommage, tandis que dans les bois des environs immédiats de Paris, grâce à la destruction insensée des oiseaux insectivores, cette espèce, multipliée outre mesure, est très-nuisible.

Le mal causé aux colzas par les Altises et Charançons est un peu diminué ; ces insectes paraissent avoir suspendu leurs ravages pour le moment. Les pluies abondantes et réitérées de notre humide mois de mai ont dû entraîner beaucoup d'œufs et de très-jeunes larves, alors très-faibles, fort petites.

Les fleurs tardives ont pu donner un certain nombre de siliques fécondées et séminifères.

Dans les jardins les groseilliers sont attaqués partout par deux espèces de pucerons. L'un, le plus abondant, d'un bleu grisâtre foncé, *Aphis grossulariæ* (Kaltenbach), roule les jeunes feuilles des bouts de rameaux en paquets chiffonnés, se tient en grand nombre et en rangs serrés sur les pétioles de ces feuilles, visité par des multitudes de fourmis. Il laisse la chlorophylle, ou vert des feuilles, inaltérée et le parenchyme d'épaisseur normale. On le trouve sur les groseilliers ordinaires et les groseilliers cassis. Il est facile à détruire si on opère à temps, en arrachant les paquets de feuilles et les brûlant. Avec les pucerons il ne faut jamais tarder, à cause de leur multiplication prodigieuse.

Un autre puceron qu'on trouve soit seul, soit avec le précédent sur le même arbuste, d'un vert émeraude clair, translucide, se dissémine au contraire sous les feuilles qui restent étalées et les suce. C'est l'*Aphis ribis* (Linn.). Il détermine une altération profonde du parenchyme qui s'amincit beaucoup et se soulève en cloches ou boursouflures rouges. Le vert des feuilles, comme l'ont prouvé les beaux travaux de M. Frémy, se compose de deux substances, l'une bleue, l'autre jaune, séparables par des dissolvants appropriés. Ici la première ou *phyllocyanine* est détruite, et l'autre, la *phylloxantine*, est modifiée d'une manière très-analogue à ce qui se passe à l'arrière-saison où beaucoup de feuilles rougissent. Une grave altération dans la respiration du végétal en résulte. Nous remarquerons que les groseilliers sont cette année, dans la Brie, très-feuillus en raison de l'humidité de mai ; ils sont médiocrement pourvus de fruits.

Les rosiers ont aussi à souffrir de pucerons, contre lesquels on emploie des lavages à la décoction de tabac, avec un injecteur. La culture de cet intéressant arbuste prend de plus en plus d'importance dans le pays, et la ville de Brie-Comte-Robert présente une importante société horticole de rosiéristes.

La Brie offre beaucoup de pommiers, pommiers de diverses variétés dans les vergers, pommiers à cidre sur le bord des routes et des chemins d'exploitation. Ils étaient encore en pleine fleur au milieu de mai et ont noué tardivement. Les Yponomeutes commencent leurs toiles (Voir Journal d'Insectologie, 2° ann., p. 172) ; les chenilles sont encore petites et les toiles à l'extrémité des rameaux. La funeste engeance n'a nullement disparu ; nous verrons dans un mois où elle en sera.

Enfin on ne peut causer avec aucun cultivateur sans entendre parler des Hannetons et de leurs larves de seconde année. Un fermier à Attilly, près Férolles (canton de Brie-Comte-Robert), M. Hébert fils, dans une terre préparée pour les betteraves, a eu, pendant une quinzaine de jours, des femmes ramassant les vers blancs, et pour cette seule terre d'une seule ferme, il y en avait chaque jour 90 litres de ramassés. Les Hannetons deviennent pour l'agriculture une préoccupation de premier ordre et qui appellera, je l'espère, pendant la période de la nouvelle législature, la sérieuse attention des pouvoirs publics. Tout fait présumer et craindre une quantité énorme de Hannetons adultes pour le printemps de 1871, à moins d'un hiver à gelées tardives et subites fort rigoureuses ; on comprend malheureusement combien ce remède naturel offre d'autres dangers.

Le Journal rendra compte prochainement de l'engrais Baron-Chartier.

pour la destruction des vers blancs, préparation faite dans une usine
spéciale, […] aux […] aux […]
(*Recette proposée contre le ver gris des betteraves*, chenille de la *Agrotis segetum*). Il faut prendre une décoction dans l'eau d'abrou de noyer, ou
par de longue macération dans l'eau et même […] grandes feuilles du
noyer, avec adjonction de jeunes noix vertes, en écrasant les fruits
tombés ou défectueux. On pourra, si le jus n'est pas assez fort, additionner de sel de soude. Au moyen d'un tonneau promené autour du
champ, et d'un long tuyau d'arrosage en caoutchouc, comme le commerce en fabrique aujourd'hui à bon compte, on arrosera chaque pied,
la veille du binage, vers la fin de juin, alors que les chenilles sont encore
petites et n'ont pas fait grand mal. Le lendemain on bine et on ramasse
[…]

ainsi autour des betteraves l'eau imprégnée de manière […]
évaporation et à achever la mort des chenilles sur place autour de […]
cine où elles sont cachées pendant le jour. Nous engageons […]
procédé, fondé sur l'emploi de solutions inoffensives aux plantes […]

est envoyé au journal par un habile entomologiste, M. Caroff, qui connaît par une longue pratique les mœurs d'un grand nombre d'insectes et nous promet le concours de son expérience. On sait combien le brou de noix répandu sur le sol des jardins ou des champs est efficace pour faire sortir immédiatement de leurs profondes retraites les Lombrics ou vers de terre, éperdus et mourants. Ce moyen est souvent mis en usage par les pêcheurs à la ligne ; il y a là une bonne indication qui ne doit pas être perdue.
H. HAMET.

### Apiculture.

*Essaimage artificiel.* Dès que les fleurs printanières deviennent nombreuses, les abeilles se livrent à une cueillette abondante de pollen qui leur permet une grande éducation de couvain. Il se produit alors dans chaque colonie ou ruchée plus d'abeilles que les accidents ou la mort naturelle n'en font disparaître. Aussi la population augmente-t-elle si fort que bientôt l'habitation devient trop petite, et qu'il est nécessaire qu'une partie de la colonie aille chercher un gîte ailleurs. — C'est cette partie émigrante qu'on appelle *essaim*, et l'action d'émigrer *essaimage*.

L'essaimage naturel est subordonné à l'état de l'atmosphère et des fleurs, à l'âge de l'abeille mère et à d'autres circonstances. On voit parfois des colonies qui paraissent réunir toutes les conditions pour produire des essaims et qui cependant n'essaiment pas. D'autres fois, elles essaiment trop, et les essaims émigrent au loin. On modère et on règle l'essaimage par l'extraction d'*essaims artificiels* ou essaims forcés. Cette extraction se fait à l'époque de l'essaimage naturel et sur les colonies qui présentent les conditions extérieures de pouvoir fournir un essaim : forte population, produits assez abondants et apparition de faux-bourdons. Il existe plusieurs moyens de procéder ; c'est par transvasement des abeilles qu'on opère le plus souvent pour les ruches communes.

Après avoir projeté de la fumée à l'entrée de la ruche, on décolle celle-ci et on lance encore un peu de fumée aux abeilles afin de les maîtriser. On enlève la ruche et on la porte à quelque distance, à l'ombre autant que possible ; puis on la renverse sens dessus dessous, et on l'établit sur un escabeau ou sur un tabouret renversé, de manière qu'elle ne puisse vaciller et qu'on l'ait à sa portée. On la recouvre ensuite de la ruche qui doit loger l'essaim artificiel, et on pose un linge autour pour que les abeilles ne puissent s'échapper. Des praticiens habiles n'enveloppent pas les ruches : ils opèrent à ciel ouvert et sont plus à même de juger quand l'essaim est fait.

Lors donc que les ruches sont ainsi disposées, on tapote avec les mains ou avec des baguettes autour de la ruche qui contient les abeilles, en commençant par la partie inférieure, et en montant graduellement. Au bout de quatre ou cinq minutes de tapotement, quelquefois avant ce temps, un bourdonnement assez fort se fait entendre : ce sont les abeilles qui se mettent en marche. Ce bourdonnement grandit ; il se fait entendre plus particulièrement vers l'extrémité des rayons. En continuant de tapoter la ruche inférieure douze ou quinze minutes, plus des trois quarts des abeilles sont montées dans la ruche supérieure : c'est autant qu'il en faut pour constituer un fort essaim. Mais l'essaim n'est fait qu'autant qu'il possède l'abeille mère. Voici un moyen de constater sa présence sans la voir. On pose la ruche qui contient le groupe d'abeilles sur un linge de couleur, ou sur une feuille de papier bleu ou noir, et au bout de quelques minutes, on trouve sur ce linge des œufs d'abeilles que la mère pressée de pondre et tourmentée par l'opération insolite pratiquée sur sa colonie, a laissés tomber.

La ruche de laquelle a été extrait cet essaim est reportée à la place qu'elle occupait dans le rucher. Elle avait été remplacée provisoirement par une ruche vide dans laquelle rentraient les abeilles qui venaient des champs. Toutes les butineuses qui sont allées quêter des produits, rentrent dans la souche et la repeuplent d'autant. Quant à l'essaim, il est établi à l'extrémité du rucher. Mais le soir au crépuscule ou le lendemain matin, la souche est déplacée et mise à la place de l'essaim, et *vice versâ*.

Un certain nombre d'abeilles butineuses de la souche viennent se joindre à l'essaim; mais bientôt cette souche retrouve une population nombreuse dans le couvain qui lui naît successivement, et se replace dans des conditions normales. Si elle possédait du couvain de mère au berceau, l'éducation de ce couvain a été continuée. Si elle n'en possédait pas, les abeilles ont transformé plusieurs cellules d'ouvrières contenant des larves en cellules maternelles; une nourriture spéciale a été donnée à ces larves, et au bout de seize jours de ponte des œufs, il en est né des mères identiquement semblables à celles pondues et élevées dans les cellules spéciales.

Lorsque le temps devient mauvais, au bout de deux ou trois jours après qu'on a extrait un essaim artificiel, il faut apporter quelques soins à l'enfant et à la mère. En quittant leur ancienne demeure, les abeilles de l'essaim ont pris des provisions pour deux ou trois jours, mais elles ont converti ces provisions en édifices; elles mourraient donc de faim si le mauvais temps les contraignait de rester plusieurs jours sans sortir et si on ne leur présentait des vivres. La ruche de la souche demande à être bien calfeutrée et enveloppée d'un épais paillasson si le temps devient froid quelques jours après l'extraction de l'essaim artificiel.

H. HAMET, professeur d'apiculture.

**Nouvelle maladie de la vigne.** — Mœurs et dégâts du *Phylloxera vastatrix* Planchon.

PAR M. J. LICHTENSTEIN.

Les vignobles sont perdus ou peu s'en faut dans plusieurs de nos départements du Midi. Le département de Vaucluse est particulièrement envahi ; ceux des Bouches-du-Rhône, du Gard, de la Drôme sont partiellement atteints. Le mal est énorme et prend les proportions d'une calamité nationale. On ne saurait trop appeler l'attention de tous les agriculteurs et de tous les savants sur cet état de choses. — Quel est la nature du mal ? Quel est le remède ?

La nature du mal commence à être connue à peine. Elle a été longtemps ignorée, elle n'est pas encore admise d'une manière absolue par tous les savants.

Ce qu'il y a de certain, c'est que déjà depuis six ans à peu près les viticulteurs des Bouches-du-Rhône aux environ d'Arles et ceux de Vaucluse, à Orange et Carpentras remarquèrent que leurs vignobles dépérissaient et paraissaient en proie à une singulière maladie dont la cause leur était inconnue. Ils firent appel aux sociétés scientifiques, et plusieurs hypothèses se produisirent. Les circonstances atmosphériques, les propriétés du sol furent mises en avant ; chaque agriculteur produisit son système mais aucun n'était satisfaisant. — Si la vigne eût souffert du froid ou du chaud, comment ce mal aurait-il été local, au lieu de s'étendre sur tout le midi ou sur tout le nord ? Si l'épuisement du sol, par suite des cultures excessives de vignes eût été cause de la maladie, comment apparaissait-elle aussi bien sur des vignes jeunes plantées dans d'excellents terrains vierges que sur les plus vieilles du pays? Evidemment, sans nier les influences climatériques et celles du sol, la maladie nouvelle restait inexpliquée.

Au mois de juillet 1868 un des membres de la Société de l'agriculture de l'Hérault, faisant partie de la commission désignée pour étudier cette nouvelle maladie, observa pour la première fois sur la racine des souches dans les vignobles attaqués du mal un petit puceron qu'il décrivit et auquel il donna le nom de *Rhizaphis vastatrix* (Planchon), ramené plus tard au genre *Phylloxera*, avec lequel il paraît avoir les plus grands rapports, quoique les espèces de *Phylloxera* ou plutôt l'espèce connue jusqu'à ce jour, *Phylloxera quercûs*, vive sur les feuilles, tandis que celui de la vigne n'a été trouvé jusqu'à présent *en Europe* que sur les racines de la plante. C'est donc le *Phylloxera vastatrix* (Planchon) qui va nous occuper. Les caractères génériques et spéciaux de cet insecte ont déjà fait l'objet de plusieurs notes adressées aux sociétés savantes. Je n'ai pas l'intention de les rappeler ici, voulant me borner à décrire le mal que cause l'insecte plutôt que l'insecte lui-même.

On est frappé tout d'abord, lorsqu'on se trouve dans les vignobles attaqués, de l'irrégularité des portions de vigne plus ou moins souffrantes. Ici, c'est un cercle de souches mortes, plus loin, une rangée entière dévastée près d'une autre dont les souches sont encore vertes; par-ci, par-là une souche poussant encore quelques feuilles au milieu d'une vaste nécropole de ceps morts. On voit tout d'abord, ce me semble, que ce n'est pas le terrain plus ou moins bon qui a tué le végétal, ni la gelée dont l'effet serait uniforme; c'est évidemment pour moi un insecte qui ronge et dévore, tantôt dans un sens tantôt dans l'autre, produisant des millions de petits qui se répandent sur les souches voisines, tantôt en cercle, tantôt en carré, tantôt en ligne droite, épuisant par des myriades de piqûres les souches saines et les abandonnant dès qu'ils les ont tuées.

Cet insecte apartient à l'ordre des *Hémiptères*, groupe des *Homoptères*. Ces petits animaux, dont je citerai comme types les pucerons si abondants sur les rosiers, les pêchers, les fèves, etc., etc., se distinguent des autres pucerons en ce qu'ils n'ont pas de petites cornicules sur le dos, comme ceux que je viens de citer et qui forment le genre *Aphis*.

Le puceron de la vigne ressemble beaucoup à ceux qui tuent les pommiers et qui sont connus sous le nom de *pucerons lanigères*; il ressemble aussi assez à ceux qui se trouvent renfermés dans les galles ou boursouflures des feuilles de l'ormeau. La forme est à peu près la même, seulement ceux du pommier et de l'ormeau sont noirâtres et entourés d'un duvet blanc, tandis que le puceron de la vigne est jaune brunâtre à l'état adulte ou jaune clair quand il est jaune, et sans duvet.

Il est assez facile, malgré leur petitesse, de les trouver sur les racines, parce que leur piqûre y produit de petits ampoules d'une teinte plus claire généralement que la racine elle-même, et en examinant à la loupe ces petites ampoules sur les racines des souches *qui sont encore vivantes*, on les trouvera garnies de pucerons entourés ordinairement des œufs qu'ils pondent presque sans relâche tout l'été. Ce phénomène du renflement des racines est surtout sensible sur les radicelles blanches des extrémités qui restent filiformes tant que le puceron ne les a pas piquées et qui forment un bouton un peu ovoïde, gros comme un grain de plomb de chasse pour les lièvres ou les perdreaux, dès que le puceron les a piquées. C'est un effet analogue à celui que produit la punaise sur l'homme et encore plus à celui que produit le puceron lanigère sur les pommiers et les pucerons de l'ormeau, du peuplier, du pêcher, du prunier, etc., etc., sur les arbres auxquels ils s'attaquent.

J'ai la conviction que le puceron est la principale sinon la seule cause du mal dans les départements cités plus haut.

Pour moi, il est originaire d'Amérique, et j'en donnerai les raisons quand j'aurai pu réunir des documents qui me manquent encore. Il était déjà signalé en 1855 comme nuisible à la vigne et décrit sous le nom de *Pemphigus vitifoliæ*, par M. Asa Fitch. Seulement il l'a trouvé sur les feuilles et formant des boursouflures comme les pucerons de l'ormeau. Sa description s'accorderait avec celle des *Phylloxera* du Midi ; j'en ferai l'histoire quand j'aurai pu me procurer d'autres renseignements que j'attends d'Amérique.

Continuant donc mon hypothèse, je pense que le puceron de la vigne, comme celui du pommier, est originaire d'Amérique ; il aura été apporté par quelque navire sur quelques plants de vigne américains ou dans de vieux bois de fardage sous les cotons à Marseille, d'où il aura passé dans *la Crau*, où il a été signalé d'abord, puis il a remonté le Rhône jusque dans le Drôme, en passant ce fleuve et s'étendant dans le Gard aux environs de Roquemaure. On ne s'aperçoit guère du mal que quand il n'y a plus de remède, car ce sont les vignes les plus vertes et les plus saines en apparence que le puceron recherche et sur lesquelles on le trouve en abondance; celles qui sont chétives ou maladives n'en ont que très-peu, celles qui sont mortes n'en ont point du tout.

Une preuve certaine que ce puceron attaque les vignes saines, c'est que j'ai envoyé d'Espagne à quelques amis à Orange et Carpentras des plants de Carignan très-beaux et parfaitement sains, qui ont fort bien poussé, mais qui cette année-ci déjà sont attaqués par les parasites. — Il est bon de noter que les mêmes plants de vigne d'Espagne plantés dans l'Hérault n'ont pas eu de pucerons.

Les pucerons ne peuvent pas vivre de substances solides; ils ont un bec ou une gaîne renfermant deux ou trois soies, et ne peuvent par cette organisation qu'aspirer des liquides. Je n'en connais point aspirant des liquides *en putréfaction*. On les trouve en général sur les plantes en bonne santé où ils sont en grande abondance. Ils abandonnent assez vite les feuilles qui se fanent ou se dessèchent et les bois pourris. Si en hiver on en trouve parfois sous les écorces, je crois qu'ils s'y réfugient plutôt comme abri, à l'instar des mouches, des guêpes et d'une foule d'autres insectes, que pour y chercher de la nourriture.

Quelques agriculteurs prétendent trouver le puceron en grande abondance dans les souches mortes et pourries, je crois qu'ils ont pris dans ce cas-là pour des pucerons un petit *acarien* blanc ou vineux qui est fort commun dans les bois pourris; c'est un animal tout différent qui a huit pattes au lieu de six et pas d'antennes. Je ne crois pas que celui-là fasse le moindre mal, car il n'arrive que quand la mort de la souche est complète et que les cellules du bois sont décomposées. Sauf la couleur, cet acarien ressemble beaucoup à l'*acarus* ou *mite du fromage*, très-connue et commune partout. En ayant pour terme de comparaison la mite du fromage d'un côté et le puceron des feuilles de l'ormeau de l'autre, l'agriculteur le moins expérimenté ne pourra pas prendre l'*acarus* de la vigne pour le *puceron* de la vigne. Du reste ce dernier est jaune et l'*acarus* est blanc ou rouge; l'*acarus* court très-vite, *le puceron* ne bouge presque pas.

Après les considérations générales qui précèdent, je donnerai dans un prochain article l'histoire des mœurs du *Phylloxera*, de sa propagation et le détail des remèdes proposés contre lui.     J. Lichtenstein.

Nous n'avons pas besoin de faire ressortir auprès des lecteurs de l'*Insectologie agricole* tout l'intérêt qui s'attache à la note précédente, qui appelle l'attention sur une question grave et pleine d'actualité. M. J.

Lichtenstein est le beau-frère de M. Planchon, directeur de l'Ecole supérieure de pharmacie de Montpellier, qui a le premier fait connaître le *Phylloxera vastatrix*. Notre correspondant réside en outre à Montpellier où il peut suivre les progrès du mal et nous écrire *de visu*. Bientôt le journal sera en mesure de publier une planche gravée qui accompagnera la description exacte et détaillée de l'insecte. L'opinion de M. Lichtenstein que l'insecte vient d'Amérique a besoin d'être appuyée par une comparaison exacte des types avant d'être démontrée ; nous devons dire tout d'abord qu'un changement dans le régime d'animaux qui passent d'un hémisphère à l'autre n'a rien d'impossible, et que des exemples de modifications dans les mœurs sont cités pour les animaux domestiques introduits de l'ancien monde dans le nouveau. L'*apis mellifica*, si rarement sauvage chez nous, le devient fréquemment en Amérique. Ces échanges malfaisants d'insectes nuisibles sont nombreux. Les espèces qui s'attaquent aux bois ouvrés, aux grains, aux lainages et aux peaux sont devenues cosmopolites, et l'origine première de certaines d'entre elles est inconnue. Nos serres sont infestées par des pucerons et des cochenilles exotiques et même des fourmis, plus agiles et mieux armées que les nôtres, s'y établissent exclusivement, en détruisant leurs congénères indigènes. Un Diptère très-nuisible aux céréales autrefois, et qu'on trouve aujourd'hui très-difficilement en Europe, la *Cecidomya destructor* (Dipt. némocères), ravage les blés aux Etats-Unis. On l'y appelle la *Mouche de Hesse* (*Hessian fly*), car on se rappelle parfaitement que l'espèce fut introduite au siècle dernier dans les grains qui arrivèrent avec les troupes mercenaires de Hesse, soldées par l'Angleterre lors de la guerre de l'indépendance. Peut-être l'Amérique rend-elle à l'Europe un mauvais service analogue dans le puceron des radicelles de la vigne ? Il arrive encore parfois que les insectes d'un pays se jettent avec avidité sur des végétaux importés, y trouvant un aliment meilleur que ceux de leur région, et nuisent beaucoup à leur culture. Ainsi il y a quelques années les plantations de betterave nouvellement introduite aux environs de Montevideo, dans la Plata, furent détruites par un insecte que nous n'avons pas en Europe, un coléoptère à téguments gris pointillés de noir, l'*Epicauta adspersa* (Klug), de la tribu des Cantharidiens. (*La Réd.*)

**Bibliographie**

PAR M. MAURICE GIRARD.

**Lépidoptères de la Californie**, par le D' BOISDUVAL, Br. in 8°, Bruxelles, Gand et Leipzig, 1869, C. Muquardt.

**Les Lépidoptères japonais à la grande Exposition internationale de 1867**, par P. DE L'ORZA, Paris et Rennes, Oberthur et fils, 1869. Br. in-8°, et chez Arthur Eloffe, 20, rue de l'Ecole-de-Médecine, Paris.

Les deux ouvrages dont nous allons présenter un compte rendu très-sommaire concernent les lépidoptères exotiques découverts dans des pays lointains et peu explorés.

Le livre de notre savant collaborateur, M. le D' Boisduval, commence dans sa préface par rendre de justes éloges au zèle infatigable de M. Lorquin, à qui sont dues les nombreuses captures des insectes décrits. M. Lorquin est un de ces explorateurs dévoués qui, seuls, avec des ressources bornées, contribuent souvent bien plus aux progrès des sciences naturelles que des savants envoyés en mission officielle et soutenus par l'Etat. On doit donc les honorer doublement. M. Boisduval nous raconte les premières déceptions de M. Lorquin, arrivant en 1849 afin d'explorer les placers aurifères, les difficultés de la vie pour les émigrants, et comment, aussitôt un peu de fortune amassée, M. Lorquin, sentant la passion entomologique se réveiller en lui, s'éloigne de plus en plus de San-Francisco, pénètre dans les montagnes de la Nevada, célèbres par les découvertes récentes des plus riches mines d'argent qui existent. Puis, bravant les dangers de l'homme et de la nature, il s'enfonce à l'Est, parmi les Apaches, jusqu'à Los Angelos en Sonora. Nous suivons ensuite l'intrépide Lorquin en Chine, en Cochinchine, dans les îles Philippines, à Célèbes, au milieu des Alfouroux, les représentants les plus féroces et les plus dégradés de l'espèce humaine, puis à Amboine et à Java, jusqu'à ce que, épuisé par les fièvres pernicieuses de ces climats brûlants et humides, M. Lorquin est contraint de revenir en France.

Les lépidoptères californiens, que nous décrit M. Boisduval, appartiennent principalement aux Rhopalocères ou diurnes, plus faciles à récolter, dans des excursions rapides, que les Hétérocères ou nocturnes vivant cachés et ne volant guère qu'à l'entrée de la nuit. Les lépidoptères de la Californie n'ont pas les couleurs splendides et les reflets éblouissants de ceux des régions équinoxiales. Ils se rattachent à la faune des États-Unis, de la Sibérie et du nord de l'Europe. Autrefois, au début des temps quaternaires, les deux continents de l'hémisphère boréal communiquaient largement par la région polaire, favorisée d'un climat plus doux. Ceci nous explique comment les animaux et les plantes de l'Europe peuvent offrir en Amérique quelques espèces identiques, parfois modifiées en races, et disparaissant peu à peu à mesure qu'on s'approche de la pointe australe. Ainsi on trouve en Californie ces trois espèces de Vanesses que nous connaissons aux environs de Paris, le *Vulcain*, la *Belle Dame* et le *Morio*. On y trouve aussi, dans les nocturnes, les *Chelonia caja*, *Arctia fulginosa*, *Gonoptera libatrix*, etc.; et, ce qui nous intéresse plus dans ce journal, certaines espèces de noctuelles souvent nuisibles aux cultures européennes et qui ont probablement en Californie des instincts analogues. Telles sont les *Agrotis saucia* (Hubn.) et *exclamationis* (Linn.), les *Noctua triangulum* et *plecta* (Linn.), Une espèce fort intéressante est encore signalée en Californie, c'est l'*Attacus ceanothi* (Beer), grand papillon aux quatre ailes lunulées et appartenant au groupe des seuls lépidoptères qui nous donnent une soie utilisable. Cette espèce offre un double cocon, comme l'*A. Cecropia* dont la soie sauvage a souvent été employée aux environs de la Nouvelle-Orléans. La chenille vit sur les végétaux du groupe des *nerpruns*, et on a déjà essayé l'introduction en Europe de ce producteur de soie. La haute autorité scientifique du D*r* Boisduval en matière d'insectes lépidoptères rend son livre un ouvrage précieux et qui sera consulté avec avantage par les amateurs.

La Californie et le Japon se regardent, et, si nous traversons le Pacifique, nous rencontrerons aussi des lépidoptères qu'il importe de signaler. M. P. de L'Orza nous fait connaître où en est arrivée la science à l'égard de cette partie de la faune japonaise.

L'auteur est avantageusement connu des entomologistes et des praticiens par ses riches collections de Lépidoptères, et notamment par la collection des Lépidoptères producteurs de soie, la plus complète qui eût encore été rassemblée, que M. de L'Orza avait envoyée en 1868 à l'exposition des insectes; elle y obtint la plus unanime approbation.

On est immédiatement frappé, à l'inspection des espèces de Lépidoptères japonais, du fait suivant : près de la moitié des espèces appartiennent aux régions tempérées et septentrionales de l'Europe. De plus, presque toujours, la taille est agrandie, le dessin exagéré dans ses taches et lignes foncées; ainsi le *Papilio machaon* et l'*Argynnis adippe* sont au Japon près d'un tiers plus grands qu'en Europe, et la *Vanessa xanthomelos* près de moitié plus grande. En outre, par un contraste qui paraît au premier abord singulier, on trouve au Japon des espèces du centre et du sud de la Chine et du Bengale. Cela s'explique géographiquement, outre les différences entre les montagnes et les vallées, par la grande étendue en latitude du Japon où se présentent, de 45° à 30° lat. bor., les climats de la Sibérie, de la Mantchourie et du centre de la Chine.

On sait que les populations japonaises, vivant sous le régime féodal et cherchant, malgré les traités, à écarter les étrangers de l'intérieur de leurs îles, sont parvenues à une civilisation assez avancée. Les cadres d'insectes envoyés à l'exposition universelle de 1867 étaient faits par des ouvriers japonais et les insectes piqués sur fond de soie. M. de L'Orza nous fait connaître en effet que le Japon possède quelques savants qui se sont occupés d'entomologie, et que, dans l'encyclopédie japonaise, imprimée à Yeddo il y a près de cinq cents ans, on trouve des détails fort curieux et très-exacts sur les mœurs et les métamorphoses de plusieurs insectes, principalement sur les Lépidoptères et sur les Libellules (Névroptères). Des figures sur bois, dans le genre de celles qui accompagnent l'ouvrage de Goedart, mais mieux exécutées, sont intercalées dans le texte.

Les Lépidoptères Hétérocères (Boisd.) ou Chalinoptères (Blanch.) du Japon nous présentent un intérêt particulier au point de vue de l'entomologie appliquée. Nous rencontrons, dans les espèces nuisibles, les *Liparis dispar* (Linn.), *Liparis chrysorrhea* (Linn.) et *Bombyx neustria* (Linn.), qui, sans nul doute, ravagent au Japon comme chez nous les arbres fruitiers et les arbres d'agrément, l'*Agrotis segetum* (Hübn. Ochs.) qui dévaste en France les betteraves, l'*Hadena brassicæ*, ennemie des crucifères des potagers, la *Plusia gamma* (Linn.), qui vit sur les légumineuses fourragères, l'*Aglossa pinguinalis* (Linn.), qui doit au Japon comme chez nous se montrer dans les maisons, car sa chenille se nourrit des graisses animales et les souille de sa présence et de ses excréments.

Une importance encore plus grande s'attache encore à l'exposition japonaise. Le Japon reste le dernier espoir de nos sériciculteurs éprouvés par les désastres d'une épidémie qui a une prolongation inusitée. Le ver à soie du mûrier (*Sericaria mori*) se trouvait représenté par plusieurs races, à cocons blancs ou jaunes verdâtres, certains d'une soie plus fournie et plus belle que ne la donnent les graines japonaises d'exportation ordinaire. Les vers à soie auxiliaires sont d'abord au Japon l'*Attacus cynthia* (Drury), *vera* (Guérin-Méneville), à cocon ouvert, si bien acclimaté aujourd'hui en France que l'espèce vole sauvage dans les jardins publics et particuliers des grandes villes ; cette espèce se trouve aussi en Chine et dans les parties septentrionales et montagneuses de l'Inde ; sa soie sert à faire les étoffes dites d'*ailantine*, car la chenille vit sur l'*Ailantus glandulosa* ou faux vernis du Japon. Le type de l'*Attacus mylitta*, l'antique espèce de l'Inde qui avait fait croire aux auteurs anciens que la soie venait des fruits d'un arbre (on prenait pour un fruit le cocon attaché par son pédicule), est représenté au Japon par deux espèces, qui sont peut-être deux races fortement modifiées. Ce sont l'*Attacus Pernyi* (G.-Mén.), de la Mantchourie également, dont les essais d'acclimatation en France ont jusqu'à présent toujours échoué, et le célèbre *Attacus Ya-ma-maï* G.-Mén. (ver des montagnes), exclusif au Japon. Le cocon, fermé comme dans le ver du mûrier, et c'est un caractère du type *Mylitta*, offre une fort belle soie, d'un jaune verdâtre. Il est très-malheureux que cette précieuse espèce soit si difficile à acclimater en Europe, où elle n'existe, avec reproduction certaine depuis 1863, que dans les environs de Vienne chez M. de Bretton. Elle se nourrit au sud du Japon de plusieurs chênes, notamment du *Quercus serrata* (Thunnberg), dont des feuilles desséchées se voyaient dans les cadres japonais. Il est probable que ces chênes sont de nature alimentaire notablement différente du *Quercus robur* d'Europe et de ses secondanés, car l'*Attacus Ya-ma-maï*, polyphage comme les espèces de son groupe mais avec des prédilections (1), semble manger assez peu volontiers nos chênes ; aussi M. de L'Orza émet l'opinion que cette espèce se nourrit peut-être au Japon encore mieux que sur les chênes, de plantes d'autres familles que nous ne possédons pas et que les Japonais ne nous

---

(1) Les prédilections des espèces polyphages sont un fait général. Ainsi le Hanneton, si nuisible parce qu'il peut manger toute espèce végétale, quand il est en larve dans les potagers se jette d'abord sur les salades, les fraisiers, les racines de rosier et n'attaque celles des crucifères qu'en dernier lieu. Sur les lisières des forêts, le Hanneton adulte dévore et dépouille d'abord les sommités des chênes, pleines de jeunes feuilles tendres ; à côté, les peupliers et surtout les bouleaux conservent leur feuillage d'un vert sombre ; ces derniers arbres ne sont attaqués que quand il ne reste rien d'autre.

font pas connaître. Leur préoccupation à cet égard est très-grande ; ce sont des protectionistes fort décidés, et la peine de mort était encore, il y a peu d'années, le châtiment de tout exportateur de graines ou de chrysalides de cette espèce réservée par la nature à leur pays. Ils nous vendent de la graine très-suspecte, peut-être chauffée au four à dessein, et l'on connaît en ce moment l'insuccès des graines de *Ya-ma-mai*, achetées et livrées au commerce avec la plus complète bonne foi par le sériciculteur savant et dévoué à qui l'histoire naturelle, et, espérons-le pour un avenir prochain, l'industrie sont redevables de la connaissance de cette espèce.

Maurice GIRARD.

### Nouvel insecte ennemi de la vigne.

(*Extrait du compte rendu des travaux de la Société d'agriculture de la Gironde,* séance du 7 avril 1869).

M. Ducarpe désire appeler l'attention de ses collègues sur un nouvel ennemi de la vigne. Depuis quelques années, son vignoble de Beauséjour était ravagé par un insecte ressemblant beaucoup à l'attelabe par la forme et la grosseur, mais différent par ses mœurs et par ses caractères physiques et anatomiques.

L'attelabe, dit-il, fait ses ravages en plein jour, et l'autre opère son travail de destruction pendant la nuit. L'attelabe coupe les feuilles et même les pampres de la vigne, surtout à l'époque de la ponte ; tandis que l'insecte ravageur se borne à creuser les boutons, mais il les creuse si bien que la branche ne pousse plus que des jets improductifs, quelquefois même ne pousse pas, et le cep de vigne meurt.

J'avais déjà signalé cet ennemi à quelques hommes compétents. M. Paul Gervais, savant naturaliste de Paris, professeur à la Sorbonne, m'écrivait, en 1867, que les mœurs de l'insecte que je lui signalais étaient peu connues, que ses habitudes étaient nuisibles à certains arbres, mais qu'on n'avait pas encore constaté qu'elles le fussent à la vigne.

Je me suis aussi adressé à M. le D$^r$ Boisduval, président de la Société d'insectologie agricole, à Paris, et, en 1868, je lui envoyai une certaine quantité de ces insectes pour qu'il les fît figurer à l'Exposition des insectes qui devait avoir lieu à Paris au mois d'août 1868.

M. le Dr Boisduval, à la suite de l'Exposition, a fait un rapport dans lequel il est fait mention de cet insecte; il le range parmi les ennemis les plus redoutables de nos vignobles. Il désigne cet insecte sous le nom de *Otiorhynchus picipes*.

Il n'y a qu'un moyen de le détruire; et depuis cinq ans que j'y travaille, je suis parvenu, non point à le faire disparaître, mais à en diminuer de beaucoup le nombre.

En 1865, j'en ai ramassé 15,000; en 1866, 12,000; en 1867, 8,000, et en 1868, seulement 3,000.

Voilà le moment de lui faire la chasse; le soir, vers dix heures, les vignerons, armés de falots, prennent ces insectes au moment où ils commencent leurs ravages. Inutile de les chercher le jour; ils se tiennent dans la terre, dont ils ont la couleur, et restent sans mouvement.

Notre regretté confrère M. d'Armailhacq a parlé de cette découverte dans son livre de la *Culture de la Vigne*, à la page 216. Il m'avait écrit, le 18 mai 1866, pour me demander des renseignements, que je me suis empressé de lui transmettre.

M. Plumeau voudrait que M. Ducarpe complétât ses renseignements par la production de l'insecte et quelques détails sur l'étendue du mal qu'il cause à la vigne.

M. Ducarpe répond que chaque insecte peut manger les bourgeons de cinq à six pieds de vigne. Il promet un échantillon d'*Otiorhynchus*.

M. Alibert ne croit pas que l'ennemi signalé soit un nouvel ennemi. Tout ce qu'a dit M. Ducarpe permet de croire que l'insecte dont il s'agit est la noctuelle, bien connue de tous les propriétaires dans le Médoc, et que l'on détruit pendant la nuit.

M. de Lacaussade demande s'il ne se produit pas sur les arbres ou aux environs des pommiers. Dans ce cas, ne ce serait pas un insecte inconnu. Il est très-malfaisant en effet, et il est nécessaire de lui faire la chasse assidue pendant les premières périodes de la végétation.

M. Ducarpe répond que cet *Otiorhynchus* aime beaucoup les pommiers, et il croit que c'est dans les environs et peut-être sur le corps même de cet arbre fruitier qu'il fait sa ponte. M. Boisduval prétend, au contraire, que c'est dans la terre qu'il dépose ses œufs.

La communication de M. Ducarpe est renvoyée à la commission des vignes.

## GÉNIE RURAL.

### Des appareils et des machines en usage pour détruire les insectes nuisibles aux jardins, aux serres, aux vergers, aux champs, aux bois et aux réserves des céréales,

#### PAR M. MAURICE GIRARD.

Ça m'est bien égal que votre insecte s'appelle un *Curculio* ou un *Aphis*, qu'il ait neuf ou onze articles aux antennes, il ravage mon champ, vite, donnez-moi le moyen de le détruire. — Pour Dieu ! laissez là votre loupe, cessez de discuter avec vos savants confrères sur les articles du tarse oblongs ou cordiformes ; pendant ces minutieux débats, mon vignoble se perd, je vais tout faire arracher et brûler vos livres avec les fagots.

Que de fois les agriculteurs ont tenu cet irrévérencieux langage aux entomologistes ! Il y a là du vrai et du faux. Sans doute ils doivent avoir en médiocre estime ces hommes, instruits quelquefois, mais qui dédaignent de parti prémédité toutes les applications, qui ne voient dans ce magnifique ensemble des sciences naturelles que le moyen d'arriver sûrement à ranger et à étiquer dans des boîtes vitrées toutes sortes de petites bêtes avec des noms latins. Ceux-là regardent la science par le gros bout de la lorgnette ; ils côtoient ces maniaques, passionnés et exclusifs, n'observant rien, n'écrivant pas une ligne, qui collectionnent aujourd'hui certains insectes, arroseront demain des tulipes sans souci du reste des végétaux ; puis, laissant là l'histoire naturelle, se mettront aux timbres-poste, aux vieux pots ou aux boutons d'uniforme. Mais prenons-y garde, il ne faut pas raisonner sur les exceptions. L'étude patiente et attentive des organes conduit à l'examen des mœurs. En voyant si telle petite pièce est ronde, carrée, lisse, épineuse, etc., si elle existe ou si elle fait défaut, on peut reconnaître d'une manière infaillible si l'insecte sait se construire des demeures, s'il fouille la terre ou s'il court à sa surface, s'il grimpe aux arbres, s'il saute ou s'il vole. Les agriculteurs peuvent se tenir pour assurés qu'ils ne trouveront rien de valable en opérant au hasard ; c'est aux savants seuls qu'ils doivent demander les moyens de détruire ces hôtes faméliques des bois et des moissons. Seulement ils sont trop pressés (cela est excusable du reste quand on perd son argent) ; la question qu'ils posent est fort difficile à résoudre ; c'est la fin de la science entomologique que cette action de l'homme sur les insectes ; elle n'est possible qu'après l'étude la plus approfondie de leurs mœurs. Or beaucoup de savants, rebutés par la difficulté, ne vont même pas jusque-là, et s'arrêtent au début de la science, aux descriptions isolées et aux tableaux de classification. Les agriculteurs sont impatients à cet égard, comme lorsqu'ils demandent aux physiciens de leur annoncer, à coup sûr, à l'avance, la pluie et le beau temps. C'est exiger la réponse, encore à peine ébauchée, d'un des problèmes les plus compliqués qui existent, tant ces phénomènes, que nous croyons simples, parce qu'ils se passent tous les jours sous nos yeux, sont les résultats complexes de causes nombreuses et différentes.

Il ne faudrait pas croire que les savants n'ont rien fait pour venir au secours des agriculteurs. Je me propose de leur faire visiter un pacifique arsenal, où les engins de guerre, de plus en plus perfectionnés, sont en réserve contre les ennemis de tous les peuples. Sans doute il reste en ce genre beaucoup à faire ; on regarde peu dans les comices agricoles ces outils inconnus, on hésite à opérer la minime dépense qui peut sauver la récolte de la ruine. Tout ce que nous allons décrire n'a pas encore au même degré la grande sanction de l'expérience, mais tout mérite d'être essayé, tant la question des insectes nuisibles intéresse l'agriculture. Nous ferons connaître les inventions d'hommes dévoués, de mécaniciens habiles, d'observateurs intelligents, qui ont passé leur temps et employé leurs ressources à construire les appareils et les machines. Il est juste de donner à leurs travaux une publicité qui peut seule amener pour eux une rémunération légitime. Les commandes que fera l'agriculture ont, en outre, le grand avantage de diminuer les prix de fabrication avec la quantité des demandes, et de profiter ainsi à l'intérêt général.

Nous commencerons cette étude par les petits appareils d'une utilité restreinte, mais, en revanche, d'un usage très-fréquent et très-répandu.

On se sert souvent de la *seringue* ou petite *pompe de jardin*, pl. III, fig. 1. Les modèles varient beaucoup ; nous représentons un des plus employés. Elle sert à injecter divers liquides sur les arbustes que dévorent les pucerons et les cochenilles, et surtout sur les plantes de serre, nécessairement affaiblies et délicates par leur culture en lieu clos, dans un air trop humide et principalement trop peu renouvelé. Il faut remarquer les détails de l'extrémité de cette pompe ; une soupape permettant l'aspiration du liquide à injecter et un ajustage à petits trous au moyen duquel on peut le lancer avec force et sous forme de pluie sur la plante. On projette ainsi de l'eau pure, si on veut débarrasser les plantes des poussières qui obstruent les stomates ou orifices respiratoires, mouiller les parties pour faire adhérer ensuite la fleur de soufre, etc., ou bien on injecte de l'eau de chaux, des décoctions de tabac, de l'eau mêlée de goudron de houille, d'huile de schiste, de l'eau salée au sel de morue, etc., si on cherche à détruire, en outre, des insectes attachés aux tiges et aux feuilles.

Les fumigations sont souvent en usage contre divers insectes parasites et surtout contre les pucerons; dans ce cas, on est dans l'habitude de les faire principalement avec la fumée de tabac. Il est bon par économie de se servir de déchets de fabrication. On peut recommander pour sa simplicité le modèle figuré nº 2, et qui appartient à la maison Allez, si avantageusement connue par le choix considérable qu'elle présente en articles de jardinage et d'ustensiles ménagers. Un soufflet communique à la boîte où s'opère la combustion du tabac et qu'on pose sur un support, en même temps qu'il amène l'agent de cette combustion, il expulse par un tuyau relevé obliquement les résidus gazeux mêlés de produits pyrogénés dont l'âcreté tue ou expulse les insectes.

La figure 3 représente un autre fumigateur à tabac mentionné dans l'ouvrage du Dr Boisduval (*Essai sur l'Entomologie horticole*, p. 249. Paris, Donnaud, 1866). On l'emploie dans les serres, en fermant toutes les issues, et il peut servir à lancer la fumée sous les châssis où il serait difficile d'allumer des réchauds. C'est une roue à palettes qui chasse la fumée et qui est mise en mouvement à l'aide d'une manivelle et d'une roue dentée. M. Boisduval conseille de se servir de feuilles séchées à l'ombre, de buis, de *datura stramonium*, de jusquiame, etc., si on a trop de peine à se procurer auprès de l'administration les déchets de tabac. Il fait remarquer que les fumigations, utiles en général contre les pucerons, sont nuisibles aux orchidées et à certaines fougères.

L'appareil indiqué a l'avantage de pouvoir remplir un second rôle. Si on veut projeter la fleur de soufre sur le raisin de treille atteint par l'*oïdium*, on ferme l'orifice de sortie de la fumée et on fait agir le vent produit par le mouvement de la roue à palettes sur la poussière de soufre placée dans un tiroir inférieur; on peut ainsi la lancer plus loin et avec plus de force qu'au moyen de la houppette.

A ces fumigateurs de tabac se rattache naturellement le fumigateur dont on se sert en apiculture. Un soufflet d'appartement a sa tuyère engagée dans une boîte cylindrique de tôle (pl. III, fig. 4) où l'on place des matières donnant beaucoup de fumée, comme du foin, du crottin desséché, du vieux linge, etc. On tient le tout à la main et on dirige la fumée dans les endroits de la ruche dont on veut chasser les abeilles, soit pour transvaser ces insectes d'une ruche dans une autre, soit pour enlever partiellement une calotte, une hausse, un cadre, dont on désire obtenir le miel en rayons. Le même soufflet à fumée peut servir à étourdir les guêpes ou les bourdons dont on veut détruire les nids. Les nids de bourdons sont peu dangereux. Il n'y a qu'aux environs des grands ruchers qu'il est bon de les faire disparaître, car les bourdons sont friands de miel. Les nids des vespides, insectes très-nuisibles, doivent être détruits partout. Les nids de la guêpe commune sont en terre; quand l'ouverture est sur un sol horizontal, le mieux est d'aller le soir y injecter de l'eau bouillante. Pour le frelons et diverses espèces de guêpes (guêpe rouge, guêpe des arbres, etc.), les nids sont dans des creux d'arbres, sous des poutres, etc. L'accès est moins commode. Ici le fumigateur est à employer pour permettre l'extraction des gâteaux et l'écrasement de leurs hôtes. On peut injecter à la seringue de jardin de la benzine ou du sulfure de carbone; on peut faire pénétrer dans le trou d'entrée un tube communiquant à un appareil d'où se dégage de l'acide sulfhydrique.

Dans ces opérations contre des Hyménoptères à aiguillon pourvu d'un venin tellement dangereux que la mort d'un homme peut résulter de la piqûre d'un nid de frelons irrités, il est bon de se munir du *masque à abeilles* (pl. III, fig. 5), en treillis de fer très-fin, ne gênant ni la vue ni la respiration, entouré d'une coiffe de toile serrée et lâche qui enveloppe toute la tête. Il faut la faire pénétrer avec soin sous les vêtements autour du cou, mettre de gros gants et bien serrer les vêtements au poignet et au-dessus du pied, car la fureur des guêpes les pousse à s'introduire par tous les interstices, afin de venger avec leur dard empoisonné la mort de leurs enfants au berceau (1).

(1) Pour les appareils de 1 à 5 de la planche, s'adresser à la maison Allez frères, quai de Gèvres et rue Saint-Martin, 1, à Paris.

Nous mentionnerons encore, comme propre à divers usages secondaires, le *filet fauchoir*. Il se compose d'une large poche en forte toile écrue attachée autour d'un cercle solide en fer, emmanché à une tige de bois de longueur variable (1), pl. III, fig. 6. Ce filet sert aux entomologistes à *faucher*, c'est-à-dire à enlever les sommités des herbes des prairies et des plantes basses des chemins de bois, afin de s'emparer des insectes qui s'y trouvaient. Il peut être utile dans les jardins pour détruire les guêpes qui viennent dévorer les fruits, particulièrement les beaux raisins de treille. Nous le recommanderons aussi dans les boucheries de campagne contre ces mêmes guêpes qui dépècent la viande et contre les mouches diverses qui viennent y déposer leurs œufs ou leurs larves et accélèrent beaucoup sa putréfaction. Les enfants des villages pourraient rendre au printemps de grands services avec ce filet en capturant les mères-guêpes qui butinent sur certains arbustes en fleurs, surtout sur les groseilliers-cassis qui les attirent de fort loin. Chaque mère-guêpe donne en automne une colonie dévastatrice, et je suis convaincu qu'en encourageant cette chasse par de petites primes on arriverait à diminuer beaucoup le nombre de ces malfaisants et dangereux insectes qui sont un véritable fléau à la fin de l'été des années chaudes. On écrase les insectes saisis dans le filet.

Ce petit instrument est indispensable aux amateurs qui veulent élever en plein air, ce qui est le seul moyen d'agir avec succès, les nouveaux vers à soie (*Attacus* de l'ailante et du chêne); les guêpes viennent dévorer sur les feuilles leurs grosses chenilles charnues; il faut les détruire avec soin. Enfin le filet fauchoir peut servir à enlever dans les pièces d'eau les Dytiques, adultes et en larves, les larves d'Hydrophiles, les Nèpes, etc., tous carnassiers de forte taille qui s'attaquent au frai de poisson et aux très-petits poissons au moment où ils sortent de l'œuf, emportant, attaché au ventre, son vitellus succulent.

Maurice GIRARD.

(*A suivre.*)

## SÉRICICULTURE.

Nous empruntons au dernier rapport de M. Guérin-Méneville, dont la haute compétence entomologique et surtout en matière de séricicul-

---

(1) On trouvera ce filet chez Arthur Eloffe, naturaliste, 20, rue de l'École-de-Médecine, Paris.

ture est connue de tous, des extraits qui présentent l'état des choses sous un jour assez fâcheux pour le résultat des graines indigènes. C'est l'impression qui résulte de sa tournée d'inspection de 1869 que M. Guérin-Méneville fait ainsi connaître ; rien de plus actuel comme on voit. Nous devons dire que nous avons de meilleures nouvelles des éducations de l'Ardèche. Malheureusement ce sont des races japonaises, d'importation récente, dont la graine a été payée un haut prix, et dont la soie ne vaut pas nos anciennes races françaises. Nous ferons part à nos lecteurs des détails aussitôt que la lettre que nous attendons à ce sujet d'un correspondant, habile observateur et excellent entomologiste, nous sera parvenue.

Voyons pour le moment ce que rapporte M. Guérin-Méneville.

« Dans ma dernière chronique, je disais que les brusques variations qui ont eu lieu dans la température du mois pourraient bien, indépendamment de l'épidémie régnante, agir fâcheusement sur les éducations de vers à soie. Aujourd'hui les résultats de ces perturbations météorologiques commencent à se manifester, car, dans les contrées méridionales, où les éducations sont plus hâtives, les vers à soie, après s'être généralement montrés sains et avoir donné les plus belles espérances, commencent à être atteints, à l'approche de la montée, dans certaines localités.

Comme l'année dernière, la gattine ou pébrine se montre peu. Aujourd'hui c'est la flacherie qui domine.

Cette forme de l'épidémie est bien plus fatale, car, ainsi que le reconnaissent les éducateurs, elle enlève trop souvent tous les vers d'une chambrée, sans leur laisser faire un seul cocon, tandis que la gattine permettait au moins à un certain nombre de vers de donner leur soie. »

Et plus loin :

« Dans les départements des Bouches-du-Rhône, du Var, des Alpes-Maritimes, de Vaucluse, des Basses-Alpes, les éducateurs comprennent généralement que l'on doit chercher à revenir, le plus tôt possible, aux anciennes habitudes, en s'affranchissant de la nécessité de faire venir de la graine étrangère par le commerce. On voudrait, comme avant l'invasion de l'épidémie, pouvoir faire sa provision de graine au moyen d'un choix de cocons pris dans sa propre éducation, dans celle, mieux réussie, de quelque voisin ou même de sériciculteurs habitant des contrées plus ou moins éloignées. Déjà, depuis plusieurs années, bien des éducateurs du Var, par exemple, ont agi ainsi et s'en sont généralement bien trouvés. Dans ce département, comme dans les Basses-Alpes, l'Isère, la Savoie, les races françaises commencent à donner des récoltes satisfaisantes, et c'est là que les grands filateurs de l'Ardèche, de la Drôme, etc., viennent s'approvisionner des beaux cocons indigènes qu'ils ne trouvent plus chez eux, où dominent les races japonaises si inférieures sous tous les rapports.

» Bien des éducateurs ont pris la bonne habitude de faire plusieurs tournées dans les parties les plus élevées du pays, pour y chercher quelques petites éducations faites sur des coteaux bien aérés, dans lesquelles les vers se montrent constamment sains, et ils en achètent le produit pour y choisir les meilleurs cocons et faire eux-mêmes leur graine. »

Il est intéressant de mettre nos lecteurs au courant de ce qui est arrivé pour les éducations de vers à soie du chêne du Japon (*Attacus yama-maï* G.-M.). Les graines d'importation directe, arrivées au commencement de 1869 ont échoué, ou par avarie de route ou peut-être par quelque altération préméditée et frauduleuse des Japonais. Il existe heureusement en quelques mains de la graine européenne acclimatée, permettant de précieuses espérances pour l'avenir.

« Si les graines de Bombyx yama-maï importées du Japon ont échoué, malgré les sacrifices de tous les genres faits pour les obtenir saines, nous devons nous consoler de ce fâcheux résultat en voyant que celles qui ont été produites en Europe donnent des vers sains et vigoureux, qui prospèrent jusqu'à présent. Je viens de voir l'éducation faite à Trans (Var), par M. F. Scribe, avec la graine qu'il a obtenue de son éducation de Saint-Raphaël, et je n'ai jamais rien vu de plus beau. Des chênes de 2 ou 3 mètres de haut, couverts de vieux filets à sardines, portent en ce moment plusieurs centaines de beaux vers à soie, dont la plupart sortent de la troisième mue. Si quelque catastrophe ne survient pas, M. Scribe aura là une source de reproduction de cette précieuse espèce bien acclimatée, et il pourra, comme M. de Bretton, en Autriche, répandre ce ver à soie du chêne et compléter mon œuvre qui consiste à donner cette utile espèce à l'agriculture européenne. »

(*Extrait de la Revue et Magasin de zoologie*, 1869, n° 5.)

### Ne tuez pas vos amis!

Eh! qui songe à tuer ses amis? dites-vous peut-être en lisant ce titre. — Qui? les plus honnêtes gens du monde; vous-même, cher lecteur, qui êtes sans doute un homme doux et bienveillant, je suis sûr que cela vous arrive souvent. Sans parler des araignées qui nous délivrent de tant de mouches importunes, n'est-il pas vrai que quand vous rencontrez dans le chemin, ou dans votre jardin, ce grillet doré qui court si vite, ou quelqu'un de ses pareils moins brillants, votre premier mouvement est de mettre le pied dessus? Prenez garde! c'est un ami que vous allez tuer. Tous ces actifs coureurs défendent vos champs, vos légumes et vos fruits contre les chenilles, les hannetons et les limaces (*coitrons*), dont ils font leur nourriture. Ce sont d'alertes gardes champêtres, qui ne coûtent rien, qui ne vous prennent rien, et qui, jour et nuit, sans fêtes à chômer, sans séances au cabaret, font la police dans la campagne et tuent en foule tous les insectes maraudeurs qu'ils peuvent atteindre. Autant de grillets écrasés, autant de centaines de chenilles que vous sauvez, autant de fruits vous perdez.

Tenez, il fait beau temps, suivez-moi dans une promenade que je faisais l'autre jour avec mon ami Jean-Claude, un brave fermier de mon voisinage, si bon enfant qu'il ne donnerait pas un coup de pied à son chien. Nous suivions la lisière du bois de la *Chenallette*, de l'autre côté de l'eau, causant de la récolte, de ces pluies qui nuisent aux labourages, du soleil qu'il faudrait pour la vigne...., car vous savez que nous autres, nous savons beaucoup mieux que le bon Dieu quel temps il convient au pays....

Tout à coup, je le vois saisir une pierre qu'il jette de toute sa force dans le taillis. — Que faites-vous?

— Ne voyez-vous pas ce serpent? Je ne l'ai pas manqué! il ne mordra plus personne.

— Dites plutôt qu'il ne mangera plus de souris et de mulots, qui font l'ordinaire de ses repas, et que les souris et les mulots pourront continuer à leur aise de manger vos grains. Ce serpent n'a jamais mordu qui que ce soit; il vous serrerait avec ses dents qu'il ne vous ferait aucun mal, pas plus qu'avec sa langue, qu'il darde pour vous faire peur. Et, prenant la pauvre couleuvre qui se tordait dans l'agonie, je montrai à Jean-Claude, en mettant mon doigt dans la bouche de la bête, que, même en colère, elle ne pouvait blesser.

En effet, dans nos contrées privilégiées, il n'existe qu'un seul serpent venimeux, c'est la vipère : encore devient-elle rare. Dans le Jura et dans les vallées chaudes, la vipère est rougeâtre, avec quatre bandes de taches brunes, et le ventre rosé. Dans les Alpes, elle est grise, avec une large bande foncée tout le long du corps. Jamais de reflets métalliques. Mais ce qui la distingue le mieux de tous les autres serpents, c'est sa tête déprimée, relevée au bout, fortement triangulaire et presque en cœur, couvertes non de grandes plaques comme les couleuvres, mais de petites écailles serrées et formant une tache noire en forme de V. Elle ne se tient pas dans les bois ni dans les lieux humides; c'est dans les pentes rocailleuses et bien exposées au soleil qu'on peut la rencontrer.

Malgré ses dents meurtrières, la vipère est plus disposée à fuir qu'à attaquer l'homme, elle ne mord que lorsqu'elle est chicanée par un pied imprudent. Mais, quoiqu'elle mange les souris, cela suffit pour que nous soyons autorisés à tuer cet *animal* pervers.

Quant aux couleuvres et à ces timides petits orvets (*anvins, lanvouis*), que l'homme, dans son horreur involontaire pour tout ce qui rampe, se plaît à écraser du talon, ils sont tout à fait inoffensifs; ce sont des amis du cultivateur. Les gros vivent de souris et de mulots; les petits de chenilles, de vers blancs, de sauterelles.... Ami Jean-Claude, ne tuez plus vos amis!

Dans le pré que nous côtoyions (c'est un joli bout de terre à Jacques Bruchon), on voyait quelques taupinières; çà et là une taupe pendait à ces baguettes de coudrier avec lesquelles on leur tend des piéges. — Voyez, me dit mon ami, comme nous sommes ravagés par ces sournoises ! Heureusement, nous avons à présent dans la commune un taupier qui a le coup pour les prendre, bientôt il n'y en aura plus.

— Et cette grande place desséchée, lui dis-je, en enlevant du bout de ma canne une bande de gazon qui semblait brûlé...?

Oh! ça, c'est les *vers blancs*: ils nous mangent tout; au printemps, à chaque coup de pelle, on en lève par dizaine, on ne sait comment les détruire.

(*A suivre.*) H. LASSÈRE.

*Erratum.* Une erreur d'impression importante se trouve dans le numéro 2 du journal, à l'article du Dr Boisduval, sur les chenilles processionnaires, p. 51, à propos des espèces de pins sur lesquels vit le *Bombyx Pityocampa*. Au lieu de *Pinus alpensis*, il faut lire *alepensis*, pin d'Alep. Au reste les horticulteurs ont tous dû reconnaître l'erreur. (*La Réd.*)

L'Éditeur-propriétaire : E. DONNAUD.

Paris. — Imprimerie de E. DONNAUD, rue Cassette, 9.

# L'INSECTOLOGIE AGRICOLE

### Bulletin insectologique.

Sur le ver gris (chenille de la *Noctua* ou *Agrotis segetum*). Le journal, dans son précédent numéro, a reproduit une communication adressée relativement à l'emploi du brou de noix, additionné au besoin de sel de morue, pour détruire cette chenille souterraine. Nous devons faire connaître sur ce sujet important toutes les opinions. Il est nécessaire d'indiquer les conseils qu'adresse contre ce fléau de nos betteraves M. E. Blanchard, dans les excellentes leçons qu'il professe en ce moment au Muséum sur les insectes nuisibles aux différentes cultures. Nos lecteurs ne doivent pas oublier que le savant professeur d'entomologie était chargé en 1865 et 1866 d'une mission dans l'arrondissement de Valenciennes, dont les betteraves étaient ravagées par le *ver gris* à un point tel qu'en plusieurs endroits il y avait destruction complète et impossibilité de faire du sucre.

M. Blanchard n'accorde que peu de confiance à l'emploi de dissolutions. En effet la chenille dévastatrice s'enfonce profondément dans les grosses racines de betterave et échappe à l'action des substances liquides. Dans l'arrondissement de Cambrai on avait employé sans succès des solutions d'aloès et de brou de noix. A ce propos nous ferons remarquer que peut-être les soins nécessaires à cet égard ont été omis. Il importe, avec les insectes nuisibles, d'opérer en quelque sorte à jour fixe et sans négliger aucun détail. Le journal avait insisté sur ce point que la dissolution devait être, non jetée en pluie, mais versée au collet de la plante, au moment où les chenilles encore petites ne sont qu'à la surface de la racine et non à l'intérieur, et enfin, pour empêcher les liquides de se perdre en s'écoulant au dehors sans entrer en terre, de relever celle-ci autour des betteraves par un binage. Une seule partie de ce conditions négligée peut rendre tout inefficace.

On a reconnu que l'échenillage à la main, très-coûteux du reste, est sans valeur d'après les mœurs souterraines de cette chenille. Les feux allumés le soir, quand les papillons sont éclos, n'ont presque pas d'effet

Les noctuelles volent peu vers la lumière, différant en cela des pyrales et des tinéites, et en outre à quoi bon brûler des mâles qui se sont accouplés pour la plupart ou des femelles après la ponte ?

Le savant professeur du Muséum a reconnu l'efficacité de plusieurs procédés. Au lieu d'ameublir la terre autour des racines au moyen de la rasette, il recommande au contraire de la tasser fortement. On s'oppose ainsi à la circulation des chenilles qui vont d'une plante à l'autre sous quelques centimètres de terre. Le tassage peut empêcher également beaucoup d'insectes adultes de sortir de leurs coques terreuses. On peut aussi, aux labours d'octobre, récolter à la main les chrysalides de seconde génération, enterrées pour passer l'hiver, de même que l'on ramasse les vers blancs en suivant la charrue. Enfin M. Blanchard a reconnu que la ponte des œufs se fait en plaques de 60 à 100 œufs à la base des feuilles et à leur face inférieure, de sorte qu'on peut rechercher les feuilles où sont les pontes et les arracher au sarclage.

En outre il est bon de faire des plantations de betteraves précoces, afin que les chenilles trouvent des betteraves déjà fortes et pouvant opérer un travail de réparation lorsque les larves les quittent pour se chrysalider; au contraire les betteraves trop jeunes sont anéanties. M. Blanchard fait enfin remarquer que l'*Agrotis segetum* (malgré son nom) n'attaque pas les céréales, de sorte qu'une alternance de culture en blé, seigle, orge, avoine pourra être une excellente mesure pour détruire la redoutable engeance. Les céréales ont pour ennemi une noctuelle d'espèce voisine, l'*Agrotis tritici*. Tous ces conseils peuvent être fort utiles, car l'*Agrotis segetum* attaque aussi, outre les betteraves, les navets, les chicorées et diverses plantes potagères. Il est bon que les agriculteurs prennent l'habitude de surveiller à l'avance les cultures menacées et de reconnaître les espèces qui tendent à se développer. Il n'est possible d'atteindre l'ennemi qu'à l'époque voulue. En général on ne regarde pas ses débuts, on s'aperçoit tout d'un coup avec épouvante qu'on lui a laissé le temps de tout ravager. On se plaint alors à grands cris, on supplie le gouvernement d'agir, et ni lui, ni les savants, appelés trop tard, ne peuvent plus rien.

*Recette contre les insectes qui grimpent aux arbres fruitiers.* On indique souvent de placer sur le tronc un ou plusieurs anneaux de goudron. L'anneau, simplement attaqué au pinceau, ne tarde pas à sécher et à devenir inefficace. Il faut mettre au pied de l'arbre un bourrelet de longue filasse. Puis on fait fondre du goudron avec du vieux suif et on en barbouille au pinceau la filasse. L'odeur éloigne d'abord tous les insectes, et les marcheurs qui tenteraient, malgré cela, de grimper, n'y peuvent parvenir, leurs pattes s'empêtrant dans la filasse. Il est bon de mettre aussi de pareils anneaux après les grosses branches, car l'odeur du suif chasse tous les insectes qui volent. Dans les planches à melons on fera bien de placer de distance en distance des piquets avec des tampons de filasse trempés dans le mélange de goudron et de vieux suif. L'odeur empêche les insectes de s'arrêter, notamment les hémiptères ; on aura encore avantage à arroser à l'eau de sel de morue les feuilles de cucurbitacées trop attaquées.

*Nouvelles agricoles de l'Algérie.* — Les sauterelles en Afrique. — Le *Mobacher* publie de nouveaux renseignements sur l'invasion des sauterelles dans le sud de la province d'Alger. Nous en détachons les détails suivants :

Dans le cercle de Laghouat, grâce à des efforts constants de près d'un mois, d'énormes quantités de sauterelles ont été détruites et les récoltes ont été partout préservées. Aujourd'hui, les criquets, qui, dans certaines parties, se présentaient en essaims de 8 à 10 kilomètres de long sur 400 mètres de large, sont presque totalement anéantis, et ceux, en petit nombre, qui ont survécu ne peuvent pas être dangereux.

Dans le cercle de Boghar, la région n'a pas trop souffert des ravages des criquets : la région ouest a été plus gravement envahie. Une partie des récoltes de Chellata, des Oulad Hamed Récheiga, des Znakra, des Bou-Aïch, a été détruite, malgré les efforts des troupes. On espère que les mesures prises protégeront efficacement le Tell.

Dans la province de Constantine, à Batna, de nombreux contingents ont été requis chez les tribus épargnées par les criquets et répartis sur les points le plus gravement menacés. Ils ont prêté aux troupes et aux indigènes intéressés le concours le plus énergique ; mais l'intensité du mal, en plusieurs endroits, a déjoué tous les efforts, notamment chez les Lakhdar Halfaouïa et les Oulad Sellem, où les cultures de plusieurs fractions ont été entièrement dévastées.

Dans un second extrait du *Mobacher*, reproduit comme le précédent par le *Journal officiel* du soir, nous lisons :

Les derniers renseignements parvenus de la province de Constantine nous donnent de nouveaux détails sur les sauterelles et font connaître l'étendue des ravages causés par les criquets.

D'après de récentes observations faites sur les lieux envahis, et notamment à Batna, la direction suivie par les vols de sauterelles est celle du sud au nord.

Ces insectes s'avancent pour ainsi dire par étapes vers la Méditerranée. Le chemin parcouru en une journée est d'environ 20 à 25 kilomètres.

Ces migrations commencent vers dix heures du matin et sont terminées vers cinq ou six heures du soir.

Arrivées au but de leur route, les sauterelles s'abattent sur les blés, les jardins, les prairies, etc., et y commettent des dévastations incalculables. Du reste, ces ravages n'ont lieu que dans les haltes, et les points intermédiaires sont complétement respectés (1).

Maurice GIRARD.

## Éducation en plein air de vers à soie,
### par M. le Dr GINTRAC.

Nous rendions compte, il y a un an environ, d'une éducation de vers à soie faite en plein air sur sa propriété du Tondu, à six kilomètres de Bordeaux, par M. le Dr Gintrac. Au moment où nous visitions la magnanerie du Dr Gintrac, les vers étaient sur le point de monter dans la bruyère, et quelques-uns déjà étaient en train de filer leur cocon. Comme tout le faisait prévoir, cette opération finale s'est accomplie dans les meilleures conditions, et pas un ver n'est resté en arrière.

M. Gintrac, poursuivant son expérience, a recueilli une partie de la graine de cette première éducation, et en a mis à l'éclosion cette année environ de quatre à cinq onces. Il a de nouveau dressé sa magnanerie, lui a confié ses vers, lesquels ont prospéré comme l'année dernière, malgré une différence complète de température, et il assiste en ce moment à la montée en bruyère qui se fait régulièrement par des sujets exempts de toute maladie et de toute infirmité, de telle sorte que l'on peut considérer l'expérience comme décisive.

Entrons, s'il vous plaît, dans la magnanerie de M. le Dr Gintrac. C'est un fort singulier édifice. Au bas d'une prairie doucement inclinée, exposée à tous les vents, gît cette étrange magnanerie. Sur des pieux de sept à huit pieds d'élévation, fichés en terre et reliés à leur sommet par des échalas, a été établie une tenture en toile pour la partie correspondant aux tablettes sur lesquelles reposent les vers, et en filet pour la

---

(1) Nous avons déjà dit que, pour les colons d'Algérie, *criquet* veut dire larve et *sauterelle* à l'état adulte ou ailé de l'*Acridium peregrinum*.

(*La Réd.*)

partie correspondant aux chemins de service ou allées. Ces allées sont au nombre de quatre. Les bas-côtés de l'édifice sont également fermés par des toiles qui s'arrêtent toutefois à cinquante centimètres environ du sol. Il résulte de là que l'air entre sans obstacle par cette ouverture qui règne autour de la magnanerie tout entière, et pénètre également sans obstacle par les quatre filets qui règnent parallèlement d'un bout à l'autre de ce que nous demandons la permission d'appeler la toiture.

Le soleil, on le conçoit, est à peu près là comme chez lui ; selon l'heure, il visite successivement tous les cadres qu'il frappe de plein fouet. Il en est à peu près de même de la pluie, qui durant ce printemps pluvieux n'a pas ménagé les vers et les a gratifiés plus d'une fois d'un bain abondant aussi bien de nuit que de jour.

L'éclosion a été faite dans une orangerie vaste, bien aérée et, comme toutes les orangeries, en bonne exposition. Mais une certaine mortalité se manifestant dès les premiers jours parmi ses jeunes sujets, M. le D$^r$ Gintrac s'est décidé à les transporter dans sa magnanerie, par 9 degrés seulement de chaleur. C'était le matin. Dans la journée, la température a dépassé 25 degrés, pour tomber pendant la nuit à un chiffre qui ne nous a point été dit, mais qui a probablement été inférieur à 9 degrés. Malgré ces brusques variations de température, la mortalité s'est subitement arrêtée, et, depuis, l'éducation n'a pas cessé un seul instant de marcher avec la plus grande régularité pour finir avec un succès complet.

Ce qui rend, à notre sens, l'expérience de M. le D$^r$ Gintrac plus concluante encore, c'est que les soins donnés aux vers dans sa magnanerie ne nous ont pas paru moins agrestes que la magnanerie elle-même. La nourriture leur est servie en branchages de 30 à 40 centimètres qui ne tardent pas à faire une litière fort épaisse, sur laquelle nous les avons vus accumulés en tas, par suite du manque d'espace. Mais lorsque viennent les repas, chacun se tire admirablement d'affaire, et cette innombrable population se montre dès le premier coup d'œil pleine de santé et d'excellent appétit.

Quand on songe aux pertes énormes qu'a éprouvées en France depuis quelques années l'industrie de la sériciculture, quand on songe aux sacrifices de toute sorte que se sont imposés les éleveurs pour lutter contre les fléaux qui, après avoir porté la ruine chez eux, les menacent encore de l'anéantissement complet de leur fortune, on ne saurait trop louer les essais de M. le D$^r$ Gintrac, et trop le féliciter de leur parfaite réussite. Les académies et les sociétés d'agriculture du Midi ont offert des prix nombreux aux mémoires qui décriraient le plus scientifiquement les épidémies qui ont rendu dans plus d'une contrée les éducations de vers à soie impossibles, et des prix importants ont été offerts à l'inventeur du remède le plus propre à combattre ces maux terribles. Nous n'hésitons pas à dire que les mémoires sont désormais inutiles et que le remède est découvert.

Ce remède est bien simple. Il consiste à renverser tous les systèmes implantés par une erreur de la science, et à en prendre tout bonnement le contre-pied. La science avait établi les magnaneries en manière de serre chaude, où l'air insuffisamment renouvelé à grands frais par des engins mécaniques, était constamment entretenu par des calorifères à une température élevée et constante. Les détritus de feuilles, les déjections des vers ne tardaient pas, malgré les soins assidus, à entrer en putréfaction sous l'action de la chaleur, et à empoisonner littéralement l'atmosphère.

Dans ces conditions d'hygiène déplorable, il est arrivé aux vers ce qui arrive à tous les êtres vivants agglomérés : ils ont été en proie aux maladies de toutes sortes et à de terribles épidémies. Ce qui amène le typhus et le choléra chez l'homme a produit la muscardine chez les vers à soie. La maladie, c'est l'agglomération et l'absorption d'un air vicié et infect ; il ne faut pas de longs mémoires pour l'expliquer. Le remède, c'est l'air pur, l'air du matin, l'air du soir, l'air de la nuit tel que le bon Dieu l'a fait.

On a pensé que la constitution du ver à soie ne lui permettait pas sans périr de supporter des variations excessives de température, et on a imaginé pour son bien des températures invariables et factices notées sur tous les thermomètres. De là des magnaneries hermétiquement closes, fermées à tout accès d'air extérieur. De là tout le mal.

Or, la constitution du ver à soie n'a pas la délicatesse à laquelle la science a cru. L'observation a été mal faite ou peut-être n'a pas été faite du tout, et on est tombé dans une erreur funeste en croyant aller à la vérité. L'expérience de M. le D$^r$ Gintrac l'a démontré, les vers peuvent supporter les températures les plus dissemblables, ils peuvent passer en vingt-quatre heures de 3 à 4 degrés et même moins, à 25 et 30 degrés et même plus, et cela tous les jours ; ils peuvent être frappés des rayons du soleil et souffrir de pluies assez longues sans que les éléments de la vie soient atteints. Dans cet état, ils vivent en vigueur, ils accomplissent leurs évolutions avec un plein succès, et engendrent une postérité forte et vigoureuse comme ses auteurs.

Voilà ce que disent les faits, des faits palpables et irréfutables, consacrés par plusieurs expériences, et ce que l'on ne saurait répéter trop haut pour le faire parvenir à la connaissance de tous les intéressés.

*Journal d'agriculture et d'horticulture de la Gironde*, 25 juin 1869.

Emile CRUGY.

Nous ferons remarquer qu'il faut apporter une certaine réserve aux conclusions de l'auteur de cet article; il faut attendre des expériences répétées pendant plusieurs années avec la graine des générations successives de cet élevage en plein air et au rameau, avant de prendre le contre-pied des systèmes de la science; il ne faut pas aller trop vite ni en admiration ni en dédain. Nous devons dire, du reste, que rien n'est plus rationnel pour fortifier une race d'animaux domestiques que de la replacer le plus possible dans les conditions de nature. Ce sont là les conseils que donnait aux magnaniers M. de Quatrefages, dans un excellent travail, qui date du début de l'épidémie, et qui n'est peut-être plus assez consulté aujourd'hui. Le savant naturaliste conseille de revenir aux éducations simples du siècle dernier, aux locaux rustiques dont parle Boissier de Sauvages, aux cabanes en planches, aux fromageries, très-bien ventilées par toutes les fissures; il recommande de beaucoup espacer les vers, de maintenir la chaleur à peu près aux températures ordinaires, comme si le ver à soie était replacé dans ses forêts d'origine, où il passe à ses divers âges par les températures croissantes du printemps. Il faut remarquer que les magnaneries perfectionnées à l'instar des Italiens, avec éducations rapides à chaleur forcée, ont été une des principales causes qui ont débilité les races et les ont rendues accessibles à la contagion par les corpuscules, ou par la feuille de mûrier, selon une opinion moins probable. Les magnaniers avaient trop oublié que le ver à soie est un organisme vivant et non une matière brute, quand ils ont voulu lui appliquer ce principe industriel qu'on diminue d'autant plus les frais généraux qu'on fabrique en plus grande proportion. Les éducations en plein air pour fortifier la race ont déjà été essayées. Nous rappellerons une très-remarquable expérience faite autrefois à Montpellier par M. le professeur Martins. Des vers à soie élevés en plein air sur un mûrier avaient recouvré le vol chez les mâles à la troisième génération. Nous devons faire remarquer qu'il s'agissait là d'une expérience scientifique et non d'une opération de pratique séricicole. A ce point de vue, la méthode de M. le Dr Gintrac est la seule bonne ; élevage sous un grossier abri et au rameau ou *à la turque*, ce qui prend plus de place, mais donne aux vers bien plus d'air que les litières plates ou à la feuille. Le ver à soie en effet est comme le mouton, tellement abâtardi par une domesticité qui se perd dans la nuit des temps, qu'il est incapable de vivre sur les arbres. Il ne sait plus se cacher sous les feuilles pour éviter la pluie et les insectes ennemis et tombe au moindre vent, ses pattes en couronne ayant perdu l'habitude de contractions musculaires assez énergiques pour qu'il puisse se maintenir solidement cramponné aux feuilles.

(*La Réd.*).

## ÉTUDES
### SUR LES
## INSECTES CARNASSIERS
**Utiles aux champs, aux bois, aux vignobles, aux prairies, aux jardins.**

PAR

M. MAURICE GIRARD,
Docteur ès sciences naturelles.

Dans cette guerre si difficile que nous devons soutenir avec une activité incessante contre les insectes nuisibles, aucun auxiliaire n'est à dédaigner. Nous sommes aidés, sans que presque personne s'en doute, par une armée de petits êtres dont le nombre compense la faible force, et qui sont, sans contredit, avec certaines circonstances atmosphériques, la cause la plus efficace qui vienne limiter la multiplication des espèces nuisibles. Une véritable alternance s'opère entre les insectes carnassiers et phytophages ; les premiers, après avoir trouvé dans les seconds une pâture surabondante, meurent ensuite de faim pour la plupart et permettent alors aux espèces nuisibles de reparaître en essaims dévastateurs.

Nous avons la triste habitude, par suite de l'ignorance profonde dans laquelle l'éducation dite classique nous laisse, comme à dessein, à l'égard des sciences naturelles, de ne nous préoccuper aucunement de ces bienfaiteurs obscurs. Bien plus, dès qu'une taille plus grande ou des couleurs brillantes les signalent aux regards, la plupart des gens de la campagne s'empressent de les écraser. Les enfants des villages, non prévenus par les instituteurs qui ne savent rien sur ce sujet, contribuent beaucoup à la destruction des insectes utiles. Au moment où un ministre éclairé se préoccupe de l'instruction agronomique, le Journal de l'Insectologie peut rendre un grand service en facilitant la connaissance des carnassiers les plus aisés à distinguer par les cultivateurs, afin qu'ils soient à l'avenir entourés d'une protection intelligente, et même, pour certains, recueillis par les propriétaires intéressés au bon entretien de leurs jardins et de leurs parcs, et ne dédaignant pas de les y transporter afin d'augmenter par là les agents de conservation de leurs cultures.

En suivant la série habituelle des études entomologiques, c'est par l'ordre des coléoptères que nous devons commencer. Nous rappellerons que ces insectes sont, à l'état de larve et d'adulte, pourvus d'organes buccaux courts et robustes, destinés à couper et à broyer, que leurs nymphes immobiles et sans nourriture appartiennent à une période d'existence où cessent et les méfaits des uns et les services des autres. Leur corps est généralement cuirassé et résistant; les ailes supérieures sont changées en élytres ou étuis qui recouvrent et protégent les ailes inférieures, seules propres au vol, membraneuses et repliées au milieu, afin de pouvoir se loger au repos sous les élytres qu'elles débordent dans le vol.

La tribu des carabiens comprend des coléoptères d'un grand intérêt pour l'agriculture en ce que, sous leurs deux états actifs, ils se nourrissent de proie vivante, aux dépens des insectes nuisibles aux végétaux et moins bien armés. On doit distinguer parmi eux deux groupes nettement définis, les carabiques et les cicindélides. Ce sont des insectes terrestres pour la plus grande partie, et que les entomologistes reconnaissent à un caractère particulier de leurs mâchoires, ou seconde paire de pièces buccales. Elles portent latéralement deux filets grêles, allongés, composés d'articles successifs. Ce sont des organes de toucher, que l'insecte promène sur les parties plus ou moins savoureuses de sa proie, en même temps qu'ils empêchent les petits fragments, émiettés par les mâchoires, de tomber latéralement. Les mandibules, placées antérieurement à ces mâchoires, tranchantes, aiguës, sont des cisailles qui découpent la chair des victimes.

Les carabes proprement dits (genre *Carabus* Linn. et quelques autres) sont surtout abondants dans les régions tempérées ou froides, et dans les parties montagneuses. Ils sont nombreux en espèces, environ quatre cents, en Europe et en Asie, rares en Afrique, existent au nord seulement de l'Amérique, puis au Chili où ils sont représentés par un groupe spécial d'espèces, manquent à peu près dans les régions tropicales, semblent avoir le nord de la Chine et la Sibérie comme zone de grand développement du type. Leurs élytres oblongues, épaisses, assez bombées, sont soudées au milieu et les ailes manquent en-dessous. C'est là une condition fort importante à signaler et que nous ne retrouverons pas chez les autres carabiques. Les carabes transportés dans les jardins et les parcs y resteront nécessairement, en raison en outre de ce qu'ils grimpent peu. Ils ne franchiront donc pas les clôtures d'aucune manière et leur voracité tournera au profit de la culture. C'est donc une recommandation très-sérieuse que nous donnons de recueillir les carabes qu'on trouve courant par les routes, les sentiers, les allées des bois pour certaines espèces. La tête est très-mobile, avec de longues et minces antennes, les pattes fortes, mais grêles, destinées à une course rapide et non à fouir. Les carabes sont des chasseurs audacieux, dédaignant les ruses, les abris. Ils sortent volontiers le soir et le matin, moins au milieu du jour. Les larves, beaucoup moins connues, parce qu'elles sont bien plus nocturnes que les adultes et s'élèvent mal en captivité, sont tout aussi utiles à l'agriculture. En effet, elles sortent de l'œuf dans un état de développement fort avancé, sans avoir besoin des soins présents ou posthumes de leurs parents, comme cela a lieu chez tant d'hyménoptères. Elles ont des téguments durs pour résister aux pierres du chemin et aux médiocres morsures des insectes phytophages qu'elles dévorent comme les carabes adultes. Elles sont brunâtres ou noirâtres, à mandibules acérées et dentelées, à pattes longues, à corps déprimé, toutes bonnes conditions d'attaque et de défense. Elles vivent de proies proportionnées à leur taille. Elles deviennent nymphes dans des cavités, sous des pierres ou des mousses ou des herbes, sans cocon soyeux ni coque de terre agglutinée. Les carabes, adultes et larves, se nourrissent d'insectes vivants, de chenilles, de limaces, etc., et comme leur vie est longue sous ces deux formes, on comprend combien sont précieux ces défenseurs sédentaires de l'agriculture.

Certaines particularités malheureuses de l'organisation des carabes ont contribué à propager à leur égard les tristes préjugés en vertu desquels beaucoup de jardiniers les détruisent comme malfaisants. Si on les saisit, ils laissent suinter par la bouche une salive brune et âcre qui tache les doigts ; en outre ils éjaculent avec force par l'anus un liquide corrosif, d'odeur repoussante et qui est composé surtout, comme l'a reconnu Pelouze, d'acide butyrique, le même qui donne au beurre rance sa fétidité. Il est sécrété par deux glandes spéciales.

Parmi les espèces de carabes les plus fréquentes, nous citerons d'abord le *Procrustes coriaceus* Lin., grand coléoptère d'un noir terne, à élytres et à corselet chargés de gros points, sortant surtout la nuit, aimant les haies obscures, les vignes, où pendant l'automne on le prend caché sous les amas de sarments. Il détruit beaucoup de limaces et d'escargots, dont sa larve surtout se nourrit exclusivement. Le type le plus connu des carabes est le *Carabus auratus* Linn., à élytres rayées de trois côtes régulières et lisses, d'un vert doré ou bleuâtre, selon les sujets. On le nomme vulgairement la *couturière*, la *jardinière*, le *vinaigrier* à cause de sa sécrétion acide. La larve est d'un noir grisâtre terne, avec deux pointes coniques divergentes à l'extrémité de l'abdomen, lui servant d'appui dans sa marche et dans ses mues.

Cette espèce est un de nos meilleurs auxiliaires contre les hannetons et les recherche avec une voracité analogue à celle du putois ou du furet, sa variété domestique, à l'égard des lapins.

On trouve souvent au printemps, au milieu d'un sentier, un carabe doré attaché au ventre d'un hanneton et dévorant ses entrailles, sans quitter sa victime qui marche et s'agite sous la terrible étreinte. Et pourtant on rencontre à chaque pas ce brillant insecte écrasé par des paysans ignares qui devraient au contraire employer tous leurs soins à le multiplier et à le répandre dans leurs champs ravagés par les vers blancs.

D'autres carabes paraissent avoir des chaînettes sculptées sur les élytres, ce sont des granulations séparées par des côtes. Tels sont le *C. monilis* Fabr., plus commun en certains endroits que le précédent, de couleur assez variable, tantôt d'un bronzé foncé, tantôt bleuâtre, parfois noir, et une espèce raccourcie, à dessins plus serrés, le *C. catenulatus*, Scop. noir à bords bleus, se trouvant particulièrement dans les bois, sous les mousses au pied des arbres.

N'oublions pas une grande espèce des environs de Paris, bien plus commune dans le Midi de la France le *C. purpurascens* Fabr., de forme allongée, couvert de lignes serrées, crénelées, d'un noir mat, avec une belle bordure cuivrée, ou violette, ou bleue, ou verte. Dans le midi de la France, surtout dans les montagnes (Ariége, Pyrénées, etc.), se rencontrent de magnifiques carabes, à reflets métalliques, dont les noms indiquent l'éclat, ainsi les *C. splendens* (Fabr), *rutilans* (Dej.) etc. Ces vives couleurs les feront immédiatement apercevoir par les agriculteurs instruits et sachant la nécessité de les conserver.

D'autres carabiques, de taille grande ou moyenne, habitent surtout les forêt-, les buissons des clairières, etc. Ils se nourrissent principalement de chenilles. Aussi savent-ils grimper après les troncs et les branches des arbres, et leurs élytres ont des ailes en dessous, afin qu'ils puissent se transporter plus aisément dans le feuillage des arbres lorsque la proie leur manque. Pour peu qu'on ait quelque habitude d'observer les insectes, on voit immédiatement que les calosomes ont des ailes. Leurs élytres sont saillantes, anguleuses et un peu bombées à la base, tandis que chez les carabes, qui ont le même corselet en cœur, le corps est bien moins large et les épaules sont effacées, arrondies.

Un grand protecteur de nos chênes, encore très-commun dans les forêts de la Bourgogne, est le magnifique *Calosoma sycophanta* Linn., à tête et appendices noirs, à corselet d'un bleu sombre avec bords d'un bleu vif, à élytres côtelées, d'un vert cuivré et irisé du plus riche éclat. Il s'introduit, surtout à l'état de larve, dans les bourses soyeuses des processionnaires du chêne et fait un grand carnage de ces chenilles malfaisantes, si redoutées par les urtications causées par leurs poils caducs qui entrent dans la peau. Une autre espèce plus petite, n'ayant que des reflets bronzés, le *C. inquisitor* Linn., se trouve, comme la précédente, au mois de juin dans les taillis. On rencontrait autrefois ces deux espèces en abondance aux bois de Boulogne et de Vincennes, mais elles deviennent rares au grand détriment des arbres parisiens. Dans le midi de la France, en Algérie, on trouve le *C. auro-punctatum* Payk. dont la robe sombre semble semée de points d'or enfoncés par gaufrage. Les larves de cette espèce dévorent en Algérie les colimaçons et se logent dans leur coquille (M. Lucas). Toutes les larves des calosomes, à anneaux larges et cuirassés, sont d'une grande voracité et se gorgent d'aliments de façon à gonfler outre mesure leur peau distendue. Elles tombent alors dans une torpeur digestive, comme les serpents, au point que de jeunes larves de leur propre espèce les dévorent. Elles s'enfoncent en terre pour se changer en nymphes. Il sera bon de rechercher les calosomes adultes et de les apporter dans les parcs. Le professeur Bois-Giraud, bien connu des physiciens, avait eu l'idée d'introduire dans son jardin le calosome sycophante, et bientôt ses arbres fruitiers furent débarrassés des chenilles.

Les carabiques dont il nous reste à parler brièvement ne sont pas moins utiles que ceux qui précèdent, mais en général leur petite taille les soustrait à notre action directe.

Le groupe des féronies comprend des espèces nombreuses, plus aplaties et plus allongées que les carabes, ce qui leur permet de se glisser, à la recherche de la proie, dans de plus étroits interstices. Elles sont de taille moyenne ou petite et diffèrent des carabes par quelques détails dans les jambes de devant et la forme des palpes de la bouche. Les féronies des plaines ont surtout des couleurs foncées ou noires, ainsi la *Feronia nigra* Schaller, la *Feronia vulgaris* Linn. ou *melanaria* Illig, cette dernière si commune près de Paris et qu'on voit courir sur toutes les routes et dans les sentiers du plateau si richement cultivé de la Brie. Les féronies détruisent beaucoup de chenilles des luzernes, des colzas, des betteraves, etc., et il en est de même de leurs larves d'un blanc sale, à tête et à extrémité du corps d'un jaune enfumé. Les harpales, de formes très-analogues dans leurs nombreuses espèces, à élytres finement striées, de taille médiocre, de couleurs bronzées ou noires, sont encore pour nous de précieux auxiliaires. Très-agiles et se retirant sous les pierres ou les herbes, ils courent après les acariens, les cloportes, les chenilles des petits papillons si nuisibles, etc. Nous citerons le *Harpalus ruficornis* Fabr. et surtout le *Harpalus œneus* Fabr., si répandu, qu'on trouve dans les moindres jardinets, dans les cours, qui brille parfois comme une parcelle de laiton poli entre les pavés des places publiques. Un groupe voisin est formé par des carabiques de petite taille, de forme plus ovalaire, à bords moins parallèles que les féronies. Ce sont les *Amara*, coléoptères doués en général d'un bel éclat de cuivre poli. Une espèce est très-commune sur toutes les routes, dans les allées des parcs et des jardins, c'est l'*Amara trivialis* Gyll.

Il serait fort à désirer que nos caves obscures possédassent en plus grand nombre les carabiques de grande taille, d'un noir brillant, à corselet en cœur, qui forment le genre *Sphodrus*. Ils détruisent beaucoup de larves qui rongent le bois, les tonneaux et surtout ces limaces des caves qui souillent les légumes qu'on y dépose et s'introduisent dans le vin.

Sous les pierres, le long des vieux murs, sont d'élégants petits insectes à corps d'un roux clair, à élytres d'un bleu d'ardoise, vivant en petites troupes. Ce sont les bombardiers (*Brachinus sclopeta* Fabr., *bombarda* Dej., *explodens* Duft, etc.) qui vivent de faibles larves, d'acariens, etc. Ils lancent par l'anus de petites explosions d'un liquide volatil, d'une odeur forte rappelant les gaz nitreux, avec une légère phosphorescence dans l'obscurité. On doit respecter tous ces êtres minimes, utiles contre d'imperceptibles ennemis.

Les carabiques se terminent par de petits coléoptères bronzés, tachés de jaune, vivant sur les bords des eaux. Leur voracité ne le cède en rien à celle des grandes espèces terrestres, et ces *Bembidium* débarrassent les plantes aquatiques, ainsi le cresson, de beaucoup de petites larves qui les rongent. Maurice GIRARD.

(*A suivre.*)

LÉGENDE DE LA PLANCHE DU NUMÉRO 4, 1869. — 1. Procrustes coriaceus. — 2. Carabus auratus. — 3. Sa larve. — 4. Calosoma sycophanta. — 5. Feronia vulgaris ou melanaria. — Harpalus ruficornis. — 7. Harpalus œneus.

## VARIÉTÉS.

**Note sur quelques coléoptères qui ont dévoré les graines envoyées de Chine à l'exposition de 1867.**

BRUCHES INÉDITES.

L'Europe n'est pas la seule partie du monde qui soit exposée aux ravages des insectes, les autres contrées du globe ont aussi leurs ennemis.

Des graines et des fruits envoyés de Chine et renfermés dans des flacons ou des bocaux hermétiquement clos ont donné naissance à Paris, après plus de deux années, aux trois coléoptères suivants, dont les deux premiers nous paraissent nouveaux pour les entomologistes. Ils appartiennent tous les deux au grand genre *bruchus* dont chez nous les espèces congénères vivent dans les pois, les fèves de marais, les lentilles et autres légumineuses.

La première de ces espèces, que nous appelons BRUCHUS NELUMBII, est sortie il y a environ deux mois en assez grande quantité des fruits du *nelumbium speciosum*. Ces mêmes fruits avaient déjà donné naissance au printemps à un grand nombre de *calandra oryzæ*.

La bruche du nélombo est petite, de la taille de la *granarius* décrite par Schœnherr. Elle est légèrement pubescente; son corselet est d'un noir de poix; ses élytres sont finement striées, d'un brun roussâtre sans aucunes taches; ses antennes sont d'un noir brun, ses pattes sont d'un fauve roussâtre. Cet insecte doit être fort commun en Chine, car tous les fruits, sans exception, du nélombo renfermés dans le bocal qui a figuré à l'exposition ont l'amande complétement dévorée par cette espèce et par la calandre du riz.

La seconde espèce est notre BRUCHUS FL-TSAOU. C'est une des plus grandes du genre; elle est trois ou quatre fois plus grosse que la bruche des pois. Elle est noire avec l'écusson couvert d'un épais duvet qui lui donne une couleur entièrement blanche ; tout le milieu des élytres est également blanc ainsi que quelques points disséminés sur leurs bords. La partie saillante de l'abdomen ou *pygidium* est complétement blanche. Le corselet est noir ; la tête est de cette dernière couleur avec une petite raie longitudinale blanche sur le front ; les antennes et les pattes sont noires ; le dessous de l'abdomen est noirâtre à reflet un peu grisâtre sur les anneaux.

Cette grosse Bruche nous est sortie des gousses d'un arbre de la famille des légumineuses désigné par le nom chinois de fe-tsaou, qui nous semble appartenir au genre *Dialium*. Les graines sont très-dures et très-grosses et chacune ne nourrit qu'un seul insecte, ce qui nous fait croire, si l'embryon n'est pas détruit, qu'elles pourraient être semées et germer aussi bien que les pois et les fèves attaqués chez nous par les bruches.

La calandre du riz nous est sortie par centaines des fruits du nélombo dont nous venons de parler ; les larves, qui ont vécu au moins deux ans, ont complétement détruit les amandes. Toutes les calandres dont on connait les premiers états vivent exclusivement dans les graines de plantes monocotylédones. Celle-ci semblerait faire exception, puisque les botanistes de nos jours placent les nymphéacées dans les dicotylédones. Achille Richard et d'autres savants, après avoir étudié la structure de l'embryon, ont soutenu l'opinion contraire et les ont considérées comme de véritables monocotylédones. Est-ce que les insectes dont l'instinct saisit souvent des analogies qui nous échappent donneraient tort aux botanistes modernes ? Bien avant les savants, les piérides avaient compris que les résédacées, les tropéolées et les capparidées étaient voisines des crucifères... Pour en revenir à la calandre du riz, nous dirons que les individus qui ont vécu aux dépens du nélombo ont souvent une teinte plus fauve que l'espèce ordinaire.

Nous avons reçu il y a un an de Marseille une petite boîte de riz attaqué par cette calandre qui dans certaines années occasionne des dégâts incalculables dans les magasins où l'on entasse cette denrée. Ce curculionite s'est multiplié sans interruption dans notre boîte ; il nous en éclôt tous les jours de nouveaux individus et le riz est aujourd'hui presque à l'état de poussière.

Ce fléau ordinaire de l'extrême Orient a été transporté partout où l'on a expédié le riz ; il en est de même de notre charançon du blé, *calandra granaria*, que l'on rencontre sur tous les points du globe où l'on cultive cette précieuse graminée.

On nous a demandé quels moyens il y avait à employer pour purger le riz de cet insecte dévastateur. Le seul que nous connaissons est bien simple : c'est de faire subir au riz une température de 90 à 100 degrés dans un four chauffé convenablement, il n'en sera aucunement altéré.

D<sup>r</sup> BOISDUVAL.

### Description d'un lépidoptère nouveau.

M. de L'Orza l'auteur du catalogue raisonné des lépidoptères japonais dont il a été question dans ce journal, a reçu ces jours derniers un envoi fort remarquable de Costa Rica et de San Salvador, dans lequel se trouvent, outre plusieurs nouveautés très-intéressantes, une très-belle espèce du genre *papilio* que nous nous empressons de faire connaître aux entomologistes.

#### PAPILIO LORZÆ BOISD.

Diog : *Alæ nigræ, fascia lata ad costam quadrifida strigaque apicali vivide sulphureis; posticæ caudatæ lunulis sulphureis punctisque duobus analibus chermesinis.*

La place naturelle de ce rare papillon est entre le *thyastes* et le *Marchandii* de notre espèces; il est de la même taille. Ses ailes sont d'un noir profond, traversées par une large bande de jaune citron ou plutôt d'un jaune soufre vif, quadrifide sur la côte des supérieures, s'élargissant vers le bord interne, et gagnant ensuite les inférieures, dont elle occupe une grande partie de la surface. Les supérieures ont en outre vis-à-vis du sommet une petite ligne maculaire de points jaunes formant une raie courte transversale. Les secondes ailes offrent sur le noir de l'extrémité une série de lunules marginales jaunes et vers l'angle anal deux gros points d'un rouge carmin. Ces mêmes ailes ont des dents peu prononcées et une queue noire assez longue liserée de jaune en dedans ; en dessous la bande transversale est luisante, d'un blanc à peine jaunâtre, tandis que ses digitations sur la côte ainsi que les lunules marginales sont ici d'un beau jaune d'or. On voit aussi sur les ailes inférieures, en dehors de la bande médiane, la trace d'une ligne rouge obsolète plus ou moins bien indiquée. Le corps et le corselet sont noirs en dessus avec la poitrine et le dessous de l'abdomen jaunes.

La femelle ne diffère pas du mâle.

Nous avons dédié cette belle espèce à M. de L'Orza, à qui nous sommes redevable du bel exemplaire que nous venons de décrire. Cet entomologiste ne sait pas au juste si les quelques exemplaires qu'il a reçus viennent de San Salvador ou de Costa Rica.

D<sup>r</sup> BOISDUVAL.

## SÉRICICULTURE.

La campagne séricicole est terminée dans le midi de la France ; aussi les matériaux abondent.

Nous commencerons cette revue en donnant des extraits d'une lettre intéressante que nous adresse M. Fallou, excellent observateur, bien connu des entomologistes par des découvertes importantes. La lettre est datée de Celles-les-Bains, par Lavoulte (Ardèche), 30 juin 1869.

« Quant à la récolte de l'Ardèche, elle est généralement bonne et plus que satisfaisante dans le canton de Lavoulte ; il y avait tant de vers à soie que le prix a baissé sur celui de l'année dernière. Les habitants éducateurs que j'ai consultés m'ont dit ne pas en avoir eu autant depuis 25 ans. Enfin les feuilles de mûrier, dont les pluies avait favorisé le développement, étaient magnifiques et tout a été employé.

» Certains éleveurs ont dû en payer quelques jours avant la montée de 18 à 22 fr. les 100 kil., d'autres éleveurs n'ont pas pu amener à bien tous leurs vers faute de nourriture ; mais la race du pays a encore moins donné cette année que les précédentes ; les marchands ont payé les cocons de 7 à 8 fr. le kilogramme. La plus grande partie de la récolte provient des cartons japonais à plusieurs marques qui ont été payés jusqu'à 20 fr., et parmi eux beaucoup ne sont pas éclos. J'ai trouvé dans la campagne de ces cartons que les paysans avaient jetés ; j'en ai conservé un que je vous communiquerai.

» Il y a ici des habitants qui prétendent que les Japonais passent ces cartons au four avant de les envoyer, afin que l'on soit obligé de leur acheter de la soie. Il a été vendu sur les marchés, à la fin de la saison, de ces mêmes cartons au prix de 50 cent. pièce ; et ils ont donné tout autant que ceux de 20 fr. J'ai pu voir les vers à leur 4<sup>e</sup> mue, il n'y avait pas de différence ; les cocons de ces japonais ont produit plusieures qualités ; la bonne annuelle s'est vendue 6 fr. le kil., les bivoltins de 4 à 5 fr., et les trivoltins de 2 fr. 50 c. à 3 fr., avec une diminution sur les doubles.

La montée a eu lieu dans les premiers jours de juin ; elle s'est faite assez lentement, le froid en a été la cause ; il a fallu chauffer les magnaneries au bois, au charbon de terre, au charbon de bois : tout cela est fort mal organisé. Je ne sais pas comment ces pauvres bêtes peuvent supporter de pareilles odeurs; lorsque j'en fis la réflexion, on me répondit que cela n'était pas nuisible, au contraire que la chaleur au charbon de terre leur était salutaire; le fait est que tous les vers ont filé leurs cocons plus ou moins épais et qu'il n'y a pas eu de maladie.

» Pour vous donner une idée de la quantité de la récolte, je vous dirai que les étuves ne suffisant pas chez les marchands, il a fallu employer les fours à pain pour étouffer les cocons, autrement il y en aurait eu un grand nombre de perdus par les papillons qui éclosaient. Chez M. Blanchon, la plus importante filature du pays, que nous sommes allés visiter le 21 juin, on recevait par jour de 8 à 12,000 kilogrammes de cocons ».

Dans un autre passage de la lettre nous lisons :

« Ici on ne veut plus faire grainer les japonais, ils ne réussissent pas la deuxième année. »

Nous ferons remarquer au sujet de cette lettre que l'opinion qui a cours dans l'Ardèche à l'égard des graines expédiées du Japon est bien conforme à ce que la rédaction du journal avait supposé dans l'article *Sériciculture* du précédent numéro. Nous somme satisfaits de voir combien notre opinion paraît probable à tous. La fraude s'étendrait aux œufs de *Séricaria mori* (ver du mûrier) comme au ver à soie du chêne *Attacus yama-maï*).

Peu de jours après la publication de notre numéro, nous trouvons la même idée développée, dans le *Bulletin de la Société d'acclimatation* (n° 5, mai 1869) par un de nos sériciculteurs les plus instruits, M. de Saulcy, qui cherche à élever à Metz, loin des foyers épidémiques, de bonnes races régénérées.

Voici l'opinion de M. de Saulcy :

« Lorsque la graine des vers *yama-maï* a fait sa première apparition en Europe, la loi japonaise punissait de mort quiconque eût été reconnu coupable d'en avoir livré à l'exportation. On comprend que, dans de pareilles conditions, ceux qui ont pratiqué la contrebande pour fournir de la graine aux Occidentaux, ont agi au péril de leur vie et qu'ils ont dû dissimuler avec le plus grand soin l'usage qu'ils se proposaient d'en faire. Les producteurs leur ont délivré de la graine qu'ils supposaient devoir être élevée sur place, et dès lors il était de leur intérêt de la fournir bonne pour ne pas se faire décrier dans leur commerce. Mais depuis que la peine de mort a été supprimée, les vendeurs du Japon ont bien vite compris qu'il y avait là de faciles bénéfices à réaliser sans possibilité de contrôle, et ce n'est probablement pas les calomnier que de dire qu'ils ont trouvé l'occasion bonne de se défaire, en faveur des barbares d'Occident, de tout ce qu'ils avaient de qualité inférieure et d'un écoulement pour le moins difficile.

» Le fait est que depuis quatre ans la Société d'acclimatation s'est approvisionnée, par toutes les voies qui lui ont été offertes, de la graine des vers précieux qu'elle aspire à introduire en Europe et que depuis quatre ans aussi les expérimentateurs, à qui elle en a distrbué avec la généreuse persévérance qu'elle apporte dans toutes les œuvres dont elle poursuit la réussite, ont reconnu que cette graine ne donnait plus que des mécomptes.

» Evidemment la graine est de mauvaise qualité, puisqu'elle ne donne point de larves ou qu'elle en donne si peu que c'est tout comme. M. de Saulcy a été jusqu'à supposer que la graine fournie par le commerce, libre maintenant, avait été chauffée au pays d'origine, peut-être pour dessécher les œufs et les empêcher d'être envahis par la moisissure en cours de voyage. Toutefois, comme il a obtenu, par-ci par là, quelques naissances, force lui est de reconnaître que si cette opération fâcheuse a eu lieu, elle a été pratiquée avec une certaine précaution, ou bien qu'on s'est contenté de soumettre les œufs à l'action directe des rayons solaires sans la trop prolonger, ce qui ne doit pas laisser de traces sensibles et peut facilement tromper l'œil. Quel que soit le procédé employé, ce qui est incontestable, c'est que chaque année il a ouvert bon nombre d'œufs et qu'il y a toujours trouvé, soit pour la majeure partie, une substance verdâtre, desséchée, présentant une apparence cornée, occupant environ la moitié de l'œuf et assez résistante pour l'empêcher de s'ombiliquer, soit pour un grand nombre, des larves bien formées mais mortes et flétries, soit enfin quelques larves vivantes mais de chétive apparence. Un pareil état de choses est déplorable, et il est surtout pénible pour les personnes qui veulent bien se charger de faire venir de la graine avec toutes les précautions que la prudence peut suggérer et qu'elles achètent et qu'elles cèdent en toute loyauté. Pour M. de Saulcy, il n'y a point de doute qu'une fraude quelconque est pratiquée au Japon même, et il demande si par les relations que la Société peut avoir dans ce pays, il ne serait pas possible d'obvier à un tel abus, et s'il n'y aurait pas moyen de trouver des éducateurs de bonne foi qui consentissent à fournir des œufs de *yama-maï* de même qualité que ceux qui sont réservés pour les éducations du pays ».

M. Guérin-Méneville continue comme il suit l'exposé de sa tournée d'inspection officielle dans nos départements séricicoles.

« Dans ma dernière chronique, j'ai donné une idée de l'état où se trouvait la sériciculture dans les départements des Alpes-Maritimes, des Bouches-du-Rhône et du Var au commencement de juin. Aujourd'hui je puis donner des nouvelles de quatre autres départements, ceux de Vaucluse, de la Drôme et des Hautes et Basses-Alpes.

» Les départements de Vaucluse et de la Drôme, surtout, très-fortement atteints par l'épidémie et ne pouvant plus obtenir la reproduction des races françaises, ont eu recours aux graines exportées du Japon, graines qui possèdent une si grande vitalité, que les vers qu'elles donnent peuvent braver les influences épidémiques, et arriver heureusement à faire leur cocon lorsque les vers de nos races convalescentes, soumis à ces mêmes influences, périssent souvent avant la montée. Comprenant cette situation, les sériciculteurs de ces régions encore trop malades se sont résignés à n'employer que les graines du Japon, attendant que l'intensité de l'épidémie ait assez diminué pour qu'il leur soit possible, comme dans les départements du Var et des Basses et Hautes-Alpes, par exemple, de revenir à nos races locales, si supérieures à celles du Japon.

« Une circonstance ruineuse pour les négociants en graines, l'abondance extraordinaire des cartons apportés du Japon, est venue favoriser les éducateurs en leur permettant d'acheter des cartons à très-bas prix (jusqu'à 25 cent. le carton au lieu de 20 à 30 fr.). Tous ont pu, grâce à cette surabondance de cartons, avoir double et triple provision de graines ; ils ont pu faire un choix de vers qui se montraient les plus sains, et ils ont eu ainsi des récoltes abondantes.

« Dans les départements de Vaucluse et de la Drôme, on est d'accord pour admettre que la récolte en cocons du Japon est au moins double de celles des années précédentes. J'ai pu constater le fait dans les environs d'Avignon, de Cavaillon, d'Orange; dans les communes de Sérignan, de Tulette, de Saint-Maurice, de Nyons, entre autres, où tous les mûriers sont cueillis et où la grande majorité des éducations a réussi. Ce qui indique le mieux la réussite de ces éducations, c'est le haut prix qu'a atteint la feuille de mûrier et l'état stationnaire du prix des cocons. Débutant à 10 fr. les 100 kilogr., le prix de la feuille s'est rapidement élevé de 15 à 25 fr. et, dans les environs de Nyons, par exemple, ce prix était arrivé à 28 fr., chose qui ne s'était jamais vue.

« Quant aux cocons, leur prix de 5 à 6 fr., suivant la qualité (je ne parle pas des trivoltins blancs que l'on ne peut payer que 2 ou 3 fr.), ne s'est pas élevé comme il s'élevait dans les années précédentes à mesure que l'on apprenait les insuccès des éducations, et il serait possible qu'il baissât en présence de l'abondance des récoltes.

« Dans ces contrées, qu'on pourrait appeler des départements à races japonaises, un certain nombre d'éducateurs a encore voulu essayer s'il serait possible d'y élever nos belles races françaises ; mais très-peu ont réussi, l'influence épidémique dont l'intensité a successivement diminué dans diverses contrées montagneuses, est encore trop forte, et il faut attendre et se contenter de races japonaises.

« Dans le département des Hautes-Alpes, je trouve très-peu d'éducations de vers japonais, et il est évident qu'ici les races françaises dominent, comme dans les Basses-Alpes, le Var, etc. »

Dans un autre passage de cette chronique, M. Guérin-Méneville (*Revue de zool.*, 1869, n° 6) rapporte que M. de Bretton, près de Vienne, est à la 3ᵉ mue d'une éducation, très-prospère jusqu'ici, de l'*Attacus yama-mai*, acclimaté par lui depuis 1863, de manière que tout fait espérer un bon grainage de cette précieuse espèce. Le savant Autrichien donne le conseil, important à rappeler pour les éducations futures, qu'à partir de la 3ᵉ mue il faut nourrir *exclusivement* les chenilles avec la feuille des vieux chênes, en âge de fleurir et de porter glands, la feuille des jeunes plants étant trop aqueuse et trop peu consistante et pouvant amener la maladie des morts flats.

M. L. Pasteur est de retour de sa mission dans le Gard. Bientôt nous connaîtrons avec détail les travaux de cette année, poursuivis avec cette ardeur et cette sagacité expérimentale qui distinguent l'éminent académicien. En attendant, nous ne pouvons mieux faire que de communiquer à nos lecteurs des observations très-concluantes sur l'excellence du procédé de grainage de M. Pasteur, par sélection des reproducteurs non corpusculeux. Elles sont contenues dans une lettre adressée au ministre de l'agriculture, du commerce et des travaux publics.

Saint-Ambroix, le 13 juin 1869.

Monsieur le Ministre,

J'ai l'honneur de porter à la connaissance de Votre Excellence les résultats d'une expérience faite chez moi à Saint-Ambroix, et qui me paraît avoir une grande importance pour notre industrie séricicole, si cruellement frappée depuis vingt années.

Propriétaire de mûriers dans le département du Gard, ayant de la feuille pour élever plus de 300 onces de graine, j'attachais un grand prix à me rendre compte de la valeur du procédé découvert par M. Pasteur pour la confection de la semence saine des vers à soie.

M. Vidal, éducateur à Saint-Ambroix, s'étant habitué dans ces dernières années à la pratique du microscope, et prétendant s'être assuré de la valeur du procédé de M. Pasteur par ses propres observations, je résolus de faire avec cet éducateur l'épreuve suivante :

M. Vidal se rendit en 1868, à Perpignan, où la méthode de M. Pasteur avait été mise en pratique avec succès par les soins de la Société d'agriculture de cette ville ; il acheta les cocons d'une chambrée bien réussie, mais atteinte de la pébrine ; la chambrée choisie par M. Vidal fut celle du sieur Louis Robin, près de Perpignan.

Les cocons furent apportés avec les soins nécessaires à Saint-Ambroix, et l'on procéda à un grainage cellulaire dans les conditions suivantes : on mit à part cinq catégories de graine.

La première fut composée de la réunion des pontes de tous les couples de papillons qui n'offraient pas les corpuscules de la pébrine. La deuxième, des couples qui offraient de 1 à 6 corpuscules par champ du microscope. La troisième, des couples qui offraient de 6 à 30 corpuscules par champ. La quatrième, des couples qui offraient de 30 à 200 corpuscules par champ. Enfin la cinquième était composée des couples offrant de 200 à 2 ou 3,000 corpuscules par champ.

Ces cinq catégories de graine, ayant pour origine une même famille de vers à soie, ont été élevées cette année, à Saint-Ambroix, sous ma surveillance, par les soins d'un magnanier expérimenté.

De la première catégorie on éleva une once de 25 grammes, et de chacune des quatre autres 9 grammes.

Voici quel a été le résultat de ces cinq éducations :

L'once de graine jugée pure a produit 47 kil. de cocons, et l'éducation n'a rien laissé à désirer dans sa marche.

Les catégories suivantes, rangées par ordre d'infection croissante, ont produit, la première 12 kil. de cocons, soit 33 kil. à l'once ; la deuxième catégorie a produit 6 kil., soit 17 kil. à l'once environ, une foule de vers étaient pébrinés ; la troisième catégorie a donné lieu à une mortalité considérable, et a produit seulement 650 grammes de cocons, soit 2 kil. à l'once environ. Enfin la dernière catégorie n'a pu arriver jusqu'à la quatrième mue, l'éducation avait l'aspect d'un véritable fumier.

Ces éducations ont été visitées à Saint-Ambroix par un grand nombre de personnes, sur lesquelles elles ont produit une vive impression. Dans l'intérêt de la vérité, j'ai cru devoir informer Votre Excellence de ces résultats, en reportant à qui de droit le mérite de cette nouvelle et heureuse application de la science.

Je suis, etc.,
GUISQUET,
Propriétaire à Saint-Ambroix (Gard).

Nous terminerons cette revue en publiant une lettre adressée à la rédaction par M. l'abbé Maturier, professeur à Brive sur Corrèze, et relative à des éducations de grainage faites dans cette ville par M<sup>lle</sup> de Lavergne, bien connue par les récompenses obtenues à diverses expositions. Mlle de Lavergne donne aux vers à soie les soins d'aérage, de propreté et de bonne nourriture les plus minutieux. Aussi elle parvient à faire vivre et à amener à reproduction des vers qui périraient certainement dans les conditions ordinaires, et nous pouvons certifier que les cocons adressés avec la lettre étaient parfaits comme forme, dureté des bouts, abondance et qualité de la soie. C'est de même qu'une famille dans l'aisance entoure des plus vigilantes précautions un enfant débile et au sang vicié et rétablit dans un corps épuisé une santé que la nature semblait refuser, tandis que l'enfant meurt s'il se trouve naître au milieu des rudes habitudes et des privations de la pauvreté. On ne saurait trop encourager ces éducations de grainage qui conserveront nos belles races indigènes et permettront plus tard de renoncer à ces races japonaises de rebut, remplies de polyvoltins, qui sont malheureusement encore le principal appoint de nos marchés.

Petit séminaire de Brive, ce 26 juin 1869.

Monsieur,

Quelques observations ayant fait concevoir à Mlle Cournil de Lavergne, ma parente, l'espérance d'arriver à la découverte d'un traitement efficace contre le fléau qui dépeuple nos magnaneries, cette intrépide chercheuse se livre depuis quelques années, avec une ardeur que rien ne peut rebuter, à des expériences multipliées sur de petits lots de graines déclarées malades. Ces expériences, j'ose le dire, Monsieur, ont obtenu, cette année, sinon un succès complet, du moins des résultats *si satisfaisants* que j'ai cru devoir vous les signaler. Vous pourrez en juger vous-même par les échantillons que je vous envoie.

Ce nouveau surcroît de travail n'empêche pas notre habile sériciculture d'élever, sur une plus modeste échelle, il est vrai, des lots de graines saines que vous connaissez, et qu'elle livre annuellement aux éducateurs.

A plusieurs reprises, j'ai eu l'honneur de vous adresser des spécimens de cocons jaunes provenant de ces magnifiques graines.

Je confie aujourd'hui à la poste une petite boîte renfermant deux échantillons de cocons, fruit des expériences auxquelles s'est livrée Mlle de Lavergne durant cette dernière campagne séricicole :

1° Cocons *jaunes* race indigène, provenant de papillons déclarés en 1867, *après examen microscopique*, infectés au plus haut degré.

2° Cocons *blancs* provenant de graines chinoises, *réputées malades*, envoyées en 1869, par M. le ministre de l'agriculture, comme échantillons de graines *servant à la fraude*. Mlle de Lavergne, après avoir constaté à plusieurs reprises que ces vers étaient, en effet, fort malades, les a soumis à des traitements spéciaux, et vient d'avoir la douce satisfaction d'en sauver la majeure partie.

A ces deux échantillons j'en joins deux autres que vous voudrez bien examiner avec le même intérêt.

1° Cocons *verts*, race japonaise ou du Taïcoun, envoyée en 1866, à Mlle de Lavergne, par S. Exc. le ministre de l'agriculture. TROISIÈME REPRODUCTION.

2° Cocons *jaunes roux* provenant de croisements *race dite de Brive et Japonaise*.
TROISIÈME REPRODUCTION.

Veuillez agréer, etc.

E. J. E. MATURIER,
Professeur au petit séminaire de Brive-sur-Corrèze.

Nous ferons remarquer que les tentatives de M<sup>lle</sup> Lavergne rentrent tout à fait dans les procédés d'isolement absolu que recommande M. Pasteur, contre la flacherie et la pébrine. Il n'y a, dit-il, si mauvaise graine qui ne renferme des œufs sains. En mettant à part les vers de bonne santé qui en proviennent on empêche la contagion. (Comptes rendus de l'Acad. des sciences, LXVIII, 1232, 31 mai 1869.)

## Enseignement agronomique.

### *Entomologie appliquée.*

#### NOTIONS GÉNÉRALES SUR LES INSECTES.

Les agriculteurs portent une attention de plus en plus marquée à l'égard des ravages des insectes. Ils les voient augmenter avec l'extension des cultures ; des plantes nouvellement introduites servent d'aliment à des espèces jusqu'alors inoffensives dans les bois ou les landes ; des insectes importés ou amenés par les vents viennent encore se joindre à d'anciens et trop nombreux ennemis. Une enquête officielle récente, les tendances de plus en plus pratiques de l'enseignement, qui cherche à remplacer par des connaissances utiles la vieille routine universitaire, tout concourt à faire comprendre la nécessité de s'instruire dans les sciences naturelles. On ne confie pas sa fortune à la terre et aux êtres vivants qu'elle nourrit sans avoir un puissant intérêt à les bien connaître.

Mais beaucoup de gens sont arrêtés au premier coup par la difficulté suivante. Ils ouvrent les livres des auteurs estimés qu'on leur désigne, et ils n'en comprennent pas le langage. Des noms techniques remplacent les noms vulgaires, des termes nouveaux et inconnus abondent ; on jette le livre en murmurant contre les savants en *us*, et on se résigne à souffrir plutôt que de déchiffrer un tel grimoire. Cependant, la science ne peut abandonner, sous peine de ne pas exister, un langage précis. C'est le devoir d'un journal comme le nôtre de venir en aide aux agriculteurs. Nous avons à leur donner la clef d'une nomenclature en réalité fort simple, et leur montrer comment elle dérive de quelques détails d'organisation générale, nécessaires à savoir pour comprendre de quelle manière les insectes nous sont nuisibles sous les modes les plus variés, et à quels caractères nous reconnaîtrons ou les ennemis qu'il faut détruire avec acharnement, ou les auxiliaires dont nous avons profit à respecter l'œuvre, et dont la présence en grand nombre peut nous faire présager la fin d'un fléau agricole. C'est pourquoi le *Journal d'Insectologie* publiera, quand il pourra disposer à cet effet de quelques pages, un enseignement très-élémentaire d'entomologie appliquée, et un glossaire des termes techniques employés par les traités spéciaux, de manière à en rendre la lecture compréhensible pour tout le monde.

Nous commençons, sans plus de préambule, notre œuvre modeste, mais utile pour certains des lecteurs auxquels nous tenons le plus, les cultivateurs.

Les *insectes* seront pour nous ce qu'ils étaient autrefois pour les savants, l'ensemble de ces êtres dont le corps est formé d'anneaux plus ou moins distincts. Ce sont les animaux qui composent le grand embranchement des *annelés* ou *articulés* ou *entomozoaires*; c'est à eux, à leurs services et à leurs méfaits, qu'est destiné le *Journal de l'Insectologie agricole*. Nous avons avantage à passer successivement en revue toutes leurs classes, car toutes nous présentent des espèces utiles et des espèces nuisibles.

Les plus importants pour nous sont les *insectes proprement dits*, parmi lesquels se placent le ver à soie et l'abeille, et d'autre part nos plus cruels dévastateurs, de sorte que les questions qu'ils soulèvent peuvent devenir des questions de l'ordre social et appeler l'intervention des pouvoirs publics.

Nous savons tous, par la plus vulgaire observation, que les insectes ne sont pas toujours pareils à eux-mêmes, sauf la taille, comme les animaux supérieurs que nous connaissons mieux, parce qu'ils sont plus gros et attirent forcément nos regards. En sortant de l'œuf les insectes n'ont jamais d'ailes. On les nomme alors *larves*, ainsi le ver blanc,

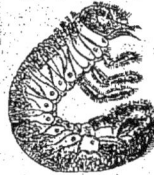

Ver blanc au dernier âge.  Larve du Hanneton vulgaire.

les vers jaunâtres et cuirassés, cylindriques, ressemblant un peu à de la corde à boyau, qui rongent les racines de beaucoup de plantes potagères.(Elatériens du genre *agriotes*), ou *fausses-chenilles*, à très-nom-

Larve du taupin nébuleux.

Tenthrède difforme.

breuses pattes, comme on en trouve fréquemment sur les rosiers, les pins, etc., ou enfin *chenilles* soit poilues, soit rases ou à peu près, telles que les vers à soie.

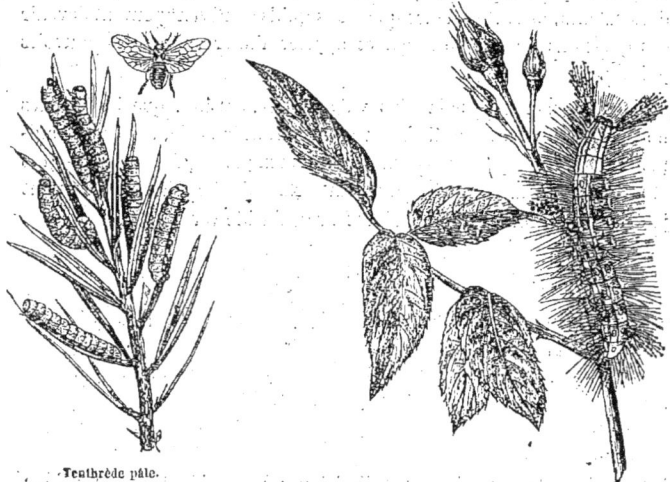

Tenthrède pâle.

Chenille de l'orgye antique.

Les chenilles ont le plus souvent seize pattes, les six de devant en forme de pointes un peu crochues. Les dix autres ont l'aspect de larges mamelons charnus, contractiles et entourés d'une couronne de poils. Ces pattes leur servent à se maintenir adhérentes aux feuilles, aux tiges, aux écorces.

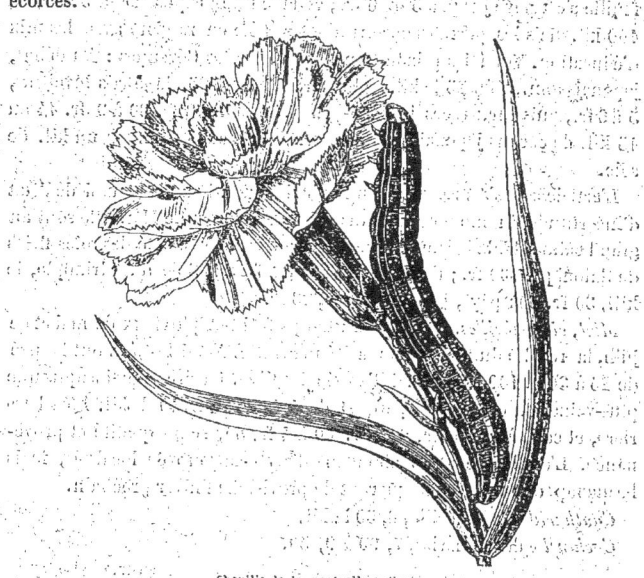

Chenille de la noctuelle antique.

(*A suivre.*)

Maurice GIRARD.

### Cours des produits des insectes.

*Soies et cocons.* La campagne séricicole actuelle a été meilleure que les précédentes, grâce aux nombreux cartons de graine japonaise importés en France. On constate que les grandes éducations ont eu moins de succès que les petites, et que des graines réputées saines, d'après le procédé Pasteur, ont donné des vers malades dans certaines magnaneries tandis qu'elles n'en produisaient que de sains dans d'autres (1). Les belles

(1) Cela tient uniquement au manque de soins et à la contagion, et n'infirme en rien l'excellence du procédé de sélection de M. Pasteur. (*La Réd.*)

races indigènes, blanches ou jaunes ont échoué dans beaucoup de localités. La grande quantité de graine mise à l'éclosion a dû faire monter le prix de la feuille de mûrier et de son ramassage. Le ramassage de la feuille s'est payé jusqu'à 5 et 6 fr., et la feuille jusqu'à 20 et 30 fr. les 100 kil. Mais les prix des cocons n'ont pas été en rapport avec les prix d'éducation. Voici les prix moyens payés dans les Cévennes : Au début, japonais ann., 7 fr. 25 le kil.; plus tard 6 à 6 fr. 25. Japonais bivoltins, 5 à 6 fr., puis 4 fr.; races indigènes, 9 fr. 50, puis 8 fr. 30 à 9 fr. 14 ou 15 kil. de cocons japonais annuels, verts ou blancs, donnent un kil. de soie.

L'article soie s'est ressenti d'une récolte assez bonne et aussi de l'état d'incertitude du moment. Les marchés de Lyon et de Marseille sont au grand calme et à la baisse. Sur ce dernier marché on a coté des soies filées de Salonique 100 fr.; de Syrie de 78 à 83 fr. 25. Soie d'Andrinople, le kil., 30 fr. 50 : pays, jaune, à livrer, 28 fr. 50.

*Miel, cire, abeilles.* Par suite du temps froid et pluvieux de mai et de juin, la récolte du miel blanc a été mauvaise. Aussi les prix ont haussé de 25 à 30 p. 100 sur ceux de l'année dernière. La cire a aussi acquis une plus-value; on cote celle à parquet de 4 fr. 20 à 4 fr. 40 le kil. hors barrière, et celle à blanchir, de 4 fr. 40 à 4 fr. 80, selon qualité et provenance. L'essaimage a été abondant dans beaucoup de localités, mais beaucoup de ruchées manqueront de provisions l'hiver prochain.

*Cantharides*, à Marseille, 6, 50 le kil.
*Cochenille* des Canaries, 7, 90 à 9, 50.

HAMET.

*L'Éditeur-propriétaire :* E. DONNAUD.

Paris. — Imprimerie de E. DONNAUD, rue Cassette, 9.

# L'INSECTOLOGIE AGRICOLE

**Bulletin insectologique.**

*Destruction du gribouri et du phylloxera.* La *Revue des Jardins et des Champs* de Lyon signale quelques succès obtenus contre le gribouri, ou eumolpe de la vigne, en déposant une poignée de suie au pied de chaque cep de vigne, après un léger déchaussement, qu'on recouvre ensuite d'un peu de terre. Peut-être le puceron qui empoisonne les vignes du Midi pourrait-il être aussi bien détruit que le gribouri par ce procédé. Les viticulteurs agiront sagement en essayant ce moyen. Ajoutons que la suie contient des principes analogues à l'acide phénique. Dès lors, l'arrosage des racines avec de l'eau phéniquée, au centième, aurait quelques chances de réussir, comme succédané de la suie, et ce succédané serait très-utile dans les contrées où on aurait de la peine à trouver toute la suie nécessaire. Il faudra faire d'abord des essais en petit, car l'acide phénique détruit certaines plantes.

*Remède proposé par le D<sup>r</sup> Guyot pour empêcher les ravages du phylloxera.* On sait qu'une commission, déléguée par l'administration de l'agriculture, à laquelle se joindront quelques délégués du conseil de la Société des agriculteurs de France, en ce moment étudie le fléau dans les vignes les plus rudement atteintes.

Après avoir dit tout ce qui était propre à mettre les viticulteurs sur leurs gardes, en face de ce nouvel ennemi, nous sommes heureux de transmettre l'opinion de M. le docteur Guyot sur l'état présent et à venir de cette maladie. M. le docteur Guyot, étant retenu chez lui par une maladie chronique qui l'empêche de faire partie d'une commission où sa place était marquée à tant de titres, nous affirmait, il y a quelques jours, que cette maladie n'est pas nouvelle dans l'histoire de la viticulture, qu'il l'a bien des fois rencontrée dans ses nombreux voyages viticoles, et que l'un de ses traits caractéristiques est de ne durer que deux à trois ans. L'éminent docteur prétend que la cause la plus probable du mal vient de l'excès des tailles courtes, qui étouffent le précieux arbrisseau, et que, pour préserver une vigne envahie, il suffit de la laisser un an sans la tailler, ou au moins de la soumettre à une taille très-longue qui ne comprime pas le besoin d'expansion qui est le propre de la vigne, principalement dans le Midi. Dans cette hypothèse, l'insecte n'est que l'effet, et non la cause du fléau.

Nous donnons cet avis de l'éminent agriculteur tel qu'il a bien voulu nous le formuler, en nous autorisant à le reproduire. Nous espérons que plusieurs viticulteurs du Midi s'empresseront d'en vérifier la valeur par la plus facile de toutes les expériences, puisqu'il s'agit de laisser la vigne tranquille pendant un an.

*Remède proposé contre la flacherie.* On lit dans l'*Union séricicole* : M. Raibaud-Lange, pour qui il vient d'être démontré que cette maladie est due à l'action délétère des gaz ammoniacaux qui se dégagent des litières, surtout après le 4e âge, indique le moyen suivant :

« Pour éviter la flacherie, rien n'est plus facile : dès que vous apercez un *seul cas*, délitez aussitôt, et, si c'est possible, avec des filets de papier percé : les litières sont ainsi immédiatement isolées. Faites des feux de flammes fréquents, et renouvelez l'air. Le soir, répandez du vinaigre ou de l'acide acétique en abondance sur le sol et donnez le dernier repas avec de la feuille légèrement humectée de vinaigre. Le but de cet agent est de neutraliser, par combinaison, les vapeurs ammoniacales. Tant que le danger menace, agissez de la même manière, mais ne délitez que tous les deux jours. Réchauffez les vers par les temps humides ainsi qu'à la montée, vous évitez la flacherie et votre réussite sera assurée. ». Ce remède est fort problématique, ainsi que l'expérience de M. Raibaud-Lange. Voir l'article Sériciculture de ce numéro.

*Cire attaquée par des dermestes.* On ne range pas ordinairement les dermestes parmi les insectes nuisibles à la cire. Ce sont des coléoptères qui vivent de substances sèches azotées comme les peaux, l'écaille, le lard. Cependant, dans des rayons de cire conservés chez M. Hamet et provenant d'une ruche ancienne, rayons dont la cire était noircie et imprégnée de déjections azotées, se trouvaient de nombreuses larves du *dermestes lardarius* (Linn.) et quelques adultes. La cire était réduite en poussière. Il est probable que la matière azotée qui s'est jointe à la cire non azotée a excité l'appétit de ces insectes. Nous devons donc comprendre les dermestes parmi les insectes nuisibles à la cire et par suite aux agriculteurs. On savait déjà que l'espèce citée plus haut dévaste les magnaneries, mangeant les cocons et les chrysalides.

*Les vers blancs dans les prairies.* Nous recevons des renseignements du canton de Nouvion-en-Thiérache, arrondissement de Vervins (Aisne), sur la frontière du département du Nord, pays de pâturages (c'est là que se fabriquent les fromages de Marolles), où l'on engraisse chaque année quatre à cinq mille bœufs et une quantité pareille de vaches laitières. Notre pays, écrit-on, est dans un état pitoyable par suite des ravages des vers blancs. Les prairies ressemblent à des terres; en certains endroits, le gazon n'a plus d'adhérence au sol et s'enlève au moindre effort. J'ai fait arracher l'herbe d'une de nos pâtures pour la mettre en tas, et alors tous les vers blancs se sont trouvés à découvert. Une seule femme en a ramassé 4900, de 4 heures à 7 heures, sur moins d'un are de terrain. Les éleveurs ont dû notablement restreindre la production bovine faute de nourriture, et subir une perte considérable.

*Nourriture des jeunes faisans.* Dans le journal le *Cosmos* (10 juillet 1869), M. Chevet s'occupe d'un procédé dont il a été récemment question dans notre bulletin insectologique. Il parle de remplacer, pour nourrir les jeunes faisans, les œufs de fourmis (c'est-à-dire les larves et nymphes), par des larves de diptères ou *guyots*. On les obtient, dit-il, en enfouissant une bête morte, qu'on laisse en partie hors de terre. On prend ces larves et on les met dans un pot avec un litre de son de blé (matière azotée) dont les vers se nourrissent. M. Chevet recommande de ne se servir de cet aliment que pour les perdreaux et faisans très-jeunes; sans cela ils deviennent malades. M. Chevet a reconnu en outre ce fait très-curieux, que les pâtés faits avec des faisans nourris de ces *guyots* étaient, au bout de deux jours, remplis d'asticots grouillants. Y aurait-il, pour les larves mangées par ces oiseaux, un fait de génération fissipare pareil à celui constaté par les entomologistes du nord de l'Allemagne pour les larves de certains diptères, de manière à introduire des parasites dans la chair? La conclusion nous paraît qu'on doit s'abstenir du procédé.

*Pluie d'insectes.* On lisait la citation suivante dans le numéro du 2 août 1869 du *Journal officiel* (édition du soir):

Un phénomène curieux, qui s'est produit dans la soirée du 26 juillet, est signalé de Bléré, au *Journal d'Indre-et-Loire:*

De huit à dix heures du soir, au bout du pont à l'est, près du bec de gaz placé à cet endroit, il est tombé sur une superficie d'au moins trente mètres carrés, une énorme quantité de papillons blancs d'une longueur d'environ un centimètre et demi, qui ont formé une couche variant de 10 à 15 centimètres d'épaisseur, ressemblant à une forte couche de neige.

Le 27 juillet, à neuf heures du matin, il existait encore sur ce point et sur une surface de sept à huit mètres carrés une épaisseur de trois à cinq centimètres de corps desséchés de ces papillons, que le vent dispersait petit à petit. Vers quatre heures du soir, il n'en restait plus aucune trace.

Il est très-douteux qu'il s'agisse réellement là de papillons, c'est-à-dire de lépidoptères. Ce sont très-probablement des éphémères, insectes névroptères à larves aquatiques qui éclosent parfois en quantités considérables. Ces insectes, privés d'organes buccaux, meurent aussitôt l'accouplement accompli. On a signalé une espèce à ailes blanches, qui abonde dans les canaux de la Hollande, et couvre le sol d'une quantité si prodigieuse de cadavres qu'on les enlève par charretées pour fumer les terres. Voilà peut-être l'explication du fait précédent.

*Troisième exposition d'insectologie agricole.* Les organisateurs des expositions des insectes de 1866 et de 1868 au palais de l'Industrie, à Paris, s'occupent d'une troisième exposition pour 1870. Cette fois l'exposition des insectes aura lieu en juin et en plein air, soit au bois de Boulogne, soit au parc de Montsouris ; ce qui permettra des applications culturales d'insectes utiles, tels que vers à soie, abeilles, cochenilles, etc. Une magnanerie rustique du système Gintrac, réunira les principales races de vers à soie dont l'éducation pourra être suivie par le public. Un bâtiment convenablement disposé recevra les appareils, les collections d'insectes, celles d'oiseaux insectivores et de nids artificiels pour ces derniers. Cette exposition sera internationale.

Le programme sera publié vers la fin de l'année et adressé à toutes les personnes que cette exposition peut intéresser.

H. HAMET.

## GÉNIE RURAL

**Des appareils et des machines en usage pour détruire les insectes nuisibles aux jardins, aux serres, aux vergers, aux champs, aux bois et aux réserves des céréales.**

Nous n'avons pas fini avec l'usage agricole du filet à insectes. Il s'en fait depuis longtemps, dans les vignobles du midi de la France, un emploi fréquent contre un coléoptère de la tribu des chrysoméliens, le *Bromius* (Redt.), *vitis* (Fabr.), existant dans toute l'Europe, et nommé vulgairement l'*Eumolpe de la vigne* ou l'*Ecrivain*. Les adultes décou-

pent, avec leurs mandibules, le parenchyme des feuilles de vigne, de manière à y dessiner une sorte de guipure ou d'écriture. Il est encore appelé improprement *Bêche* ou *Lisette*, noms de pays qui sont donnés d'habitude à des charançons. Il est rare près de Paris; mais, nous rapporte le D$^r$ Boisduval (*Essai d'entom. horticole*, p. 179, Paris, Donnaud, 1867), il est fort nuisible au chasselas cultivé près de Fontainebleau, et aux vignes de serre où l'on cultive les raisins qu'on sert sur les tables luxueuses à la fin de l'hiver. Il ronge non-seulement les feuilles, mais les jeunes pousses et les grains de raisin. On combat ses ravages dans le Midi en le ramassant à l'état adulte. On se sert pour cela d'un entonnoir de fer-blanc, échancré comme un plat à barbe. On place l'échancrure de manière à entourer le cep. L'entonnoir est adapté à un long filet de toile, en forme de sac fermé. On secoue sur l'entonnoir les branches de vigne et les Eumolpes tombent au fond du filet où ils sont recueillis et écrasés. Parfois le filet se termine en boyau se rendant à une petite boîte que porte chaque opérateur et où se rassemblent les insectes. Il faut opérer de grand matin, quand les Eumolpes sont encore engourdis par la fraîcheur de la nuit. Pendant le jour, ils sont actifs et très-défiants, se laissent tomber sur le sol en simulant la mort, dès qu'ils entendent qu'on s'approche d'eux.

Nous pouvons ranger dans la catégorie des filets un appareil en treillis métallique qui a été imaginé par M. Rigon de Chelles (Seine-et-Marne) pour détruire les guêpiers souterrains et ceux construits dans des cavités à ouverture latérale, et aussi pour recueillir des essaims mal placés. Le *Journal d'insectologie* (2ᵉ année) a décrit cet instrument, qui se trouvait à Billancourt lors de l'Exposition universelle de 1867. Qu'il nous suffise de rappeler que le système Rigon est formé de deux cônes de toile métallique adaptés base à base. Le bicône offre inférieurement une tubulure à robinet terminant un large entonnoir de métal bordé d'une bande de caoutchouc. On le fait adhérer hermétiquement à l'embouchure du guêpier. Bientôt les insectes privés d'air tentent de sortir pour respirer. On ouvre alors le large robinet et ils passent dans le filet conique où ils restent captifs.

Nous ne nions pas que cet appareil ne puisse rendre des services; mais il doit être médiocrement commode à adapter aux guêpiers pendus aux branches. Enfin surtout son prix est trop élevé; autant qu'il me souvient 60 fr. en fer et plus de 100 fr. en laiton. Malgré les grands inconvénients des guêpes, c'est bien de la dépense. Pour la guêpe commune, la plus nuisible et dont le guêpier creusé en terre a le plus souvent son orifice sur le sol horizontal, rien n'est plus aisé que de mettre au-dessus une cloche à melon et un vase plein d'eau de savon où les guêpes viennent périr.

Il n'y a pas d'appareil spécial pour l'échenillage. Pour couper les paquets de feuilles assemblées au bout des rameaux par les petites chenilles nées en automne du *Liparis chrysorrhea*, on se sert du sécateur placé au bout d'une perche, si on ne peut atteindre directement les extrémités des branches, ou d'une sorte de petite faucille courbe bien emmanchée. Dans ces dernières années le conservateur du bois de Boulogne, M. Pissot, s'est servi d'un injecteur construit par M. Peltier (10, rue Fontaine-au-Roi), dont la maison est bien connue comme étant la plus importante qui existe à Paris pour les appareils agricoles. Cet injecteur se compose d'un générateur de vapeur à haute pression, pouvant lancer à grande hauteur soit de l'eau bouillante, soit de l'eau fortement chargée de savon noir ou de goudron de houille. On dirige le jet sur les bourses remplies de cocons que placent contre les arbres les processionnaires du chêne ou du pin, si bien décrites dans un récent

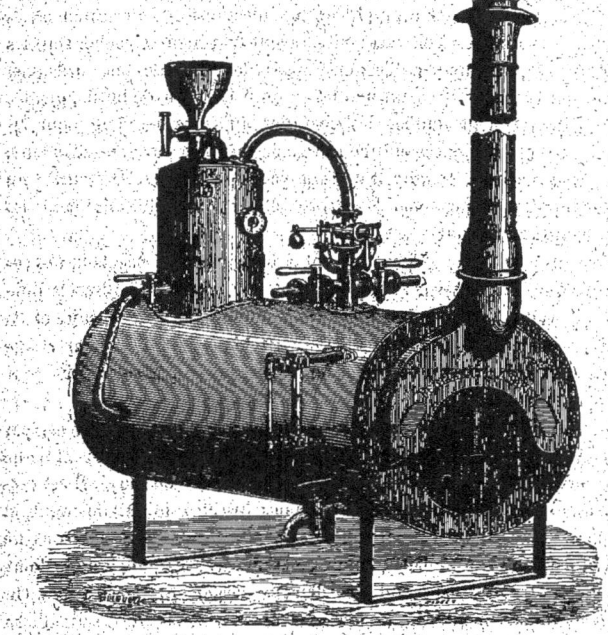

article (voir le numéro 2, 1869, p. 48, du *Journal d'insectologie*), par notre savant collaborateur, M. le D<sup>r</sup> Boisduval. Les chenilles sont brûlées ou tombent au pied de l'arbre, atteintes par les substances délétères. Je crois utile d'appeler l'attention des forestiers sur les injecteurs à pression de vapeur ou de gaz comprimé. Ils pourront rendre des services alors qu'on voit certains arbres envahis par les Scolytiens (Hylésines, Scolytes ou Tomiques), en permettant l'arrosage avec force de toute la surface de l'écorce par des substances qui pourront tuer les insectes dans les trous, par leur odeur surtout. Je ne prétends pas qu'on détruira tout, mais on pourra atténuer le mal. Il faut avoir soin de prendre des substances à injecter qui ne soient pas nuisibles aux végétaux; ainsi il est douteux qu'on puisse employer l'acide phénique, si efficace contre les insectes, mais qui est nuisible à certains végétaux.

Il ne faut pas songer à employer les injections contre les chenilles disséminées dans les feuillages; elles savent très-bien se cacher sous les feuilles et se cramponner. C'est en frappant les arbres de chocs brusques contre les branches, avec un maillet entouré de peau de buffle, que les entomologistes font tomber les chenilles qu'ils recherchent pour les élever. Dans certains cas où une espèce de chenilles sera très-abondante sur certains arbres, ce moyen ne sera pas à dédaigner. On aura soin d'étendre des nappes sous les arbres afin de recueillir aisément les insectes qui tomberont.

Certains appareils spéciaux servent à imprimer aux végétaux des secousses qui, sans casser les tiges, puissent faire tomber les insectes nuisibles dans des réservoirs, où il est facile de s'en emparer ensuite et de les livrer au feu. On peut donner à ces machines le nom d'*appareils secoueurs*. Ils sont construits, non pour les arbres et arbustes, mais pour les plantes basses.

— Le premier dont nous parlerons a été appelé à tort *échenilleuse* par son inventeur, M. Badoua, de Claira (Pyrénées-Orientales). En effet ce ne sont nullement des chenilles contre lesquelles il est employé. Il est destiné à délivrer les fourrages sur pied des insectes qui les dévorent, et particulièrement d'une espèce que nous n'avons pas aux environs de Paris, mais qui cause, dans le midi de la France, les plus grands dommages aux luzernes, au point d'en détruire des champs en totalité. On connaît vulgairement cet insecte sous le nom de *négril*, à cause de sa couleur, entièrement d'un noir foncé. C'est un coléoptère phytophage, de la tribu des Chrysoméliens, et de la même famille des Eumolpides, que le dévastateur des vignes dont nous avons parlé. L'ennemi des luzernes est le *Colaphus* (Redtenbacher) *ater* (Oliv.) ou *Colaspidema* (Castelnau). Il existe dans la France méridionale, l'Espagne, l'Algérie, et aussi, par un fait curieux de géographie entomologique, dans les Iles-Britanniques, sans doute à cause de la douceur des hivers humides de leur climat marin.

L'appareil Badoua se trouvait à Billancourt à l'Exposition universelle de 1867. Il consiste en une auge de $1^m, 50$ de long, montée sur deux roues légères, que l'ouvrier, placé en arrière, pousse devant lui, comme une brouette, au moyen d'un bras ou timon postérieur fixé au corps de la machine. Pour conduire la machine, l'ouvrier doit avoir le mancheron appuyé au bas ventre, soutenu en outre et guidé par les deux mains. En avant de l'auge est un volant ou ventilateur formé d'une planchette rectangulaire ou d'un cadre de très-forte toile treillissée. Ce volant tourne toujours dans le même sens, en même temps qu'avance la machine, au moyen d'une courroie de transmission, allant du pignon d'une des roues motrices à l'axe horizontal, passant par le centre de gravité du rectangle mobile, dont le poids est ainsi détruit. De cette façon, les plantes sont couchées sans rupture, toujours en s'inclinant vers l'auge et secouées, de sorte que les coléoptères tombent dans l'auge. L'appareil a été perfectionné de telle sorte que l'auge et le ventilateur, rendus mobiles au moyen de crémaillères d'un système très-simple, permettent avec la plus grande facilité de régler la position variable du ventilateur, selon la hauteur des luzernes. (Voir la planche du n° 5). La construction a été améliorée d'abord en substituant le fer et la tôle au bois et au zinc, ce qui diminue le prix tout en augmentant la solidité. Les engrenages ont été supprimés et remplacés par une simple courroie. La marche de la machine devient plus aisée, et une seule personne suffit pour la conduire sans effort, et lui faire parcourir trois hectares par jour. Ces modifications, qui ont donné à l'appareil plus de légèreté et de solidité, ont aussi permis de réduire son prix de plus de moitié, de 125 fr., prix ancien, à 60 fr., prix actuel.

Voici le moyen de graduer l'appareil Badoua selon la force de la prairie artificielle à débarrasser de ses insectes : 1° Il faut toujours commencer par lâcher la courroie ; 2° on sort ensuite les clavettes qui retiennent les crémaillères, on lève ou on descend l'auge au degré voulu et on remet les clavettes ; 3° pour changer de hauteur le ventilateur, on n'a qu'à tirer la broche ou clef placée au support (côté de la courroie), enlever le ventilateur, puis le mettre au degré voulu ; 4° on replace la courroie, on la tend un peu et on essaye le fonctionnement ; 5° pour sortir les insectes de l'auge, on laisse toucher le timon à terre et les insectes se trouvent entre l'auge et le tablier ; alors, avec une pelle creuse faite à cet usage et qui est placée sur le tablier et un petit balai, on met tous les *Colaphus* dans un sac ou dans tout autre récipient et on les livre aux flammes, ou on le jette dans un trou creusé à l'avance et on les recouvre de terre.

Cet appareil pourra servir pour recueillir un autre Chrysomélien nuisible, le *Bromius obscurus* (Linn.), également noir, et qui détruit dans le Midi des champs entiers de trèfle, et aussi un Coccinellien rouge à points noirs, la *Lasia globosa* (Schneider), ravageant partout en certains moments les luzernes, les trèfles, les vesces.

M. Badoua conseille pour prendre les femelles, ce qui est fort important si on opère avant les pontes, de laisser de distance en distance, quand on fauche, des sillons de luzerne non fauchés. Les femelles s'y portent et on passe ensuite l'appareil sur ces sillons. De cette façon on n'a plus de négril sur le regain ou seconde coupe. On voit que c'est la méthode des réserves ou des arbres-piéges des forestiers contre les insectes xylophages.

Voici quelques exploitations où l'on a fait un usage avantageux de la machine Badoua :

1° A Claira (Pyr.-Orien.), M. Justin Durand ;
2° A Sainte-Marie (*id.*), M. Doms ;
3° A Villalongue-Salanque (*id.*), M. Jonquières ;
4° A Rivesaltes (*id.*), M. Besombes ;
5° A Bages (*id.*), M. Justin Durand ;
6° A Toulouges (*id.*), M. Justin Durand ;
7° A Carcassonne.(Aude), M$^{me}$ Portal de Mouy ;
8° A Nîmes (Gard), M. Brunetton ;
9° A Orange (Vaucluse), M. Ripert ;
10° A Saint-Sauveur près Bompas (Pyr.-Orient.), M. J. Durand.

M. Badoua se plaint que son utile appareil ne soit pas encore assez connu ; nous espérons que la publicité du journal lui sera efficace. C'est là son utilité et un des buts qu'il recherche. Dans sa lettre, M. Badoua demande une loi ou des arrêtés obligeant à la destruction des insectes nuisibles comme à l'échenillage. Nous sommes de son avis, mais le principal est de tenir la main à l'exécution. On n'y parviendra qu'avec une bonne police rurale, encore à créer, et surtout après la large extension de l'enseignement agronomique, qui fera comprendre à tous la nécessité des mesures mieux que la contrainte. Les réformes rurales sont à l'étude, nous dit-on, malheureusement depuis bien longtemps. Où nous ne sommes plus d'avis de M. Badoua, et nous le lui disons franchement, c'est quand il demande l'intervention du gouvernement pour acheter sa machine et la propager. Le gouvernement a assez de choses sur le dos sans qu'on lui mette encore en plus les chenilles et les négrils. Usez du droit de réunion, agriculteurs, que les comices agricoles et les concours régionaux fonctionnent. Donnez, par l'association féconde, des subventions aux inventeurs, faites des essais publics de leurs découvertes, instruisez-vous en écoutant de bonnes conférences et laissez le gouvernement en repos. A l'américaine, Messieurs, c'est le vrai moyen !

Maurice GIRARD.

### Les vers à soie de M. de Gintrac.

A propos des éducations en plein air de M. le docteur Gintrac qui supprimeraient les causes de la maladie (V. l'*Insectologie*, p. 88), un de ses confrères de Bordeaux, M. le docteur Jeannel, adresse à la *Gazette hebdomadaire* la curieuse lettre qui suit :

Quelles sont les causes de la maladie des vers à soie ?

Grande question d'industrie agricole qui intéresse la prospérité de vingt départements méridionaux.

Beaucoup de solutions plus ou moins hypothétiques de cette inconnue ont été proposées. Je ne parle pas des solutions anatomo-pathologiques ou miscroscopiques ; les parasites ne tuent que les organes débilités qui ne réagissent pas ; la pébrine avec les corpuscules mobiles de Cornalia, la muscardine avec son *Botrytis bassania* sont les preuves de l'infériorité du bombyx abâtardi dans la lutte de la vie ; le champignon sauvage en concurrence vitale avec le ver à soie domestique remporte la victoire.

Mais voir osciller les corpuscules et fructifier le mycélium, cela ne conduit pas directement à sauver la victime ; ce qu'il importe surtout de savoir, c'est pourquoi l'organisme relativement supérieur du bombyx se laisse envahir et détruire par les organismes inférieurs.

Évidemment, c'est une question d'hygiène comme la mortalité des nourrissons, les épidémies de tiphus, de fièvre jaune, le choléra, l'infection purulente, l'érysipèle noscomial, etc. ; donc cela nous appartient.

Dites-moi, je vous prie, mon cher frère, est-ce que les *propriétés immanentes* en vertu desquelles, dans certaines conditions climatériques, la matière s'est organisée pour produire cet être à évolutions, ce bombyx à quatre périodes : œuf, chenille, chrysalide et papillon, est-ce que ces *propriétés immanentes* se sont maifestées pour la première fois dans une magnanerie, munie d'ingénieux thermosyphons, de tarares, de cheminées d'appel, de tablettes étagées, etc., etc. ?

Permettez-moi d'ouvrir une parenthèse (je dis *propriétés immanentes de la matière*, afin d'éviter de me servir d'un terme qu'il convient de bannir à tout jamais du langage scientifique ; *force vitale, activité créatrice* : hérésie ténébreuse, arriérée, théocratique, tandis que *propriété immanente* : clarté parfaite, positive !)

Donc, le ver à soie n'a pas été créé dans la magnanerie, il a très-certainement été créé dans le mûrier, ainsi que semblent l'avoir deviné les nomenclateurs qui l'ont appelé *Bombyx mori* ce qui résulte des *propriétés immanentes* de la matière organisable, ce n'est pas la magnanerie, c'est le triple-rapport entre le climat, la consistance et la composition des feuilles du mûrier, et les organes de son parasite ; la magnanerie est le produit de l'expérience des Chinois et des siècles, seulement les Chinois et les siècles expérimentaient fort mal. Une des respectables choses dont il faut faire notre deuil, avec les traditions populaires qui sont les cancans des anciens transmis d'âge en âge avec variantes et corrections, selon la mobilité des préjugés et des passions, c'est l'expérience des siècles.

Dès que nous regardons d'un peu près comment s'établit dans le populaire la croyance à un fait historique ou physique, nous reconnaissons la radicale incapacité de la multitude à transmettre une vérité selon les légitimes exigences de la raison.

Mais, je crois, mon cher confrère, que je m'éloigne de M. Gintrac et de ses vers à soie, m'y voici. De la séculaire éducation dans les magnaneries, est résulté *par hypothèse* l'affaiblissement de l'espèce, préparant peu à peu la victoire définitive de la pébrine et de la muscardine sur le *Bombyx mori*. Une fois cette hypothèse admise, il s'agissait de la vérifier par expérience. C'est ici que M. Gintrac entre en scène.

Il a entrepris depuis quatre ans des éducations de plus en plus étendues, en plein air, afin d'imiter d'aussi près que possible les conditions naturelles.

L'éducation en plein air avait été tentée avec succès par le maréchal Vaillant à Milan, en 1858, sur une cinquantaine de sujets, plus en grand en 1860 par Taverna, puis par Martins, Rollin, André d'Anduze et quelques autres naturalistes ou sériciculteurs, mais je ne crois pas que le système ait encore été pratiqué comme exploitation sérieusement industrielle, c'est là ce qui me semble donner aux éducations de notre éminent confrère un très-grand intérêt.

En la présente année 1869, il a fait éclore 3 onces de graines (environ 160,000 vers) de provenances diverses. La moitié sont les descendants de 12 vers anciens dans le pays, réduits à 7 par la pébrine, que j'avais élevés en 1864 dans mon cabinet, pour donner à mes enfants une leçon d'histoire naturelle pratique. Les autres lui ont été envoyés par M. G..., propriétaire et sériciculteur dans le Lot-et-Garonne; il en a reçu aussi un certain nombre de M. Pasteur et de M. Guérin-Méneville.

Les mûriers qui ont fourni les feuilles sont plantés dans un terrain maigre et graveleux, au sommet d'un coteau qui fournit d'excellent vin, au village d'Arlac, à 4 kilomètres de Bordeaux.

L'éclosion a eu lieu vers la fin d'avril. Les jeunes vers ont passé d'abord une dizaine de jours à Bordeaux dans des chambres bien aérées, puis huit jours dans une serre largement ventilée à Arlac. Ils avaient donc environ dix-huit jours lorsqu'ils ont été mis en plein air.

L'installation se compose de cinq rangs de doubles étagères établies au milieu d'une prairie. Ces étagères ont 50 centimètres de large, l'une à 1 mètre l'autre à 1 mètre et demi au-dessus du sol; elles sont soutenues par des montants plantés en terre; les planchettes sont remplacées par un latis à jour de bois blanc. Au-dessus de chaque double étagère, à la hauteur de 2 mètres et demi, au sommet des montants, règne un abri de voliges de la même largeur qu'elle; cet abri a pour but de prévenir l'esecrament des vers par la grêle. Les passages entre chaque double étagère ont 60 centimètres de largeur et sont couverts de filets à mailles de 4 centimètres, qui empêchent les déprédations des oiseaux. Enfin les parois extérieures sont formées par un voile de serpillière tendu verticalement, qui n'affleure point le sol et laisse en bas un espace libre de 40 centimètres de hauteur; il paraît que les oiseaux ne se hasardent pas à entrer par là.

En résumé, c'est comme une tente de toile grossière de 5 à 6 mètres de large sur 40 mètres de longueur, dont les parois extérieures de tissu clair ne descendent pas jusqu'au sol et dont le plafond est alternativement formé de voliges et de filets longitudinaux.

Les fourmilières et les guêpiers ont été soigneusement détruits dans le voisinage.

C'est dans ces conditions que les éducations entreprises par M. Gintrac sur une échelle de plus en plus vaste depuis quatre ans ont donné des résultats pleinement satisfaisants, point de maladies, montée régulière, cocoonage parfait. Les hannetons ne réussissent pas mieux en basse Normandie, moyennant le système pratiqué par eux-mêmes de temps immémorial, que les vers à soie sur le domaine de Gintrac, moyennant le système que je viens de décrire. Pluies diluviennes, vent impétueux, orages, soleil terrible, froid nocturne descendant à plusieurs reprises jusqu'à 9 degrés au-dessus de zéro, tout cela n'entrave en aucune façon le développement vigoureux des vers. Quand la température s'abaisse au-dessous de 12 degrés, ils restent patiemment dans une immobilité complète; pendant la pluie, ils se cachent prudemment sous les feuilles, fêtant le moindre rayon de soleil par un surcroît d'appétit. Je conclus :

1° Que la maladie des vers à soie est le résultat d'une conspiration des opticiens qui se sont entendus pour persuader aux populations que le 25e degré du thermomètre centigrade est de rigueur pour la vie de ces intéressants ouvriers tisseurs. C'est une expérience des siècles à mettre au panier;

2° Que les hôpitaux inventés par la philanthropie de nos pères sont des foyers humains de pébrine et de muscardine, que l'Hôtel-Dieu est une superbe magnanerie, et que ceux qui ont réclamé et réclament des hôpitaux sous tentes finiront par avoir raison (1).

D<sup>r</sup> JEANNEL.

### Maladie des orangers

PAR LE D<sup>r</sup> BOISDUVAL.

Nous avons décrit et figuré, p. 348 de notre *Entomologie horticole*, la cochenille des orangers (*coccus citri*) qui ressemble beaucoup au pou blanc des serres chaudes (*coccus adonidum*), nous avons en même temps représenté sur la même planche une des larves de syrphes qui se trou-

---

(1) Toutes réserves pour les opinions théoriques de cet article. (*La Réd.*)

vait sur les échantillons que M. Rivière nous avait rapportés de la Provence. Au bout de quelques jours, ces larves, qui sont pourvues d'un grand appétit, avaient dévoré la plupart des cochenilles en question.

Aujourd'hui, nous recevons une lettre de notre collègue, M. Gaudais, de Nice, qui nous annonce que ce terrible fléau a disparu. Voici un extrait de la lettre de cet observateur consciencieux : «Les orangers, les citronniers, les limoniers, les bigaradiers, etc., de la presqu'île de Beaulieu dont les trois quarts de la récolte avaient été totalement perdus les années précédentes sont maintenant magnifiques, pas de traces de kermès ni de *coccus citri*. Que sont devenus ces insectes si nombreux pendant deux ans? L'an dernier j'allai les visiter et j'en écrivis à M. Rivière qui me répondit : Si tout autre que vous m'écrivait cela, je ne le croirais pas, tant ces arbres me parurent malades et infestés de coccides les années précédentes. Je lui écrivis, en outre, à la fin d'août : Je sors de Beaulieu; les renseignements que j'ai recueillis et que je vous transmets bouleversent toutes les idées que nous nous étions faites au sujet de cette maladie. Au mois de juillet, il me fut impossible de trouver les quelques ramilles malades que vous me demandiez alors. Tous les arbres étaient pleins de force et de vigueur malgré les chaleurs atroces qu'ils avaient eu à supporter. Mais à la fin du mois d'août, les arbres souffraient de la sécheresse, et tous ceux qui purent être arrosés le furent. Quelques jours après cet arrosement tous étaient atteints ; les fruits, les feuilles et même le bois disparurent sous les couches épaisses de kermès et de *coccus citri*. La récolte fut totalement perdue, tandis que tous les autres, ceux qui n'avaient pu être arrosés, étaient d'une végétation splendide à la fin du même mois, à la suite d'une petite pluie qui avait eu lieu quelques jours avant ma visite! On objectera peut-être que si les premiers ont été malades parce qu'ils ont été arrosés, comment il se fait que les autres aient conservé leur santé après la pluie? La cause déterminante de la maladie dans le premier cas n'existe-t-elle pas dans la nature de l'eau? il y a eau et eau... La première sortait d'un puits, elle était très-froide, et était répandue directement sur les racines qui se trouvaient dans un milieu *incandescent*. La seconde était de l'eau de pluie réchauffée dans son passage à travers une atmosphère brûlante.

» Je me suis trop étendu peut-être sur cette question des orangers de Beaulieu, mais je pense que vous ne m'en voudrez pas trop de vous rappeler ce que vous avez dit et écrit à leur égard en plusieurs circonstances. Connaîtrons-nous enfin la cause directe de cette cruelle maladie? je l'espère encore. J'ai fait part des observations ci-dessus aux propriétaires dont j'ai visité l'an passé les orangers. Je les ai invités à ne pas donner d'eau à leurs arbres. Ils me l'ont promis. A la fin de ce mois j'irai les voir de nouveau, et si cela peut vous intéresser, je prendrai la liberté de vous dire ce que j'aurai observé. L'entomologie ne saurait rester indifférente dans une question de cette gravité. »

La lettre de notre honorable collègue M. Gaudais prouve une fois de plus que les végétaux ne sont envahis par les coccides et les pucerons que lorsqu'ils sont préalablement atteints d'une affection morbide latente qui échappe à nos yeux, et dont le plus souvent nous ignorons la cause. Chacun a pu remarquer d'ailleurs que certaines espèces de parasites pullulent sur les animaux malades, ainsi que sur ceux qui sont tenus dans de mauvaises conditions hygiéniques, et que lorsqu'ils sont rétablis ces insectes disparaissent.

Quant à la morfée ou fumagine, cette mucédinée ne se développe jamais que sur les plantes attaquées par les pucerons et surtout par les coccides. Elle n'est que la conséquence d'une autre maladie.

Nous devons ajouter que les larves des syrphes ont dû dévorer une certaine quantité de coccides, mais leur secours n'aurait pas suffi si la nature n'avait rendu aux arbres leur vigueur primitive.

Dieu veuille que les vignes de la Provence puissent se rétablir comme les orangers de Beaulieu ! C'est à cette condition qu'elles seront un jour débarrassées du *phylloxera*.  D<sup>r</sup> A. BOISDUVAL.

### Échenillage du Liparis cul doré.
(*Liparis chrysorrhœa.*)

Chaque année des arrêtés préfectoraux prescrivent l'échenillage des arbres à l'époque où les insectes sont réunis dans leurs bourses. Ce moyen, déjà insuffisant quand on l'emploie seul, devient bien souvent inutile par la négligence d'un grand nombre de personnes qui évitent de le mettre en pratique ; aussi voit-on chaque année se multiplier les dommages causés aux arbres et aux récoltes par la propagation constante des insectes.

Nous croyons qu'il n'est possible d'obtenir des résultats efficaces qu'en organisant plusieurs chasses pendant l'année, au lieu de se borner à une seule.

La première devrait avoir lieu dans le courant de juillet, époque à laquelle apparaît le *liparis cul doré*, petit papillon blanc qu'on voit, au déclin du jour, voltiger lourdement dans les jardins.

Cet insecte porte deux centimètres de longueur, son corps est garni d'un duvet cotonneux blanc comme la neige, sa partie inférieure, qui n'excède pas la longueur des ailes, est couverte de poils bruns fort épais à reflet doré. Chez la femelle, après sa fécondation qui a lieu au mois de juillet, cette partie grossit et s'allonge de dix millimètres environ. Arrivé à ce point, l'animal meurt, son buste se détache, le reste de son corps, ressemblant à un morceau d'amadou collé sur une feuille, recouvre une multitude d'œufs, qui produisent dans le courant de septembre une quantité considérable de petites chenilles, qu'on voit se répartir sur les arbres dont elles dévorent les feuilles, en laissant sur leur passage des fils soyeux, qui couvrent bientôt les branches et les bourgeons d'un tissu imperméable.

Lorsqu'au mois d'octobre le froid arrive, et que la nourriture manque, les chenilles se réunissent en familles pour filer en commun une tente où chacune d'elles a sa demeure particulière; après ce travail, elles se reposent dans un engourdissement qui dure jusqu'au retour du printemps.

C'est dans cet état qu'on les trouve l'hiver, enfermées au centre d'une bourse que les oiseaux déchirent pour en faire leur nourriture; celles qui échappent à leurs becs sortent au beau temps de leur repaire, et détruisent les premières feuilles des arbres.

Pour que la chasse des chenilles soit efficace, nous pensons qu'il faudrait la commencer dans le courant de juillet en détruisant les papillons; la continuer en août en arrachant les nids placés sous les feuilles, puis en septembre en écrasant les jeunes chenilles; la terminer enfin pendant l'hiver en enlevant les bourses placées à l'extrémité de branches.

En procédant ainsi pendant quelques années, on parviendrait certainement à détruire une énorme quantité de chenilles, et à préserver nos promenades et nos jardins de la dévastation annuelle à laquelle ils sont assujettis.
DUMONT-CARMENT.

---

## SÉRICICULTURE.

Les documents séricicoles que présente M. Guérin-Méneville dans sa plus récente chronique (*Revue de zoologie*, n° 7, 1869) peuvent se résumer en peu de mots. Il constate l'abondance des cocons cette année, mais elle est due surtout aux graines japonaises, et avec le prix élevé de celles-ci et de la feuille le produit le peu rémunérateur. Il est avant tout à désirer que l'on puisse opérer avec la graine des races jaunes indigènes. L'opinion de M. Guérin-Méneville est que l'épidémie, qui commence à disparaître en Syrie, est en notable décroissance dans les localités montagneuses. Il cite, d'après le *Mont-Blanc* et le *Journal de la Savoie*, Rumilly comme ayant eu des éducations fort bien réussies, mais sur de minimes quantités de graines. Il fait remarquer qu'à toutes les époques, les petites magnaneries ont toujours mieux réussi que les grandes, et engage les amateurs de graine à se pourvoir à Rumilly. Il préconise beaucoup l'organisation de grainages *dispersés et sur une petite échelle*, et les *sociétés de grainage local*, dans les contrées d'où l'épidémie se retire. Nous ferons remarquer combien ceci est conforme à ce qu'ont démontré cette année MM. Cornalia et Pasteur, au sujet de la contagion et de la nécessité de l'isolement.

Nous trouvons dans le *Moniteur des soies*, du 26 juin 1869, une lettre de M. de Lachadenède, président du comité d'Alais, en réponse à des assertions d'échecs presque généraux des chambrées de graines faites après la sélection au microscope. Nous en extrayons les passages les plus importants.

« Huit cent deux onces de graines choisies au microscope, sans défalcation de celles où les fautes commises par les éducateurs sont palpables, ont produit dans le Gard plus de seize mille trois cents kilogrammes de cocons jaunes d'excellente qualité, dont le prix moyen a atteint 9 fr. le kil. C'est un rendement considérablement supérieur à celui des meilleures graines japonaises.

» La désolation est si peu à Alais qu'on continue à se pourvoir de microscopes et à faire grainer cellulairement. — Dans ces dernières années je me suis convaincu, par mes propres expériences, de l'excellence des procédés de M. Pasteur, pour la confection de la graine de vers à soie. Sans doute nous avons eu à regretter encore cette année bien des échecs par la maladie des morts flats, mais ces échecs doivent être attribués d'une part à l'inclémence de la saison, et de l'autre à la mauvaise conduite des chambrées. En voici la preuve : je ne connais pas une seule sorte des graines faites authentiquement par le procédé de M. Pasteur, qui n'ait fourni, une ou plusieurs fois, chez divers éducateurs, de 35 à 45 kil. de cocons par once de 25 gr. Si un éducateur obtient un pareil rendement, souvent en grande chambrée, et que, tout à côté de lui, un autre, avec la même graine, puisée dans le même sac, élevée avec la même feuille, n'ait qu'une récolte nulle ou insignifiante, n'est-il pas de toute évidence que ce dernier a fait prendre mal à ses vers, souvent d'une manière inconsciente, j'en conviens; mais il est impossible d'accuser en quoi que ce soit la qualité de la graine et le procédé qui l'a fournie.

» S'armer des insuccès de quelques-uns ou des fautes de nos magnaniers pour condamner le procédé de M. Pasteur me paraît souverainement injuste. M. Pasteur, depuis cinq années, n'a qu'un but, qu'une pensée, poursuivie avec le dévouement le plus patriotique. Il a recherché et découvert les moyens de produire des graines saines et il juge à bon droit que ce problème est résolu. C'est à nous, éducateurs de vers à soie, à trouver les conditions qui tantôt nous font réussir extraordinairement, tantôt nous font échouer avec une même bonne graine. Ce que nous savons tous, c'est que la plupart des graines de race du pays, faites autrefois sans la connaissance des procédés de M. Pasteur, échouaient constamment chez tous les éducateurs quels qu'ils fussent. Aujourd'hui nous pouvons supprimer ces sortes de graines. C'est un immense progrès. »

M. de Lachadenède expose ensuite, sans repousser, au contraire, le grainage lointain et isolé, qu'on peut faire de la bonne graine, même dans les pays les plus infectés, comme à Alais. Il dit :

« L'an dernier, j'ai fait moi-même une partie de la graine que j'ai élevée cette année. Elle a été de qualité supérieure et trouvée telle par les personnes que j'avais priées de l'élever dans le Gard, l'Ardèche, l'Isère, le Gers et les Basses-Alpes. Présentement je fais ma provision de graine pour l'an prochain. »

Cette lettre nous servira de préambule pour faire connaître à nos lecteurs à quelles attaques injustes et violentes se trouve exposé M. Pasteur dans les journaux de sériciculture du Midi. Il faut avouer que souvent ces accusations viennent de personnes de bonne foi, mais qui sont étrangères aux conditions scientifiques nécessaires pour comprendre toute la difficulté du problème abordé avec tant de conscience et de courage par le savant académicien. Tout d'abord le bon sens proclame que le choix des reproducteurs sains et dépourvus de corpuscules, que ceux-ci soient la cause ou la conséquence de l'épidémie (question que nous n'examinons pas pour le moment, puisque la contagion corpusculeuse est certaine), est conforme à ce que font tous les éleveurs d'animaux domestiques, et qu'on n'a aucune raison d'admettre que les insectes puissent faire exception aux lois de l'hérédité zoologique. Les accusateurs omettent en second lieu ce point capital, démontré par expérience et hautement proclamé par M. Pasteur, que la sélection des reproducteurs n'est le seul moyen de régénérer nos races qu'à condition de la combiner avec les soins d'éducation, c'est-à-dire la propreté extrême, l'aérage abondant, une chaleur assez soutenue et une certaine rapidité et précocité pendant toute l'éducation. Un des sériciculteurs les plus distingués de l'Italie, à la fois savant et praticien, M. Cornalia, joint aux travaux de M. Pasteur toute l'autorité d'expériences faites en d'autres lieux et conduisant aux mêmes résultats. On ne saurait trop répéter à tous que M. Pasteur n'a jamais dit qu'on doive infailliblement réussir, quoi qu'on fasse, avec les graines de la sélection microscopique. Il faut un isolement suffisant des chambrées par la distance des points infectés, et une destruction des germes morbides par les fumigations convenables, surtout par le chlore, avant de mettre en train une éducation. Rien n'est mieux démontré, par les expériences de M. Pasteur, que la contagion de la pébrine et de la flacherie par les vers eux-mêmes et surtout par leurs déjections, résultat qui offre une analogie frappante avec les faits, niés si longtemps, mais bien constatés aujourd'hui, de la contagion cholérique. Quand on vient à parler des insuccès avec les graines de la sélection, on oublie toujours de nous dire si toutes les précautions nécessaires ont été prises, si on a rendu impossible toute contagion (1).

Pour donner une idée de la manière dont se produisent les assertions défavorables, et bien que nous ayons peu de goût pour la polémique de ce genre, nous sommes obligés de faire mention d'une note adressée par M. de Masquard au *Journal d'agriculture pratique* et reproduite par d'autres journaux. Il est dit, en quelques lignes, que les graines reconnues bonnes, d'après le système de M. Pasteur, ont généralement échoué, et que les vers ont dû être jetés à la moitié ou aux deux tiers de l'éducation, au point qu'on se serait demandé (opinion que M. de Masquard cependant veut bien reconnaître contestable et dit ne pas partager) si l'absence de corpuscules ne serait pas un signe de maladie, loin d'être un caractère de force et de santé.

(1) Comptes rendus de l'Acad. des sciences, séances des 15 mars et 31 mai 1869.

Il termine par d'amers reproches à l'égard de la science académique, qui s'obstine à dédaigner le secours de la science pratique.

Avant de répondre au fond de la question, essayons tout d'abord, s'il est possible, de débarrasser le terrain de cette mauvaise plaisanterie, qui devient comme un cliché pour certains journaux, de cette distinction entre les sciences de telle ou telle sorte. Il n'y a pas deux sciences. Ceux qui font de la pratique sans rien savoir réussissent par hasard, au plus une fois sur cent; ceux qui veulent mettre le plus de chances de leur côté doivent, d'absolue nécessité, s'adresser à ceux qui savent ou s'instruire eux-mêmes. Quand on voit M. Pasteur, bravant la maladie, venir installer ses expériences, plusieurs années de suite, dans les localités de grande production séricicole et au centre de l'épidémie, il me semble que, abstraction de succès ou d'échec, il fait de la science pratique, et de la plus évidente. M. de Masquard paraît au reste avoir compris ce que peuvent présenter de malveillance, ou au moins en revêtir l'apparence, ces brèves affirmations, accompagnées de la ritournelle de la science pratique; en effet, dans le numéro déjà cité du *Moniteur des soies*, il mentionne, avant tout rapport de M. Pasteur sur les travaux de cette année, un certain nombre de personnes entre les mains desquelles les graines de sélection ont échoué, sans aucun détail sur les causes qui peuvent expliquer l'insuccès, et justifier une méthode qui a pour elle et des expériences directes et l'évidence rationnelle. Il ne recherche pas si les succès qu'il avoue, mais qu'il qualifie d'exceptionnels, ne sont pas au contraire en faveur du procédé, et prouvant en même temps la nécessité absolue de ne négliger aucun détail hygiénique. Un des collaborateurs dévoués de M. Pasteur, M. Gernez, a répondu par un exemple qui, s'il ne correspond pas exactement aux départements que mentionne M. de Masquard, ne montre pas moins quels services peut rendre la sélection. Un grand propriétaire des Basses-Alpes, dit M. Gernez (*Les Mondes*, p. 549, année 1869), a fait l'an dernier, en appliquant presque rigoureusement le procédé de M. Pasteur, des graines de trois provenances différentes. Ces graines ont été élevées cette année dans *deux cents chambrées* de localités diverses des Hautes et Basses-Alpes, et, sauf trois ou quatre accidents de chauffage, il y a eu réussite complète et la moyenne de la récolte a dépassé 45 kil. à l'once de graine de 25 gr., c'est-à-dire le double du rendement moyen des époques de prospérité. Et de plus, certaines chrysalides étudiées au microscope étaient assez saines pour être livrées au grainage. On commençait donc, comme aux bonnes époques, à pouvoir grainer chez soi, sans frais. On objectera, je le sais, qu'il s'agit ici de localités montagneuses d'où l'épidémie, dit-on, se retire. Il est possible qu'il ait fallu moins de soins que dans des pays encore fortement soumis à l'influence de la contagion, mais il faut remarquer que ce succès éclatant et sans mélange d'échec avec les graines de sélection, joint aux cas bien avoués de réussite dans les contrées les plus infectées, est de nature à encourager ceux qui ont une légitime confiance dans l'examen microscopique des reproducteurs.

Nous croyons qu'il est de l'intérêt général qu'un journal populaire comme le nôtre amène à la connaissance des agronomes de toutes les spécialités un grand nombre de faits relatifs à l'œuvre de dévouement et de conviction entreprise par M. Pasteur. Ces faits doivent sortir des comptes rendus de l'Académie et des journaux scientifiques, recueils hors des habitudes et de la compétence de beaucoup de nos lecteurs. C'est ainsi, pour terminer aujourd'hui ce qui concerne M. Pasteur, que nous trouvons dans les comptes rendus de l'Académie des sciences des notes pleines d'intérêt de ce savant et de M. le maréchal Vaillant, si ardemment et si noblement dévoué à toutes les questions de science appliquée et en particulier d'entomologie. Nous sommes obligés de les résumer en peu de mots (C. R., 19 juillet 1869, n° 3). En 1867, M. le maréchal Vaillant avait élevé une graine de *vers transylvaniens* dont les papillons furent examinés par M. Pasteur, et divisés en deux lots, les premiers sains, les seconds corpusculeux. Les graines du premier lot furent élevées en 1868 à Paris, les autres à Vincennes. La première éducation fut excellente, l'autre donna 25 p. 100 de perte. En 1869, les descendants des vers sains produisirent à Paris une chambrée de 400 beaux cocons (à peine 1 p. 100 de perte), tandis que les autres, élevés dans les mêmes conditions, n'ont fourni que 52 cocons pour le même nombre de vers ; beaucoup restèrent *petits* et les trois quarts n'étaient pas venus à éclosion, manquant de force pour briser la coque de l'œuf. Ces résultats, qui avaient été annoncés à l'avance par M. Pasteur, prouvent, dit M. le maréchal, qu'on ne peut avoir aucune garantie industrielle pour la graine provenant d'éducations à 25 p. 100 de perte, c'est-à-dire passables, et qu'on ne doit élever que la graine née d'ascendants purs, vérifiés au microscope.

La même publication renferme une note de M. Maillot sur la sériciculture en Corse (C. R., n° 5, 2 août 1869, p. 361). Il en résulte, malheureusement, contrairement à des assertions trop favorables, que la maladie des corpuscules n'est nullement en décroissance dans cette île. Ce sont les graines de sélection par le système Pasteur qui ont le mieux réussi, quoique ayant encore 10 p. 100 de chrysalides malades dans le meilleur lot, ce qui doit provenir d'une infection par les poussières corpusculeuses de l'atmosphère. En revanche il n'y a aucune trace de la maladie des morts-flats; on trouvait partout la maladie des corpuscules avec 80, 90 et quelquefois 100 p. 100 de chrysalides malades dans les mauvaises éducations.

Nous croyons devoir signaler, en achevant cette revue, des tentatives, suivies de succès, d'éducations de grainage, faites par M. Le Page, à la vanterie de Sallen, par Caumont l'Éventé (Calvados). Il compte donner, d'ici à peu d'années, une assez grande extension à cette industrie et se propose d'envoyer des claies garnies de cocons à la prochaine exposition d'insectes. On ne peut qu'encourager de pareils essais, dans une contrée non séricicole, loin des centres épidémiques. M. Le Page réalise là une idée analogue à celle que M. de Saulcy poursuit à Metz avec une si louable persévérance.

L'éducation de grainage dont il est question est confiée aux soins de Madame Lepage qui peut disposer cette année de quelques lots de graine, pondue dans un même jour, ce qui permet aux acheteurs d'espérer une éclosion simultanée; les femelles ont été soigneusement choisies et proviennent, nous écrit-on, d'une race corse très-robuste.—Maurice Girard.

---

**Analyses d'insectes et d'un mollusque, par Ch. Mène.**

| | Fourmis rouges (Formica rufa). | Fourmis noires (Formica fusca). | Abeilles ouvrières (Apis mellifica). |
|---|---|---|---|
| Azote, | 0,782 | 0,754 | 0,833 |
| Acide formique, | 3,109 | 0,533 | » |
| Matières solubles à l'eau, | 30,839 | 32,262 | 24,285 |
| — à l'alcool, | 2,933 | 3,040 | 5,942 |
| — à l'éther, | 7,682 | 3,465 | 9,314 |
| Matières membraneuses, | 10,207 | 11,208 | 12,145 |
| Eau, | 37,925 | 44,655 | 40,375 |
| Phosphate de chaux, | 6,553 | 7,383 | 7,104 |
| Matières minérales, | 100,000 | 100,000 | 100,000 |

| | Vers blancs du hanneton (Melolontha vulgaris). | Limace agreste (Limax agrestis). | Papillon piéride du chou (Pieris brassicæ). |
|---|---|---|---|
| Azote, | 1,885 | 0,860 | 1,283 |
| Matières minérales, | 3,550 | 2,273 | 2,691 |
| Eau, | 78,393 | 83,054 | 80,903 |
| Matières solubles à l'eau, | 10,333 | 9,340 | 7,100 |
| Matières membraneuses, | 3,284 | 2,908 | 5,219 |
| — solubles à l'alcool | 1,800 | 0,985 | 2,004 |
| — — à l'éther, | 0,755 | 0,610 | 0,800 |
| | 100,000 | 100,000 | 100,000 |

|  | Sauterelles (*Locustaires*). | Pucerons des rosiers (*Aphis rosarum*). | Araignées (*Araneæ*). |
|---|---|---|---|
| Azote, | 2,568 | 0,301 | 3,014 |
| Matières minérales, | 2,729 | 1,150 | 3,680 |
| Eau, | 75,936 | 88,703 | 74,310 |
| Matières solubles à l'eau, | 10,850 | 7,470 | 12,280 |
| — membraneuses, | 6,973 | 1,985 | 5,118 |
| — solubles à l'alcool | 0,625 | 0,819 | 1,083 |
| — — à l'éther, | 0,319 | 0,272 | 0,515 |
|  | 100,000 | 100,000 | 100,000 |

|  | Cousins (*Culex pipiens*). | Poux humains (*Pediculus capitis*) | Punaises (*Cimex lectucarius*). | Ténébrion de la farine (*Tenebrio molitor*). |
|---|---|---|---|---|
| Azote, | 4,631 | 5,045 | 4,890 | 5,627 0/0 |
| Matières minérales, | 4,287 | 3,900 | 5,103 | 10,175 0/0 |

Comme il est facile de voir, ces insectes sont presque toujours la représentation et l'équivalent des matières dont ils se nourrissent. L'analyse montre qu'ils sont les intermédiaires nécessaires à la modification des substances organiques en sources de production d'engrais pour l'agriculture et que M. Dumas avait heureusement et justement caractérisé ces êtres en les nommant (Traité de Chimie, tome V) *les ailes de l'azote*.

---

### Ne tuez pas vos amis!

(Suite. Voy. p. 82.)

— Je crois bien, vous détruisez les ouvriers à qui le bon Dieu en avait confié le soin! Pour que le hanneton ne se multiplie pas trop, le Créateur a inventé un animal qui en fait spécialement sa nourriture, et qui est organisé pour voyager sous terre à sa poursuite. Mais parce qu'en chemin cet animal coupe quelques racines, qu'il soulève çà et là le terrain, ce qui nous gêne une fois par an pour faucher, vous tuez la taupe... et vous sauvez la vie aux vers blancs, dont la taupe aurait tué des milliers. A qui la faute, s'ils ravagent vos prés? On dit que celui qui veut manger des œufs doit supporter le cri des poules : celui qui ne veut pas voir dévorer ses prés par les vers de hannetons (*vouarres, mans*), doit aussi supporter les taupinières.

En deux enjambées, j'avais atteint le lacet d'une taupe et décroché le corps à peine refroidi. Un gourmet écrivait : « Dis-moi ce que tu manges, je te dirai qui tu es. » Un autre adage encore plus certain serait celui-ci. « Montre-moi tes dents, je te dirai ce que tu manges. » — Regarde ces dents, fis-je, en écartant avec la lame de mon couteau les mâchoires de l'animal; sont-elles faites pour manger des racines, ou plutôt pour déchiqueter des insectes, avec ces molaires à trois pointes, comme les dents d'une scie?

La taupe est douée d'une faim insatiable. Le moindre jeûne la tue. Et pourtant elle mourrait de faim au milieu des racines et des raves, si elle n'avait point de chair à dévorer. Mais elle mange chaque jour tout au moins son poids de vers blancs et de courtilières. Et notez qu'elle ne s'endort pas en hiver; son frénétique appétit se ralentit à peine. Savez-vous un meilleur moyen de détruire les hannetons? Le sournois, ce n'est pas la taupe, c'est le taupier.

— C'est pourtant vrai, fit Jean-Claude. Et puis M. M***, qui est un malin, dit que les galeries des taupes sont très-utiles, surtout dans les forts terrains, pour aérer la terre et faciliter l'écoulement de l'eau, que c'est un petit drainage naturel.

— Sans doute: et en Hollande, où l'on soigne si bien les prairies, on n'écrase pas les taupinières; on en répand la terre sur le pré, et l'on s'en trouve bien.

— Allons, je dirai au taupier que je n'ai plus besoin de lui; ce sera autant d'économisé.

— Vous avez raison; ne faites pas comme à Sion.

— Qu'est-ce qu'ils ont fait à Sion?

— A Sion, en Valais, ils se plaignaient aussi de ce que les taupes gâtaient leurs prés. Ils payèrent si bien les taupes crevées qu'ils en furent débarrassés. Au bout de quelques années, ils ont été obligés d'aller acheter dans le Bas-Valais des taupes vivantes, pour les réinstaller dans leurs prés, tant les vers blancs s'y étaient multipliés.

— Ah, ah! je raconterai ça au conseil municipal; il faudra que le taupier change de nom, et se contente de faire la guerre aux mulots et aux campagnols.

— Ceux-là je vous les abandonne: ce sont des goulus qui n'ont jamais assez de fruits, de graines et de racines dans leurs magasins souterrains. Il faut seulement bien distinguer leurs galeries de celles des taupes.

— Oh! c'est bien facile, reprit Jean-Claude: voyez, dans les taupinières la terre est toujours fine et menuisée; ici, c'est un trou de souris (campagnol); le tas est différent et il renferme de petites mottes et puis...

Paouh! H. LASSÈRE.

(*A suivre.*)

---

### Glossaire insectologique.

Les commençants nous sauront gré de la définition des termes employés en insectologie que nous allons donner sous forme de dictionnaire.

ABDOMEN (ventre), partie postérieure des insectes. L'abdomen est formé d'anneaux s'emboîtant les uns dans les autres ou séparés par une membrane.

ABDOMINAL, ALE (de l'abdomen) : *segment abdominal; sacs abdominaux* des trachées vésiculeuses, etc.

ACÈRE, *acères* (arachnides) : insectes privés d'antennes.

ACÉRÉ, qui est terminé par une pointe.

ACICULAIRE, qui est terminé en pointe très-fine.

AIGRETTE, touffe d'écailles ou de poils imitant une aigrette : antenne à aigrette, qui se termine par un article en forme de palette et portant une soie latérale nue ou garnie de poils.

AIGUILLON. Appendice anal, rétractile, caché dans l'intérieur de l'abdomen, formé de deux moitiés accolées. Pris dans une acception fort restreinte, l'aiguillon est une arme offensive propre à plusieurs hyménoptères (abeille, guêpe, etc.), ayant pour fonctions d'opérer une piqûre et de livrer passage à une liqueur vénéneuse qui se répand dans la plaie. Dans une acception plus étendue et beaucoup plus exacte, l'aiguillon est une dépendance de l'organe générateur femelle, indispensable à la copulation, et servant à la ponte ; dans ce sens, il répond aux pièces cornées qui accompagnent les parties femelles de tous les autres insectes, et il est en particulier l'analogue de ce qu'on nomme quelquefois *oviducte*, et le plus souvent *tarière* ou *oviscapte*. Celle-ci présente la même composition que l'aiguillon, et a, dans plus d'un cas, des usages à peu près semblables ; car si l'aiguillon, à cause du venin qui coule dans son intérieur, devient redoutable pour l'homme et pour plusieurs animaux, la tarière n'a pas une action moindre sur les végétaux, dont elle perce l'épiderme.

AILE. Organe du vol formé de deux membranes collées l'une sur l'autre, entre lesquelles rampent les nervures ou veines, qui, par leurs intersections forment des figures appelées cellules. On nomme *base* la partie de l'aile qui s'articule avec le corselet; le *bout* de l'aile est la partie opposée à la base. On lui donne aussi le nom de *sommet, angle externe, angle antérieur*; au-dessous de celui-ci se trouve l'*angle interne* ou postérieur, qui, dans les secondes ailes ou ailes inférieures, prend le nom d'*angle anal*. Le bord qui s'étend de la base à l'angle externe s'appelle *bord externe, bord antérieur* ou simplement la côte. Le bord qui s'étend de la base à l'angle interne se nomme *bord interne*; le bord qui va de l'angle externe à l'angle interne est le bord postérieur. La surface centrale prend le nom de disque (GOUREAU). Il faut bien remarquer que dans toute aile propre au vol la résistance et l'épaisseur vont en décroissant régulièrement du bord antérieur au bord postérieur.

ANAL, qui est placé vers l'anus ou l'extrémité de l'abdomen : *segment anal*, le dernier segment de l'abdomen.

ANNEAUX, cercles ou segments formant l'abdomen des insectes.

ANTENNES. Appendices articulés, mobiles, rarement rétractiles, plus ou moins développés, de forme très-variée, insérés sur la tête. Les antennes sont, de même que les ailes et certains filets abdominaux, des appendices de l'arceau supérieur. Elles sont le plus souvent composées de petits cylindres ou *articles* ajoutés les uns à la suite des autres, et enveloppant des filets nerveux, des muscles, des trachées et du tissu cellulaire. Les insectes parfaits ont toujours deux antennes. Elles paraissent être les organes de l'ouïe et de l'odorat.

ANTENNULES, palpes.

APHIDIPHAGE, qui mange des pucerons.

APIAIRES, APIARIDES (abeilles, mélipones, bourdons, etc.), ordre des hyménoptères, composant une tribu de la famille des mellifères.

APICULTURE (culture de l'abeille), *apiculteur, apicole, apicultural*, etc.

APIER, rucher, lieu où l'on réunit les ruches garnies d'abeilles.

APODE, qui n'a pas de pattes ou d'appendices locomoteurs.

APTÈRE, privé d'ailes. Se dit aussi, quoique improprement, car les ailes existent dans les types, des Coléoptères dont les ailes inférieures sont avortées ou nulles, et des insectes dont toutes les ailes sont avortées ou rudimentaires, comme les Cochenilles femelles, les Bacilles et Bactéries, etc.

ARTICLE, se dit de chacune des pièces des organes, tels que les antennes, les palpes, les tarses, etc.

ARTICULÉ. Composé de plusieurs articles ou ayant des articulations.

(A suivre.)

### Cours des produits des insectes.

*Soies et cocons.* — Après des velléités de reprise, les affaires en soies sont devenues très-calmes à Lyon et à Marseille. D'ailleurs, presque toutes les affaires sont quelque peu impressionnées par la baisse de la Bourse et par le motif qui l'a occasionnée. On mande de Marseille (première semaine de septembre) : les ordres d'achat qui sont arrivés sur notre place pendant cette semaine étaient à des prix de baisse. On a traité des cocons d'Espagne à 26 fr. 50 le kilog. A Valréas on a fait quelques achats aux prix précédents.

*Abeilles, cire et miel.* — Les bonnes colonies d'abeilles à conserver gagneront 1 fr. à 1 fr. 25 sur l'année dernière dans beaucoup de cantons. Elles vaudront au mois d'octobre de 10 à 18 francs, selon provenance. La saison des miels rouges n'a pas été meilleure que celle des miels blancs. On tient les premiers de 100 à 105 francs, et les autres de 110 à 170 francs les 100 kilog., selon qualité. Cire jaune, de 4 fr. 25 à 4 fr. 50 le kilog. hors barrière.

*Cantharides* de Sicile, 9 fr. le kil. à Marseille.

*L'Editeur-propriétaire :* E. DONNAUD.

# L'INSECTOLOGIE AGRICOLE

**Bulletin insectologique.**

*Note sur la destruction du ver blanc (larve du hanneton) par l'engrais Baron-Chartier.* — Au moment où les terribles ravages des vers blancs semblent augmenter d'année en année, à mesure que la terre est ameublie plus fréquemment pour des cultures renouvelées sans cesse et variées par alternance, il est nécessaire de faire connaître tous les moyens proposés pour la destruction de cet ennemi de tous les végétaux, des plantes basses comme des arbustes et des arbres.

M. Baron-Chartier, propriétaire à Antony, a inventé un compost qui est destiné à amener la mort du ver blanc, et la fuite des femelles prêtes à pondre. Cette composition, dont la formule est l'objet d'un brevet, se fabrique actuellement dans une usine spéciale, à Pantin (Seine), route des Petits-Ponts, 80. Voici, d'après M. Baron-Chartier, et avec les citations qui permettent de vérifier ses assertions, les principaux résultats obtenus.

Ce compost jouit d'une double propriété : il fournit aux plantes un engrais très-puissant, dispense la terre de toute autre fumure, et détruit complétement les vers blancs à l'état de larves ou d'œufs. A ce sujet, il est important de remarquer que les dépenses occasionnées par l'achat de cet engrais doivent être divisées en deux parts : l'une figure au compte de la destruction du ver blanc, et l'autre au compte de la fertilisation du sol, et cette seconde part est sans contredit notable. En contact avec cet engrais, le ver blanc déserte le terrain ou devient languissant et meurt au bout de peu de temps sans avoir pu exercer ses ravages. Cet engrais, qui coupe le mal à sa racine en empêchant la ponte du hanneton, peut être, en outre, employé dans la grande culture au même titre et dans les mêmes proportions que les autres fumiers.

Depuis 1862, M. Baron-Chartier a fait à Antony, près Paris, des expériences concluantes. En février 1864, il a mêlé son engrais avec de la terre dans une fosse d'asperges de 60 mètres de longueur ; une deuxième fosse a été établie parallèlement et fumée avec de la boue de

Paris. Les asperges ont été avancées de huit jours dans la première, et de plus, en novembre, lorsque M. Baron fit biner ses fosses, il n'a pas trouvé de trace de vers blancs dans celle-ci, tandis que la seconde en contenait un très-grand nombre.

Il cultive d'ailleurs un très-grand jardin où il ne fait usage que de cet engrais pour la fumure; les arbres, les légumes présentent la plus brillante végétation, et les vers blancs ont complétement disparu du sol.

Les fraisiers et les salades sont plus exposés à la ponte des hannetons et aux ravages des vers blancs que les autres plantes; en avril 1865, M. Baron a semé une couche assez légère de son engrais sur quatre planches de vieux fraisiers ayant chacune 8 mètres de longueur sur 1 mètre 20 de largeur, et la Commission de la Société impériale et centrale d'horticulture de France (1) a reconnu qu'aucune ponte n'avait été faite dans ces planches. — Des hannetons ont été enfermés dans deux caisses, l'une contenait un mélange de terre et d'engrais, l'autre ne contenait que de la terre sans engrais; ces animaux ne sont pas descendus dans le sol, et n'ont même pas déposé leurs œufs dans la première, tandis que dans la seconde, ils ont pondu en très-grande quantité.

En même temps, M. Baron établissait dans son jardin d'Antony (Seine) une bâche de 4 mètres sur 1 mètre 30, et 60 cent. de profondeur, la séparait en deux parties par une clôture à claire-voie, plaçait dans l'une de la terre mélangée avec son engrais, dans l'autre de la terre sans mélange d'engrais, plantait dans les deux parties des salades et des fraisiers, et mettait 14 vers blancs dans la partie où se trouvait l'engrais, tous les vers blancs ont traversé la claire-voie pour aller dans la terre sans mélange, ils y ont ravagé fraisiers et salades, tandis que dans la partie mêlée d'engrais, ils n'ont fait aucun dégât.

Toutes ces expériences offraient déjà de beaux résultats; l'Exposition universelle de 1867 et le concours de Billancourt ont permis à M. Baron de faire des essais sous les yeux de la Commission impériale et du public.

Dans la partie de l'île de Billancourt réservée aux expériences de culture, sur un terrain qui lui a été concédé à cet effet, M. Baron-Chartier a disposé 7 planches numérotées, 1, 2, 3, 4, 5, 6, 7, de 12 mètres de long sur 1 mètre 30 de large, dans chacune desquelles il a planté, le 27 mai 1867, 100 pieds de fraisiers et 100 pieds de salades.

(1) Voir le rapport du Journal de la Société impériale et centrale d'horticulture de France, t. XI, août 1865, page 478.

Le 7 juin suivant, en présence de M. Brouhardel, chef de service à l'Exposition de Billancourt, et de M. Boulard, attaché à ce service, des vers blancs ont été introduits dans ces planches ; les planches 4, 5 et 6 n'ont pas reçu d'engrais ; on a déposé 20 vers blancs dans chacune. — Les planches 1, 2, 3 et 7 ont été fumées avec l'engrais Baron, et 65 vers blancs ont été introduits dans la terre. — De plus, on avait trouvé dans le terrain en le préparant plus de 200 vers blancs dont l'île était infestée, et qu'on y a laissés.

Les salades et les fraisiers placés dans les planches 1, 2, 3 et 7, qui ont reçu de l'engrais et 65 vers blancs, n'ont en aucune façon été attaqués par les vers. — Quant aux planches qui n'avaient pas reçu d'engrais et contenaient 300 pieds de fraisiers et 300 pieds de salades, les ravages ont été tels que, le 27 juin, il a fallu remplacer 197 pieds de salades, le 18 août 300 pieds, le 15 septembre 149 pieds et le 25 septembre 60 pieds.

Le 2 novembre, en présence de MM. Bassot, pépiniériste horticulteur à Coudun, près Compiègne (Oise), Aymar-Bression, directeur de l'Académie nationale, agricole, manufacturière et commerciale, Charles Tessier, président du Comité de l'Académie nationale, et autres personnes, les fraisiers et les salades ont été arrachés dans les sept planches, et voici ce qui a été constaté : Dans les planches 4, 5, 6, qui, nous l'avons dit, n'avaient pas reçu d'engrais, il ne restait plus que 6 fraisiers non mangés et 24 pieds de salades ; de sorte que le total des fraisiers mangés était de 294, et celui des pieds de salades de 982, tandis que dans les planches 1, 2, 3, et 7, qui avaient reçu de l'engrais, aucun des fraisiers et aucune des salades n'ont été attaqués, ils étaient au contraire d'une végétation luxuriante.

Après cette opération, dans les planches n°s 4, 5, 6 non fumées, on laboura une superficie de 9 mètres, et on y trouva 41 vers blancs, et dans les autres fumées par l'engrais Baron-Chartier aucune larve n'a été découverte.

Le jury international a hautement apprécié cette invention, et il a décerné à M. Baron la seule médaille qui ait été accordée à l'Exposition universelle pour la destruction du ver blanc.

Un avantage dont nous n'avons pas encore parlé, c'est que cet engrais n'exige aucune préparation, il suffit d'en répandre sur la terre que l'on veut préserver et fumer la quantité voulue et requise. L'engrais bien mêlé ainsi à la terre par un double labour détruit le ver blanc, empêche la production de nouvelles larves, en éloignant les hannetons, et procure la végétation la plus riche et la plus abondante. L'engrais reste efficace pendant un temps aussi long que restent actifs les meilleurs engrais connus; de plus, il divise la terre et la rend facile à travailler.

Les prix de livraison sont les suivants :

Les 100 kilog. coûtent 4 fr. en vrac et 5 fr. en sac, rendus à la gare de Pantin, ou bien pris à l'usine de fabrication à Pantin. L'usine est en pleine activité, et M. Baron-Chartier peut satisfaire à toutes les demandes qui lui seront faites.

Pour obtenir une végétation des plus actives, pour éviter et les vers blancs, et la ponte des hannetons et la production de nouvelles larves

Ver blanc au dernier âge.

Larve du Hanneton vulgaire.

dans les plantations neuves d'arbres fruitiers, vignes, arbustes, conifères, etc., il faut convenablement mêler l'engrais avec la terre provenant des trous ou tranchées (1/10e d'engrais et 9/10es de terre), mettre environ 15 cent. de ce mélange sous les racines, planter et remplir les trous ou tranchées de ce même mélange, en ayant soin de bien garnir le pourtour des racines.

On peut obtenir les mêmes avantages pour les vieilles plantations en dégageant le tour des racines, et en rebouchant ensuite les trous avec le mélange ci-dessus indiqué de terre et d'engrais.

Les résultats dont l'énoncé précède sont assez importants pour mériter à ce procédé une sérieuse attention. Il faut, toutefois, remarquer que M. Baron-Chartier ne rapporte que des expériences de culture maraîchère et non de grande culture en prairies artificielles, betteraves, céréales, etc. Il serait nécessaire que ces expériences fussent faites. On ne peut qu'engager les cultivateurs à essayer de l'engrais Baron-Chartier, de la manière commandée par la prudence, c'est-à-dire d'abord en petite quantité. On examine comparativement les résultats obtenus sur un seul champ ou sur une fraction de champ, selon l'étendue de l'exploitation, et on compare ce qui a lieu au point de vue des vers blancs avec les autres parties de même culture qui n'auront pas reçu le compost. On n'est jamais exposé à aucun mécompte quand on opère de la sorte, et qu'on juge par son expérience personnelle avant de faire des commandes en grand. C'est ce que nous conseillerons toujours pour toutes les méthodes nouvelles. Il ne faut ni engouement, ni dédain irréfléchi. Que l'expérience seule prononce. Il faudra expérimenter avec soin si l'engrais Baron-Chartier peut s'appliquer à toutes les cultures, s'il n'y a pas des végétaux qu'il peut détruire. Les expériences précédentes n'ont pas porté sur un assez grand nombre d'espèces végétales.

*Sur le Phylloxera vastatrix, Planchon.* — M. le D$^r$ Télèphe Desmartis, président de la Soicété humanitaire et scientifique du sud-ouest de la France, adresse à la rédaction une lettre au sujet des ravages du *Phylloxera vastatrix* dans le Bordelais. Nous en détachons le passage suivant :

« L'infernal *Phylloxera* continue toujours son œuvre de destruction. — Lorsque ie premier dans la Gironde, je découvris ce minutissime hémiptère, que je montrai sous le microscope et à l'état vivant, *on continua à nier* son existence, et les critiques les plus amères me furent lancées par ceux qui avaient intérêt à *nier* son existence. Aujourd'hui, cependant, d'autres naturalistes l'ont également trouvé dans les mêmes localités où je l'avais rencontré, et l'on commence à se rendre à l'évidence. Lorsque en 1852, l'*oïdium Tuckeri* apparut sur les vignes, *on le nia*, même à l'époque où il occasionnait le plus de ravages. J'étais alors sociétaire des commissions, et je me rappelle les soins que certaines gens employaient pour dissimuler l'oïdium.

« Le *Phylloxera* sera-t-il aussi dévastateur que l'oïdium? Espérons que non.

Je crois, comme je l'ai dit dans le n° 24 de l'*Indicateur vinicole*, qu'il ne faut point s'empresser d'arracher les vignobles, et que le plus souvent, la vigne presque mourante (par les attaques du *Phylloxera*) revient à la vie par l'emploi des engrais combinés aux insecticides (soufre, coaltar, etc., etc). Ceci est logique, l'insecticide fait disparaître le puceron, et l'engrais procure à la plante la séve qui lui manque ; il y a donc destruction de la cause morbigène et reconstitution des fluides circulatoires. — La vie végétale reprend ainsi son cours normal. »

Les intéressantes études de M. Desmartis, un de nos entomologistes les plus instruits, sont en cours de publication dans l'*Indicateur vinicole*, des n°ˢ 13 à 23 de 1869 et suivants.

*Sur l'échenillage des promenades, squares, jardins et vergers de Paris et de la banlieue.* — Les journaux ont plusieurs fois entretenu le public des ravages des chenilles dans les arbres de Paris et de ses environs ; on a même cherché à écheniller sur les arbres feuillus, travail réellement impossible. Il faut se résigner cette année au mal que l'on n'a pas su prévenir, mais il faut prendre ses précautions pour l'avenir. En général, l'échenillage de l'hiver est mal fait, sans précautions suffisantes. Si les jardiniers chargés du soin des jardins publics et privés se conforment aux indications de la science il sera très-facile de diminuer le mal dans une proportion considérable. Pour les arbres d'ornement et fruitiers, nous n'avons véritablement à Paris que quatre espèces fortement nuisibles parmi les lépidoptères. Ce sont les suivantes, par ordre d'importance de leurs dégâts.

Le *Liparis chrysorrhea* (Linn.) a ses petites chenilles, qui passent l'hiver entre des feuilles terminales des rameaux qu'elles assemblent par des fils

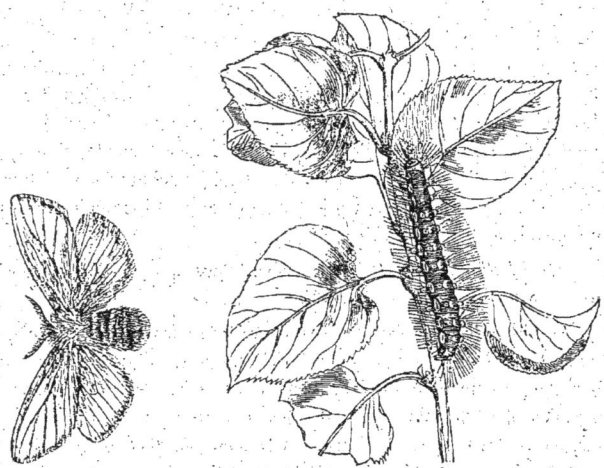

*Liparis chrysorrhea* femelle.          Chenille du *Liparis chrysorrhea*.

de soie, de sorte que ces feuilles ne tombent pas avec les autres, et qu'on aperçoit en hiver les paquets de feuilles desséchées, qui sont les nids de la funeste engeance. On coupe ces paquets en février au moyen du sécateur. C'est à peu près le seul échenillage qu'on fasse exactement et en temps opportun, mais souvent les jardiniers laissent sur le sol les paquets de feuilles, croyant leur besogne terminée; c'est une grave erreur, les petites chenilles sortent au premier temps doux et se hâtent de regagner les arbres. Il faut ramasser les paquets avec grand soin et les brûler.

Le *Bombyx neustria* (Linn.) pond en automne ses œufs en anneaux autour des branches comme un bracelet. Il serait trop long de râcler ces œufs ou de couper les branches, au risque en outre de nuire aux arbres. Il faut en hiver, ces œufs ne devant éclore qu'au début du printemps, passer sur ces œufs une couche de goudron mêlé de vieux suif.

Le *Liparis dispar* (Linn.) fait sa ponte sur les troncs des arbres et à la naissance des grosses branches (voir pour la figure p. 360 et 361, n° 1, 1869). La femelle se dépouille des poils de son abdomen pour en recouvrir ses œufs, afin de les préserver du froid, de sorte que l'ensemble paraît sous forme d'un tampon ovoïde pareil à un morceau d'amadou. Il faut passer dessus le pinceau imprégné de goudron et de

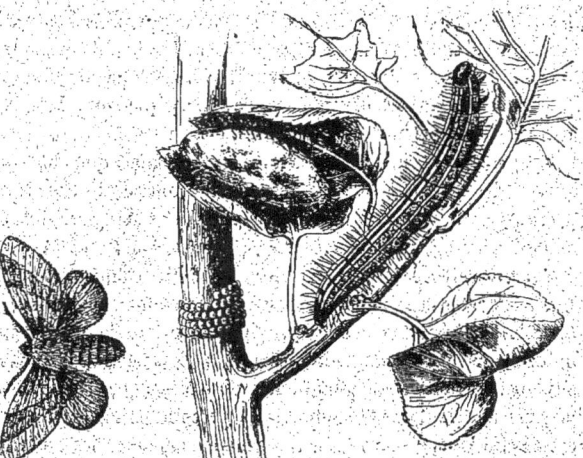

*Bombyx neustria.*   Œufs et chenille du *B... neustria.*

vieux suif. Les chenilles sont ainsi tuées sous l'enveloppe de l'œuf. Cela est bien plus vite fait que de râcler les œufs pour les recueillir, puis les brûler, sans compter que, de cette façon, un certain nombre d'œufs tombent au pied de l'arbre et donnent leurs chenilles. Cette année même ces pontes sont très-abondantes dans la forêt de Fontainebleau et sont une menace future.

Les trois espèces que nous venons de signaler s'attaquent à tous les arbres possibles, fruitiers et autres. Il faut encore citer comme nuisible, dans les conditions dont nous nous occupons, une quatrième espèce, l'*Orgya antiqua* (Linn.), dont le mâle vole vivement et dans le jour pen-

*Orgya antiqua* femelle.     *Orgya antiqua* mâle.

dant que la femelle, privée d'ailes, reste sur le cocon d'où elle est sortie jusqu'après l'accouplement. Elle pond ensuite ses œufs gris, en petits paquets, sur le tronc et à la naissance des branches, sur les arbres fruitiers et les rosiers à tige. Il faut plus d'habitude pour trouver ces œufs que ceux des espèces précédentes, car le monceau qu'ils forment est plus petit. On les enduira également au pinceau. La chenille est figurée dans le *Journal* au n° 4 de 1869, p. 110. Ces onctions de goudron et de suif ranci mêlés ensemble ont, en outre, l'avantage que leur odeur chasse les insectes volants, charançons, punaises, etc.

*Ravages causés par les insectes.* Dans le nord ainsi que dans quelques cantons des environs de Paris, les chenilles ont continué de ravager les pommiers. On constate aussi les déprédations des vers blancs dans quelques champs de betteraves dans l'Oise, la Somme et l'Aisne.

*Les sauterelles en Algérie.* On écrit de Sétif à la date du 3 juillet : Une avalanche de sauterelles a passé sur nous, ne nous laissant, comme on dit vulgairement, que les yeux pour pleurer. Ce n'a pas été long ; quinze jours ont suffi à ces intéressantes petites bêtes pour nous rendre aussi pauvres que Job sur son fumier. Nos blés, il y a deux mois, étaient presque à la hauteur d'homme ; jamais récolte ne s'était annoncée sous de plus brillants auspices. Les visages étaient riants, les cœurs joyeux, on faisait des projets d'avenir ; plus rien ! nos pauvres champs, nos, mornes, dépouillés par cette formidable razzia, n'ont plus même un brin d'herbe sur lequel la vue puisse se reposer.

*Destruction des larves des hannetons au pied des rosiers.* M. A. Maincent, trésorier de la Société des arts et sciences agricoles et horticoles de

Sanvic se débarrasse des vers blancs en faisant un trou avec une bêche au pied des rosiers, en emplissant ce trou d'eau et en agitant la bêche dont les mouvements et l'eau aidant font sortir de terre tous les vers blancs que les racines du rosier ont attirés.

*Renseignements divers.* — M. Pillain, notre zélé correspondant du Havre, nous adresse les recettes suivantes.

Voici une recette facile pour se débarrasser des fourmis qui infestent, par moment, les armoires des salles à manger où presque toujours se trouvent des matières sucrées qui attirent ces insectes : mettre dans un coin de l'armoire du tabac à priser renfermé dans du papier de plomb, comme l'est le tabec de Belgique nommé régent. Le tabac ainsi renfermé ne se sèche jamais et dégage une odeur aromatique qui déplaît souverainement aux fourmis, qui déguerpissent au plus vite.

A propos de l'emploi de *l'épuceronnière* ou *épuceronneuse* de M. Bénard, dont à juste raison vous recommandez que l'emploi se généralise pour atténuer les ravages des altises ou pucerons, comme on les appelle improprement, voici une note communiquée par M. Bénard dans la séance du 1ᵉʳ mai dernier de la Société d'agriculture pratique de l'arrondissement du Havre, à Goderville, démontrant l'abondance des ravageurs du colza :

« L'abondance des insectes dévastateurs du colza a été telle, surtout
» dans l'arrondissement d'Yvetot, que l'épuceronneuse a été tout à fait
» impuissante à conjurer le mal, quoiqu'elle ait capturé jusqu'à six
» litres d'insectes à l'heure et recueilli un hectolitre et demi chez un
» seul cultivateur. »

Il y a quelques années, le conseil général de la Seine-Inférieure ayant appris que la corneille était un oiseau utile, en ce qu'elle détruit les larves des hannetons, en a défendu la destruction. Pour avoir contrevenu à cette défense, Chopart et Godement viennent de se voir infliger chacun 50 francs d'amende par le tribunal correctionnel de Rouen, pour avoir été ravager un nid de corneille au *couplet* (sommet) du plus bel hêtre de la contrée.

Un cultivateur des environs du Havre, ayant loué dernièrement une pièce de terre près du bois des Hallatest, y fit faire plusieurs labours pour détruire les larves de hannetons qui l'infestaient. Huit femmes qui suivaient la charrue ne pouvaient suffir à ramasser les larves que mettait à nu le soc du laboureur.

*P. S.* A propos des mésaventures des dénicheurs d'oiseaux, en voici une singulière. Un jeune homme de Saint-Martin-du-Manoir, enragé dénicheur, était allé ces jours derniers au hameau de la Cayenne pour s'emparer d'un nid qu'il avait découvert quelques jours auparavant parmi les ronces près d'un saule, sur les bords d'une mare. D'une main il tenait une branche du saule, de l'autre il écartait les rameaux épineux des ronces, quand tout à coup, au milieu de la plus sérieuse attention pour qu'il ne lui arrive nul accident, le pied lui glisse et il voit surgir à ses pieds, comme poussé par un ressort,.... le cadavre d'un noyé ! L'histoire ne dit pas si le nid fut ravagé, espérons qu'un sentiment plus humain se glissa plutôt au cœur de ce jeune étourdi.

**Insectes et locataires** (*jurisprudence*).

## COUR IMPÉRIALE DE BORDEAUX (4<sup>e</sup> CHAMBRE).

PRÉSIDENCE DE M. DU PÉRIER DE LARSAN.

(*Audience du 17 janvier 1869*).

*Appel. Conclusions admises. — Effet. — Bail. — Troubles dans la jouissance. — Insectes. — Responsabilité.*

L'appel, bien que fait en termes généraux, n'est pas censé fait contre les chefs du jugement conformes aux conclusions de l'appelant en première instance ; il est tout au moins non recevable quant à ce. Si le propriétaire est responsable envers le locataire du trouble causé à la jouissance de la maison louée par l'invasion d'insectes qu'il eût pu au moins atténuer au moyen de certaines réparations, sa responsabilité doit être diminuée d'autant plus que la cause principale de cet état des choses est imputable à la négligence du locataire. (Code Napoléon, 1719, 1721.) Le tribunal civil de Périgueux avait statué, le 21 août 1868, en ces termes :

« En ce qui touche la demande en résiliation de bail :

» Attendu que, loin de la repousser, Aubier déclare y donner les mains, à la condition que le bail prendra fin six mois après le jugement ;

» Qu'il ne peut donc s'élever aucune difficulté sur ce point, et qu'il convient de prononcer la résiliation dont il s'agit ;

» En ce qui touche les dommages-intérêts :

» Attendu qu'il résulte du rapport des experts que l'hôtel de l'Univers est construit en moellons et arène, sorte de mélange de terre argilo-siliceuse et de terre végétale ne donnant avec la chaux qu'un mélange fort médiocre, n'acquérant jamais de dureté, et que la nature de la construction, en permettant aux insectes de se creuser facilement ou de trouver tout naturellement des galeries toutes faites dans l'intérieur des murs, a pu favoriser, dans une certaine mesure, le développement de ces animaux ;

» Qu'au dire des experts, ce n'est là, il est vrai, qu'une cause très-secondaire du développement des orthoptères dont l'hôtel est infesté ;

» Mais que cette dernière partie de leur appréciation est évidemment erronée ;

» Qu'on comprend à merveille que le vice de construction par eux signalé puisse n'avoir pas eu grande influence sur la présence des premiers insectes qui ont envahi l'hôtel ;

» Mais qu'il serait puéril de chercher ailleurs la cause principale de leur multiplication, d'autant plus favorisée par les galeries intérieures des murs qu'il s'agit d'insectes lucifuges et n'agissant que la nuit ;

» Qu'Aubier est responsable de cet état de choses en présence de l'obligation qui lui est imposée par l'article 1719 du Code Napoléon, de faire jouir paisiblement les preneurs pendant la durée du bail ;

» Que ceux-ci sont donc fondés à lui demander des dommages-intérêts, pour le préjudice qu'ils ont souffert de la perte de leur clientèle, perte incontestablement amené par les insectes dont l'affreuse multiplicité a chassé les voyageurs de l'hôtel ;

» Mais que, pour déterminer le chiffre de ces dommages-intérêts, il n'est pas permis d'oublier que les preneurs ont eux-mêmes à s'imputer de n'avoir rien fait, comme les experts le constatent dans leur rapport, pour détruire les insectes dont il s'agit, ainsi que l'art. 1728 du Code Napoléon leur en imposait le devoir en les obligeant à user de la chose louée en bon père de famille ;

» Qu'en tenant compte de cette faute, qui atténue dans une large mesure la responsabilité d'Aubier, il convient d'arbitrer *ex œquo et bono* à 3,000 fr. les chiffres des dommages-intérêts dus par ce dernier à ses locataires, pour le préjudice dont ils ont été victimes jusqu'à ce jour et pour celui qu'ils éprouveront encore dans l'avenir par la cessation du bail.

» Par ces motifs, le tribunal, vidant son jugement interlocutoire du 25 août 1866, déclare résolu le bail du 22 mars 1859 ; dit que les lieux loués seront vidés dans le délai de six mois à partir de ce jour ;

» Condamne Aubier à payer à la veuve Gourdet et aux époux Houller la somme de 3,000 fr. à titre de dommages-intérêts ; le condamne en outre aux dépens. »

Appel par Aubier, qui a soutenu d'abord que la résiliation à laquelle il consentait n'aurait effet que six mois après l'arrêt à intervenir ; en outre, que le tribunal s'était étrangement mépris en attribuant à la façon dont sa maison était construite la présence

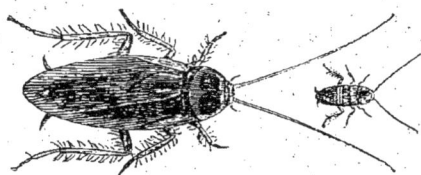

Blatte orientale.

d'insectes qui se trouvent dans les constructions les plus solidement établies ; que cet état des choses était imputable au défaut de soins et à l'incurie prolongée des intimés, qui n'avaient rien fait pour combattre la multiplication de ces insectes, etc., il a en conséquence, offert la preuve de certains faits à l'appui de ses allégations.

La veuve Gourdet et consorts ont prétendu d'abord que la résiliation ayant été acceptée à partir du jugement attaqué, celui-ci, quant à ce, ne pouvant être entrepris par la voie de l'appel.

Au fond ils ont interjeté appel incident et soutenu que nulle faute ne leur était imputable, etc., etc.

La Cour a statué en ces termes :

. . . . . . . . . . . . . . . . . . . . . . . . . . . . . . .

» Qu'il n'y a donc pas d'appel sur ce point, ou que dans tous les cas, son appel sur ce point doit être déclaré non recevable ;.

» Sur les dommages-intérêts :

» Attendu que les experts ont constaté que les vices de construction des murs de l'hôtel de l'Univers avaient pu favoriser le développement des insectes qui paraissent en rendre l'habitation infiniment désagréable, en permettant aux blattes ou cancrelas (1) de se creuser ou de trouver

---

(1) Il est notoire à Bordeaux que les maisons dans lesquelles se trouvent des magasins où sont déposés des produits exotiques importés par navires long-courriers sont, comme ces navires eux-mêmes, infestés par les cancrelas d'ori-

des galeries toutes faites dans l'intérieur des murs; mais que ce n'est là, suivant eux, qu'une cause très-secondaire; qu'ils en trouvent la cause principale dans la présence sur les lieux, en quantité considérable, des substances dont se nourrissent ces insectes, dans les circonstances atmosphériques, dans l'absence complète, de la part des locataires, de toute tentative sérieuse à l'effet de les détruire;

» Que cette opinion, appuyée sur les expériences auxquelles ils se sont livrés, paraît éminemment raisonnable et judiciaire;

» Qu'il résulte, en effet, de leur rapport qu'avec 2 kilog. de poudre insecticide répandue en septembre 1867 à minuit, dans les lieux fréquentés par les blattes, ils ont ramassé, quatre heures après, 2,244 de ces insectes;

» Qu'il est évident, d'après les succès obtenus par les experts, que si les preneurs avaient eu fréquemment recours à ce moyen, ils se fussent, dans une large mesure, préservés de la présence des insectes qui ont envahi l'hôtel;

» Que c'est à leur négligence personnelle, par conséquent, qu'ils ont principalement à imputer le préjudice qu'ils disent avoir souffert pas la perte ou par la diminution de leur clientèle;

» Que le tribunal a eu raison de reconnaître cependant que le propriétaire, en négligeant de faire au mur de son l'hôtel les réparations nécessaires, avait augmenté les facilités de propagation des insectes;

» Mais qu'en étendant outre mesure la responsabilité de celui-ci, il a restreint dans des limites trop étroites celles des preneurs, et que c'est dans l'appréciation inverse que se trouve la vérité;

» Attendu que les pièces du procès fournissent à la cour des éléments suffisants d'appréciation rendant complétement inutiles les offres de preuve respectivement faites par les parties;

» Par ces motifs,

» La Cour déclare qu'il n'y a pas d'appel d'Aubier du chef du jugement qui a fixé à six mois, à partir de la décision du 21 août 1868, l'obligation pour les intimés de vider l'hôtel dont il est propriétaire; déclare en tant que de besoin son appel non recevable à cet égard, et dit que ce chef du jugement sortira son plein et entier effet;

» Et statuant tant sur l'appel principal d'Aubier que sur l'appel in-

gine tropicale, c'est-à-dire par des insectes bien autrement désagréables que ceux des climats tempérés.

cident de la veuve Gourdet et des époux Houblier, sans avoir égard à cet appel incident, non plus qu'aux offres de preuve respectivement faites, déclare Aubier fondé pour partie dans son appel ;

» En conséquence réduit à 1,000 fr. la somme qu'il a été condamné par le tribunal à payer aux intimés à titre de dommage-intérêts ; ordonne l'exécution des autres parties du jugement. »

Nous avons cru devoir reproduire à peu près complétement, d'après le journal judiciaire le *Droit*, du 30 mai 1869, les arrêts intéressants, en première instance et en appel, qu'on a pu lire précédemment. Nul doute qu'ils ne soient invoqués à l'avenir dans des circonstances analogues, et il importe à certaines industries et aux propriétaires d'en prendre connaissance. Nous sommes amenés à y joindre quelques remarques entomologiques. Certains insectes pullulent parfois dans les habitations au point de causer les plus grands préjudices. Des maisons ont été abandonnées par leurs locataires en raison de l'abondance des punaises (*Cimex lectucarius* Linn.), infiltrées dans les boiseries, entre les lattes des plafonds, sous les parquets. On voit des boulangers perdre une partie de leur clientèle par la trop grande multiplication des grillons et des ténébrions qui tombent dans la pâte du pain. L'insecte dont il est question dans les arrêts est la blatte orientale. (*Periplaneta orientalis* Linn.), d'un brun de poix, importée d'Orient par les vaisseaux, et qui est depuis longtemps naturalisée dans toute la France. On la rencontre surtout là où se trouvent des matières azotées et des graisses. On se fait peu d'idée du nombre considérable de cet odieux et fétide insecte, nommé vulgairement *cafard*, dans les cuisines des restaurants. Comme il est très-nocturne, il faut pour le surprendre entrer pendant la nuit avec une lumière. On voit alors les blattes courant sur les aliments, rongeant les morceaux tombés à terre, s'introduisant sous les couvercles, grâce à leur corps aplati. Dans le jour on les trouve souvent cachées dans les gonds des portes, fuyant la lumière. Il s'en rencontre aussi dans les ateliers où existe une machine à vapeur. Ces insectes exotiques aiment la chaleur et mangent les débris de graissage. La tendance à la domestication est un fait général chez les blattes. Les vaisseaux au long cours sont remplis par des essaims faméliques d'espèces de bien plus grande taille que la blatte des cuisines, ainsi la Blatte américaine (*Periplaneta americana* Linn.). Ce sont ces insectes qu'on appelle surtout *Cancrelats* ou *Kakerlacs*. Leur corps est très-aplati comme une sorte de feuille, ce qui leur permet d'entrer par les plus étroites fissures, ainsi dans les caisses, les malles déposées dans la cale. Ils dévorent tout, aliments secs, salaisons, tissus. C'est pour éviter leurs atteintes qu'on est obligé, quand on voyage entre les tropiques, de placer les colis à emballage ordinaire dans des caisses de fer blanc, hermétiquement closes à la soudure des plombiers. On trouve ces cancrelats exotiques dans les docks et dans divers magasins des ports, mais heureusement ils ne se sont pas, jusqu'à présent, propagés à l'intérieur de la France.

Cette espèce est dans les maisons de la Havane un véritable fléau. On a heureusement d'utiles auxiliaires contre ces hideux Cancrelats. Les uns sont des Hyménoptères fouisseurs, du genre *Chlorion*, qui tuent les Blattes à coup d'aiguillon et les entraînent dans leurs trous, en les tirant et les comprimant, afin d'en faire un aliment à leurs larves. Dans les maisons mêmes un autre secours très apprécié est fourni par d'énormes crapauds qui courent çà et là à la recherche des Orthoptères. Ces dignes Batraciens, objet chez nous du plus ridicule effroi, sont protégés par tout le monde à la Havane, et les dames les tolèrent jusque sous leurs robes, en récompense de leurs services. On cite un voyageur, nouveau venu à Cuba, qui se réveille au milieu de la nuit. Il aperçoit de son lit cinq gros crapauds dans la chambre. Effrayé à la vue de cet étrange cénacle, il appelle à son secours. Un enfant paraît et se contente de prendre, un à un, chaque crapaud sans lui faire aucun mal et de porter les protecteurs de la maison dans une autre pièce.

Parmi les blattes qui sont nuisibles dans les habitations, il en est de plus petite taille qui existent à l'état sauvage dans nos bois, parmi les mousses, les herbes, les feuilles sèches. Deux de leurs espèces, ne pouvant vivre libres dans le nord de l'Europe, à cause de la rigueur du climat, se sont introduites dans les maisons et y sont domestiques ; ainsi la blatte germanique (*Phyllodromia germanica* Linn.) dans la Russie septentrionale et sur d'autres points, et la blatte laponne (*Ectobia lapponica* Linn.) en Laponie, sous les huttes enfumées, où elle dévore le poisson salé et séché que le pauvre Lapon conserve pour se nourrir pendant l'hiver. Il paraît que la blatte germanique, d'un jaune grisâtre, très vorace, fréquentant les greniers, transportée par les navires sur tous les points du globe, est expulsée des maisons par la blatte orientale, et qu'à son tour elle ne supporte pas la présence de la blatte laponne, plus petite, à mâle noir, à femelle d'un jaune livide. Cela explique comment

ces espèces s'échelonnent en domesticité du centre au nord de l'Europe.
(*La Réd.*)

# ÉTUDES
## SUR LES
# INSECTES CARNASSIERS
### Utiles aux champs, aux bois, aux vignobles, aux prairies, aux jardins,

PAR

M. MAURICE GIRARD,
Docteur ès sciences naturelles.

Un autre groupe de Coléoptères carnassiers, voisins des Carabiques, et pourvu aussi du double palpe aux mâchoires, est celui des Cicindèles. On les reconnaît immédiatement à leur forme plus allongée que celle des Carabes, à leur corselet plus étroit, à leur élytres moins convexes. Elles courent avec une très-grande agilité et sont munies de longues pattes grêles, ce qui n'est pas sans leur donner une vague ressemblance avec de sveltes et rapides araignées. Ces insectes sont pourvus d'ailes et volent aisément au soleil. On les voit devancer le passant, voler à quelques mètres, puis se poser et s'élancer de nouveau quand on s'approche. On est frappé de leurs belles couleurs, entremêlées de dessins blancs. Si le temps est froid et couvert, les Cicindèles courent dans les herbes et par les chemins mais ne volent pas. Leur grosse tête est pourvue d'yeux très-saillants, ce qui indique des chasseurs cruels pouvant apercevoir leurs victimes en tout sens. Quand on saisit les Cicindèles, on est surpris tout d'abord du parfum suave, rappelant la rose et la jacinthe, qu'elles exhalent ; mais bientôt l'odeur devient désagréable en raison de la salive âcre et brune que la bouche dégorge. Les Cicindèles ne lancent pas par l'anus de liquide odorant et corrosif à la façon des Carabiques. Les odeurs aromatiques sont assez fréquentes chez les insectes des sables et des lieux secs. C'est en effet dans les bois sablonneux qu'on rencontre surtout les Cicindèles et aussi dans les jardins pierreux et en pente, dans les vignobles, etc. Là ces *tigres des insectes*, comme les appelle Linnæus, qui a su appliquer le langage de la poésie à l'entomologie et à la botanique, chassent sans cesse au vol et à la course, dévorent les chenilles sur les branches et les feuilles et saisissent les insectes herbivores de toute espèce qui sont sur les chemins. Il faut respecter les Cicindèles dans les bois et les introduire dans les parcs et les jardins, mais pourvu que le sol soit sec. En effet elles ne resteraient pas longtemps dans les endroits humides et l'on n'est nullement certain de les garder en lieu clos comme les Carabes aptères.

Voici les principales espèces qu'on peut rencontrer dans les environs de Paris : la plus commune et la Cicindèle champêtre (*C. campestris* Linn.), de toute l'Europe, d'un beau vert, vif mais mat en dessus, avec le dessous du corps d'un rouge cuivreux; chaque élytre a cinq points blancs, qui peuvent disparaître plus ou moins complètement. On la trouve dans les bois, les champs, les jardins. L'Europe, l'Algérie, le Caucase possèdent encore la Cicindèle hybride (*C. hybrida* Linn.) où le vert est remplacé par une teinte d'un gris jaunâtre avec des bandes et un croissant blanc. Elle aime les bois sableux ; ainsi on la trouve à l'entrée de la forêt de Compiègne, près de la ville. On la rencontre aussi dans les sables des dunes, sur les plages arénacées, depuis la baie de Somme jusqu'au fond de la Baltique, constituant une variété dite Cicindèle maritime. La forêt de Fontainebleau nous offre une espèce plus grande, de toute l'Europe et du Caucase, la Cicindèle des bois (*Cicindela sylvatica* Linn.) plus grande, brune, toujours avec bandes et points blancs. Avec la même extension géographique, mais bien plus rare près de Paris, nous devons citer une petite espèce très-grêle, la Cicindèle germanique (*C. germanica* Linn.), à élytres vertes, à corselet cuivreux. Elle ne vole presque jamais, mais court dans les herbes sèches et les chaumes.

A l'état adulte, les Cicindèles dédaignent les ruses et les abris, et, comme d'audacieux guerriers, chassent à découvert. C'était aussi l'habitude des Carabes sous tous leurs états actifs, et leurs larves courent après les victimes comme les adultes, protégées par une peau dure et cuirassée. Il en est tout autrement des larves des Cicindèles. Leurs pattes sont courtes et faibles et presque tout leur corps est mou. Comme leur appétit est déjà tout aussi carnassier qu'il doit le demeurer à l'état adulte, elles sont obligées de remplacer la force par la ruse. On trouve fréquemment de juillet à octobre dans les allées des jardins secs, sur le bord des sentiers, des trous verticaux ou obliques, de 5 à 12 cent. de profondeur. Dans chacune se tient en embuscade la larve de la Cicindèle champêtre. Sa tête est élargie, munie d'un rebord, cornée et d'un beau vert ainsi que le premier anneau du thorax. Les autres anneaux sont mous et d'un blanc sale, et le huitième, plus gros que les autres, offre à sa partie dorsale deux tubercules charnus, velus, avec deux crochets cornés. Elle s'appuie par ce segment contre la paroi du trou creusé par ses pattes et ses mandibules, et, la tête et le prothorax, repliés en sens inverse, lui donnent un second soutien, de sorte qu'elle est pliée en Z dans son trou, à peu près comme un ramoneur arcbouté dans un tuyau de cheminée. Si on veut voir cette singulière bestiole, il faut descendre avec précaution un fétu de paille dans le trou et de l'y laisser immobiles quelque temps; irritée de cet objet insolite, elle le mord avec fureur et se laisse retirer cramponnée par ses puissantes mandibules. Elle rejette les déblais avec la plaque du dessus de sa tête faisant l'office d'une pelle. Le bord extérieur du trou, un peu évasé, est net de tout rebord saillant, ce qui empêche de le confondre avec les trous de nidification de certains hyménoptères où les déblais font saillie. La large tête et le premier anneau du thorax, repliés à fleur de tête, forment une bascule perfide qui se dérobe sous l'insecte imprudent. Il est précipité dans une véritable oubliette où la larve perfide le dévore vivant. C'est surtout la nuit que ces larves, de même que les larves agiles des Carabes, nous rendent service par leur voracité bienfaisante. Quand on a dans son jardin ces trous d'affût, il faut bien recommander au jardinier de les respecter en évitant de porter le râteau ou la bêche au bord des allées où ils se trouvent. Ces larves très-défiantes se cachent le jour et leurs manœuvres sont très-difficiles à observer. Vers le milieu de l'automne ces larves bouchent le haut du trou avec des parcelles détachées des parois, de sorte que leurs demeures sont alors très-peu aisées à découvrir. Elles se changent au fond en une nymphe luisante, un peu recourbée, d'un jaune paille, avec les pattes et les ailes repliées, le tout sous une mince pellicule. L'abdomen offre des petites épines et deux pointes divergentes servant à fixer la nymphe au fond du trou. Au printemps, l'adulte éclôt, repousse les débris et sort du trou pour continuer les destructions protectrices. Les larves tardives hivernent engourdies sous cette forme, ne deviennent nymphes qu'au printemps et donnent les adultes un peu plus tard. Les trous de la Cicindèle hybride, qu'on ne rencontre que dans les terrains sablonneux, sont bien plus profonds et descendent parfois à 5 ou 6 décimètres.

Les Cicindèles ne sont pas répandues sur le globe de la même manière que les Carabes. Ceux-ci étaient surtout nombreux dans les régions tempérées et même froides. Au contraire les Cicindèles abondent dans les pays chauds et leurs types se diversifient. L'Europe ne possède que le genre *Cicindela* et une seule espèce d'un autre genre la Mégacéphale (*Tetracha euphratica* Dejean), à tête très-forte, ne sortant de ses trous pour chasser qu'aux crépuscules du soir et du matin et ayant une larve analogue comme mœurs à celles des Cicindèles proprement dites. Ces Mégacéphales ont été trouvées dans des terrains salés au Caucase, en Algérie, en Espagne ; peut-être existent-elles en France dans quelques localités du sud ou du sud-ouest à marais salants. Parmi les types exotiques nous citerons les Manticores du pays des Cafres et des Hottentots, de grande taille, sans ailes, à corps velu et courant sur les sables brûlants avec une telle rapidité que l'œil peut à peine les suivre. Ce sont de féroces carnassiers assez robustes pour mordre cruellement. Il ressemble à ces grandes mygales poilues, araignées tuant, dit-on, les oiseaux-mouches.

Les autres familles de Coléoptères carnassiers ne sont pas toujours aussi exclusivement adonnées à la proie vivante que les Carabiques et et les Cicindèles. Il en est qui, semblables aux mammifères carnivores de second degré, comme les hyènes et les chacals, attaquent et les insectes animés et les insectes morts et aussi les cadavres de divers animaux et les détritus azotés. Parmi ces carnassiers mixtes nous placerons d'abord les Staphylins ou Brachélytres. Ce sont des Coléoptères dont les mandibules sont toujours puissantes, dont les mâchoires n'ont plus que le palpe articulé habituel. Ce qui distingue tout d'abord ces Coléoptères, c'est une dégradation de leur appareil alaire. On dirait qu'ils portent une veste, car leurs élytres très-courtes laissent à découvert la plus grande partie de l'abdomen. Il y a persistance d'une forme temporaire chez les nymphes des Orthoptères et des Hémiptères. La seconde paire d'ailes ne participe pas à cette atrophie. Sous ces élytres réduites à deux élytres existent des ailes repliées bien développées, d'un jaune enfumé chez les grandes espèces. Les Staphylins volent bien au soleil dans la journée et aussi dans les soirées chaudes où ils s'abattent sur les fumiers et les matières stercoraires. Ils sont en outre de bons marcheurs, moins agiles toutefois à la course que les Carabiques et les Cicindèles. Leurs larves ont le même genre de nourriture que les adultes et attaquent comme eux ou les insectes vivants ou les chairs mortes où les détritus. Elles ressemblent d'aspect aux adultes et diffèrent surtout par l'absence des courtes élytres et des ailes. Dans la plupart des espèces, les larves et les adultes, quand on les inquiète, s'arrêtent brusquement, écartent les mandibules pour mordre et relèvent l'abdomen à la façon d'une queue retroussée, prenant ainsi un aspect menaçant. Les Staphylins dégorgent par la bouche une salive brune et âcre, ce qui est un caractère général chez certains genres d'insectes carnassiers de divers ordres.

Les grandes espèces de Staphylins nous rendent à peu près les mêmes services que les Carabiques en s'attaquant aux insectes en vie, et nous devons ne pas les détruire et même en transporter quelques-unes dans nos cultures de jardin et de potager. La plus utile espèce est un grand Staphylin, en entier d'un noir terne, qu'on rencontre très-souvent dans les chemins et qu'on appelle le Staphylin odorant (*Ocypus olens* Linn.), vulgairement le *diable*. Il fait sortir du bout de son abdomen redressé deux vésicules blanches qui dégagent une matière volatile d'une odeur assez agréable rappelant l'éther nitreux. Très-vorace et chassant le jour, il s'attaque aux limaces, aux chenilles, aux hannetons, etc. et nous rend les services des Carabes. Sa larve grisâtre, cuirassée en dessus du dos, à longues pattes, atténuée en arrière avec deux longs filets divergeants et un tubercule qui l'empêche de traîner sur le sol, très-agile et très-carnassière, attend le jour sa proie au passage, à demi terrée dans quelque trou et sort la nuit pour guerroyer.

Comme la précédente espèce, les autres grands Staphylins utiles que nous citerons habitent toute l'Europe, le Caucase, souvent l'Algérie. Le Staphylin bleu (*Ocypus cyaneus* Paykull) est aussi une espèce errante, volant partout, courant sur les routes, sur les murs, etc. et chassant la proie vivante. Plus petit et plus grêle que l'espèce précédente, il est noir avec les élytres et le corselet d'un bleu un peu verdâtre. Le Staphylin bronzé (*Ocypus cupreus* Rossi) a des mœurs analogues. Une très-grande espèce, le Staphylin velu (*Emus hirtus* Linn.), est noire, avec des longs poils d'un jaune brillant qui lui donnent de la ressemblance avec un bourdon. Aussi Geoffroy, dans son *Histoire des insectes des environs de Paris*, le nomme le *Staphylin bourdon*. Il s'abat sur les bouses et dévore les larves qui les habitent. Le Staphylin aux grandes mâchoires (*Creophilus maxillosus* Linn.) se trouve sur les charognes, mais pour se repaître des larves de Diptères. Il peut ainsi diminuer le nombre des mouches cadavériques accusées de communiquer le charbon. Il est noir, avec des mouchetures de poils gris sur le corselet et les élytres. On trouve aussi sous les petits cadavres le Staphylin gris de souris

(*Leistotrophus marinus* Linn.), ayant le corselet et les élytres couverts de poils d'un gris jaunâtre. On le voit aussi le soir voler en grand nombre sur les fumiers où il cherche des larves de mouches et diminue leur insupportable multitude. Il en est de même du *Staphylinus cæsareus*. Cette espèce est le type d'une série de Staphylins noirs, à élytres d'un fauve vif, et de mœurs analogues.

Nous citerons dans le genre considérable des Philonthes les *Philonthus varius* (Gyllenhal) et *æneus* (Rossi) ; ces Staphylins vivent surtout de matières décomposées, de champignons, etc. Il ne faut pas oublier une curieuse espèce, malheureusement rare, le *Quedius* ou *Velleius dilatatus* (Fabr.), de grande taille, d'un noir brillant avec des reflets irisés sur l'abdomen, répandant une forte odeur de musc. Il vit surtout dans les nids des malfaisants frelons et détruit leurs larves dans les cellules. Parfois il porte aussi, dit-on, le carnage dans les bourses soyeuses des chenilles processionnaires. Il ne relève pas son large abdomen et le laisse traîner sur le sol comme un lézard. On trouve dans les champignons des Staphylins d'un jaune roux brillant, aux élytres plus ou moins tachées de noir, à la tête grosse et carrée, armée de mandibules recourbées et saillantes. Ce sont les Oxypores carnassiers détruisant les larves qui gâtent les champignons comestibles, notamment les ceps savoureux. Au bord des eaux chassent avec vivacité les Pœdères, reconnaissables à leur corps allongé et à leurs couleurs mêlées de noir, de bleu d'acier et de rouge orangé. Il est des Staphylins à abdomen large et renflé qui vivent avec les fourmis ; on ne sait trop s'ils en tuent parfois et nous sont ainsi utiles. Jusqu'ici leur histoire est surtout une curiosité entomologique. Les Staphylins offrent une quantité prodigieuse de minuscules espèces, le désespoir des collectionneurs, mangeant tous les détritus animaux et végétaux et aussi de très-petits insectes vivants.

Maurice GIRARD.

### LÉGENDE DE LA PLANCHE DU N° 6.

Cicindèles : 1 *Cicindela campestris*, 1 a, sa larve ; 2. *C. hybrida*.
Staphylins : 3. *Emus hirtus* ; 4. *Ocypus olens* ; 5. *Creophilus maxillosus* ; 6. *Staphylinus cæsareus* ; 7. *Ocypus cyaneus*.

### Bec brise-jet de M. Raveneau appliqué à la seringue des jardiniers.

Dans un excellent article publié par l'*Insectologie agricole*, M. Maurice Girard donne la description de la seringue ou petite pompe des jardiniers. « Les modèles varient beaucoup, dit-il, nous représentons » un des plus employés. » Puis il décrit ses usages,

Nous ajouterons la description d'un tout autre modèle, qui nous semble bien préférable à ceux précédemment établis. Il s'agit de la seringue ordinaire, munie du *bec brise-jet* de M. Rayeneau (1).

Le bec brise-jet (fig. 2 et 3) est aussi simple que

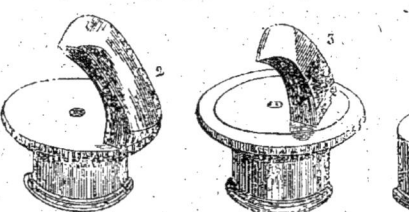

possible : un orifice circulaire, en avant duquel est une languette métallique, voilà tout l'appareil. Le liquide va frapper la languette en sortant et se divise à l'infini, avec la plus grande régularité ; il suffit de pousser vivement le piston, lorsque l'orifice est petit, pour obtenir un véritable brouillard. Rien de semblable ne peut être acquis avec de simples trous percés dans un obturateur.

Des becs à orifices différents et munis de languettes plus ou moins courbées, permettent des effets variés selon les besoins ; un seul bec suffit dans la plupart des cas.

En tournant la seringue d'un quart de cercle chaque fois, on projette alternativement le liquide de haut en bas, à droite ou à gauche, de bas en haut ; toutes les feuilles du végétal sont mouillées, sur toutes leurs parties, quelle que soit leur position.

La surface couverte à la fois est incomparablement plus considérable qu'avec les autres seringues.

(1) Rue Rochechouart, 48, à Paris.

En nous plaçant au point de vue spécial de la destruction des insectes sur les végétaux, par des liquides particuliers, nous trouvons que la seringue munie du bec brise-jet est un précieux instrument, parce qu'il permet d'exécuter le travail mieux et plus vite qu'avec tous ceux du même genre.

Des essais sérieux, faits à l'École impériale d'agriculture de Grand-Jouan, nous autorisent à recommander son emploi aux agriculteurs et aux jardiniers.
J. BESNARD,
Répétiteur à Grand-Jouan.

## Remèdes contre les effets de la piqûre des abeilles, des guêpes, etc.

Extrait de l'*Apiculteur* (numéro du mois d'août 1669). Page 338.

Beaucoup de personnes ne se livrent pas à la culture des abeilles, malgré les avantages réels et surtout l'amusement qu'elles procurent, parce que ces personnes en redoutent la piqûre. Cette piqûre est bien facile à éviter avec la précaution de se couvrir les mains de gants et la figure d'un camail; ou même, si une abeille irritée vous attaque à l'improviste (fait très rare), on évite tout danger en se tenant coi, ou en courant se mettre dans quelque endroit obscur et voisin, pour y rester immobile.

Si par malheur on est piqué, il y a beaucoup de remèdes.

Après avoir enlevé le dard le plus tôt possible, doucement et en le tournant, on suce la piqûre si l'endroit le permet, on la lave ou on l'essuie; ensuite il faut la frotter avec une plante aromatique, en particulier avec une feuille de *plantain* écrasée, ou mieux y appliquer une compresse d'un dissolvant, eau, alcool, éther, huile de pétrole, etc., et de façon que la piqûre soit un peu comprimée et isolée de l'air.

Il y a beaucoup d'épidermes qui se contenteront de ces soins, d'autres se trouveront mieux de ce remède :

Au lieu de dissoudre le venin, il faut l'attaquer et le détruire avec de l'alcali volatil (ammoniaque), ou avec de l'acide phénique ou phénol.

L'acide phénique est plus commode que l'alcali, en ce que son odeur n'est pas piquante, et ne suffoque pas, qu'il ne s'évapore pas comme l'alcali, et qu'on ne risque pas en se servant d'un vieux flacon de le voir sans effet.

Dans un petit flacon avec bouchon à l'émeri et terminé en portegoutte, l'acide phénique coûte 2 à 3 fr.; mais, pour les bourses économes, l'acide phénique cristallisé coûte au plus 8 fr. le kilogr., c'est-à-dire 0 fr. 08 c. les 10 grammes, chez les marchands de produits chimiques.

On dissout les cristaux dans la plus petite quantité possible d'esprit de vin (quelques gouttes suffisent pour 10 gram.), et on ajoute ensuite un volume d'esprit de vin six fois plus petit environ que le volume de la dissolution : de cette façon l'acide phénique corrode et blanchit la peau sans la brûler et sans produire d'ampoule, on en met une petite goutte sur la piqûre ; au bout de 10 à 20 secondes la douleur disparaît, et on n'a plus à s'occuper de rien.

Il est vrai qu'on peut être piqué et n'avoir sous la main ni son flacon d'acide phénique, ni même de l'eau ou des plantes aromatiques ; dans ce cas, voici un remède très-simple mais *très-efficace* et sur lequel j'insiste particulièrement :

Un peu de salive triturée en forme de boue avec de la poussière, et appliquée comme emplâtre sur la piqûre.

La salive étant alcaline dissout et même attaque le venin qui est acide, la terre qui la maintient préserve la piqûre de l'air et y entretient la fraîcheur ; la plupart du temps, après 3 ou 4 minutes, même pour la peau la plus délicate, la douleur de la piqûre est passée.

Si on avait négligé de soigner une piqûre et qu'une forte enflure fût survenue, je crois que le seul remède est de mettre une compresse d'éther, ou de frotter l'enflure avec une brosse douce, d'y mettre une compresse d'eau pure et fraîche et de renouveler souvent.

Georges de la Marnière.

---

### Analyses des soies du commerce, par Ch. Mène.

L'auteur, ayant reçu de divers fabricants, mouliniers ou négociants en soie, un grand nombre d'échantillons de soies de nature et de provenances différentes, les analysa, afin de voir si la composition chimique de ces produits, pouvait éclairer sur leurs qualités ou manières d'être dans l'industrie des teintures. Voici les résultats relatifs aux soies écrues blanches.

| PROVENANCE. (Sur 100 parties). | de Chine. | du Japon. | de Syrie. | d'Annonay. | d'Au-Privas. | d'Aubenas. | de la Drôme. | d'Avignon. |
|---|---|---|---|---|---|---|---|---|
| | 1864 | 1864 | 1866 | — | 1843 | 1867 | 1863 | 1864 |
| Carbone | » | 0,517 | 0,509 | » | 0,512 | » | 0,510 | 0,506 |
| Hydrogène | » | » | » | » | 0,047 | 0,045 | 0,044 | 0,043 |
| Azote | 0,115 | 0,115 | 0,115 | 0,096 | 0,092 | 0,106 | 0,114 | 0,095 |
| Oxygène et (perte) | » | » | » | » | 0,238 | » | » | 0,250 |
| Eau | 0,108 | 0,105 | 0,093 | 0,113 | 0,106 | 0,100 | 0,100 | 0,097 |
| Cendres | 0,025 | 0,026 | 0,033 | 0,035 | 0,015 | 0,027 | 0,015 | 0,023 |

(Analyses élémentaires)

| | DENSITÉ. | 1,708 | 1,708 | 1,718 | 1,704 | 1,710 | 1,704 | 1,797 | 1,709 |
|---|---|---|---|---|---|---|---|---|---|
| Analyses immédiates. | Matières fibreuses. | 0,493 | 0,495 | 0,505 | » | 0,515 | 0,500 | 0,500 | » |
| | Matières solubles à l'eau. | 0,168 | 0,172 | 0,176 | » | 0,170 | 0,175 | 0,169 | » |
| | Matières solubles à éther. | 0,017 | 0,015 | » | » | 0,019 | 0,021 | 0,020 | 0,018 |
| | Matières solubles à l'acide acétique. | 0,193 | » | 0,188 | « | » | 0,197 | 0,188 | 0,079 |

| | PROVENANCE. (Sur 100 parties). | d'Avignon. | de Gênes. | Cavaillon. | Valréas. | Flaviac. | Alais. | Marseille. | Bengala. |
|---|---|---|---|---|---|---|---|---|---|
| | | 1864 | 1865 | 1866 | 1866 | 1865 | 1866 | 1866 | 1865 |
| Analyses élémentaires. | Carbone. | 0,510 | » | » | 0,509 | « | 0,511 | 5,509 | 0,507 |
| | Hydrogène. | » | » | » | 0,047 | » | « | » | » |
| | Azote. | 0,094 | 0,091 | 0,109 | 0,111 | 0,105 | 0,116 | 0,115 | 0,105 |
| | Oxygène et (perte). | » | » | » | 0,222 | » | « | » | » |
| | Eau. | 0,113 | 0,099 | 0,103 | 0,105 | 0,100 | 0,110 | 0,113 | 0,095 |
| | Cendres. | 0,025 | 0,034 | 0,034 | 0,026 | 0,013 | 0,027 | 0,025 | 0,034 |

| | DENSITÉ. | 1,703 | 1,708 | 1,706 | 1,708 | 1,706 | 1,711 | 1,706 | 1,704 |
|---|---|---|---|---|---|---|---|---|---|
| Analyses immédiates. | Matières fibreuses. | 0,503 | 0,509 | 0,497 | 0,505 | 0,500 | 0,511 | 0,510 | » |
| | Matières solubles à l'eau. | 0,175 | 0,179 | 0,180 | 0,170 | 0,165 | » | » | 0,168 |
| | Matières solubles à éther. | » | » | 0,117 | 0,015 | 0,022 | » | 0,016 | 0,019 |
| | Matières solubles à l'acide acétique. | 0,175 | 0,203 | » | » | » | » | 0,196 | 0,195 |

**Enseignement agronomique.**

*Entomologie appliquée.*

NOTIONS GÉNÉRALES SUR LES INSECTES (suite) (1).

Puis deux cas se présentent : tantôt l'insecte ne cesse jamais de manger et de courir ; il prend seulement des moignons d'ailes encore impropres au vol (état de *nymphe*), comme cela se remarque chez les insectes sauteurs à longues cuisses postérieures des prairies et des jardins, dont on confond les espèces variées sous le nom vulgaire de sauterelles, chez les punaises de bois, chez les forficules ou perce-oreilles, etc. On dit alors que les insectes sont à *méthamorphoses incomplètes*. D'autres

(1) Voir p. 108 du Journal, 1869.

fois la période intermédiaire est au contraire une phase d'immobilité et d'abstinence, où les espèces nuisibles cessent leurs ravages et peuvent ainsi dans certains cas être plus aisément détruites en raison de leur absence de locomotion. Chez ces insectes à *métamorphoses complètes* les pattes et les ailes sont alors entourées d'une peau qui les laisse apercevoir le plus souvent, mais qui empêche l'usage. On a alors des *nymphes*, ou plus particulièrement des *chrysalides*, quand elles viennent des chenilles et donneront des papillons. Elles sont tantôt nues, tantôt entourées

Chenille et Chrysalide du grand papillon de choux.

de coques de terre ou de cocons d'une soie sortie de la bouche de la larve ou de la chenille. Enfin parfois on obtient ce qu'on nomme des *pupes*, comme cela arrive pour les mouches des viandes, dont les larves ou *asticots* se changent, dans la même peau durcie, en corps ovoïdes, d'un brun noirâtre, pareils à de petits tonnelets, sans parties distinctes et non sans ressemblance avec des graines de belles-de-nuit.

Les insectes adultes, seuls en état de se reproduire, ont tous le corps divisé plus ou moins nettement en trois parties, la tête, le *thorax* ou corselet, *l'abdomen* ou région ventrale. Rien de plus net que ces trois régions chez une guêpe, chez presque tous les papillons. La tête porte en avant les *antennes*, qu'on appelle souvent les cornes et qui sont destinées à l'ouïe et à l'odorat, les yeux, latéralement, en forme de gros globes composés d'une foule de petites facettes en réseau, chacune

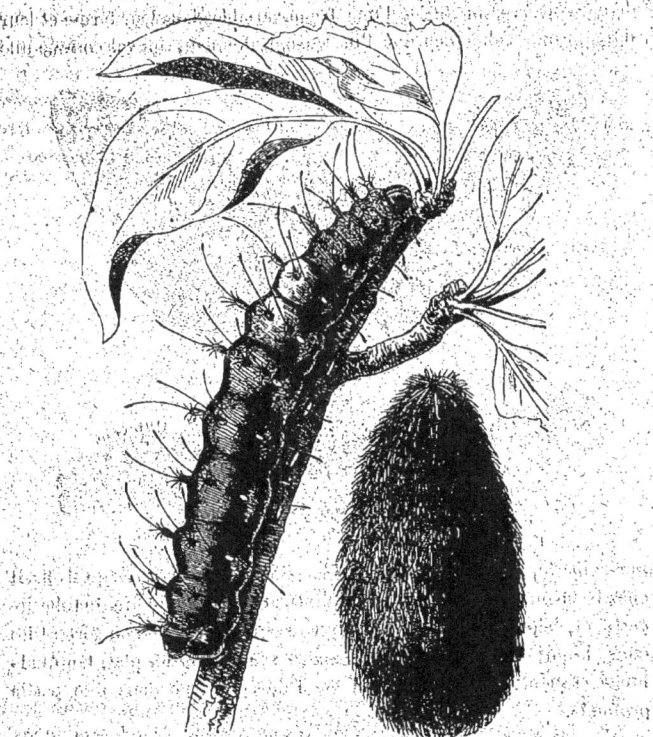

Chenille et coque du bombyx grand paon de nuit (*Attacus*).

étant un œil distinct, comme autant de télescopes braqués dans toutes les directions, enfin, en dessous de la tête les pièces destinées à l'alimentation des insectes et qui fournissent des caractères très-importants pour reconnaître ces petits animaux. Le thorax est toujours muni par dessous de six pattes, en trois paires, terminées par les tarses composés de petits articles garnis de poils, organes de toucher, ayant au bout un ou deux ongles avec lesquels l'insecte peut se cramponner très-fortement, sur des surfaces même couvertes d'aspérités à peine sensibles. Quand l'insecte a des ailes, elles sont toujours placées sur le dos du thorax et au nombre de deux paires, modifiées d'une façon variable dans leur forme et leur usage. Enfin l'abdomen que l'insecte entraîne dans son vol comme une

Cossus gate bois (chenille et papillon).

masse inerte, n'a jamais de pattes, bien différent en cela de ce qu'il offrait chez beaucoup de larves, et il se termine par l'orifice exutoire du tube digestif et, chez les femelles, par un organe de ponte d'où sortent les œufs, tantôt fort court, quand ceux-ci sont déposés à plat, tantôt allongé et même perforant quand l'œuf doit être logé dans une partie profonde.

M⁰⁰ Girard.

# L'INSECTOLOGIE AGRICOLE

**Avis de la rédaction.**

L'éditeur du journal l'*Insectologie agricole* a reçu des réclamations concernant diverses assertions émises dans les articles publiés. On a prétendu que le Journal ne devait avancer que des faits rigoureusement vrais et sanctionnés par une longue expérience. A ce compte-là on marcherait à pas de tortue, on perdrait toute actualité, et on imposerait à la rédaction la science infuse, ce que récuse sa modestie.

Les articles sont complétement personnels aux auteurs qui les signent. Quiconque porte un jugement contraire nous fera grand plaisir de répondre. Le Journal est ouvert à toutes les expériences, sous la seule garantie de leurs auteurs. Si on pense que quelqu'un s'est trompé, qu'on le dise. La rédaction prend toutefois le soin d'annoter certains articles, mais seulement quand il y a certitude de quelque oubli ou de quelque erreur commise. Notre silence ne veut pas dire affirmation ou approbation, mais sage réserve jusqu'à preuve contraire. Nous espérons que cet avis sera entendu et nous amènera à reproduire de paisibles et fécondes discussions utiles à tous. Respect profond des personnes, critique entièrement libre des opinions, telle est la devise du Journal.

**Bulletin insectologique.**

*Ravages des cigales dans les vignobles.* — Nous trouvons à ce sujet une note intéressante, d'après M. J. Lichtenstein, dans le n° du 9 septembre 1869 du *Journal officiel* (éd. du soir) :

A côté du puceron (*Phylloxera vastatrix*), voici un autre insecte dont la présence est signalée sur la vigne. Un membre de la Société entomologique de France, M. Lichtenstein, vient en effet de recevoir d'un propriétaire d'Aspiran, dans le Midi, un paquet de sarments de vigne qui sont piqués extérieurement comme avec la pointe d'un couteau et qui, intérieurement, sont remplis de petits œufs blancs très-allongés et parmi lesquels apparaissent quelques vers blancs apodes plus gros que les œufs.

L'auteur de ces piqûres qui s'attaque aujourd'hui à un arbuste sur lequel il n'a pas l'habitude de se montrer est, d'après l'examen de M. Lichtenstein, la petite cigale, en latin *Cicada* ou *Concina atra* ou *argentea* de l'Encyclopédie. Cette année à Aspiran, comme dans beaucoup d'autres localités, il y a eu de nombreuses souches frappées d'insolation ou *folletée*, maladie très-insuffisamment expliquée jusqu'ici. Ces souches ont leurs sarments secs, et leur moelle offrait aux cigales un lit tout préparé pour venir y déposer leurs œufs. Dans une quinzaine de jours ces œufs vont éclore, les larves tomberont à terre et commenceront leurs ravages souterrains. Chacun des fragments, objet de l'observation que nous rapportons, n'en contenait pas moins de 300 à 500.

Mais, comme toujours, la nature prévoyante a placé le remède à côté du mal, et le petit ver blanc mêlé aux œufs n'est autre que la larve d'un petit hyménoptère chalcidien, de couleur noire, qui suit la cigale occupée à pondre, et glisse au milieu des œufs de celle-ci sa propre progéniture qui s'en nourrit. Cette année-ci, où des circonstances particulières ont attiré les cigales dans les vignes, il faut se hâter de tailler tout le bois sec ou plutôt tous les sarments piqués que sont très-faciles à reconnaître.

Ces sarments, M. Lichtenstein recommande non pas de les brûler, mais de les empiler au grenier ou au magasin, où la petite cigale qui sortira bientôt mourra promptement de faim, tandis que les petits chalcidiens, leurs ennemis acharnés, se développeront à leur tour dans l'intérieur des sarments d'où ils sortiront au printemps prochain, à l'époque de l'apparition des cigales dont ils feront une grande destruction.

*Recette contre les pucerons.* Après des essais multipliés, M. Cloez s'est arrêté à un procédé qui est à la fois pratique et économique, et dont il a fait l'objet d'une communication à la Société impériale et centrale d'agriculture de France.

Voici la manière d'opérer : on prend cinq parties de bois de *quassia* qui se trouve facilement dans le commerce de la droguerie, et une partie de *staphisaigre* concassée; on ajoute au mélange cinq parties d'eau et l'on fait bouillir pendant une heure, en ayant soin de remplacer l'eau évaporée par une égale quantité d'eau ordinaire, de manière à conserver le volume du liquide à peu près constant. La décoction filtrée au travers d'une chausse est un peu trouble ; on peut l'employer dans cet état après son refroidissement.

Pour que le liquide agisse efficacement, il est essentiel de le faire arriver sur les plantes en gouttelettes excessivement ténues, pour ainsi dire sous forme de brouillard. On obtient ce résultat au moyen d'une pompe à double effet, qui force le liquide à s'échapper par un très-petit orifice. Les premières expériences ont été faites en 1867, à Bagnolet, sur des pêchers en espaliers ; on a pu ainsi les débarrasser complétement par deux ou trois arrosages, faits à deux jours d'intervalle, d'une vermine dégoûtante, très-nuisible à la plante. En 1868, le même moyen a été employé avec autant de succès sur des rosiers couverts de pucerons verts. Enfin cette année, au Muséum d'histoire naturelle, de nouvelles expériences tentées dans les serres chaudes, et sur diverses espèces de plantes de pleine terre, notamment sur des tiges de chou cavalier en fleurs, sur des fèves, etc., sont venues confirmer les résultats antérieurs.

Nous reproduisons ce procédé extrait du *Moniteur des communes*, en faisant remarquer qu'ici encore, comme pour le *Phylloxera* de la vigne, notre journal avait pris l'avance sur les documents officiels. Nous avons en effet, dans les précédents bulletins, mentionné les injections au *quassia amara*, en faisant toutefois remarquer que ce moyen, très-bon pour les serres ou le jardinage de luxe, serait peut-être bien coûteux en grande culture.

*Toujours les vers blancs, extension des ravages, prévisions funestes.* Les vers blancs sont de plus en plus à l'ordre du jour. Le *Moniteur des communes* du 24 septembre 1869 contient un article de M. Victor Chatel intitulé : *Guerre aux mans pendant les labours d'automne.*

L'auteur signale comme une des causes du mécompte éprouvé au battage des blés à l'égard du rendement, la destruction des racines par les larves de hannetons ou *mans, turcs, chiens de terre*, et aussi par les larves, d'un élatérien ou taupin (coléoptère sautant quand on le place sur le sol avec un bruit sec de marteau et tombant retourné sur ses pattes), larves coriaces, difficiles à écraser, de la grosseur d'une aiguille à tricoter, en forme de petits vers jaunes à tête brune. L'auteur nomme l'espèce *Elater segetum* ; mais ce nom n'est pas scientifique ; ce doit être l'*Agriotes lineatus* (Linn.), ou *striatus* (Fabr.), ou *segetis* (Bierkander). Peut-être s'agit-il des *Agriotes sputator* (Linn.) ou *obscurus* (Linn.) Quatre ou cinq espèces très-voisines d'*Agriotes*, d'un gris jaunâtre ou brunâtre, s'attaquent aux céréales, séparément ou ensemble.

Les larves de hanneton, dit M. V. Chatel, se sont attaquées cette année aux pommiers en Normandie, aux racines des céréales, ont fortement compromis les regains, et enfin ont dévoré les betteraves et les pommes de terre. Nous pouvons citer, comme exemple, Combs-la-Ville, près de Paris, dont les pommes de terre sont fort estimées et où des cultivateurs ont acheté des porcs afin d'utiliser les pommes de terre avariées par les vers blancs.

Le *Moniteur des communes* prédit une immense invasion d'adultes pour le printemps de 1870 ou de 1871. Pour les environs de Paris ce sera 1871. Puis il pronostique une disette sur les fourrages et les céréales. Le journal d'*Insectologie agricole*, qui n'est jamais en retard sur ces questions, a déjà prédit que les pouvoirs publics finiront par être appelés à prendre des mesures contre les insectes nuisibles, et qu'on n'arrivera à diminuer les ravages des hannetons qu'en rendant *obligatoire* et *général* le ramassage et la destruction des adultes avant les pontes. Le *Moniteur des communes* engage à employer les femmes, les enfants, les vieillards à ramasser les vers blancs derrière la charrue aux labours d'automne. Il recommande l'emploi des chiens affriandés à l'avance par des vers blancs à la graisse où au beurre. Cette idée nous paraît venir d'un article du *Cosmos*, où un propriétaire de Neuville-les-Dames (Ain), M. Perrusset, rapporte avoir dressé ses chiens de chasse à ce métier et avoir vu ces animaux manger les vers blancs avec une telle gloutonnerie qu'elle allait jusqu'à l'indigestion. Nous devons dire que bien des chiens répugnent à cet aliment, qu'ils y deviennent malades et qu'enfin il serait bien cher d'élever des chiens rien que pour cet usage. L'estomac des oiseaux, bien plus robuste que celui des mammifères, est préférable. Il faut suivre l'ancienne idée de Parmentier, mettre aux champs, lors des labours, oies, dindons, canards et poules, imiter M. Giot et ses poulaillers roulants. On a commencé par rire beaucoup (autrement nous ne serions pas Français), mais les commandes se multiplient peu à peu; la facétie n'a qu'un temps.

Où le *Moniteur des communes* est mieux inspiré, c'est quand il recommande de ne pas tuer les corbeaux, les pies, les corneilles et les étourneaux, tous ces grands destructeurs de vers blancs. Hélas! on voit de temps à autre des arrêtés préfectoraux en ce sens; mais la routine et l'ignorance sont plus fortes. Rien ne s'exécute, et les oiseaux protecteurs continuent à être stupidement cloués aux portes. A cela quel remède? Un seul, long, mais efficace : les instituteurs des campagnes *instruits et payés*, et l'enseignement agronomique largement répandu. Moins de phrases sentimentales sur l'instruction, ô politiques! mais des votes et de l'argent. Ce sera pour la France un prêt à gros intérêt.

*La vigne malade et le Phylloxera, nouveaux détails.* — Le numéro 33 de l'*Indicateur vinicole* (18 septembre 1869) contient des indications intéressantes de notre savant correspondant, M. le Dʳ Télèphe Desmartis, de Bordeaux.

Il rapporte d'abord un extrait d'une lettre de M. le Dʳ Baubil, de Narbonne, constatant l'emploi heureux de la terre, mêlée de 8 à 10 pour cent de coaltar pour guérir des souches de vignes atteintes d'étisie. Cette expérience vient à l'appui de l'opinion de M. Desmartis, grand partisan des insecticides, notamment des produits du type phénol, pour combattre les insectes et les cryptogames des végétaux. Sous l'emploi du soufre mêlé de coaltar, en vue de s'opposer à l'oïdium, il a vu disparaître le *Lecanium vitis* (gallinsecte de la vigne, hémiptère homoptère), diminuer les Locustes et les Ephippigères (Orthoptères) ainsi que l'*Erineum vitis*, cryptogame causé, d'après M. Desmartis, par un acarien. Ce sont des préparations phéniques qui doivent, selon lui, vaincre le redoutable *Phylloxera* qui, dans quatre départements du Midi seulement, ravage quinze mille hectares de vignobles.

M. Desmartis résume ensuite ses travaux et rappelle que son opinion attribuant la nouvelle épiphytie à un insecte fut d'abord repoussée par la plupart des viticulteurs, mais partagée, contre leur avis, par M. Laliman, membre de la Société d'agriculture de la Gironde. Dans les vignobles de Floirac, appartenant à M. Laliman, M. Desmartis constatait la présence du *Phylloxera vastatrix*, dont on lui doit la découverte dans la Gironde. M. Laliman a constaté de son côté l'existence d'un *Phylloxera* dans des galles des feuilles de la vigne.

Poursuivant ses études à Saint-Loubès (*Indicateur vinicole*, nᵒ 35, 2 octobre 1869) M. Desmartis a fait voir à la Société scientifique du sud-ouest de la France des dépouilles de *Phylloxera* dans les galles de feuilles de vignes trouvées par M. Laliman, et il a apporté des galles verruqueuses d'une autre nature, rouges ou violettes siégeant sur les nervures, découvertes par lui. Il a trouvé également en abondance à la face inférieure des feuilles de vigne de cette localité un insecte hémiptère, à expansions dilatées, foliacées, du corcelet et des élytres, c'est le *tigre*, ainsi nommé parce qu'il crible les feuilles de taches tigrées, ou *Tingis pyri* (Hémipt. hétér.), qui est surtout connu par ses ravages sur les poiriers.

M. Desmartis est porté à croire que l'emploi du soufre contre l'oïdium, et surtout du soufre coaltaré, a forcé les pucerons des pampres et du feuillage à passer sur les racines, ainsi que cela arrive parfois pour le puceron lanigère du pommier (*Schizoneura lanigera*). Par une idée ingénieuse il admet que l'emploi insolite des remèdes contre le cryptogame a fait périr les insectes parasites qui maintenaient les *Phylloxera* dans une juste limite, et que l'harmonie rompue, les *Phylloxera* ont prédominé d'une manière désastreuse.

M. Desmartis recommande contre les pucerons en général les solutions ou les poudres dont notre journal a déjà plusieurs fois entretenu ses lecteurs, à savoir la *Quassia amara*, les pyrèthres, la coloquinte, la staphisaigre, l'absinthe, la tanaisie, le génévrier, la rue, etc. Actuellement dans la Gironde le *Phylloxera* existe à Floirac, à Saint-Loubès et à Fronsac, dans le célèbre cru de *Château-Comte*.

Nous trouvons, dans les Annales de la Société entomologique de France, 1869, bull., XXVII, quelques indications sur les ravages du *Phylloxera* dans les départements de Vaucluse, du Gard et des Bouches-du-Rhône. Contrairement à l'opinion de plusieurs membres distingués de diverses Sociétés savantes, M. J. Lichtenstein persiste de plus en plus dans la croyance que le mal est dû en entier à ce puceron des racines, qu'il s'étend sur la montagne comme dans la plaine, que les souches mortes n'ont pas un seul *Phylloxera*, que les souches malades en ont très-peu, et que les souches les plus saines en apparence en sont au contraire couvertes. C'est au reste un caractère général des Hémiptères terrestres de rechercher les sucs les plus frais et les plus vivants, et de ne pas se porter sur des cadavres, ou sur des végétaux morts.

Les souches sont abandonnées par l'insecte dès qu'il les a tuées. Des expériences dans des bocaux pleins de sable humide ont fait voir que des racines de souche parfaitement saine du département de l'Hérault, où le mal ne s'est pas encore montré, ont été attaquées par l'hémiptère dès qu'elles furent mises en contact avec des racines de souches des pays infectés. Du plant de vigne d'Espagne a été envoyé à Montpellier et à Orange. Dans l'Hérault il a très-bien réussi, dans le Vaucluse ce plant, sain et vigoureux, a été envahi par l'insecte. Enfin, dans les cas très-rares, d'après M. Lichtenstein, où par de profonds déchaussements et des arrosages de lait de chaux, d'acide phénique *très-dilué*, etc., on a pu tuer le puceron, quelques souches ont paru repousser.

*Apparitions nombreuses de Piérides.* Nous recevons de M. Pillain les communications suivantes :

Voici à propos de l'article, « Pluie d'insectes, dans le n° 5 de l'*Insectologie agricole*, deux irruptions de Piérides qui eurent lieu l'an dernier, presque à la même époque.

Dans le journal du Havre, du 13 juillet 1868, on disait : « Depuis
» quelques jours on remarque un grand nombre de papillons blancs
» voltigeant parmi les rues de la ville (*Havre*), aujourd'hui le nombre
» de ces papillons a tellement augmenté que, vers midi, sur plusieurs
» points de la ville et principalement dans la rue de Normandie et le
» jardin public, ils voltigeaient par milliers, au point d'intercepter
» presque la lumière du soleil et de forcer les passants à les chasser
» comme des mouches importunes. »

Ce fait, je ne l'ai pas vu, mais diverses personnes me l'ont affirmé; mais voici ce qui m'est arrivé, étant ce jour même à faire une excursion près du bois des Hallates : vers 11 heures et demie du matin, il est passé près de moi une bande très-forte de Piérides (*P. rapæ* et *P. brassicæ*); j'en fus surpris et d'un coup de chapeau lancé par curiosité, j'en pris vingt-trois.

Le 25 juillet 1868, le *Petit Journal* relatait :

« L'autre jour, un grand nombre d'habitants de Port-Louis (Mor-
» bihan) ne furent pas peu étonnés de voir tout à coup la terre comme
» couverte de neige ; le ciel, l'air, tout était blanc..... Ce phénomène
» extraordinaire au milieu des chaleurs qui règnent, était dû à l'arrivée
» d'un épais nuage de..... papillons blancs.

» Cette manne s'est abattue sur les côtes du Lohic, venant de tra-
» verser la baie de Gâvre : les papillons ont un instant couvert la ville
» de Port-Louis et les pâtis.

» Une grande quantité d'entre eux sont restés accrochés aux arbres;
» le reste, en colonne assez compacte pour imiter la neige à s'y mé-
» prendre, est allé, poussé par le vent, se noyer dans la rade.

» La masse était tellement serrée quand ils sont arrivés à la côte, que
» l'on pouvait en écraser 5 ou 6 en posant le pied par terre. »

Comme vous le voyez, ces subites apparitions d'insectes en très-grand nombre, quoique rares, n'ont rien de bien étonnant. Du reste nos auteurs, sur la matière, citent divers exemples de ce genre (sauterelles, hannetons, sphinx atropos (*Acherontia*), etc.).

Nous ferons remarquer, à propos de la seconde citation, qu'il s'agit peut-être d'Ephémères (Névroptères) et non de Lépidoptères.

*Il faut protéger les étourneaux.* On sait que les étourneaux suivent le bétail, notamment les moutons pour les délivrer des insectes incommodes qui voltigent autour d'eux et ceux qui vivent dans leur toison. Ils suivent aussi le laboureur aux champs et recherchent avec avidité les larves et les insectes que met à nu le soc de la charrue, et ils détruisent beaucoup de mans. « M'étant rendu acquéreur, nous écrit M. Pillain, d'une victime prise au lacet et qu'on vendait sur le marché du Havre, j'ai trouvé dans son estomac huit têtes de vers blancs mêlées à des débris informes d'insectes divers. A ces divers titres, la chasse de l'étourneau devrait être défendue. »

Maurice GIRARD.

## Le soufre et les insecticides employés par nos ancêtres,

### PAR LE Dʳ T. DESMARTIS.

*Sub sole nihil novum.* Décidément il n'y a rien de nouveau sous le oleil.

Le soufre et les insecticides employés aujourd'hui par les viticulteurs pour la destruction des parasites de la vigne étaient jadis également mis en usage, sous une forme particulière, pour empêcher l'arbre à vin d'être attaqué par les vers et par la *vermine*, c'est ainsi qu'on appelait autrefois les annélides, les larves et tous les insectes parasites.

Les anciens, qui avaient eu sans doute à supporter des épidémies végétales, considéraient comme propre à servir d'amendement pour les terres à vigne et pour détruire les insectes qui rongent cet arbuste l'ampélite, qu'on appelait aussi terre de vigne.

En géologie, l'ampélite, dont l'étymologie est ἄμπελος, vigne (ce qui indique encore plus ses usages spéciaux), est un schiste argileux noir chargé de soufre.

Nous lisons, à ce sujet, dans le *Manuel du naturaliste*, vieil ouvrage par M. D*** et imprimé l'an V (1797) à Paris, chez Rémond, libraire, rue des Grands-Augustins, n° 24 :

AMPÉLITE OU TERRE A VIGNE. « Cette terre noire, mise par les minéralogistes dans la classe des schistes alumineux gris noirs ou bruns qui

» teignent les doigts, est plus au moins friable ou solide, est employée
» comme crayon par quelques ouvriers et se trouve à la Ferrière-Béchet
» en Normandie, à Séez et Alençon. Elle est bitumineuse sulfureuse :
» calcinée au feu, elle passe à l'état de tripoli ; mise en tas, elle se décom-
» pose et est propre alors à être répandue dans les vignes. C'est un bon
» engrais qui, par ses parties sulfureuses, fait périr les vers. Le vin en
» contracte un goût ardoisé. Celui de la Moselle a ce caractère. »

La science moderne a classé l'ampélite dans la famille des roches anthraciteuses, mélange d'anthracite, de matières phylladiennes schisteuses et surtout de pyrites blanches, pyrites qui en se décomposant pénètrent les masses de sulfate de fer. Dans son dictionnaire d'histoire naturelle, le savant Charles d'Orbigny dit à l'article Ampélite que lorsque le pyrite abonde et que la présence de l'air favorise la réaction de ce sulfure de fer sur le charbon, il en résulte souvent une combustion spontanée. A Poligny, près Rennes, des combustions de ce genre ont formé des tripolis résultant de la combustion superficielle des ampélites. On a trouvé dans les ampélites divers corps marins organisés, tels que des spirifères, des fucus, etc. M. Charles d'Orbigny rappelle dans cet article que les anciens employaient l'ampélite comme engrais et comme insecticide.

Des recherches à ce sujet seraient dignes d'intérêt au point de vue scientifique et prouveraient qu'à d'autres époques la vigne a été attaquée par le parasitisme et que la nature elle-même ou peut-être les moyens employés ont détruit les insectes ravageurs des récoltes.

D<sup>r</sup> TÉLÈPHE DESMARTIS,<br>
Président de la Société scientifique du sud-ouest de la France.

Cet article a été publié dans l'*Indicateur vinicole* (n° du 9 octobre 1869), journal que nous avons déjà cité pour les intéressantes observations du D<sup>r</sup> Desmartis. (*La Réd.*)

---

### Destruction des vers blancs et des insectes nuisibles,

PAR M. GIOT AÎNÉ (avec planche.)

Depuis près d'un siècle l'agriculture gémit des dommages inappréciables causés par les larves des hannetons et les insectes de toutes sortes, sans songer que la Providence, dans son admirable coordination des choses, n'a rien fait d'inutile, et que tout ce qui respire doit infailliblement, d'une manière directe ou indirecte, devenir un auxiliaire de l'homme, ce roi de la création ; mais roi à la condition seulement qu'il saura, par son travail, sa volonté, son intelligence, étendre et maintenir sa domination sur tous les êtres. Il a à conduire des sujets rebelles, aussi ne peut-il arriver à les gouverner qu'en étudiant les instincts de chacun d'eux ; en apprenant à discerner ceux qui peuvent lui être utiles de ceux qui lui nuisent ; en choisissant, en un mot, ses serviteurs et ses soldats, pour les lancer sur ses ennemis.

C'est en vertu de cette puissance d'observation que l'homme a asservi tout d'abord le cheval pour le transporter, le bœuf pour tracer le sillon, le mouton pour se couvrir de sa riche toison, et que plus tard il utilisa, pour ses besoins, la chair, la peau, la corne, les os même de ces animaux.

Mais, parmi les êtres que l'homme a successivement domestiqués pour subvenir à sa subsistance, il en est un, la poule, que son instinct insecticide semble naturellement désigner pour venir en aide aux autres oiseaux, dans la préservation de nos récoltes : l'espèce galline, en effet, préfère aux grains hors de prix, dont nous la nourrissons au logis, les insectes dévastateurs dont nous déplorons les ravages ; de là mon idée toute simple de conduire les poules aux champs pour y suivre les sillons des laboureurs, dans des voitures peu coûteuses, qui leur servent de gîte, l'hiver comme l'été.

Depuis plus de quinze ans que je pratique ce procédé à l'encontre des insectes nuisibles, j'ai obtenu d'excellents résultats, ainsi que le prouvent, d'ailleurs, des expériences faites ici, à Chevry, par le regretté M. Pommier, fondateur de l'*Écho agricole*, MM. Lefour, inspecteur d'agriculture, et Delafont, directeur de l'École d'Alfort ; de ces expériences consignées à plusieurs reprises dans l'*Écho agricole* (années 1857 et 1858), il résulte qu'une poule ne détruit pas moins de 500 insectes en moyenne par jour (les vers blancs de préférence), soit pour les 270 jours consacrés au travail de la terre (du 1er mars à la fin de novembre), un total de 135,000 insectes nuisibles détruits par une seule poule ; or, comme dans une ferme moyenne on peut entretenir, dans deux poulaillers roulants, de 5 à 600 poules, on obtient, pour une ferme seulement, une destruction d'environ 70 millions d'insectes nuisibles. Que peuvent donc faire, auprès de cette Saint-Barthélemy continuelle d'insectes, les primes, les encouragements, les fonds votés par les conseils généraux pour la destruction de hannetons, que l'on ne peut atteindre que sur les petits arbres, dans les jardins, les vergers, sur les lisières des bois, et pendant quelques jours seulement, pour rester ensuite forcément spectateurs du mal pendant une nouvelle période de trois années, et recommencer ensuite et toujours ce travail de Danaïdes? Rien, ou presque rien.

Mais, je le répète, *qui veut la fin veut les moyens;* qu'à l'exemple de la Société centrale d'agriculture de Rouen qui, le 27 juin dernier, a exposé au concours de Maromme, près de Rouen, des poulaillers roulants, pour les livrer aux cultivateurs, avec primes d'encouragement; qu'à cet exemple, tous les comices, les concours régionaux et généraux, les expositions universelles, — qui ont fait progresser l'agriculture par des récompenses accordées à tous les constructeurs d'instruments aratoires constituant un progrès, et à ceux qui les emploient judicieusement, — considèrent le poulailler roulant comme un instrument aratoire, et qu'ils le récompensent comme tel; que les sommes votées par les conseils généraux pour encourager la destruction des hannetons et des vers blancs soient décernées en primes aux constructeurs de poulaillers roulants les plus simples, les plus économiques et les plus logeables, ainsi qu'aux cultivateurs qui en auront fait le plus grand et le meilleur usage. Le jour où cette nouvelle catégorie de primes sera instituée et appliquée dans nos concours, l'homme mettra en évidence un auxiliaire de plus, créé pour ce service, aussi bien que pour l'alimentation humaine, de concert avec les bœufs et les moutons.

L'usage est des plus simples : Il suffit de prendre, le soir, au crépuscule, les poules, les coqs, et aussi les poulets de la grosseur d'un pigeonneau, lorsqu'ils n'ont plus besoin de la mère; le matin, on conduit le poulailler au champ des laboureurs, on ouvre la porte : le premier jour, les poules sont timides et s'écartent peu; le soir, les neuf dixièmes rentrent au poulailler, et l'autre dixième se perche sur les roues et sur le timon de la voiture; on les pousse doucement et elles rentrent avec les autres. Le lendemain matin on ouvre la porte, et les poules suivent le sillon, derrière la charrue : ce deuxième jour, l'éducation est faite; il n'y a plus qu'à fermer la porte le soir et à l'ouvrir le matin. Il est nécessaire de leur porter de l'eau dans un récipient quelconque; un charretier ou toute autre personne peut être chargée de ce travail, et, en même temps, de faire la levée des œufs.

Il n'est pas superflu d'ajouter, en terminant, que les poules pondent plus au régime des champs qu'à la ferme; que les élèves y progressent davantage, et que les bénéfices annuels obtenus par tête de poule sont plus grands que ceux qui sont atteints par tête de mouton. La mise de fonds est moins forte, et les services rendus par les volailles contre les insectes sont aussi plus grands que ceux qui sont rendus par les moutons contre les herbes parasites : les uns et les autres sont indispensables aux agriculteurs amis du progrès.

A l'avenir, ne cherchons plus d'autres remèdes contre les vers blancs en particulier, et contre tous les insectes en général. Servons-nous résolûment de ce que nous avons sous la main, et quiconque aura fait usage du poulailler roulant et aura à s'en plaindre, me jette la pierre.

Giot aîné,
Cultivateur à Chevry-Cossigny, près Brie-Comte-Robert (Seine-et-Marne).

*Nota.* Les poulaillers roulants, tels que les représente la figure, se trouvent, au prix de 350 fr. pour 300 poules, chez M. Dauvillier, constructeur, 75, rue Riquet, Paris la Chapelle.

---

**Bibliographie.**

*L'Ecrevisse, mœurs, reproduction, éducation,*

PAR P. CARBONNIER. PARIS, 1869.

La reproduction si lente des écrevisses de rivière, leur consommation de plus en plus répandue, le haut prix qu'elles atteignent sur nos marchés, donnent un grand intérêt au livre que vient de publier M. P. Carbonnier sur ce sujet, et dans lequel il fait participer ses lecteurs aux notions précieuses qu'il a pu acquérir dans sa longue pratique de la pisciculture. L'auteur établit d'abord que les écrevisses ne peuvent bien se développer que dans les eaux des sols calcaires et que l'abondance des mollusques d'eau douce à coquille, planorbes, paludines, lymnées, etc., désigne tout d'abord les eaux qui plairont aux crustacés. Ils ont en effet pour former leur carapace dure le même besoin de carbonate de chaux que les mollusques pour leurs coquilles. Il remarque que les petits cours d'eau voisins des sources sont le domaine de l'*Astacus pallipes* (Lereboullet), ou écrevisse pieds-blancs, tandis que le pieds-rouges, ou *Astacus fluviatilis* (Linn.), vit dans les grandes rivières ou fleuves ou dans les mares profondes. Il est très-important de substituer, tant qu'on peut, la seconde espèce à la première, car la première espèce ne parvient guère qu'à moitié de la taille de l'autre. Son goût fort et prononcé la fait exclure des tables délicates, de sorte qu'on se borne surtout à l'utiliser en la pilant pour les bisques et les coulis. Au contraire l'*Astacus fluviatilis* se sert en buisson, dont l'aspect réjouit les gourmets quand il est composé de sujets de grande taille, et sa saveur exquise et savoureuse en fait un mets des plus fins et des plus recherchés. Pour assurer la reproduction de l'espèce, les mâles des écrevisses sont bien plus nombreux que les femelles et de taille beaucoup plus forte, au contraire de ce qui a lieu chez la plupart des animaux de l'embranchement des articulés. Les accouplements ont lieu dans la seconde quinzaine d'octobre. Les femelles se retirent aussitôt après, chacune dans un trou isolé, et hivernent engourdies. Les mâles s'engourdissent aussi dans des trous, mais réunis en grand nombre. Vingt à vingt-cinq jours après l'accouplement, les œufs sortent par deux orifices situés à la base de la 3$^e$ paire de pattes et chacun se lie par un fil membraneux aux appendices flottants sous-abdominaux. Après une longue incubation, ils éclosent vers le 15 mars. Bien des ennemis ont menacé la progéniture de l'écrevisse et tendent à la restreindre. M. Carbonnier cite les nèpes et les notonectes (hémiptères) et les dytiques (coléoptères), arrachant ces œufs sous le ventre de la mère. Des annélides et un petit crustacé amphipode, la *crevette de ruisseau* (*Gammarus pulex*), rivalisent avec les insectes carnassiers dans cette œuvre de destruction. M. Carbonnier signale un petit mollusque bivalve, la *Dreissena polymorpha*, fixé en dessous et en dessus de la queue de l'animal, au point de gêner ses mouvements. Nous avons autrefois publié des observations sur un autre Lamellibranche, la *Cyclas fontinalis*, s'attachant aux extrémités des pattes des écrevisses et les suçant, de manière à leur former comme des petits sabots (Ann. Soc. Entom. de France 1859, 3$^e$ s., t. 7, p. 137, et Comptes rendus de l'Acad. des Sc., XLIX, 1859, 895).

Lors de l'éclosion des œufs, les femelles, se tenant appuyées au fond de l'eau sur leurs pattes, relèvent et redressent leur abdomen, en agitant les œufs de manière à en faire sortir les jeunes écrevisses. Celles-ci, dont le développement a été autrefois étudié par Rathke, n'ont pas de métamorphoses comme les langoustes, mais une série de mues, opérations pénibles, dangereuses pour le crustacé et que M. Carbonnier étudie dans un chapitre spécial.

L'auteur établit que les écrevisses, très-voraces, se nourrissent indistinctement de matières animales et végétales et qu'on peut les garder des mois entiers en les alimentant avec des carottes. Elles recherchent le cresson et sont friandes des tiges d'orties, ce qui explique pourquoi on les conserve longtemps enveloppées d'orties. La croissance des écrevisses est très-peu active. Elles ne sont livrables au commerce qu'à l'âge de dix à douze ans. Les mâles de nos marchés atteignant 100 à 120 grammes ont vingt ans, et, à cet âge, les femelles pèsent rarement 80 gr. On doit estimer à quarante ou cinquante ans l'âge des sujets de 200 gr. qu'on ne trouve plus que d'une manière très-exceptionnelle en France. Il faut aller dans les provinces reculées de la Russie pour rencontrer aisément ces énormes écrevisses. De même M. Blanchard a fait voir que les pêches exagérées sur nos côtes ne permettent plus de récolter les homards et les langoustes gigantesques qu'on y voyait autrefois, qu'il en est de même dans l'Amérique du Nord où l'on ne prend plus des spécimens de homards aussi gros que ceux qui font l'étonnement des visiteurs dans la galerie des crustacés du Muséum d'histoire naturelle. Aussi on ne s'aurait trop déplorer, avec M. Carbonnier, la destruction rapide de nos écrevisses françaises par une pêche imprévoyante et par le braconnage. Elles ont à peu près disparu de nos cours d'eau, et, sur un produit total de quatre cent mille francs des ventes d'écrevisses qui ont eu lieu en 1868, aux halles de Paris, on est péniblement surpris d'apprendre que la production française n'y figure tout au plus que pour douze cents francs, et encore surtout pour les écrevisses du Rhin, venant de Strasbourg. La date de l'importation de ces crustacés sur nos marchés est récente ; c'est en 1853 que les premiers envois d'Allemagne nous furent faits. Depuis cette époque, c'est-à-dire en quinze ans, la consommation parisienne a épuisé la Hollande, les rives du Rhin, le duché de Bade, le Wurtemberg, le Hanovre, etc., et une partie de l'Autriche. Celles qui arrivent aujourd'hui viennent de la Silésie et du grand-duché de Posen, sont centralisées à Berlin, et de là expédiées à Paris selon les demandes et les cours cotés. Aussi on paye maintenant en février jusqu'à 75 centimes pièce les belles écrevisses. On voit par ces chiffres l'influence de la mode sur la production animale, et comment l'attention de l'administration peut être appelée à surveiller, dans l'intérêt de tous, la pêche des écrevisses.

Voici une importance inattendue que prennent les viveurs et viveuses allant, à la sortie des bals de l'Opéra, manger à la Maison-Dorée ou au café Anglais l'écrevisse à la bordelaise !

Dans une série de bons chapitres, M. Carbonnier examine les

questions relatives à la pêche, au transport, à la conservation et au commerce des écrevisses. L'ouvrage se termine par des renseignements des plus utiles sur l'établissement créé par M. le marquis de Selve. Il serait excellent pour tous, et lucratif en même temps pour leurs entrepreneurs, que de pareilles réserves fussent essayées en divers points de la France.

M. le marquis de Selve a fait construire un grand nombre de canaux artificiels dans une annexe du parc de son château de Villiers, à 48 kilomètres de Paris, près de la ville de la Ferté-Alais. Là, au lieu de l'écrevisse pieds-blancs, la seule que possédassent les eaux de la rivière d'Essonne alimentant les canaux, M. de Selve, aidé par M. Carbonnier, a introduit l'espèce de valeur, le pieds-rouges ou *Astacus fluviatilis*, et actuellement les canaux sont peuplés de huit à dix millions de sujets de cette excellente espèce. On vend naturellement de préférence les mâles, plus nombreux, plus gros, moins utiles, un seul sufisant pour plusieurs femelles. Au printemps de 1867, il restait en écrevisses marchandes, cent cinquante mille femelles et soixante à quatre-vingt mille mâles.

Nous ne devons, dans le journal *l'Insectologie agricole*, être jamais que l'interprète sincère de la vérité. Aussi, à côté des éloges mérités que nous donnons à M. Carbonnier, nous ne saurions cacher l'impression pénible que nous a causée la lecture du premier chapitre de son livre. M. Carbonnier a voulu, comme préliminaire naturel de ce livre de praticien, faire connaître au lecteur l'écrevisse au point du vue zoologique, et a commis à ce sujet plusieurs erreurs dont nous devons l'avertir. Il est très permis de se borner uniquement aux applications, mais quand on entre dans le domaine scientifique, on est tenu à une grande rigueur dans les énoncés, comme pour un théorème de géométrie. L'écrevisse n'est d'abord pas du *genre* décapode, mais de *l'ordre* des crustacés décapodes et du genre *astacus*. Les pièces buccales ne sont pas indiquées avec une exactitude suffisante et la description des organes sexuels manque de précision. Outre l'extérieur, il serait bon de mentionner un peu leur structure interne, notamment ces longs canaux déférents des mâles, en peloton entortillé, d'un beau blanc après la cuisson et si visibles. En parlant de l'eau aérée qui doit être portée sur les branchies, M. Carbonnier aurait pu décrire l'élégant mécanisme de son passage d'arrière en avant, par le jeu incessant d'une valvule courbe, appendice détourné de son usage ordinaire et provenant de la seconde paire de mâchoires. Enfin, ce qui est plus grave, M. Carbonnier semble croire qu'il est le premier à faire connaître le pieds-blancs, auquel il donne le nom d'*Astacus fontinalis*.

Ce serait un procédé par trop pratique si l'on pouvait ainsi introduire des noms à sa volonté. La plus inextricable confusion en résulterait, et la plus grande difficulté qui existe maintenant dans les études de l'histoire naturelle, c'est de s'enquérir avant tout de ce qui a été fait précédemment sur une question. Or, en 1858, Lereboullet, dans les Annales des sciences naturelles de Strasbourg, a publié la description de deux nouvelles espèces d'écrevisses de nos rivières. L'une est l'*Astacus longicornis* qui vit dans les eaux courantes de l'Ill et des autres rivières des environs de Strasbourg à flux très-rapide, l'autre est l'*Astacus pallipes* qui habite les eaux vaseuses, même les fossés des fortifications qui entourent la ville. C'est là le pieds-blancs, dont Lereboullet signale les caractères comparatifs, la taille et la différence de chair et de goût. Nous sommes persuadé que, dans une autre édition, M. Carbonnier mettra son premier chapitre au niveau des progrès de la science moderne et fera disparaître de son livre des imperfections qui n'empêchent pas de recommander cet ouvrage pour les renseignements utiles qu'il renferme.

Maurice GIRARD.

---

**Renseignements divers sur le *Phylloxera vastatrix* (Planchon), la maladie nouvelle de la vigne et les remèdes proposés.**

Le *Moniteur des communes*, dans son numéro du 10 septembre 1869, a reproduit un article du *Moniteur vinicole* relatif à la nouvelle et si grave maladie de la vigne, sous ce titre :

*Destruction des vignobles par le Phylloxera.*

La grande publicité et la consécration officielle de ce document nous fait un devoir de le donner à nos lecteurs.

« Nous connaissons tout le danger des hypothèses ou des simples conjectures substituées à l'observation positive. S'il nous était donc permis de rester sur le champ de la science pure, nous attendrions prudemment que le cycle de nos observations sur le *Phylloxera* fût presque fermé pour communiquer au public le résultat de ces recherches. Notre excuse, en agissant autrement avec une précipitation apparente, est toute dans le désir de satisfaire à la juste impatience des praticiens, qui voudraient suivre en quelque sorte jour par jour les faits et gestes de l'insecte redouté, et que nous voudrions d'ailleurs associer à nos investigations en leur signalant les points douteux sur lesquels leurs renseignements pourraient porter la lumière.

Du reste, dans l'exposé qui va suivre, nous aurons soin de séparer, aussi nettement que possible, les *faits* des suppositions, les observations des raisonnements, ce qui paraît certain de ce qui n'est que probable ou conjectural.

Excepté M. Faucon, qui, dans son très-intéressant mémoire, publié dans le *Messager agricole* (5 août 1869), dit avoir (sur les indications de ses deux jeunes neveux) suivi le *Phylloxera* aptère dans sa marche sur le sol d'une souche à l'autre, personne, que nous sachions, n'a vérifié *de visu* ce mode de progression de l'insecte. Si le fait est positif, et rien ne nous autorise à en douter, non-seulement l'invasion des vignes se ferait de proche en proche, mais elle pourrait se faire aussi à distance, car rien n'empêche que le même vent qui transporte des nuages de poussière ou de sable puisse disperser au loin des animalcules plus légers que des grains de terre ou de gravier de même volume. Il est néanmoins probable que le mode le plus fréquent de transport du *Phylloxera* à grande distance est celui qui se fait au moyen des insectes à l'état ailé.

Mais ce dernier fait étant admis comme infiniment plausible, l'obscurité la plus complète couvre les circonstances de détail de ce moyen d'invasion. Quelques indices seulement semblent annoncer une solution possible de la question : ce sont les *faits* que nous désirons d'abord exposer.

Le 11 juillet dernier, alors que la commission de la Société des agriculteurs de France reçut chez M. et Mme Henri Leenhardt, à Sorgues, la plus gracieuse hospitalité, nous observâmes sur deux pieds de vigne d'une variété dite *Tinto* de singulières excroissances, tranchant par leur couleur rouge purpurine ou rosée sur le fond vert de la feuille. C'étaient des espèces de galles en verrue de 1 à 2 millimètres de diamètre, formant à la face inférieure de la feuille des bosselures à surface irrégulière, hérissées de petites pointes coniques inégales et non piquantes, entremêlées de quelques poils hyalins. A la face supérieure de la feuille, chaque excroissance ou galle s'ouvre par une fente linéaire ou par un sillon irrégulier, quelquefois par un orifice arrondi, dont le rebord plus ou moins saillant porte une bordure de poils blanchâtres, infléchis dans le cavité de la galle encore fraîche, redressés en dehors lorsque cette même cavité s'ouvre par la dessiccation. Dans la cavité de l'excroissance, nous vîmes à la date indiquée des *Phylloxera* en nombre variable, très-fréquemment dans la proportion suivante :

1° Une, deux ou trois mères sans ailes, en train de pondre et quelques-unes déjà mortes; 2° un petit nombre (5 ou 6) de jeunes et autant d'œufs, le tout, mères, jeunes, œufs, tellement semblables au *Phylloxera vastatrix* des racines de la vigne, que pas un seul caractère essentiel ne put nous servir à les en différencier.

Une idée nous traversa l'esprit au moment de cette découverte : c'est que les galles en question pourraient bien être l'effet de la piqûre du *Phylloxera* ailé des racines ou des pucerons aptères sortis de sa première ponte; que la première ponte de ces mères colonisatrices serait représentée par les mères adultes et aptères de la cavité de la galle ; que les jeunes nés de cette génération pourraient bien se rendre sur les racines des vignes et recommencer une série de générations aptères et souterraines.

Ce n'était qu'un soupçon, une conjecture séduisante, mais qui nous parut par cela même trop hardie et que nous gardâmes *in petto* dans le coin des hypothèses très-sujettes à caution.

Arrivés à Montpellier, nos galles de feuilles étaient desséchées; les insectes eux-mêmes avaient souffert ; une comparaison précise avec les insectes des racines devint peu facile ; notre idée fut même que quelques légères nuances d'organisation, notamment des pattes un peu plus longues, distinguaient le *Phylloxera* des galles de celui des racines : l'un de nous écrivit même dans ce sens à la Société entomologique de France à Paris, une courte note encore inédite.

Sur ces entrefaites, dans les premiers jours du mois d'août, nous arriva de Bordeaux, envoyée par M. Laliman, une boîte contenant des galles en tout semblables à celle de Provence, et d'où s'échappaient par centaines de jeunes *Phylloxera*. M. Laliman, qui le premier ou l'un des premiers tout au moins avait su voir à Bordeaux le *Phylloxera vastatrix* des racines (1), M. Laliman, disons-nous, avait parfaitement déterminé, quant au genre, le *Phylloxera* des galles, il nous a même xprimé depuis son opinion positive sur l'identité de ces deux insectes par tous

---

(1) Il a été découvert dans la Gironde par notre savant correspondant, le D$^r$ T. Desmartis. (*La Réd.*)

les caractères extérieurs. Nous-même, après avoir exprimé des doutes sur cette identité spécifique, avons modifié nos idées dans le sens de l'affirmative, conduit à cette conclusion par une expérience encore incomplète, mais déjà singulièrement instructive par ses résultats acquis.

Les jeunes *Phylloxera* des galles de feuilles de vigne envoyés par M. Laliman furent enfermés le 6 août dans un tube de verre. On leur donna comme pâture possible à leur choix, une feuille fraîche de vigne et un fragment de racine de la même plante. Beaucoup d'insectes moururent sur les parois mêmes du tube, prenant très-vite une teinte noire cadavérique. D'autres sont restés plusieurs jours sur les feuilles, assez tranquilles pour qu'on pût les y croire fixés par la trompe, mais sans y prendre une croissance bien manifeste et sans développer aucune galle. Un certain nombre se sont attachés, avec une sorte de prédilection, au tronçon de racine de vigne, surtout dans ses parties dénudées, et de ceux-là quelques-uns se sont transportés sur les frangments frais de racines qu'on a mis à leur portée : d'autres, cinq notamment, ballottés pendant quatre jours de voyage, soumis à de dures conditions alimentaires par la dessiccation graduelle de leur racine nourricière, restent fixés, depuis le 7 août jusqu'à ce jour 23 août, aux mêmes points de ce tronçon. Ils ont conservé leur teinte jaune; leur volume s'est sensiblement accru; leur ressemblance avec les *Phylloxera* des racines de même taille est tellement grande qu'elle pourrait, à des yeux non prévenus, être acceptée comme une véritable identité.

Si nous avons ainsi longuement exposé les fluctuations de notre pensée sur ce point d'histoire naturelle, c'est pour nous placer vis-à-vis du public et de nous même dans les véritables conditions de l'impartialité. La réserve nous est encore plus commandée sur les conclusions à tirer de ces données incomplètes.

Voici d'abord les raisons qui semblent favoriser l'idée de l'identité du *Phylloxera* des feuilles et de celui des racines :

1° Apparence extérieure. Tous nos efforts n'ont pu nous faire découvrir sous le microscope aucune de ces différences essentielles qui s'appellent des caractères distinctifs. La comparaison s'est faite, il est vrai, presque exclusivement entre les jeunes. Mais notre mémoire nous représente la même ressemblance entre les adultes examinés à la simple loupe ;

2° Existence simultanée des galles des feuilles en Provence et à Boreaux, c'est-à-dire dans les régions notoirement infestées par le *Phylloxera* des racines ;

3° Transport volontaire des jeunes *Phylloxera* sortis des galles des feuilles sur les tronçons des racines ; développement manifeste sur ces mêmes tronçons ;

4° Nombre limité de mères adultes dans chaque galle, répondant au nombre également restreint des œufs qu'ont pondus, pendant leur vie de deux à trois jours, les *Phylloxera* femelles ailées tenues en captivité ;

5° Raisons d'analogie tirées de ce fait que le puceron lanigère vit à la fois sur les rameaux aériens et sur les racines du pommier ;

6° Absence totale le 9 août des insectes observés à Sorgues le 11 juillet dans les galles des feuilles de deux pieds de vigne, sans qu'on trouve auprès des galles vides aucune galle de formation récente. Ce fait semble prouver que les insectes sortis des galles ne sont pas fixés sur les feuilles.

Viennent maintenant les objections, nous pourrions dire l'objection unique, savoir : l'extrême rareté des galles de feuilles, au moins en Provence et dans le Gard, car, à notre grande surprise, un voyage à Sorgues, à Bédarrides, à Roquemaure, dans l'espace du 9 au 12 août, ne nous a fait découvrir, en dehors des deux premières souches à galles de la propriété Leenhardt, que deux autres souches pareilles, situées à quelques pas des deux premières.

Comment se fait-il, nous sommes-nous demandé, que, dans un pays infesté de *Phylloxera*, les galles que pourraient produire les femelles ailées ne se rencontrent qu'à l'état d'excessive rareté ?

A cela l'on peut répondre : l'observation n'a été faite qu'aux mois de de juillet et d'août, pendant quelques jours seulement ; alors peut-être les femelles ailées sont très-rares, car, pendant toute notre excursion de juillet, nous n'en avons vu que deux, et pas une dans notre excursion d'août.

La grande apparition du *Phylloxera* ailé des racines se fait probablement en septembre : c'est peut-être alors que les galles pourront apparaître en plus grand nombre et que les agriculteurs, avertis par la présente note, sauront en constater la présence.

D'ailleurs le développement d'un grand nombre de *Phylloxera* ailés n'est pas un fait nécessaire de la vie de cet insecte.

Il se peut que, telle année, cette phase d'évolution manque en grande partie à l'espèce, qui, dans ce cas, se répandrait moins à distance, sans que les individus aptères cessassent de pulluler dans le sol des localités déjà infestées. Bien des pucerons, par exemple, dans les pays méridionaux et pendant les hivers doux, ne cessent de se propager par individus vivipares et aptères, alors que les mêmes espèces, dans les régions septentrionales, à l'approche des hivers froids, donnent des générations de mâles et de femelles ailés, ces dernières ovipares.

Quoi qu'il en soit de cette dernière observation, le *fait* que nous voulions mettre en saillie, c'est l'existence sur les feuilles de vigne de galles faciles à reconnaître, dans lesquelles s'abritent des familles de *Phylloxera* en tout semblables au *Phylloxera vastatrix* des racines. La conjecture que nous hasardons sous toutes réserves, c'est que les pucerons ou *Phylloxera* des feuilles seraient une forme transitoire, par elle-même peu nuisible, des pucerons qui détruisent les racines et avec elles la souche entière. Si notre hypothèse se vérifie, il faudra décrire deux états du *Pylloxera vastatrix*, l'un qui s'appellera *gallicole*, l'autre qu'on pourra nommer *radicicole*. Le premier état devra être comparé soigneusement au *Pemphigus vitis folii* d'Asa Fitch qui, d'après ce savant entomologiste, produit des galles sur les feuilles des vignes des États-Unis d'Amérique; le second a peut-être son analogue dans le soi-disant *thrips* qui, d'après M. Séligue, de Narbonne (*Messager du Midi*, 5 août 1868), serait un fléau pour les vignes du même pays.

En tout cas, nous appelons, dès ce moment, l'attention des viticulteurs sur ces galles suspectes des feuilles de vigne, qui renferment peut-être dans leur étroite cavité le germe de l'invasion des nouveaux vignobles. Rien n'est plus facile que de reconnaître ces galles. Souvent très-nombreuses sur les feuilles, surtout vers les sommités des sarments, elles donnent alors à ces organes une apparence crispée : leur orifice est toujours du côté supérieur de la feuille, ce qui les fera facilement distinguer des taches d'*Erineum*, sorte de feutrage de poils rosâtres ou fauves qui fait soulever en bullosités convexes des portions du limbe des feuilles de vigne ; ces bulles ou boursouflures ne se ferment jamais en forme de bourse et présentent presque toujours leur côté concave vers le dessous de la feuille.

Les galles du *Phylloxera*, toutes rugueuses et comme mamelonnées d'aspérités mousses, entremêlées de poils hyalins, ne pourront non plus se confondre avec des galles lenticulaires, glabres et lisses, qui se présentent comme enchâssées dans l'épaisseur des feuilles de vigne, galles que l'un de nous (J. Lichtenstein) a recueillies en juin dernier à

Saint-Aunès, près Montpellier, et desquelles il a vu sortir une espèce de *cynips*.

Ces détails nous paraissent nécessaires pour prévenir les confusions et bien fixer les vrais caractères des galles à *Phylloxera*. Les praticiens ont, en effet, tout intérêt à connaître ces dernières ; car, en supposant qu'elles abritent l'ennemi de leurs vignobles, il serait aisé de les découvrir sur les feuilles et de les détruire avant qu'elles eussent répandu leur dangereuse couvée, et que le vent de novembre en chassant dans tous les sens les feuilles encore peuplées de ces parasites, eût étendu le cercle de l'invasion en dehors de ses limites premières. »

Après la lecture de ce travail, dû à l'une des dernières commissions chargées d'étudier le mal, nos lecteurs n'auront pas manqué de se rappeler que l'*Insectologie agricole* avait précédemment publié un article intéressant de M. J. Lichtenstein où se trouvait posé le problème dont la solution semble approcher, à savoir que le *Phylloxera vastatrix* résulte de l'importation d'un aphidien qui ravage en Amérique les feuilles des vignobles.

Nous devons à ce sujet reproduire l'opinion d'un de nos entomologistes les plus distingués, M. Guérin-Méneville. De même que pour les vers à soie, ce savant voit l'origine première du mal dans une affection des végétaux.

Les idées de M. Guérin-Méneville ont été brièvement résumées dans le bulletin des séances de la Société d'agriculture de France, 3ᵉ série, tome 4, nº 2, séance du 9 décembre 1868, p. 74.

« Dans les trois premières séances du congrès de Montpellier, les seules auxquelles M. Guérin-Méneville a pu assister, il a été beaucoup parlé de la nouvelle maladie des vignes, et il est probable que cette grave question a été largement traitée depuis son départ. M. Guérin-Méneville a trouvé la plus grande divergence dans les opinions des savants et des praticiens qui observent cette maladie avec anxiété. Les uns pensent que le puceron des racines est l'unique cause de ce mal ; les autres sont d'avis, comme M. Guérin-Méneville, que la présence de cet insecte parasite n'est qu'un phénomène consécutif résultant d'une maladie plus intense de la vigne. M. Guérin-Méneville pense que cette nouvelle forme de la maladie des vignes est la suite naturelle de celle qui a produit l'oïdium. Suivant lui, tous ces parasites, animaux et végétaux, arrivent toujours pour hâter la fin des êtres chez lesquels l'harmonie des fonctions vitales est rompue par des causes météorologiques et autres.

Ces parasites, d'abord produits pathologiques, deviennent bientôt une cause active d'aggravation du mal, et, par leur immense multiplication, ils rendent, le plus souvent, toute réaction favorable impossible. Il est donc bon de chercher toujours des moyens d'enlever ces parasites, d'arrêter leur développement; c'est en dérangeant les évolutions de l'oïdium au moyen du soufre et d'autres agents qu'on est parvenu, le plus souvent, sinon à guérir la vigne, du moins à sauver les récoltes de raisins. »

On comprend que de toute part, dans les départements menacés, on se préoccupe des remèdes à apporter à un tel fléau. Les journaux contiennent à ce sujet diverses recettes que nous indiquons sans garantie. Ainsi on lit, dans le *Petit Journal* du 23 août 1869, la lettre suivante :

« Montfort-le-Rotrou (Sarthe), le 20 août 1869.

» Depuis plus de dix années, j'ai observé l'influence favorable des résineux végétaux sur les plantes et les arbres de toutes espèces et plus particulièrement sur la vigne. Avec l'essence de térébenthine, provenant de la distillation des térébenthines extraites du pin maritime, j'ai obtenu des résultats si positifs, non-seulement comme guérison complète de l'oïdium ou de toute autre maladie, mais encore comme développement extraordinaire d'une végétation luxuriante, que je n'ai pu me résoudre à garder le silence sur ces faits acquis en présence du fléau dévastateur qui menace nos viticulteurs.

» J'ai pensé que l'application de l'essence de térébenthine contre la nouvelle maladie de la vigne pourrait rendre de très grands services. Voici quel est le mode de traitement que je fais subir à tous les sujets malades : je pratique un trou vertical, en suivant autant que possible la moelle, à l'aide d'une vrille plus ou moins forte, suivant la grosseur du tronc, soit au niveau du sol, plus haut ou plus bas, suivant la disposition de la souche; on peut pratiquer même plusieurs trous sur des points différents quand le sujet est fort. Il est important que ce trou mesure une profondeur variant de 6 à 10 centimètres, suivant la grosseur de la souche, ayant un diamètre intérieur également variable entre $0^m 05$ et $0^m 01$; ce sont là les dimensions que l'on devra employer dans le traitement des vignes. Après avoir rempli ce trou d'essence de térébenthine, on aura le soin de le tamponner avec de la terre glaise; 1 centilitre suffira pour chaque souche, ce qui représente, au prix où est l'essence aujourd'hui vendue au détail, 1 fr. le litre, une dépense de 1 centime par souche. L'essence vaut en gros 60 fr. les 100 k.; sa pesanteur spécifique est de 0,880.

» J'ai la ferme confiance que ce curatif aussi facile qu'économique arrêtera les ravages déjà si grands dans le sud-est de la France et préservera entièrement le sud-ouest, où quelques cas seulement ont été constatés.

» A. COMBE-DALMAS,
Industriel agricole. »

Nous trouvons d'autre part l'indication d'un procédé tenu secret, ce qui nous impose la plus grande réserve.

« En Europe, la vigne a subi pendant des années les ravages de l'oïdium ; aujourd'hui c'est un nouvel ennemi, le *Phylloxera vastatrix*, qui vient attaquer ce précieux arbuste. Déjà quatre départements ont éprouvé les dévastations de ce terrible fléau, l'insecte attaquant les ceps dans leurs racines.

» Le moyen de combattre ce fatal ennemi, le voici, dit-on : c'est un liquide qu'un Américain a composé et qui a débarrassé ses cotonniers et ses arbres à fruits de la présence de l'insecte qui les dévastait.

» Les expériences faites en France sur les insectes qu'on a pu se procurer, semblent attester l'efficacité de ce liquide pour la destruction rapide et complète du *Phylloxera vastatrix* ; car on a reconnu en Amérique que les plantations auxquelles il avait été appliqué, ayant été radicalement nettoyées de leurs insectes, les arbustes recouvrèrent leur force, et même se faisaient remarquer par une végétation plus vigoureuse qu'auparavant. »

On a enfin préconisé l'emploi du *sel marin pur* (chlorure de sodium) versé à la dose d'un demi-kil. au pied de chaque cep et amenant, dit-on, la guérison radicale. Malheureusement la pureté du sel à employer ne permet pas l'emploi des sels dénaturés et achetés en franchise de droit, et, en présence d'une fraude très-facile, il est douteux que l'administration puisse consentir à livrer *le sel pur* au bas prix indispensable.

La multiplicité des moyens proposés est un indice qu'on cherche encore un remède efficace ; puisse la publicité du Journal l'*Insectologie agricole* amener de nouvelles expériences dont nous nous empresserons de rendre compte ; un intérêt capital pour toute la France s'attache à cette question.

## SÉRICICULTURE.

Ce n'est pas seulement en France que le procédé de sélection des reproducteurs non corpusculeux de M. Pasteur a été appliqué. Son excellence a été proclamée en Italie par le sériciculteur le plus autorisé de ce pays, M. Cornalia. Il en est de même en Allemagne. Le gouvernement autrichien a créé, il y a environ un an, un établissement séricicole expérimental sous la direction d'un habile professeur, M. le Dr Haberlandt. Un journal, fondé pour rendre compte des observations de cette station d'expériences, constate par des chiffres les succès des éducations faites avec les graines de sélection microscopiques, et voici comment M. Haberlandt juge les travaux de M. Pasteur, dans le second numéro de ce journal, du 15 juillet 1869 :

« En ce moment on se livre en France à des attaques nombreuses et violentes contre M. Pasteur et sa méthode de sélection des graines par le choix de papillons sains. On rassemble presque avec plaisir tous les cas d'insuccès survenus à une partie des éducations des graines faites par cette méthode, sans s'assurer le moins du monde des causes des insuccès. On paraît oublier qu'il est impossible que des graines saines réussissent absolument sans exception. Le choix des graines importe extrêmement pour la réussite, mais il faut les élever convenablement..... M. Pasteur est dans la voie de la vérité, tandis que ses adversaires ignorent le plus souvent et complétement les points essentiels dont il parle, et sont abandonnés, sans direction fixe, aux variations quotidiennes des opinions, avec la foi la plus aveugle. »

Nous sommes heureux de trouver dans un journal étranger, à l'abri de toutes les tristes et mesquines causes qui, dans notre pays, portent tant de personnes à dénigrer les savants nationaux, parvenus aux honneurs et à la réputation, la confirmation de tout ce que la rédaction du Journal d'Insectologie a essayé de prouver dans les revues de sériciculture des numéros 4 et 5.

Maurice GIRARD.

---

**Glossaire insectologique** (V. p. 138).

BACCHANTE (la). Synonyme de *Satyrus dejanira*, Lépidoptère diurne d'Europe placé dans le genre Satyre.

BACULIFORME. Ressemblant à un bâton, certains Phasmiens.

BALANCIER. Pièce semblable à un petit maillet, animée d'un mouvement très-rapide dans le vol, placée sous chaque aile des Diptères. Ce petit filet est membraneux, formé d'une *tige* plus ou moins longue, et terminé par un bouton ovale, ou arrondi, ou triangulaire.—Tous les diptères sont pourvus de deux balanciers représentant les ailes inférieures.

BARBU, E. Qui a des poils longs réunis par petits bouquets.

BARBULE. Soie ou lame accessoire d'un organe ramifié.

BASE. La partie par laquelle un membre, un organe est attaché au corps ou à une autre partie : la base de l'abdomen touche le corselet; la base du corselet touche l'abdomen, la base de la cuisse touche la hanche; la base d'un anneau touche l'anneau précédent; la base des mâchoires est la portion de la mâchoire qui est au-dessous du palpe : c'est son tronc.

BEC. Organe dont sont pourvus certains insectes pour prendre leur nourriture. Il est formé d'une pièce cylindrique ou conique, courbée sous la poitrine dans le plus grand nombre, menue, assez dure, ou coriacée, ordinairement de deux ou trois articles, creusée en gouttière en dessus pour recevoir trois ou quatre soies capillaires, de consistance d'écaille, servant de suçoir. On donne quelquefois le nom de *bec* au prolongement aminci de la tête des Curculioniens, auquel est consacré le terme de rostre. (GOUR.)

BIDENTÉ, E; *tridenté, e.* Terminé par deux ou trois dents.

BIFIDE. Se dit de l'antenne ou de l'ongle partagé en deux. Partie quelconque s'allongeant en deux branches filiformes ou sétacées.

BIPECTINÉ, E. En forme de peigne des deux côtés.

BOSSU, E. Elevé et très-convexe; synonyme de gibbeux.

BOUCHE. Entrée du tube digestif. Elle est entourée de deux mandibules et deux mâchoires, d'une lèvre supérieure et d'une lèvre inférieure, offre quatre palpes chez les insectes broyeurs, six chez les Crustacées supérieurs; d'un bec articulé ou d'une trompe membraneuse renfermant plusieurs soies, formant un suçoir chez les insectes suceurs, ou enfin d'une langue cartilagineuse roulée en spirale (Lépidopt.).

BOUCLIER (en). Lorsque les bords du corselet ou thorax s'avancent sur la tête et dépassent de chaque côté, on dit que le corselet est en bouclier. Ex : silphes, lampyres, etc.

BOURDON. Nom vulgaire des *Bombus*, hyménoptères mellifiques sociaux à corps poilu.

BOURDON, *faux-bourdon*. Abeille mâle.

BOURDONNEMENT. Bruit que les insectes font entendre en volant.

BOURDONNEUX, SE. Se dit des colonies d'abeilles dont la mère est usée et pond plus de mâles que d'ouvrières; ainsi que de celles qui ont des ouvrières pondeuses.

BOUTON (en) ou en massue. Qui finit brusquement par un renflement arrondi.

BRACHIALES (nervures). On nomme ainsi les nervures qui partent de la racine de l'aile et se dirigent dans le sens de sa longueur jusqu'à leur rencontre avec les nervures transversales.

BRANCHUES (antennes). Celles qui portent deux ou trois rameaux longs et velus et qui ressemblent à une petite branche garnie de trois ou quatre rameaux.

BRISÉES (antennes). Celles dont le premier article est fort long et fait un angle avec la tige; on les appelle aussi *coudées* parce qu'elles présentent un coude formé par le premier article de la tige.

BROSSE. Assemblage de petits poils roides et serrés qui se trouvent sur différentes parties du corps des insectes. Plusieurs chenilles en sont pourvues; on les rencontre aussi sous les tarses de la plupart des diptères, et c'est au moyen d'elles qu'ils peuvent marcher sur les corps les plus polis. Le tarse des abeilles et des bourdons est garni de brosses qui servent à enlever le pollen.

BRUISSEMENT, état de bruissement. Bruit continu que font entendre les abeilles qu'on a excessivement tourmentées par la fumée, le tapotement, etc.

BROYEURS. On appelle ainsi les insectes dont la bouche est armée de mandibules et de mâchoires qui servent à broyer et mâcher leurs aliments.

BUCCAL, E. Ce qui dépend de la bouche. Le *Cadre buccal* entoure la cavité de la bouche et porte les *pièces buccales*, appendices de la préhension des aliments, libres et jouant latéralement chez les Articulés broyeurs, soudées médianement en gouttières ou tubes chez les suceurs.

H. HAMET.

### Cours des produits des insectes.

*Soies et cocons.* Le marché de Lyon est resté dans un grand calme. Les organsins de Syrie, de Brousse et d'Italie ont des cours plus nominaux que réels. Les gréges de choix se sont traitées en baisse ; on a coté les qualités courantes 62 à 70 fr. le kil.; qualités supérieures, 72 à 80 fr. A Avignon le moulinage a fait quelques demandes. On a coté : Lubéron 75 à 80 fr. le kil. Province 75 à 70 fr.; basses 45 à 65 fr.

On écrit de Marseille (30 octobre) : Les ventes en soie restent toujours peu animées ; les cocons ont un peu plus de mouvement. Voici les prix payés en dernier lieu : Syrie, tels quels, 26 fr. le kil. ; Japon, 18 à 19,50; Italie, 20 fr. ; Smyrne, 22,50; Andrinople japonais, 18,75 ; pays japonais, 20,50 à 23 ; Espagne jaune 25 fr. ; percés blancs, 11,50 ; frisons Syrie, 7 fr. ; frisons Karussan, 6 fr. ; cocons avariés, 4,50. Le tout au kilogramme.

*Abeilles, miel et cire.* Les bonnes colonies d'abeilles se payent 2 et 3 fr. de plus que l'année dernière; depuis 10 jusqu'à 20 fr. selon provenance et force. Les miels blancs peu abondants, restent bois tenus, depuis 100 jusqu'à 180 fr. les 100 kil. Le cours des miels de Bretagne n'est pas encore bien fixé. A la foire de Rennes, il s'en est traité quelques lots à 75 fr. les 100 kil. On parle de 85 fr. rendu en gare de Paris. Les rouges de Basse-Normandie se payent sur place 50 à 55 fr. les 50 kil. Les cires jaunes ont été un peu plus calmes; on les a cotées de 410 à 440 fr. les 100 kil. hors barrière ; cires propres au blanc, de 420 à 460 fr. selon qualité.

*Cochenille des Canaries.* Cette mouche s'est traitée en baisse à Marseille; on a coté en dernier lieu 6,25 le kil. pour la grise, et 8 à 8,50 pour la noire, selon mérite. Les existences sont assez importantes.

Les *galles* noires et vertes du Levant ont été sans affaires.

*Cantharides* de Russie, le kil. 7,50 ; de Sicile, 8 fr.

*Kermès* végétal de Provence, 10 fr. le kil. Ces derniers articles en revente à Marseille.

*L'Éditeur-propriétaire* : E. DONNAUD

# L'INSECTOLOGIE AGRICOLE

Avis de l'éditeur, propriétaire du journal, relatif à la *Société d'Insectologie agricole.*

SOCIÉTÉ D'INSECTOLOGIE AGRICOLE.

Le 14 décembre 1869, les membres de la Société d'*Insectologie agricole*, convoqués en assemblée générale, se sont réunis dans les salons du *Cercle des cultivateurs* à l'effet de statuer sur l'état de la Société.

Aucun des membres du bureau ne se trouvant à la réunion, excepté M. Hamet, secrétaire général, et M. Cretté de Palluel, secrétaire, l'assemblée a nommé pour président M. Jacques Valserres, et pour secrétaire M. Hamet.

La discussion est ouverte sur l'ordre du jour. — Il est reconnu que les comptes présentés par M. Donnaud, trésorier, dans la séance du 16 novembre dernier, sont exacts.

Un membre expose que la Société n'existe plus de fait, et qu'il n'y a pas lieu de la continuer avec son organisation actuelle; il propose que la dissolution de la Société soit prononcée. Prenant en considération cette proposition, l'assemblée déclare, à la majorité des voix, que la Société d'*Insectologie agricole* est et demeure dissoute.

En foi de quoi le président et le secrétaire ont signé la présente minute.

Signé : JACQUES VALSERRES, président ;

H. HAMET, secrétaire.

## Bulletin insectologique.

*Une histoire instructive sur les taupes.* — Nous sommes encore loin malheureusement de l'époque où l'on comprendra l'utilité des animaux insectivores et en particulier des taupes, si voraces et dont les dents pointues font si grand carnage des vers blancs. Ces jours derniers un propriétaire, plus ennuyé du fâcheux coup d'œil produit par des monceaux de terre dans les plates-bandes que préoccupé de l'intérêt de ses salades et de ses fraisiers, s'est adressé au taupier. Un piége était placé de la veille, une taupe s'y débat. Elle est vivante. Le taupier qui advient manifeste sa joie, saisit la bête et lui coupe, sur le vif, le museau, les quatre pattes et la queue. Le jardinier présent s'étonne de cette barbare opération. — Je ne puis pas suffire aux commandes, répond le taupier. — Quelles commandes ? — C'est pour les convulsions des enfants. On enfile les morceaux à un lien, on entoure le tout d'un linge mouillé, on le met au cou de l'enfant. Il est préservé ; c'est souverain, seulement *il faut que la taupe soit vivante !*

J'y mets de la conscience et je suis heureux quand le piége ne tue pas la bête. — Et le brave homme emporte ses amulettes, courant les vendre au plus vite.

Voilà un pays où les vers blancs sont bien heureux ! Mais rassurons-nous, c'est en Turquie sans doute, ou tout au plus dans quelque pauvre village de la Haute-Loire ou du Morbihan, que se passent ces jolies choses. — C'est à Marly-le-Roi, à une heure de vous, Athéniens ! qui vous proclamez les plus spirituels de la terre. Il faut bien espérer que nous ne discuterons pas plus de vingt à vingt-cinq ans sur la nécessité de l'enseignement agronomique, et de lui faire une petite place au budget, peut-être au détriment des subventions chorégraphiques, si avantageuses qu'elles soient aux campagnes.

*Un liquide destructeur d'insectes.* — On lit dans le *Gardener's Chronicle* : Tout ce qui peut aider l'horticulteur à se débarrasser des insectes qu'il a à combattre est d'une utilité incontestable, surtout lorsque l'efficacité du remède est sanctionnée par l'expérience. L'emploi pendant sept années du composé suivant a toujours donné les meilleurs résultats, on peut le faire très-simplement et à bon marché ; prenez : bon tabac à fumer, 30 gr., savon noir, 60 gr., fleur de soufre, 120 gr., eau douce, 2 litres.

Le soufre doit être mis dans un sac de mousseline ; le tout doit bien bouillir pendant un temps court. Quand on ôte le mélange du feu, on doit y ajouter 6 litres d'eau douce, et alors le liquide est bon à être employé. — Si l'on a besoin d'une plus grande quantité de liquide, les divers ingrédients doivent être augmentés proportionnellement, c'est-à-dire le double de poids des matières premières pour 12 litres, le triple pour 18, et ainsi de suite.

On peut se servir de ce mélange pour seringuer ou pour y tremper les plantes infectées par les insectes qui séjournent sur les tiges ou les feuilles. Ce dernier moyen est préférable lorsqu'on peut l'employer, car il offre peu de chance pour qu'un insecte échappe à ses effets; malheureusement, il n'est praticable que pour les plantes de petites dimensions. On plonge les plantes dans le liquide en ayant soin de maintenir la terre avec la main pour l'empêcher de tomber hors du pot. Il est bon de laisser ensuite égoutter le feuillage pour empêcher la perte du liquide. — Ce mélange tue les araignées rouges, les thrips, les cochenilles, etc. Les plantes à feuillages tendres, telles que calcéolaires, pélargonium, cinéraires, melon, etc., peuvent être trempées ou seringuées avec ce mélange sans en éprouver le moindre dommage. Loin de faire du tort aux plantes, ce liquide nettoie le feuillage des excréments laissés par les insectes, et les plantes n'en croissent que plus vigoureusement.

*Destruction de la punaise du pêcher*. — Le Bulletin de la Société d'horticulture de Saint-Germain-en-Laye donne la recette suivante : prendre 4 litres d'eau, 2 litres de vinaigre et 20 gr. de tabac à fumer et mélanger. Le tabac est soumis cinq à six minutes à l'action de l'eau bouillante. On ajoute à ce mélange 250 gr. de chaux grasse éteinte huit ou dix jours à l'avance. Cette composition doit être versée dans un seau et exactement mélangée. — Pour employer la préparation, on fait usage d'une seringue d'arrosage. — On augmente les doses indiquées en raison du nombre de pêchers supérieur à 15, qu'on veut préserver de l'action destructive de la punaise du pêcher.

*Importation d'abeilles et précaution pour les longs voyages*. — On lit dans le *Cosmos* : « Les abeilles importées à Tahiti y ont parfaitement réussi. Aux dernières nouvelles, un navire en charge pour San-Francisco venait d'embarquer vingt barils de miel du pays, soit deux tonnes environ, provenant de ruches installées dans la vallée de Fautana, par un résident étranger, et un navire arrivé de San-Salvador avait tout récemment débarqué cent cinquante autres ruches. »

Les abeilles transportées par mer dans les latitudes chaudes sont placées dans la chambre aux réserves alimentaires (viande, etc.); dont la température est tenue basse par de la glace. Elles peuvent accomplir des voyages de quinze jours ou un mois, lorsque la température de l'endroit où elles se trouvent ne s'élève pas au-dessus de 8 ou 10 degrés centigrades. La température de cette chambre s'éloigne peu de zéro.

*Choux ravagés par les pucerons.* — Pendant le mois de novembre qui s'écoule les jardiniers maraîchers du 20ᵉ arrondissement de Paris (Charonne, Bagnolet) et de sa banlieue se plaignent beaucoup du mal causé par les pucerons à leurs jeunes semis de choux destinés au repiquage pour les primeurs. Les feuilles jaunissent, se dessèchent, et la plante meurt. Comme il s'agit de jardins d'étendue médiocre et loués au plus haut prix que puisse se payer la terre pour culture, on devrait employer à la pompe de jardin les injections aphidicides, notamment celles au brou de noix et au sel de morue, si peu coûteuses. Les fumigations ne sont pas à essayer, puisque ces semis ne sont ni en serre ni sous châssis. Il nous a été remis de ces pucerons vers le 15 novembre, et on commençait à voir quelques sujets ailés, en raison de l'abaissement de la température; la plupart étaient encore des aptères vivipares.

Ce puceron des choux est d'un gris bleuâtre et comme revêtu de duvet. C'est qu'en effet le corps vert se couvre d'un enduit cireux, de couleur glauque, analogue au velouté des prunes. Son corps gros et épais est strié de petits points noirâtres, et les cornicules sont brunes ainsi que les pattes. C'est l'*Aphis brassicæ* (Linn.) décrit dans l'Essai sur l'Entomologie horticole (Paris, Donnaud 1867, p. 262). M. le Dʳ Boisduval a reçu ce puceron de divers jardins, ainsi de Vaugirard; il semble donc avoir envahi toutes les cultures maraîchères de Paris et de sa banlieue; les femelles ailées se forment en effet fréquemment dans cette espèce et la propagent très-vite sur d'autres choux. (Note communiquée par M. Maurice Girard.)

*La nouvelle maladie de la vigne et ce qu'on pourrait faire pour y remédier.* — C'est sous ce titre que nous trouvons une note communiquée à l'Académie des sciences (séance du 6 septembre 1869) par un de ses savants botanistes, M. Naudin. Les idées de M. Naudin sont analogues à celles de M. Guérin-Méneville, qui ont été exposées dans la Revue de Sériciculture du n° 5 du journal de cette année. Il fait remarquer que la vigne est une des plantes que nous avons le plus éloignées de leurs conditions naturelles.

Nous maintenons continuellement, dans le même sol, échauffé et desséché, sans alternance, sans engrais pour les bons crus, à l'état de ceps rabougris par une taille violente, un végétal étranger à notre climat et que la nature destinait à grimper contre de grands arbres, en absorbent un humus sans cesse renouvelé par leurs feuilles mortes. C'est la culture qui est la première cause du mal.

M. Naudin semble se ranger du côté de ceux qui regardent la présence du *Phylloxera vastatrix* comme la conséquence d'une altération première de la vigne, bien qu'il ne le dise pas formellement. C'est au reste là l'idée la plus en faveur parmi les forestiers, que les insectes destructeurs des bois (*Scolytes, Tomiques, Hylésines*) ne s'attaquent qu'aux arbres déjà affaiblis, et c'est cette doctrine à laquelle s'est rangé chez nous, M. E. Perris, dans son beau travail sur les insectes du pin maritime, publié dans les Annales de la Société entomologique de France. M. Naudin propose de remettre momentanément les vignobles du Midi dans des conditions plus naturelles, en les couvrant, pendant quelques années, soit de légumineuses (trèfle, luzerne, sainfoin, vesce), soit de crucifères (colza, navette, moutarde, radis sauvage), ces dernières plantes devant en outre agir sur le parasite par leurs sucs âcres ou vireux. M. Naudin recommande avec raison de n'essayer d'abord ce système de régénération de la vigne qu'en petit, et reconnaît qu'avant tout il faut attendre la sanction de l'expérience. Nos lecteurs verront par cet exposé que toujour nous cherchons à leur présenter promptement l'état actuel des questions, et que nous faisons connaître ici un système tout différent de celui des insecticides du D$^r$ Télèphe Desmartis. Viticulteurs ! vous êtes instruits, que l'expérience décide.

*Remède contre le* PHYLLOXERA VASTATRIX *proposé à l'Académie.* — M. Davy a envoyé à l'Académie des sciences une note concernant une recette contre le puceron des racines de la vigne. D'après l'auteur, il faut imprégner les ceps le matin, et non dans le jour à l'ardeur du soleil, avec un mélange refroidi d'une infusion de 1 kilogr. de copeaux de *quassia amara*, 250 gr. de savon noir et 9 litres d'eau bouillante. L'Académie fait observer que ce moyen paraît préférable pour les pucerons des feuilles ou des tiges, comme le puceron lanigère du pommier, que pour des insectes souterrains. Cette opinion est probable, mais le mieux serait la relation d'expériences, que l'auteur aurait dû faire avant toute publication. En effet les décoctions de savon et de *quassia* sont indiquées contre les pucerons dans les ouvrages de MM. Goureau et Boisduval, et

le Journal l'Insectologie agricole a peu de numéros où il n'en soit question. L'Académie n'a donc pas eu la primeur d'une grande nouveauté.
(Comptes rendus, séance du 6 septembre 1869.)

*Toujours l'utilité des oiseaux insectivores.* On sait combien les chenilles de *Liparis dispar* (Linn.) causent de dégâts dans les bois en dévorant les feuilles des arbres et souvent même celles des arbustes. Cette année ces chenilles existaient en très-grande quantité dans certains bois des environs de Paris, notamment dans la forêt de Fontainebleau, dont certaines parties furent envahies. La plupart de ces chenilles donnèrent leurs papillons, et dans les premiers jours du mois d'août dernier, on remarquait de nombreuses chenilles déposant leurs œufs en plaques sur les troncs des arbres; quand la ponte est terminée ces plaques ressemblent à des fragments d'amadou. En revenant dans les mêmes localités à la fin du mois d'août, nous écrit M. J. Fallou de qui nous tenons ces détails, je recherchai les arbres où j'avais vu les femelles pondre, désirant étudier les œufs et les petits Hyménoptères parasites qui en restreignent la funeste multitude. Je fus très-étonné de voir que sur la plus grande partie des plaques d'œufs du *Liparis dispar*, il ne restait que quelques-uns de ces poils roux dont la femelle a dépouillé son abdomen pour protéger une progéniture qu'elle ne verra pas éclore. On pouvait reconnaître, en regardant avec attention, que les plaques d'œufs avait été becquetées par des oiseaux. En me renseignant auprès de naturalistes qui faisaient à cette époque des promenades journalières dans la forêt de Fontainebleau, ils m'apprirent que quelques jours avant ma visite, il était passé dans cette partie du bois une quantité considérables de mésanges, des quatre espèces de notre pays, la charbonnière, la grande et la petite mésange bleue et la réniz. Ces bienfaisants oiseaux avaient détruit en quelques jours une immense légion de chenilles destinées à la belle saison de 1870. On ne saurait donc trop protéger, par tous les moyens possibles, les espèces d'oiseaux insectivores ; il faut les faire nicher dans nos forêts et s'opposer à la destruction déplorable qu'en font trop souvent les paysans.

H. Hamet.

### Note sur les ravages occasionnés cette année dans la culture de fraisiers, par la grande Tipule des jardins (*Tipula oleracea*).

#### PAR LE D<sup>r</sup> BOISDUVAL.

Au mois de mai de cette année, M. Ferdinand Jamin nous apporta à la Société impériale et centrale d'horticulture de France des larves qui causaient de grands dommages dans ses plantations de fraisiers, à Bourg-la-Reine. C'était pendant la nuit, disait-il, que ces espèces de *chenilles* commettaient leurs déprédations. Elles rongeaient le cœur et les radicelles de la plante, et les fraisiers attaqués devenaient si chétifs que la floraison n'avait pas lieu et que les plus maltraités périssaient. M. Jamin, qui est un habile observateur, voulant se rendre compte de la cause du mal, fouilla la terre autour des plantes malades et trouva autour de chaque pied un certain nombre de larves dont les unes étaient presque aussi grosses qu'une plume d'oie et les autres moitié plus petites ; il nous en remit plus d'une cinquantaine pour les étudier et en faire l'éducation. C'est ce que nous avons fait.

Ces larves dépourvues de pattes comme celles des diptères, longues d'environ 25 millimètres, sont entièrement lisses, d'un gris terreux comme certaines chenilles d'*Agrotis*, appelées *vers gris* par les cultivateurs ; leur peau est dure et très-coriace, ce qui leur a fait donner par Curtis (*Gardeners Chronicle*) le nom de *vers à jaquette de cuir* : elles offrent de chaque côté une raie longitudinale plus pâle que le fond, un peu blanchâtre : leur tête est noirâtre, cornée et un peu rétractile : lorsqu'elles veulent se déplacer, elles font sortir de leur extrémité anale cinq petites pointes noires qui leur servent de point d'appui pour avancer.

Nous sommes parvenu à élever avec des fraisiers et des primevères, cultivés en pot et recouverts d'une sorte de cloche en gaze, la majeure partie des larves qui nous ont été confiées par M. Jamin. Leur croissance est beaucoup plus lente que celle des chenilles et leur appétit moins développé ; elles finissent cependant, en rongeant peu à peu, par dévorer entièrement le cœur de la plante et toutes les radicelles. Pendant le jour, elles sont complétement enfoncées en terre et l'on ne se doute pas de leur présence, mais, la nuit, nous les avons vues sortir, à moitié ou même aux deux tiers, les unes se tenant droites comme des petites quilles, et les autres fléchies en arc de cercle sur la plante dont elles mangeaient le cœur. Depuis le mois de mai jusqu'au mois d'août, leur développement a marché très-lentement. Dans les premiers jours de ce dernier mois, les unes se sont changées en nymphes et les autres sont restées à l'état de larves. Les nymphes sont très-curieuses : elles sont presque aussi longues que les larves elles-mêmes ; elles sont également d'un gris terreux, pourvues de deux petites cornes et de petites épines qui leur servent à accomplir des mouvements de progression lorsqu'arrive le moment de l'éclosion. Au moment où ce grand Diptère sort de son enveloppe, il a le corps très-long, d'un gris bleuâtre glauque, comme farineux : au bout

Tipule des potagers, femelle.

de quelques heures la couleur devient cendrée ; le museau, les antennes et les longues pattes sont d'un roussâtre ferrugineux ; le corselet est brunâtre strié de noir ; les ailes, plus longues que le corps, sont d'une teinte un peu enfumée et étendues dans le repos.

Nous n'avons pas pu réussir à obtenir en captivité l'accouplement de cette grande tipule. Notre honoré collègue et très-savant observateur, M. Goureau, pense que les femelles, dont le corps est distendu par des centaines d'œufs, pondent en volant ou lorsqu'elles sont posées sur les herbes, et que les œufs sont lancés comme par un fusil à vent. Ils sont, dit-on, noirs comme de la poudre de chasse.

Les larves de cette tipule ont été cette année, dans quelques localités, un véritable fléau pour les cultivateurs de fraisiers. Dans les jardins, elles rongent aussi les racines des reines-marguerites, des balsamines, de la laitue, de la chicorée, etc., etc.

Il n'y a pas d'autre moyen de les détruire que de fouiller le matin de bonne heure au pied des plantes malades, ou d'arroser la terre avec de l'eau dans laquelle on a fait dissoudre un peu de sulfure de chaux. (C'est-à-dire le mélange dissous d'un peu de sulfate de chaux avec le sulfure de calcium, qu'on obtient en faisant bouillir de la fleur de soufre avec un lait de chaux.)

D<sup>r</sup> BOISDUVAL.

## Ravages de l'Heliothis armigera et moyen de destruction.

### PAR M. J. FALLOU.

Un séjour de deux mois, passé l'été dernier dans le département de d'Ardèche, canton de Lavoulte, m'a fourni l'occasion d'étudier les mœurs de différentes familles d'insectes, et entre autres celles d'un lépidoptère qui a causé cette année dans cette contrée d'assez grands ravages dans les cultures de pois-chiches.

Ce lépidoptère, de la famille des Nocturnes, tribu des Noctuélites, du genre *Heliothis*, porte en entomologie le nom d'*Heliothis armigera* (Hübner), et vulgairement celui de *Noctuelle armigère*.

La chenille de cette espèce a déjà été signalée par plusieurs auteurs éminents comme faisant beaucoup de dégâts aux céréales et à différentes plantes fourragères. M. Ch. Goureau, dans son ouvrage sur les *Insectes nuisibles* (2ᵉ supplément, 1865, page 132) (1), cite particulièrement le maïs, dont la chenille dévore les graines, ainsi que les têtes de chanvre, les feuilles du tabac et de la luzerne.

En terminant la description de la Noctuelle armigère, page 134 du même ouvrage, le savant et habile observateur dit que l'on ne connaît aucun moyen de se garantir des dégâts causés par la chenille de cette noctuelle. C'est ce qui m'a engagé à donner ici quelques renseignements sur cette espèce nuisible; peut-être pourront-ils être utiles aux cultivateurs qui croient encore qu'il n'y a aucun moyen connu pour atténuer les dégâts occasionnés par les insectes.

C'est à la fin du mois de juin dernier, dans les cultures de pois-chiches, *cicer arietinum*, situées entre la petite ville de Lavoulte-sur-Rhône et le hameau de Celles-les-Bains, que mon attention fut appelée pour la première fois à examiner la chenille de la Noctuelle armigère.

La présence de trous percés par cette larve aux gousses de ces pois me la fit découvrir enroulée autour des grains toujours attaqués et souvent entièrement dévorés. J'ai remarqué des champs dont la majeure partie des gousses étaient vidées par ces chenilles, surtout dans les cultures avoisinant les bords des chemins ou ceux des torrents; dans les plantations qui au contraire étaient placées dans l'intérieur des terres, entre des champs de seigle ou entre des vignes, les pois étaient beaucoup moins ravagés.

(1) Paris, V. Masson et fils, 1861, 1863, 1865, 1867.

J'ai rencontré des endroits où ces chenilles étaient encore jeunes et n'avaient encore causé aucun dégât; car dans leur jeunesse elles ne se nourrissent que des feuilles de la plante, et ce n'est que lorsqu'elles ont atteint environ les deux tiers de leur croissance qu'elles pénètrent dans les gousses; c'est donc, je crois, lors de leur jeunesse qu'il conviendrait de leur faire la chasse, et de chercher à les détruire. Nous indiquerons pour cela un des moyens employés par les entomologistes pour chasser diverses espèces de chenilles et les Lépidoptères nocturnes. Nous conseillerons pour l'espèce dont il est ici question, et ce conseil peut s'appliquer à d'autres, de visiter les champs de poischiches quelque temps après la floraison, et lorsque les gousses commencent à se développer, de voir s'il n'y a pas sur la tige principale de la plante ou aux aisselles des branches latérales de petites chenilles qui s'y tiennent cachées et immobiles, longues de un à deux centimètres, d'une couleur verte, rayées de blanc, avec une bande jaune clair sur les côtés, ayant le corps parsemé de petites tubercules ou bosses, d'un gris noirâtre, sur lesquelles sont implantés quelques poils roides.

Lorsque l'on aura reconnu la présence de cette chenille dans un champ, il faudra y revenir le soir en s'éclairant d'une lanterne, faire une visite générale (1). Ces larves ne mangeant que la nuit, il sera très-facile de les voir, et en quelques heures on pourra en détruire une très-grande quantité.

Pour les grandes cultures ce moyen peut paraître imparticable; mais pour toutes celles que j'ai eu l'occasion d'examiner, qui ne sont que d'une contenance de quelques ares, ce mode de destruction peut parfaitement s'appliquer, et quelques heures ainsi employées rapporteraient grandement à son propriétaire l'intérêt du temps qu'il y aurait passé.

Nous donnerons, pour terminer, une courte description de l'insecte nuisible dont nous venons de parler, quand il est adulte. C'est un papillon à antennes filiformes et jaunâtres; la tête et le corselet sont d'un gris jaunâtre. Comme les Noctuelles, il prend quelque nouriture et butine sur les fleurs avec une trompe assez grêle. Les ailes supérieures sont en dessus de couleur café au lait, avec une tache réniforme d'un noir bleuâtre. Elles ont une bande transverse d'un gris rougeâtre et

(1) Ce moyen a déjà été conseillé par notre savant maître le Dr Boisduval dans un de ses ouvrages, *Essai sur l'Entomologie horticole*, page 518, Paris 1867. Donnaud.

trois lignes ondées d'un brun rougeâtre. Une série de points noirs longe le bord. La frange est gris rougeâtre. Les ailes inférieures sont d'un gris pâle un peu rougeâtre, avec une large bande vers le bord, presque noire en son milieu, avec deux petites taches grises au bord inférieur. La frange est blanchâtre. Tout le dessous du papillon est d'un gris pâle un peu rougeâtre, avec deux points noirs au centre de chacune des ailes supérieures et bande analogue à celle du dessus.

La plupart des larves du genre *Heliothis* vivent à découvert dans les fleurs d'une foule de plantes. M. Millière nous rapporte à ce sujet (Société linnéenne de Lyon, séance du 9 août 1868) que, surtout à Hyères, à Cannes, à Menton, pendant toute l'année, on voit abondamment les chenilles de l'*Heliothis peltigera* (espèce voisine d'*armigera* et plus méridionale), sur tous les arbustes indigènes et exotiques, et, par leur grand grand nombre, ces larves, maudites à bon droit, causent aux amateurs de jardins et aux pépiniériste un préjudice notable.

J. FALLOU.

## Sur les ravages des chenilles du genre *Amphidasys* (Lépid. phalénides).

### PAR M. TH. GOOSSENS.

La rédaction du journal reçoit une lettre d'un membre de la Société entomologique de France, adressée à un de ses collègues, M. Maurice Girard. Nous nous empressons de la publier. M. Goossens est l'entomologiste habile et instruit dont on a tant remarqué les belles préparations de chenilles soufflées à la dernière exposition des insectes.

1er novembre 1869.

Mon cher collègue,

Je vous ai parlé d'une petite note sur les chenilles du genre *Amphidasys Tr.*, tel que l'entend le Dr Boisduval, c'est-à-dire comprenant 3 espèces *betularia*, *prodromaria* et *hirtaria*.

Il importe peu que récemment notre savant collègue M. Guénée ait retiré *hirtaria* pour l'isoler dans le genre *Biston*. Ce point de science que j'approuve n'a pas de valeur pour la question qui nous occupe.

Les papillons sont très-bien connus, et je vous ferai grâce d'en parler; ils se trouvent, comme vous savez, en février, mars, avril; j'ai même pris plusieurs fois l'*hirtaria* en janvier et même une fois le premier jour de l'an : ils sont communs, surtout l'*hirtaria*, qui se trouve fréquemment sur les murs des habitations, clôtures, treillages, etc., et ceci a sa raison d'être, comme vous le verrez plus tard.

L'*A. prodromaria* se trouve à l'état de chenille en juillet sur différents arbres; mais cet insecte (sans être rare) est le moins commun des *Amphydasys*; ses dégâts peuvent donc être regardés comme insignifiants; elle attaque plus principalement le chêne commun, le tilleul, l'orme.

L'*Amphidasys betularia* est plus répandue; elle attaque plus d'essences d'arbres différentes, principalement le bouleau, le chêne, l'orme, les saules qui même ne lui suffisent pas. Je crois devoir vous signaler cet insecte comme pouvant devenir ce qu'on appelle nuisible.

En octobre dernier, je fus appelé par un pépiniériste de Montlignon qui me fit voir une quantité de pieds de laurier-amandier attaqués par un insecte qui en dévorait entièrement les feuilles. Avec très-peu de recherches, je ne tardai pas à connaître les coupables; je vis sur chaque pied une superbe chenille arpenteuse immobile, verte avec une raie dorsale rosée, et une tête blonde très-fortement échancrée; je reconnus aussitôt l'*A. betularia*. Alors, me dis-je, puisque cet arbre (le laurier-amandier) ou, pour me servir du vrai nom, le *Prunus-lauro-cerasus* est maintenant dans tous les jardins, il est à peu près certain que l'*Amphidasys* va s'y développer et que bientôt elle viendra attaquer quelque arbre à fruits.

Maintenant, quant à l'*A. hirtaria*, et c'est principalement sur cette 3ᵉ espèce que j'insiste, voici un insecte qui ne paraît pas avoir attiré les malédictions des insectologistes, et pourtant je vous le signale comme un fléau. Cette espèce a été indiquée sur les chênes, peupliers, ormes et même les rosiers; moi je vous la signale sur les poiriers, à tel point qu'en août 1868 j'ai vu plusieurs de ces arbres ayant l'aspect que nous leur connaissons en hiver; j'ai pris quelques chenilles, mais j'aurais pu en prendre des centaines. Ce fait a été pour moi une révélation; j'ai compris pourquoi je trouvais si souvent le papillon sur les murs de clôture, échalas, etc., c'est parce que la chenille vit dans les vergers; il serait assez aisé de tuer ces papillons qui, vous savez, sont immobiles le jour et se placent le plus souvent à des hauteurs faciles à atteindre; mais, d'un autre côté, il faut un œil un peu exercé pour les apercevoir, car leur couleur les dissimule très-bien sur le tronc des arbres. Peut-être le bon moyen serait-il de mettre en mars et en avril des veilleuses recouvertes d'un entonnoir en verre ou en papier huilé. L'insecte est facilement attiré par la lumière, les femelles comme les mâles, et il serait commode de les tuer. Ou bien le moyen n'aurait-il pas le désagrément d'en attirer là où il ne devait pas y en avoir? C'est un autre point de vue que je vous laisse à juger.

Th. GOOSSENS.

## L'Abeille ligurienne ou alpine (avec planche).

### PAR M. H. HAMET.

L'abeille ligurienne (*Apis ligustica*, Latreille, Spin.), dénommée par les apiculteurs abeille alpine, abeille italienne, abeille jaune, forme une race particulière qui se distingue de la race commune (*Apis mellifica*), principalement par sa couleur (1). Ses deux premiers anneaux et même

(1) Les naturalistes comptent diverses espèces d'abeilles, plusieurs devenues domestiques et probablement toutes capables de l'être. Outre l'*Apis mellifica* (Linn.) et l'*Apis ligustica* (Latr., Spin.), ils distinguent : l'*Apis fasciata* (Latr.), l'abeille fasciée ou abeille égyptienne, qui a la même couleur que l'abeille alpine, mais dont la taille est moins forte ; l'*Apis unicolor* (Latr.), l'abeille unicolore de Madagascar qui est noire, avec abdomen brillant. Elle a été introduite à l'île de la Réunion. L'*Apis caffra* (Lepellet. St-Farg.), l'abeille de la Caffrerie, noire avec la base du second segment de l'abdomen de couleur ferrugineuse; l'*Apis scutellata* (L. St-F.), à abdomen brun, avec la base des segments revêtus de poils cendrés ; l'*Apis Adansoni* (Latr.), qui doit être celle que Lepelletier St.-Fargeau dénomme l'*Apis Nigritarum*, abeille qui se trouve dans la Nigritie et le Sénégal; sa taille est plus petite encore que celle de l'abeille égyptienne, mais ses couleurs sont à peu près les mêmes. L'*Apis Peroni* (Latr.), l'abeille de Péron qui se trouve à Timor, de couleur noire, à écusson jaunâtre, avec les deux premiers segments de l'abdomen à la base du troisième d'un roux jaunâtre, les ailes obscurcies à nervures noires. L'*Apis indica* (Fabr.), l'abeille de l'Inde, noire, à pubescence cendrée, avec le premier et le second segment de l'abdomen d'un roux ferrugineux; elle est deux fois plus petite que notre abeille domestique. Autres abeilles de l'Inde : l'*Apis nigripennis* (Latr.) noire, avec poils roussâtres, de la taille double de l'abeille européenne à ailes rousses, avec reflet violet ; l'*Apis socialis* (Latr.), noire, à ailes transparentes avec les trois premiers segments de l'abdomen d'une couleur ferrugineuse pâle; l'*Apis dorsata* (Fabr.), à corselet noir, avec l'écusson jaunâtre et les segments de l'abdomen jaunâtre, taches latérales brunes et triangulaires. — Quoique ces diverses abeilles présentent des particularités de couleur, des applications d'habitude, des manifestations distinctes, des caractères plus ou moins tranchés, peut-être sortent-elles du même type, et zoologiquement parlant, peut-être forment-elles des *races* ou *variétés* qui peuvent se marier, se croiser et se modifier. Le croisement est reconnu pour les *Apis mellifica* et *ligustica* qui doivent n'être que

la moitié du troisième, sont orangés lorsque l'abeille est jeune, et terre de Sienne lorsqu'elle vieillit.

Cette abeille se trouve dans la partie alpestre de l'Italie, principalement entre deux chaînes de montagnes, à droite et à gauche de la Lombardie et des Alpes rhétiques, ainsi que dans toute la région alpestre du Tessin, de la Valteline et de sud des Grisons (Suisse). Elle prospère jusqu'à une hauteur de 1,500 mètres au-dessus du niveau de la mer (1), et paraît préférer les climats septentrionaux, car on ne la trouve plus dans le sud de l'Italie, ni le long du littoral de la Ligurie, quoique Latreille l'ait dénommée ligurienne, la croyant originaire de cette contrée. C'est l'*Apis mellifica* européenne qu'on trouve dans ces régions chaudes.

L'existence des deux races d'abeilles en Italie était déjà connue du temps d'Aristote; et Virgile a clairement décrit leur différence dans le livre IV de ses Géorgiques. Varron et Collumelle en font aussi mention. Spinola constate les deux races dans le Piémont.

Ce n'est que depuis une vingtaine d'années que l'attention a été appelée sur l'abeille alpine. En 1848, le capitaine Baldenstein, de Cour, canton des Grisons, a pensé que cette race pourrait déterminer la question de l'origine des œufs de faux-bourdon, à ce moment discutée par des apiculteurs allemands. Cinq ans plus tard, une colonie de l'abeille alpine fut envoyée par l'entremise de la Société d'apiculture de Vienne, à Dzierzon, l'éminent apiphile de Carlsmark, dans la Silésie prussienne. A partir de ce moment, cette abeille se propagea dans toute l'Allemagne et dans diverses autres contrées de l'Europe et de l'Amérique. Ce n'est qu'en 1859 que la première colonie nous fut envoyée par M. Hermann, de Coire en Valteline. La même année, un apiculteur du Bas-Rhin, M. Vomrwald, avait introduit une mère italienne venue de l'Allemagne. L'année suivante, nous reçûmes de M. Mona, de Biasca, canton du Tessin, douze autres colonies qui furent placées tant au Jardin d'acclimatation qu'au rucher expérimental du jardin du Luxembourg, aujourd'hui détruit, et qui contribuèrent à propager l'espèce en France. En 1861, nous pûmes procurer un certain nombre de mères, de race maintenue pure, à plusieurs apiculteurs qui s'occupèrent d'en multiplier l'espèce. Un apiculteur de l'Aisne, M. Warquin de Bellevue près Crépy en Laonnois, se fit spécia-

---

des races, et il a lieu aussi avec la *fasciata* comme M. Vogel, de Berlin, l'a constaté. Quant aux autres l'expérience décidera.

(1) *L'abeille italienne des Alpes*; H. C. Hermann. Coire 1860.

liste et put élever plusieurs douzaines de femelles fécondées provenant d'une mère que nous lui fournîmes en 1862. Depuis, c'est par centaines qu'il a italianisé des colonies indigènes. Mais, pour conserver la race bien caractérisée, il va de temps à autre, ainsi que le font les amateurs de la race pure, redemander des types producteurs à la patrie de cette abeille. Cependant des observateurs allemands, tels que Dzierzon, de Berlepsch, Leuckart et Von Siebold affirment qu'ils arrivent à conserver la race alpine pure en faisant un choix des femelles et des faux-bourdons bien caractérisés et en éliminant les autres, ce qui n'est pas toujours facile.

Nous avons dit plus haut que l'abeille alpine se distingue notamment par sa couleur jaune; elle se distingue aussi par d'autres particularités. Vue au vol, elle est presque transparente; ce vol est plus léger et produit un bourdonnement plus doux que celui de l'abeille commune.

L'abeille mère (planche 1) possède à un haut degré ces marques distinctives sur le corps; sa couleur est d'une teinte plus claire, et on la distingue facilement sur les rayons parmi les autres abeilles, principalement à l'époque de la grande ponte. Elle est figurée à la planche, la grande ponte terminée.

Le faux-bourdon 3 porte aussi la coloration jaune, mais d'une façon moins tranchée que l'ouvrière et que la mère; mais il possède des taches jaunes sur les côtés du ventre.

L'ouvrière alpine 2 est un peu plus grosse que l'ouvrière indigène; son abdomen est plus pointu et plus développé, lorsqu'il est empli de miel. La cellule de l'ouvrière alpine mesure $0^m,0055$ et celle de l'ouvrière indigène $0^m,0052$ de diamètre.

Cette abeille est au moins aussi douce que l'abeille commune; mais dans des circonstances particulières, elle est plus irascible. Ainsi lorsque la colonie est affectée de couvain mort, lorsque la mère est malade ou morte, lorsque la fausse teigne ou d'autres ennemis cherchent à pénétrer dans la ruche, il est bon de n'en approcher qu'avec précaution. Elle est plus décidée et plus entreprenante que l'abeille de pays; elle est aussi plus vigilante, elle garde mieux sa porte contre les ennemis du dehors, elle défend mieux ses édifices et ses nourrissons contre les ennemis du dedans, c'est-à-dire la fausse teigne; plus active, c'est elle qui se met la première au travail, c'est même elle qui en revient la dernière; elle a l'odorat plus subtil, car, si on commet l'imprudence de donner, dans un moment inopportun, de la nourriture à une colonie nécessiteuse, ou si on expose cette nourriture en plein air, c'est presque toujours l'alpine qui arrive la première pour prendre sa part du butin.

C'est aussi elle qui, dans un rucher où se trouvent réunies les deux races, découvre la première toute colonie en désordre ou peu gardée, tombe dessus et pille son miel.

Mais un reproche à lui faire, c'est de manquer de fidélité, de s'introduire dans une colonie d'abeilles grises (indigènes), d'y fixer sa résidence, et de travailler en commun dans sa famille adoptive.

Les colonies alpines essaiment plus que les indigènes. La fécondité des mères est plus grande, ou du moins dans notre climat, c'est-à-dire qu'elles pondent davantage, mais leur vie est moins longue; elles ne vivent guère au delà de trois ans; elles sont plus sujettes à des affections qui, parfois, atteignent la colonie, telle que la *loque* ou couvain pourri.

Les colonies métisses, ou croisées, celles dont les ouvrières proviennent d'une mère alpine qui s'est accouplée avec un faux-bourdon indigène, ou d'une mère indigène qui s'est accouplée avec un faux-bourdon alpin, conservent les qualités des colonies alpines; elles tendent également à se multiplier, et cette tendance diminue progressivement en raison du croisement, c'est-à-dire de la diminution du sang alpin. Il y a donc avantage à introduire l'abeille alpine dans les localités où se trouve l'abeille indigène, quoique la conservation de la race pure soit difficile.

C'est en introduisant l'abeille italienne dans les localités de l'abeille indigène et en italianisant celle-ci qu'on a pu observer la durée de la vie des ouvrières qui peut atteindre environ un an, mais qui ne dépasse guère cinq à six mois en moyenne. De nombreux accidents la rendent moins longue pour les butineuses. Une colonie indigène de plus de 2 kilogrammes d'abeilles, à laquelle nous donnâmes une mère italienne après lui avoir enlevé la sienne, et que nous transportâmes ensuite près des raffineries de la Villette, vit disparaître toutes ses ouvrières indigènes dans l'espace de six semaines. Ces abeilles trouvèrent la mort dans les raffineries et nous prouvèrent que toutes vont à la cueillette des produits sucrés.

C'est aussi aux abeilles italiennes que l'on doit d'avoir pu observer combien de temps, le couvain arrivé à terme, ouvrières et faux-bourdons, restaient encore dans la ruche avant de sortir pour la première fois. Ce temps est de huit à dix jours, ou du moins pour les abeilles alpines introduites dans la zone tempérée de la France et de l'Allemagne.

Le moyen le plus économique de se procurer l'abeille alpine est de demander des mères fécondées aux apiculteurs suisses ou italiens qui en sont marchands, ou aux spécialistes français qui en cèdent. L'envoi de ces mères a lieu par la poste et se fait depuis mai jusqu'à octobre inclusivement. On enlève la mère indigène de la colonie qu'on veut transformer et on lui substitue une mère alpine. Des précautions sont à prendre pour que cette mère étrangère soit acceptée, d'autant plus qu'il existe entre ces deux races une antipathie prononcée.

Il est indispensable d'observer toutes les conditions prescrites par la théorie et la pratique quand on veut réunir deux races différentes. Bien des ruchées indigènes ne veulent, à aucun prix, accepter la mère italienne qu'on veut leur donner, bien qu'on les ait depuis longtemps rendues orphelines; elles tuent cette mère si on n'a pas pris assez de précaution; elles tuent même au berceau le couvain maternel qu'on leur donne. Le moyen employé le plus communément consiste à enlever la mère indigène, et neuf ou dix jours après à mettre à bas les cellules maternelles que les abeilles ont édifiées. On sait qu'aussitôt que les abeilles se voient privées de leur mère, elles se hâtent de transformer des cellules d'ouvrières, ayant du couvain à l'état de larves, en cellules maternelles (n° 7 planche). Les larves d'ouvrières de plus de cinq jours ne peuvent plus donner de femelles développées. Si elles ont du couvain maternel au berceau (n° 6 planche), cette transformation n'a pas lieu. Ce sont ces cellules qu'il faut démolir avant de pouvoir faire accepter une mère étrangère. On enferme cette mère dans un étui de toile métallique qu'on place entre deux rayons. L'un des bouts de cet étui peut être bouché par une mince pellicule de cire que les abeilles rongent pour faire sortir la mère prisonnière.

Dès qu'on possède une colonie d'abeilles italiennes, on peut multiplier l'espèce en faisant au printemps des essaims artificiels par division, par bouturage, si je puis m'exprimer ainsi. Il faut, au sortir de l'hiver, stimuler cette colonie en lui présentant du miel ou du sirop de sucre pour que de bonne heure, fin de mars, elle ait du couvain de faux-bourdons. On peut alors lui enlever trois ou quatre rayons ayant du jeune couvain d'ouvrières (œufs ou larves) qu'on place dans autant de ruchettes. Ces ruchettes sont établies à la place de bonnes ruchées d'abeilles indigènes qu'on enlève et qu'on transporte plus loin. On opère au milieu d'une belle journée, lorsqu'une grande quantité d'ouvrières sont allées aux champs. A leur retour, ces ouvrières entrent, après quelques hésitations, dans cette nouvelle habitation, et la nuit, elles s'occupent de transformer du couvain d'ouvrières en couvain de mères. Douze ou treize jours après, naissent de ce couvain transformé des femelles développées qui se font féconder sept ou huit jours plus tard. Pour que la fécondation soit faite par des faux-bourdons de la même race, il faut éliminer ceux des colonies indigènes en les détruisant au berceau (V. *Cours pratique d'apiculture* pour la manière d'opérer). Mais, pour être à peu près certain d'une fécondation par faux-bourdon de même race, il faut tenir les colonies italiennes à une distance de deux à trois kilomètres au moins de toute colonie indigène. Car, bien qu'il y ait antipathie de race quand il s'agit du sexe féminin, cette antipathie s'efface entre les deux sexes et lorsqu'il s'agit de la multiplication.

H. HAMET.

## SÉRICICULTURE.

### PAR M. MAURICE GIRARD.

Le journal l'*Insectologie agricole* a déjà indiqué à plusieurs reprises à quelles attaques injustes et passionnées M. Pasteur s'est trouvé exposé de la part d'un grand nombre de journaux du Midi, organes non de la pure vérité, mais d'intérêts compromis dans le vaste système de grainage étranger qui prévaut depuis quelques années. C'est pour nous une satisfaction profonde, et nous oserons presque dire un légitime orgueil, d'avoir pressenti à l'avance que la raison doit toujours finir par triompher, quand nous avons dit que le procédé de sélection des reproducteurs exempts de corpuscules était conforme à tous les principes rationnels de la science agronomique. Nous serons heureux de faire passer l'éclatante justification de la méthode de l'éminent académicien, de la publicité scientifique des comptes rendus (séance de l'Académie des sciences du 4 octobre 1869) à une publicité plus humble, mais plus populaire.

La commission des soies de Lyon avait été l'année dernière peu favorable au système de grainage par sélection microscopique, se laissant influencer, en l'absence d'expériences directes, par les opinions dont nous avons parlé. En 1869, la commission, sur la juste observation de

M. Pasteur, entreprit une expérimentation sérieuse sur sept lots différents de graine envoyés par ce savant, quatre de graines saines et trois de graines malades, avec le pronostic anticipé de ce qui devait se produire. Le rapport de la commission pour 1869 vient d'être publié. Les prévisions de M. Pasteur se sont presque complétement réalisées, et il faut tenir compte des incidents non prévus dans les éducations les mieux conduites. Voici les conclusions importantes du rapport : « La Commission, devant ces résultats, ne peut que se rendre à l'évidence des faits, et se croit autorisée à proclamer qu'à l'aide d'observations microscopiques bien faites sur les chrysalides et sur les papillons, on peut fixer la valeur d'une graine, sa réussite ou sa non-réussite, tant au point de vue de la maladie des corpuscules qu'à celui de la maladie des morts-flats. Mais il est évident que ces prévisions ne peuvent être qu'indicatives, et que les mauvaises chances qui peuvent se produire, soit par suite de milieux infectés, d'intempéries, de défauts de soin ou de mauvaise nourriture, peuvent donner de très-mauvais résultats, sans que pour cela le principe de la méthode de M. Pasteur soit infirmé. »

Ces conclusions émanées d'une commission peu disposée à une influence favorable, d'après ses antécédents, sont d'une grande importance. Elles sont tout à fait conformes, constatons-le en passant, à ce que nous avons dit dans la Revue de Sériciculture du n° 5 du journal.

M. Pasteur a le droit d'assurer avec confiance que le problème qu'il s'était posé il y a cinq ans est résolu. La sériciculture peut faire revivre, si elle le veut, son ancienne prospérité, non par la connaissance d'un remède que M. Pasteur n'a jamais cherché (le travail déjà ancien de M. de Quatrefages sur la pébrine a longuement discuté les insuccès des moyens curatifs), mais par l'application d'une méthode sûre et pratique de confection de la bonne graine. M. Pasteur fait remarquer que les circonstances actuelles sont des plus graves pour notre industrie séricicole. Le Japon est la seule contrée qui fournisse actuellement à l'Europe des semences saines, malheureusement à un prix qui laisse bien peu de bénéfice aux éducateurs.

Or, l'affaiblissement de ces graines a déjà été très-sensible et très-remarqué cette année, et il est à craindre que d'ici à deux ou trois ans au plus, les maladies qui déciment les vers à soie en Europe n'aient envahi le Japon. L'application de la méthode de sélection des reproducteurs deviendra dès lors une question de vie ou de mort.

M. Guérin-Méneville (*Revue de zool.*, 1869, n° 10, p. 395) déclare qu'il sera le premier à applaudir à ce beau résultat, avec tous les sériciculteurs, s'il se soutient d'une manière permanente, et spécialement pour les graines examinées au microscope à l'exclusion des autres; c'est ce que l'expérience décidera d'une manière encore plus complète, et, nous l'espérons, dans le sens de la logique, puisque le choix des reproducteurs a toujours été regardé comme la garantie des produits; on ne pourrait craindre le contraire que s'il s'opérait un redoublement de contagion épidémique, ce qui est peu l'habitude des épidémies anciennes. M. Guérin-Méneville rappelle avec justice, que la méthode de sélection a pour point de départ la découverte des corpuscules, dits souvent *de Cornalia* ou *de Pasteur*, à cause des études de ces savants qui ont appliqué au choix des graines la donnée de leur présence ou de leur absence; or, c'est en 1849 que, dans la séance du 5 novembre de l'Académie des sciences, M. Guérin-Méneville en a fait la première mention sous le nom d'*Hématozoïdes*.

Nous trouvons à citer une autre partie des comptes rendus de l'Académie des sciences (séances du 27 septembre 1869), à propos d'une lettre de M. Taillon. Elle constate l'heureux succès d'une éducation de vers à soie chez M. de Bouillé, dans la Nièvre, sans feu, par des températures de 8° à 10°, et indique, selon l'auteur de la lettre, que le *Sericaria mori* peut être élevé avantageusement bien plus au nord qu'on ne le fait d'habitude, et partout où croît la vigne, qui fournit, comme on le sait, un isothère agricole très-important. Nous savons que depuis longtemps des éducations de grainage se font à Metz sous l'impulsion et la direction de M. de Saulcy, et qu'à Passy-Paris existe une petite magnanerie de ce genre chez M. Caillas; mais la question est loin d'être résolue au point de vue de la grande industrie.

M. Guérin-Méneville, dans sa Revue déjà citée, nous donne, d'après MM. Rivière père et fils, directeurs du Jardin d'acclimatation du Hamma près d'Alger, des nouvelles des éducations de vers à soie qui s'y pratiquent; elles sont malheureusement moins favorables que les années précédentes. Il n'y a eu de succès que pour deux races japonaises, à savoir : 1° une race à cocons verts qui se reproduit depuis sept ans sans qu'on ait renouvelé la graine, et dont, chaque année, les éducations réussissent sans montrer de maladies graves; 2° une autre race verte du Japon, provenant de la maison Textor, et qui avait été envoyée au Hamma par M. David, de Saint-Étienne, a fourni, en 1869, une excellente éducation.

Dans une prochaine Revue de sériciculture nous publierons une analyse des bons résultats obtenus par l'éducation des graines de sélection de M. Pasteur, aux soins de M. Lachanède, président du comice agricole d'Alais, et de M. Sirand, pharmacien à Grenoble. C'est de ce dernier que le numéro prochain du journal contiendra un très-intéressant article, relatif aux nouvelles précautions à prendre dans l'éducation des vers à soie.

Les comptes rendus de l'Académie (15 novembre 1869, p. 1021) présentent de curieuses observations sur des influences de température agissant sur les œufs des races de vers à soie élevés en Europe et dans les pays tempérés.

Le froid de l'hiver est nécessaire pour la formation de l'embryon et la bonne éclosion de la graine.

M. Duclaux a vu qu'un froid artificiel peut le remplacer. Deux lots de graine ont été laissés, au 20 septembre, l'un dans les conditions normales, l'autre à la glacière pendant quarante jours. Puis tous deux ont été peu à peu portés à $+20°$.

Le premier n'a pas éclos, le second est entré en éclosion, à cause même du refroidissement qu'il a subi. D'après M. Duclaux, la période de formation de l'embryon, laquelle précède l'éclosion, ne commence et ne poursuit son cours régulier qu'à la condition nécessaire et suffisante de succéder à une époque de froid et d'hivernation véritable. Une graine maintenue toute l'année à la température de son éclosion n'éclôt pas et périt sans que l'embryon s'y forme. Si le froid a été insuffisant, beaucoup d'embryons meurent à l'éclosion. Le froid de l'hiver est donc un besoin absolu à la graine pour bien éclore; beaucoup d'insuccès dans l'éclosion sont dus aux hivers doux [redoutés du reste depuis longtemps par les sériciculteurs].

Un résultat immédiat des faits précédents serait d'obtenir à volonté des bivoltins ou de se procurer pour l'étude des vers toute l'année, en profitant de l'action successive du froid et de la chaleur sur la graine.

M. Pasteur fait remarquer que le fait principal signalé par M. Duclaux paraît donner la clef d'une pratique des Japonais qui consiste à placer la graine, au cœur de l'hiver, pendant quelques jours dans de l'eau glacée.

Il faut bien remarquer que l'expérience de M. Duclaux ne doit nullement être généralisée, en dehors des races de *Sericariœ mori* à une seule génération par an auxquelles elle s'applique. Il y a des races de la même espèce, destinées aux pays chauds à plusieurs générations par an, sans nécessité de refroidissement des œufs. Un nombre considérable de nos papillons indigènes sont dans le même cas, leurs œufs éclosant en été quelques semaines après la ponte. Tels sont, dans le même grand type que les vers à soie, les *Attacus cynthia vera* et *arrindia* (vers de l'ailante et du ricin), et nos paons de nuit (*Attacus pyri, spini, carpini*). Au contraire le ver à soie du chêne du Japon (*Attacus ya-ma-mäi*), a des œufs qui passent l'hiver, de même le *Liparis dispar*, le *Bombyx neustria*, etc. Peut-être pour certaines de ces espèces le froid de l'hiver est-il nécessaire au développement complet de l'embryon. Il faudra expérimenter. Ici encore gardons-nous de généraliser. Dans la nature les œufs en bracelet autour des branches du *Bombyx neustria* donnent leurs petites chenilles au printemps ; mais j'ai constaté, et d'autres avant moi, que si on recueille ces pontes et qu'on les garde à la chambre, à une température moins abaissée qu'au dehors, on obtient l'éclosion anticipée à la fin de l'automne, par conséquent sans qu'il y ait besoin absolu du froid hibernal.

Des faits d'influence analogue existent dans la science au sujet de l'éclosion de certaines chrysalides ; on sait que les chrysalides sont des *seconds œufs* où une pulpe, d'abord molle et laiteuse, s'organise en tissus nouveaux. Pour ne citer qu'un seul exemple, prenons un papillon diurne dont on a fait longtemps deux espèces distinctes, les *Vanessa* (*Araschnia* Doubleday), *levana* et *prorsa*, ou *cartes géographique fauve* ou *brune*, selon la couleur du fond. Les premières éclosent en avril et sont dues à des chrysalides qui ont subi le froid de l'hiver ; les autres naissent en juin et certaines en septembre de chrysalides développées en été. Si on retarde par le froid artificiel, comme l'a fait M. Goossens, l'éclosion des chrysalides d'hiver jusqu'en juin, elles continuent à donner les sujets à fond fauve et non ceux à fond brun qui éclosent naturellement à cette époque. L'action du froid est donc incontestable.

L'*Insectologie agricole* a fait connaître à ses lecteurs les éducations de vers à soie à l'air libre de M. le Dr Gintrac (1), comme moyen de produire de la soie malgré les influences épidémiques qui détruisent les

---

(1) Voir le Journal, 1869, p. 88 et 123.

élevages en magnaneries closes. Dans la séance du 6 septembre 1869, M. Gintrac a porté ses procédés à la connaissance de l'Académie des sciences, en insistant sur ce fait que sa méthode d'éducation sous hangar, à tous les vents, empêche toute altération de l'air et ne permet jamais le développement de ces miasmes infects qui, dans les chambres fermées, sont les agents de la contagion.

Dans l'année 1869, le D$^r$ Gintrac, opérant sur 150 gr. de graine, a obtenu 186 kil. de cocons, vendus à Montauban au cours des premières qualités, plus une ample provision de cocons pour la reproduction.

Cette communication a été suivie d'une discussion intéressante. Plusieurs membres ont comparé les infections dans les magnaneries à celles qui se produisent dans les hôpitaux par défaut d'aérage. Nous ne pouvons que signaler de nouveau à l'attention des sériciculteurs le beau travail de M. de Quatrefages, déjà ancien, puisqu'il date des premières années de l'épidémie bien déclarée, où le savant académicien préconise avant tout le retour aux locaux rustiques, ventilés par les fentes des cloisons, en remarquant que dans les Cévennes les éducations qui résistent à l'épidémie sont celles établies dans des cabanes en planches, dans des fromageries.

L'objection la plus juste et la plus sérieuse qu'on puisse adresser à M. Gintrac est celle dont M. E. Blanchard s'est fait l'interprète à l'Académie. Il est bien reconnu que les vers à soie peuvent supporter des températures très-variées, mais alors les éducations sont lentes, les chances de contagion extérieure sont par cela même plus nombreuses, les vers deviennent inégaux, ne font plus en même temps leurs sommeils de mue et leurs frèzes, au grand détriment de la dépense en feuilles. On sait, en effet, que les essais d'éducation en plein air sont bien antérieurs à M. Gintrac. M. Martins à Montpellier a élevé en plein air trois générations successives de *Sericaria mori*, et, à la troisième génération, la race avait repris tant de vigueur que les mâles volaient autour des mûriers. Il est probable que la souche sauvage et mal connue des vers à soie est une espèce sylvestre de grand vol, à la façon de notre *Bombyx quercûs*, dont le mâle en juillet parcourt nos bois et nos jardins dans son vol saccadé. L'opinion de M. E. Blanchard est partagée par M. Guérin-Méneville (*Revue de zool.*, 1869, p. 361). M. Guérin-Méneville, qui réunit à un si haut degré la science théorique et la pratique habile, rappelle ses tentatives en ce genre, avec M. E. Robert, à la magnanerie expérimentale de Sainte-Tulle.

M. Pasteur, au point de vue industriel, est également tout à fait opposé aux éducations en plein air. Nous trouvons citée dans *le Cosmos* (28 août 1869) un passage d'une de ses lettres à M. Cornalia : « Vos principes en fait d'éducation sont les miens : grande propreté et netteté, *chaleur modérée et soutenue,* renouvellement incessant de l'air, peu d'encombrement, litières sèches. *Je me suis constamment élevé contre les méthodes d'éducation en plein air, ou à fenêtres ouvertes sans feu.* »

Si nos lecteurs se le rappellent, M. Pasteur insiste sur la nécessité d'une certaine rapidité d'éducation, pour diminuer les chances de contagion (voir p. 132 du journal).

Les partisans de la méthode du D$^r$ Gintrac se trouvent donc en contradiction avec les plus hautes autorités scientifiques quand ils soutiennent, comme l'a fait le D$^r$ Jeannel dans une conférence à la Faculté des sciences de Bordeaux, que les avantages d'une expérience qui dure depuis quatre ans sans épidémie, affirment-ils, contrebalancent les mauvaises conditions industrielles et l'augmentation de dépense. Il nous paraît résulter de cette discussion que le procédé peut être avantageux pour de petites éducations de grainage en fortifiant les races et permettant d'espérer des graines dont les produits seront aptes à résister à l'épidémie en magnaneries ordinaires. C'est ainsi qu'ont agi cette année quelques éducateurs suisses, à l'exemple du D$^r$ Chavannes, de Lausanne, connu par ses nombreuses recherches sur la maladie des vers à soie et les formations de cristaux d'acide hippurique dans le sang des vers à soie malades (*Les principales maladies des vers à soie et leur guérison*, par A. Chavannes, prof. de zool. à l'Acad. de Lausanne. Genève, Cherbuliez, 1862). Nous devons faire connaître, en terminant, que M. le D$^r$ Gintrac a obtenu, pour ses expériences de quatre années, la grande médaille d'or de la Société d'agriculture et d'horticulture de la Gironde.

Dans sa Revue de zoologie de septembre 1869, M. Guérin-Méneville nous donne des nouvelles médiocrement rassurantes pour l'avenir du ver à soie du chêne du Japon (*Attacus ya-ma-maï*, G.-M.). Il est certain que la France en particulier est toujours sous l'influence épidémique, et la rareté des Lépidoptères indigènes que les amateurs remarquent depuis plusieurs années tient à la même cause générale que celle qui porte la désolation parmi les sériciculteurs. Aussi doit-on encore s'estimer heureux que dans les éducations faites dans notre pays on puisse obtenir quelques bonnes reproductions assurant le grainage et permettant d'essayer en 1870 une race déjà acclimatée.

M. de Bossoreille a élevé cette année à Ribou (près de Saumur, Maine-et-Loire), le ver japonais du chêne, en plein air, sur de jeunes chênes protégés par des filets. Après quelques pertes par les oiseaux et les frelons, on a obtenu des papillons sains et vigoureux des graines provenant : 1° de l'éducation de 1868 du même opérateur; 2° des graines japonaises d'Iokoska, distribuées par M. Guérin-Méneville, et dont malheureusement il n'est guère venu à éclosion que la vingtième partie (1). Les graines provenant de M. Scribe et celles de M. de Bretton ont donné des sujets atteints par la pébrine, comme cela arrive depuis plusieurs années pour tous les *Attacus ya-ma-maï*, élevés à la magnanerie expérimentale du bois de Boulogne, malgré les soins continus et intelligents de son habile directeur, M. J. Pinçon. M. de Bossoreille fait remarquer que les graines des éclosions saines avaient passé l'hiver en plein air et avaient été, plusieurs fois, lavées à l'alcool.

A Cholet (Maine-et-Loire), M. H. Gallet a obtenu 193 cocons de *ya-ma-maï*, mais avec de grandes craintes pour l'avenir des graines qui pourront en provenir, son éducation ayant souffert de l'épidémie.

Maurice GIRARD.

## Enseignement agronomique.

*Entomologie appliquée.*

### NOTIONS GÉNÉRALES SUR LES INSECTES (suite) (2).

#### PAR M. MAURICE GIRARD.

Ce sont les pièces qui entourent la bouche et les ailes qui doivent appeler le plus l'attention des cultivateurs; c'est par leur examen qu'ils apprendront à distinguer les insectes dont parlent les naturalistes, et les groupes ou *ordres* dans lesquels on est convenu de les subdiviser. La première chose est de savoir comment est fait l'ennemi à combattre; puis, quand il est reconnu, l'observation de ses mœurs permet de constater les points faibles sur lesquels un habile général établit les moyens d'attaque et de destruction.

La manière de vivre des insectes les partage en deux grandes divisions, ceux qui broient des matières solides, ceux qui sucent des parties très-

(1) Voir le Journal de 1869, p. 103.
(2) Voir le Journal de 1869, p. 108 et 165.

molles ou des liquides. Les organes qu entourent la bouche se modifient en conséquence. Chez les premiers ils restent courts. Les plus importants sont alors les *mandibules*, en forme de meules par leur base pour concasser, de ciseaux par leur extrémité pour couper ; ce sont ces mandibules qui nous serrent fortement les doigts quand nous saisissons dans les prés la grande sauterelle verte ou ces carabes agiles, chasseurs vigilants qui courent par les sentiers. Chez les insectes broyeurs les autres pièces de la bouche (*mâchoires* et *lèvre inférieure*, comme les appellent les entomologistes) ont moins d'importance. Elles servent à émietter en menus morceaux les aliments, à les maintenir contre la bouche, à les pousser dans sa cavité.

Le premier ordre des insectes broyeurs est constitué par les *coléoptères*, qui ont des métamorphoses complètes. Leur première paire d'ailes est dure et forme des étuis ou *élytres*, recouvrant les secondes ailes ; celles-ci servent seules au vol, ont la forme d'une membrane flexible tendue par des baguettes, et, comme elles sont plus grandes que les précédentes, elles se replient en dessous par le milieu pour entrer sous le fourreau qui les protège. Qui ne connaît cet utile carabe doré que tant de jardiniers

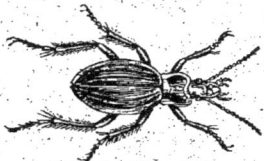

Carabe doré.

ignares écrasent dans leurs potagers dont il est un des plus zélés défenseurs, et les coccinelles ou *bête à bon Dieu*, qui dévorent les pucerons et

  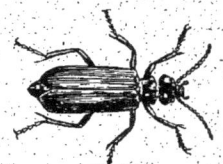

1. Coccinelle à sept points. — 2. Larve un peu grossie.    Cantharide vésicante, femelle.

qu'on doit empêcher les enfants de détruire. D'autre part, nous citerons les cantharides, dont l'utilité en pharmacie compense à peine les dégâts sur les frênes et les lilas, et enfin le hanneton, un des plus grands fléaux de toutes nos cultures. Les coléoptères sont les insectes les mieux connus jusqu'ici et ceux sur lesquels les naturalistes peuvent donner aux agriculteurs les renseignements les plus précis.

Nous ne comptons guère que des ennemis dans l'ordre suivant. Les *orthoptères* sont les broyeurs les plus voraces et les moins difficiles. Tous les végétaux leur sont bons et pendant toute leur vie, car leurs métamorphoses sont incomplètes. Certains s'attaquent à toutes nos substances alimentaires. Nous n'avons qu'à citer la grande sauterelle verte, le criquet voyageur d'Orient, une des plaies d'Égypte, dont les horribles cohortes amènent à leur suite la famine et la peste et ont désolé notre colonie d'Algérie, une espèce voisine qui paraît parfois en France, les

Œdipode migrateur (Sauterelle dévastatrice du Midi de l'Europe).

blattes, dont une espèce, importée d'Orient, souille les cuisines et les garde-manger (1), et dont d'autres espèces, encore plus grandes et plus

Libellule déprimée.

aplaties, infestent les navires. On voit que les ailes supérieures sont droi-

(1) Voir la figure, Journal 1869, n° 6, p. 152.

tes et à demi coriaces et que les inférieures membraneuses sont plissées en long dans le repos comme un éventail.

Le dernier ordre qui contienne des insectes broyeurs à tous leurs états est celui des *névroptères*, comprenant des insectes des deux sortes de métamorphoses. Beaucoup vivent dans l'eau sous les formes de larves et de nymphes. En général les quatre ailes sont transparentes et divisées par de nombreuses nervures en un réseau qui ressemble un peu à du tulle ou à de la dentelle. Telles sont ces libellules ou *demoiselles* qui longent les buissons d'un vol rapide, déchirant dans la tenaille de leurs mandibules bien des insectes nuisibles, mais parfois malheureusement nos abeilles, ces hémérobes, au vol faible, aux yeux pareils à des perles d'or, dont les larves, que Réaumur appelle *lions des pucerons*, rendent aux jardins de grands services. On voit leurs œufs en aigrettes sur des feuilles ou des rameaux, portés sur un long pédicule, et qui furent pris autrefois pour une espèce de champignon parasite.

1. Hémérobe perle. 2. Œufs en bouquet sur un rosier.

Maurice GIRARD.

(*A suivre.*)

L'*Editeur-propriétaire* : E. DONNAUD.

# L'INSECTOLOGIE AGRICOLE

**Bulletin insectologique.**

*Sur la maladie de la vigne.* — Nous extrayons ce qui suit du Bulletin de la Société entomologique de France (3ᵉ trim. 1869).

Appelé, dit M. Lichtenstein, avec mon beau-frère, le professeur Planchon, à faire partie d'une commission de la Société des agriculteurs de France pour examiner la maladie de la vigne, je crois de mon devoir de vous faire part des observations entomologiques qu'il nous a été donné de faire.

Le *Phylloxera vastatrix* est la seule cause de la maladie de la vigne qui sévit actuellement dans les départements de Vaucluse, du Gard, des Bouches-du-Rhône et de la Gironde. Partout où nous avons trouvé des souches mortes, nous avons constaté sur les souches vivantes qui les entourent, la présence de ces petits hémiptères suçant les racines. Nous avons vu aux portes mêmes de Bordeaux, sur la propriété de M. le docteur Chaigneau, à Floirac, le même insecte exerçant absolument les mêmes ravages que dans le Midi, et ayant déjà partiellement détruit un vignoble de 50 hectares.

L'existence du *Phylloxera vastatrix* est à peu près celle de divers Aphidiens déjà bien observés par De Géer, Bonnet, Réaumur, etc. La femelle aptère et ovipare passe l'hiver et commence à pondre aux premiers beaux jours ; les petits, également femelles aptères, pondent (sans fécondation probablement) huit ou dix jours après leur naissance à la fin de juillet ; en septembre il paraît des individus ailés, aussi femelles en majeure partie ; car nous n'avons pu voir encore qu'un seul individu qui pourrait être un mâle, vu l'absence d'œufs dans l'abdomen. Probablement qu'il y a alors fécondation, et la majeure partie des insectes meurent, ne laissant que les femelles aptères fécondées pour la génération de l'année suivante.

La commission, composée d'hommes éminents de divers pays vignobles de France, Bourguignons, Bordelais et Languedociens, s'occupe activement des moyens d'arrêter le mal. J'ai moi-même exposé dans le journal le *Messager du Midi* quelques idées à ce sujet.

Nous avons trouvé, avec M. Planchon, dans quelques vignes dévastées par le puceron des myriades d'un autre petit hémiptère, que notre honorable collègue, M. le docteur Signoret, auquel je l'ai adressé, a reconnu être le *Nysius cymoïdes*. Je ne sais trop de quoi pourrait se nourrir, dans ces plaines dévastées où les vignes n'ont plus de feuilles, ce lygéide, qui court rapidement en bandes innombrables autour des ceps tués par le *Phylloxera*. En ferait-il sa nourriture? Le docteur Signoret le croit phytophage, et en général ses congénères le sont tous; mais dans les Pentatomes, qui sont aussi généralement phytophages, nous avons la *Zicrona cœrulea* L. qui attaque et tue l'*Haltica oleracea*. Nous allons continuer nos observations à ce sujet. En captivité, le *Nysius* n'a pas attaqué le *Phylloxera*; mais un des *Nysius* étant mort dans le tube où je lui avais mis des compagnons, plusieurs de ceux-ci ont planté leur bec dans le cadavre et l'ont vite desséché.

Nous avons trouvé dans une vigne à côté de Sorgues (Vaucluse) des galles sur les feuilles contenant une autre espèce de *Phylloxera*. Cette espèce aurait déjà été indiquée par M. Asa Fitch, à New-York, sous le nom de *P. vitis*.

Malheureusement notre course a duré si longtemps que les feuilles que nous avions apportées à Montpellier se sont toutes desséchées et nous n'avons pu suffisamment étudier l'insecte.

Nous avons également rencontré un Cynips faisant des galles lenticulaires sur la vigne. Cette espèce, qui semble nouvelle, et que nous désignerons provisoirement sous le nom de *C. vitis*, sera décrite par M. le docteur Giraud.

Et plus loin :

1° En continuant à observer le *Phylloxera vastatrix*, nous croyons avoir découvert le mode d'invasion des vignobles par l'insecte ailé, qui aurait lieu par une bizarre génération intermédiaire, dans l'intérieur de petites galles à la surface inférieure des feuilles.

Nous avons, M. le docteur Planchon et moi, publié à ce sujet une courte notice (*Messager du Midi* du 25 août 1869), que je me fais un devoir de transmettre à mes collègues, priant ceux d'entre eux qui ont étudié les mœurs des hémiptères homoptères de nous communiquer les remarques qu'ils auraient pu faire sur des habitudes analogues chez d'autres genres ou espèces de cet ordre d'insectes.

*Opinion botanique sur la maladie de la vigne.* — Notre bulletin doit enregistrer impartialement tout ce qui est énoncé sur les questions à l'ordre du jour. Nous avons déjà mentionné la manière de voir de M. Guérin-Méneville et de M. Naudin sur la question qui préoccupe à un si haut point les propriétaires de vignobles. Dans le Bulletin de l'Association scientifique de France, nous trouvons une nouvelle lettre du savant botaniste de l'Institut. Dans l'opinion de M. Ch. Naudin, les deux fléaux de la vigne, l'oïdium et le *Phylloxera vastatrix*, sont nés d'une cause commune, les excès de la culture intensive, continuée sans modification depuis des siècles. Il est fort possible, dit-il, que le mode de propagation usité et qui est toujours invariablement la plantation de sarments et jamais le semis de graines, y ait contribué dans une certaine mesure ; peut-être même en est-ce la cause principale. Dans tous les cas, il est bien évident que la constitution même de l'arbuste est atteinte et que le soufre n'y remédie pas ; c'est un simple palliatif auquel il faut sans cesse revenir, sous peine de ne rien récolter.

M. Naudin se félicite de ce que les observations de M. Clarinval sont venues à l'appui de ses idées, et annonce qu'il fonde à Collioure (Pyrénées-Orientales) un jardin-laboratoire destiné à toutes les recherches de botanique, de physique végétale, de culture, etc.

Cette entreprise, à l'honneur de M. Naudin, est entièrement à ses frais, risques et périls, et ne coûtera rien à l'État, désintéressement rare chez nous.

*Aventures d'un destructeur de courtilières.* — Comme chroniqueur, l'on a parfois des faits bien curieux à enregistrer. Voici ce que raconte *Le Phare de la Loire* : M. Lassus, inventeur d'un procédé pour détruire les courtilières, va pour le début d'une tournée de la Loire-Inférieure, se loger dans une auberge de Guémené. Comme le Marcasse du roman de Georges Sand, le destructeur des courtilières est muni d'un attirail pittoresque, mais surprenant pour nos campagnards, si rétifs aux visages nouveaux comme aux industries inconnues. M. Lassus est vu avec malveillance, et, malgré ses papiers, tous en ordre, est arrêté, jeté en prison, conduit le troisième jour à Saint-Nazaire attaché par une chaîne de fer à un autre prévenu. Quand M. Lassus parut devant le procureur impérial de Saint-Nazaire, *il n'avait rien mangé depuis vingt-quatre heures*. A peine le procureur impérial de Saint-Nazaire avait-il pris connaissance des pièces fournies par M. Lassus et écouté le prévenu, qu'il donnait l'ordre de le mettre en liberté...!

Il serait fort utile que M. Fidèle Simon, maire de Guéméné, veuille bien s'abonner à l'*Insectologie agricole*.

H. HAMET.

ERRATUM. — Dans le bulletin insectologique précédent (1869, n° 8, p. 202) s'est glissée, par inadvertance d'écriture, une erreur que tout lecteur ayant quelque notion d'histoire naturelle, a dû rectifier. Il faut lire (ligne 11) : de nombreuses *femelles* déposent leurs œufs; au lieu de *chenilles*.

---

## Des conditions d'éducation des vers à soie,
Par M. P. SIRAND, pharmacien à Grenoble.

Tout le monde sait de quelle manière on pratique l'élevage des vers à soie ; il y a cependant quelques usages défectueux que je désire faire ressortir. Depuis si longtemps que la sériciculture éprouve des pertes ruineuses, la confiance de l'éducateur est considérablement ébranlée. Les dernières années ont montré, il est vrai, que les cartons du Japon donnent habituellement un produit; mais, on le sait, ces espèces sont bien inférieures à nos belles races jaunes, et ne les remplacent qu'à demi. Pour ce qui est des cocons de pays, le propriétaire ne sachant en aucune façon quelle est la graine qui mérite la préférence, et voyant que la semence sortie du même sac réussit à un endroit pour échouer ailleurs, il n'a aucune donnée fixe et il vit dans l'incertitude la plus complète. Pour ces raisons, il se procure de deux, quatre ou six sortes différentes de graines, et quand il a une magnanerie pour élever deux onces, il en met six. Tous les vers naissent, je suppose, et souvent ils parcourent les premiers âges sans difficulté ; ce n'est qu'à la 3e et même à la 4e mue que la scène change : la mortalité arrive et sévit avec d'autant plus d'intensité que l'encombrement est plus grand ; on jette alors des tables entières et souvent même il faut tout sacrifier. Je demande ce que deviendraient dans cette débâcle les vers les plus sains, quand règnent autour d'eux la maladie contagieuse des morts-flats, et la pébrine, également contagieuse, dont l'effet sera moins terrible peut-être que celui de la flacherie, en ce sens que sa période d'incubation et sa marche lente pourront permettre aux vers de coconner ? Je puis ajouter que depuis longtemps la récolte en cocons n'étant pas rémunératrice, les chambrées ne sont que médiocrement tenues, car on est obligé d'économiser sur la main-d'œuvre ; on ne peut faire aucune modification, aucune dépense d'entretien du matériel, et je ne crois pas faire erreur en disant que les soins faisaient moins défaut au temps de la prospérité que de nos jours.

Disposition de la magnanerie, désinfection du local. — Je vais indiquer comment il me paraît rationnel de conduire un élevage de vers à soie. J'emprunte encore à ce sujet les idées de nos maîtres, et l'exposé que je donne est aussi l'expression de l'opinion que je me suis faite, après avoir vu pratiquer les éducations dans notre pays. Je ne veux pas traiter ici la question de ventilation d'une grande magnanerie, cela m'entraînerait trop loin. Je supposerai une chambrée de 1 ou 2 onces, c'est le cas le plus fréquent pour nos localités ; au surplus, il serait peut-être préférable d'avoir dans une maison 4 ou 5 chambrées de 2 onces, plutôt qu'une seule chambrée de 8 ou 10 onces. Pour mieux fixer les idées, je vais admettre que je choisisse dès ce moment pour une éducation de l'an prochain, une pièce où des vers auront péri à la fois de la flacherie et de la pébrine. Dès à présent il faut pratiquer le nettoyage, sortir les claies, les laver, soit au lait de chaux, soit à l'eau de cendres, ou tout au moins les exposer à l'air et à la pluie pendant un certain temps ; il y a lieu aussi d'opérer le nettoyage du sol de la magnanerie et, lorsque les tables sont rentrées, on fait une fumigation au soufre. Pour cela, les ouvertures étant fermées, on prend environ 250 gr. de fleur de soufre, on en forme un cône dans un vase de fonte, et on allume : il est prudent de prendre les précautions nécessaires pour que le feu ne puisse pas se communiquer au plancher et aux autres objets ; dès que le soufre brûle, on se retire. On peut concevoir facilement que l'acide sulfureux, produit de la combustion, se répand partout, pénètre dans les interstices, et va ainsi atteindre et modifier toutes les matières organiques, toutes les matières vivantes, tous les germes qui peuvent exister. On pourra répéter la même opération, on pourra aussi varier la quantité de soufre ; enfin, huit jours environ avant la nouvelle éducation, je recommande de pratiquer encore une fumigation semblable. J'ai fait essayer ce moyen avant la dernière campagne, et je puis dire qu'il est très-pratique. Quant aux papiers qui ont servi, il est prudent de les sacrifier. Je pourrais indiquer encore d'autres précautions très-utiles, telle que celle de passer les murs au lait de chaux, etc., mais, dans la crainte que la complication de tels moyens fasse tout négliger, j'ai préféré réduire et simplifier autant que possible les mesures à employer.

Je n'ai pas besoin de dire que les indications que je formule ici relativement aux élevages, s'appliquent à notre pays et qu'il n'y aurait pas toujours lieu de les généraliser. La magnanerie sera pourvue de fenêtres et d'une cheminée ou, à son défaut, d'un poêle à bois qui alors est éloigné des tables ; la cheminée est munie d'un rideau de tôle. Dans certains départements, tels que celui du Gard, le plancher de la magnanerie est pourvu d'un certain nombre de trappes mobiles qui permettent l'introduction de l'air, dont l'entrée est réglée en fermant plus ou moins ; la chambrée est sous un toit dont les tuiles non maçonnées permettent à l'air de s'échapper librement ; le soleil, en échauffant le faîte, détermine le mouvement ascensionnel de l'air : dans ces conditions, on conçoit que la ventilation se fasse très-bien. Sans renverser la disposition actuelle de nos magnaneries pourvues d'une cheminée et de fenêtres, on pourrait apporter les modifications suivantes : si l'on ne veut pas établir des ouvertures au plancher et une autre à la partie culminante de la pièce, on pourra faire une large trappe mobile à la partie inférieure de la porte d'entrée, et si, d'autre part, les fenêtres ont des impostes susceptibles de s'ouvrir, on aura le moyen de renouveler l'air. Enfin, à défaut de tout cela, on pourra laisser la porte entr'ouverte, et remplacer les carreaux supérieurs des fenêtres par des cadres mobiles.

CONSERVATION ET ÉCLOSION DE LA GRAINE. — Pendant le courant de l'année, on conservera les œufs dans une cave froide, aérée et non humide autant que possible : en hiver, la cave peut être remplacée par une pièce non chauffée située au nord, où cependant le thermomètre se maintiendra au-dessus de 0. Peu avant l'incubation, la graine est transportée de la cave dans une chambre où l'on ne fait d'abord point de feu, mais ensuite la température est portée graduellement pendant les jours suivants à 12°, 14°, 16°, 18°, et même 20° Réaumur. Le chauffage de la pièce se fera avec un poêle à bois. Il est une condition qui n'est pas toujours observée et qui est très-importante : il faut que l'air de la chambre d'éclosion soit humide ; à cet effet, on maintient sur le feu un vase d'eau, on arrose fréquemment le sol. Les jeunes êtres qui naissent sont tout mouillés, et ils périssent quelquefois dans une atmosphère qui les dessèche ; c'est alors qu'on dit que la graine a été *brûlée*. Une éclosion faite dans de mauvaises conditions est un premier pas fâcheux, qui n'est pas sans avoir une influence sur la période de vie de l'insecte. On est quelquefois dans l'habitude d'amener l'éclosion de la graine avec des bouteilles d'eau chaude. A cet effet, celles-ci sont placées au-dessous des boîtes de graines en mettant entre deux un matelas ou un autre objet ; il arrive ainsi que la graine est chauffée directement et qu'elle peut éprouver l'action d'une trop forte température : il faut au contraire que ce soit l'air qui échauffe la graine. On peut cependant utiliser ce moyen en l'appliquant comme il suit : les boîtes de graine sont placées sur une étagère, et la pièce, quoique chauffée, étant trop spacieuse pour que la température soit suffisante, on placera des bouteilles d'eau chaude sur le rayon et distantes des boîtes d'environ 0 m. 30; de cette façon les bouteilles céderont leur calorique à l'air, et ce n'est que par celui-ci que la graine prendra une température plus élevée. Il est nécessaire de placer un thermomètre à côté des boîtes.

P. Sirand,

(A suivre.)　　　　　　　　　　(Extrait du Sud-Est.)

---

### La Taupe commune (Talpa vulgaris, Talpa europæa),

#### Par M. A. Pillain.

L'utilité de la taupe est une question fort controversée. Divers auteurs, surtout les anciens, considèrent cet animal comme un pernicieux ennemi, d'autres le déclarent un précieux auxiliaire.

Quoi qu'il en soit, il serait utile que cette question soit nettement tranchée pour que l'on puisse, une fois pour toutes, savoir à quoi s'en tenir, c'est-à-dire pour que l'expérience et l'évidence nous montrent la vérité, ce fruit tardif des travaux combinés de toute la race humaine.

Laissant aux praticiens le soin de nous faire connaître le résultat de leurs observations, je vais résumer dans cet exposé les opinions de nos naturalistes et de nos agronomes, que je copie textuellement.

« Noel Chomel et J. Marret disent dans leur *Dictionnaire économique*, 1732, que la taupe fait grand dommage aux prés et aux jardins, en fouillant et remuant la terre. »

Cadet de Vaux, proclame que la destruction des taupes serait le plus grand bienfait pour l'agriculture. On peut évaluer au vingtième du produit la dévastation qu'elles occasionnent... Quel surcroît d'imposition que cette dévastation ! L'impôt est lourd, on ne le paye pas sans quelques murmures ; mais celui-là n'est-il pas bien fait pour en exciter, puisqu'on peut s'en délivrer ? Nous sommes affranchis de la dîme, affranchissons-nous de celle de la taupe.

Cuvier dit que la taupe est un animal très-incommode pour les dégâts qu'il fait dans les terrains cultivés. Sa nourriture consiste en insectes, en vers et en quelques racines tendres.

Verardi et A. Jolly nous montrent, dans leur *Destructeur des animaux nuisibles*, la taupe comme un pernicieux animal et y détaillent tous les piéges que l'on doit employer pour en avoir raison.

A. Ysabeau dit, dans son *Histoire naturelle élémentaire de l'Ecole mutuelle*, que la taupe est rangée à juste titre parmi les animaux les plus nuisibles ; elle bouleverse, par ses galeries souterraines et ses monticules de terre remuée, les champs cultivés et les prairies. Pressé par une faim très-impérieuse, la taupe recherche incessamment entre deux terres les vers et les larves d'insectes dont elle se nourrit.

N. Bouillet, dans son *Dictionnaire universel des sciences des lettres et des arts*, nous dit que les taupes se nourrissent habituellement d'insectes et quelquefois de racines.... Elles nuisent considérablement à l'agriculture en bouleversant le sol, et en détruisant ainsi les plantes qui se trouvent placées au-dessus : aussi leur fait-on une guerre assidue.

G. Delafosse, dans son *Précis d'histoire naturelle*, dit que les taupes se nourrissent d'insectes, de vers et de racines tendres ; elles font un grand tort à nos cultures en soulevant et bouleversant sans cesse la terre.

Il y aurait bien d'autres citations à faire ; néanmoins en clôturant ce chapitre d'accusations, je ne puis faire autrement que de rappeler qu'en 1801 des écoles furent établies par ordre du gouvernement à Caen, à Pontoise, etc., dans le but spécial de former des taupiers.

Abordant maintenant les auteurs qui réclament des *circonstances atténuantes*, nous trouvons dans le *Dictionnaire d'encyclopédie universelle* de B. Dupiney de Vorepierre, le paragraphe suivant : dans nos campagnes, on fait à la taupe une chasse des plus actives comme à un animal malfaisant. Cependant il y a beaucoup à dire en sa faveur ; car si elle fait des dégâts en minant souvent le sol autour des racines des plantes, et surtout en empêchant dans nos prairies de faucher raz de terre, elle détruit une multitude prodigieuse de larves, d'insectes et de larves.

Dans le *Livre de la ferme et des maisons de campagne* de M. P. Joigneaux, nous voyons, suivant les observations de M. le baron Ed. de Sélys-Longchamps, que les taupes dévorent une quantité immense de larves pernicieuses, et notamment les vers blancs et la courtilière... Malgré l'opinion générale, hostile aux taupes des prés et des pelouses, nous persistons, dit-il, à croire que leur présence en nombre modéré y est nécessaire et qu'il faut bien se garder de les y détruire entièrement. On a remarqué, du reste, que lorsqu'on était parvenu à extirper les taupes, les racines des herbes étaient sujettes à être détruites par les larves des hannetons et autres coléoptères phytophages.

L'opinion de la destruction des larves de hannetons par les taupes est un sujet digne de l'attention de tous, et quoique M. Bella, ancien directeur de l'École impériale d'agriculture de Grignon nie les services de la taupe et soit très-partisan de l'étaupage, il serait bon que des expériences suivies soient faites partout. Du reste, comme l'opinion d'un seul ne peut prévaloir, voici celles de divers auteurs sérieux.

M. le D$^r$ Boisduval dit dans son *Essai d'entomologie horticole* : Ce petit mammifère, dont les adversaires se convertissent tous les jours, commence à trouver des protecteurs là où il ne comptait que des ennemis. Les agronomes les plus instruits le regardent aujourd'hui comme l'un de nos plus utiles auxiliaires. Il dévore des quantités énormes de vers blancs, de vers gris, etc. Et il ajoute : Nous faisons des vœux pour que les cultivateurs, devenus moins ignorants, comprennent mieux les intérêts et congédient les taupiers.

M. Ch. Goureau, dans ses *Insectes nuisibles aux arbres fruitiers, aux plantes potagères, aux céréales et aux plantes fourragères*, affirme aussi que les taupes détruisent beaucoup de larves de hannetons.

Koltz mentionne que dans certaines contrées de l'Allemagne, chaque commune avait un taupier. Il en résulte que les vers blancs parurent par myriades, et firent des dégâts considérables dans les prairies. On s'aperçut alors de l'erreur qu'on avait commise (d'avoir des taupiers si intelligents), et aujourd'hui, lorsque les taupinières ne sont pas trop nombreuses, on ne cherche plus à détruire les taupes (Joigneaux).

Carl Vogt dit, dans ses *Leçons sur les animaux utiles et nuisibles* (traduites par M. G. Bayvet) : Nous trouvons, dans l'estomac de la taupe, des tronçons de vers rouges à moitié digérés, des fragments de téguments jaunâtres que nous reconnaissons sans peine pour les débris de la tête, des pinces et des pattes du ver blanc, des élytres, des anneaux, des pieds et d'autres débris cornés et indigérables de la carapace des coléoptères, des cuirasses de mille-pieds et de larves souterraines, des insectes de toutes espèces, mais jamais une fibre de plante, une feuille, un morceau d'écorce ou de bois, pas une trace de matières végétales...... J'ai disséqué des douzaines de taupes sans jamais rencontrer un fragment végétal dans l'estomac ou l'intestin.

Flourens, secrétaire perpétuel de l'Académie des sciences de Paris, voulant se convaincre si le régime alimentaire de la taupe était ou herbivore ou carnivore, fit diverses expériences physiologiques à ce sujet. Toutes celles qu'il enferma avec des racines, des feuilles, des carottes, des navets, des graines, etc., moururent de faim auprès de ces aliments qu'il retrouva intacts. Au contraire celles auxquelles il donna des vers, des insectes, des cloportes, des grenouilles, etc., etc., vécurent très-bien de ce régime, mais étaient insatiables.

Oken répéta ces mêmes expériences et obtint les mêmes résultats.

Enfin dernièrement, sous le titre : *Ce que mangent les taupes*, le *Cosmos*, publiait la note ci-après : Les expériences suivantes viennent d'être faites à la ferme de Saint-Remy (Haute-Saône) par M. Cordier en vue de s'assurer si les taupes mangent ou ne mangent pas les vers blancs. Un de ces animaux, mis le 23 juillet dernier dans une boîte à herborisation a mangé en quatre jours 132 vers blancs et 250 lombrics. Un autre logé le 7 août dans une grande caisse en bois, a consommé, en douze jours, 872 vers blancs et 540 lombrics ; de temps en temps, on mit auprès de lui des plantes que la taupe est accusée de manger, il n'y toucha pas autrement que pour s'en faire un lit. Enfin, tel est l'appétit formidable de cette espèce, qu'une troisième taupe, prise le 16 août, et qui avait laissé une de ses pattes dans le piége, n'en mangea pas moins 150 vers blancs le premier jour.

Devant les effroyables ravages des hannetons, ces observations sont à prendre en sérieuses considérations. Déjà, en 1864, M. Dumas, de la ferme école de Bazin, avait préconisé la protection des taupes pour la destruction des vers blancs.

A. PILLAIN.

## Dévidage des cocons de diverses espèces de vers à soie,

### PAR LE D<sup>r</sup> DE LA ROCHA.

D'après l'auteur de cette note, on aurait enfin trouvé le moyen de dévider le cocon du ver à soie de l'ailante, et ce moyen est si simple, qu'on s'étonne qu'il ait fallu l'aller demander aux Chinois : il consiste à ne pas laisser le papillon percer la soie de son cocon. Pour le reste on opère comme pour le cocon du ver à soie du mûrier. Voici des fragments de la lettre qui annonce cette découverte :

« Les Chinois possèdent le secret du dévidage des cocons du *Cynthia*, si recherché par les Européens, et je puis me flatter de l'avoir découvert.

» Je suis persuadé que les fameux fileurs européens ont suivi une voie qui les a conduits d'erreur en erreur, en ne cherchant la solution du problème que dans les procédés chimiques et dans quelques procédés mécaniques, et en croyant que le fil est resté continu après que le ver l'a filé dans son cocon. La vérité, c'est que le ver, avant de se livrer définitivement au sommeil, dont il sortira plus tard transformé en un brillant papillon, et prévoyant par instinct que, dans ce dernier état, il ne pourra briser le réseau qu'il a fait lui-même, faute du liquide dissolvant que possède le ver du *B. mori*, ouvre la porte qu'il vient de fermer, en coupant avec ses mandibules les fils de soie qui la bouchaient, et les mâchant ensuite pour en former une bourre qui empêchera les insectes et les eaux pluviales de pénétrer à l'intérieur, mais qui ne pourra s'ouvrir que de dedans en dehors, afin que par un léger effort le faible papillon puisse sortir, et en même temps nettoyer (brosser) son fin duvet pour se présenter dans toute sa beauté.

» Comme le ver exécute cette séparation quand il a fini de filer et quand il est sur le point de vomir l'intérieur du cocon, il détruit en six minutes les espérances que l'homme a pu concevoir si l'intelligence de celui-ci ne parvient pas à prévenir le mal. Que faut-il faire pour cela ? Donner la mort au ver quelques instants avant qu'il commette le dommage. On obtient ce résultat au moyen de la vapeur de l'eau bouillante ou par les procédés ordinaires qui suffoquent les chrysalides des *Bombyx*.

» J'ai pratiqué sur les *Bombyx spondiæ*, vingt-quatre à vingt-sept heures après que le ver avait commencé à former son cocon.

» Cette découverte est-elle applicable aux *Bombyx cynthia* et *arrindia* ? Les essais que je viens de faire ne me laissent aucun doute à cet égard.

» J'ai ouvert des cocons de ces *Bombyx* après la mort de la chrysalide, et d'autres dans lesquels elle était vivante, car j'en ai qui proviennent de deux envois que m'a faits de Paris M. T. Calderon, et j'y ai vu la touffe de soie coupée et mâchée de la même façon que dans le cocon du *B. spondiæ*.

» Que les sériciculteurs fassent pour ces Bombyx ce que j'ai fait pour celui du *B. spondiæ*, en donnant la mort au ver en temps convenable, avant qu'il ne rompe les fils de la porte des cocons, et je leur garantis qu'ils trouveront un fil continu et qu'ils n'attribueront plus la rupture du fil aux liquides dissolvants du gluten employés pour le dévidage. »

(Extrait du *B. de la Société d'acclimatation*, n° 8, août 1869.)

MANUEL VICENTE DE LA ROCHA.

*Observations de la rédaction au sujet de la note précédente.*

Il importe de ne pas laisser sans réponse des assertions faites de très-bonne foi, mais qui contiennent diverses erreurs. Il est impossible, jusqu'à présent, de contester les faits observés par M. de la Rocha, sur l'espèce colombienne d'*Attacus* dont parle sa note.

L'expérimentation directe nous manque encore pour le contrôle définitif; mais ce qu'on peut affirmer dès aujourd'hui, c'est que l'auteur de la note n'a pas le droit de généraliser pour d'autres espèces, et les expériences dont nous allons parler ne laissent aucun doute à cet égard.

D'abord une remarque au point de vue de l'entomologie scientifique. Aucun livre ou catalogue ne signale un *Bombyx* ou plutôt *Attacus* ou *Saturnia spondiæ*.

D'après M. Boisduval, dont l'érudition et la longue expérience sont bien connues de tous les entomologistes, il est probable que la Saturnide de la note précédente est l'espèce nommée *ethra* par Fabricius, fort commune en Colombie.

La chenille est seulement verruqueuse, sans tubercules pilifères (caractère de groupe). Il y a un arbre, de la famille des Térébinthacées comme l'ailante, indigène de la province de Carthagène en Colombie, qui s'appelle *Spondias purpurea*, vulgairement le *Mombin* ou *Citrouiller*. Cet arbre, bien connu, est cultivé aux Antilles, quoique son fruit soit de très-médiocre qualité. Ce sont très-probablement les feuilles de cet arbre qui nourrissent la chenille étudiée par M. de la Rocha, d'où de *Spondias* est venu au génitif le nom de *Spondiæ*.

Il faut bien convenir qu'il serait bien peu commode, pour ne pas dire impraticable industriellement, d'arrêter le travail des chenilles au moment juste où le cocon terminé, elles se préparent, d'après M. de la Rocha, à couper les fils à l'orifice futur de sortie du papillon. Une éducation en magnanerie, et de la plus rigoureuse égalité dans le développement, serait indispensable.

On peut très-bien suivre la manière dont procèdent les chenilles à cocons ouverts, sur deux espèces communes près de Paris, les *Attacus pyri* et *carpini*, ou les *grands* et *petits paons de nuit*, dont le cocon est d'abord très-transparent, ne recevant l'enduit brunâtre que plus tard. On voit la chenille retourner la tête bout pour bout, de l'entrée au fond fermé du cocon, ce qui indique qu'elle replie son fil en manière d'orifice de nasse. Bien des amateurs ont observé ces Lépidoptères, aucun n'a signalé de section faite à la fin par les mandibules de la chenille. Au Brésil, dans la province de Mato-grosso, M. Burmeister, dévide les cocons de l'*Attacus aurota*, grande espèce dont on a pu voir les beaux papillons éclos à la magnanerie du jardin d'acclimatation, lors de l'Exposition universelle de 1867.

Or M. Burmeister obtient trois générations par an de sujets élevés en plein bois, comme l'*Attacus mylitta* de l'Inde, et l'*Attacus aurota* à un cocon ouvert. Bien certainement la chenille ne coupe pas les fils, car on ne la surveille en rien dans le bois, et on ramasse les cocons comme on les trouve, vides ou pleins.

Il n'est pas sans intérêt, avant d'aller plus loin, de rappeler d'anciennes expériences de dévidage à la main, faites par Persoz, sur un grand nombre de cocons de diverses espèces. Il avait reconnu que les cocons des *Attacus cynthia vera*, *arrindia* et du métis se dévident, et que celui d'*Attacus aurota* se dévide très-bien, ce qui est parfaitement d'accord avec les récoltes industrielles de M. Burmeister. Les cocons des *Attacus prometheus* et *pyri* (notre grand paon de nuit) ne se dévident pas (1). Les cocons des *Attacus cecropia*, *ceanothi* et *selene* sont très-difficiles à dévider, celui de *luna* indévidable. Le cocon de l'*Attacus mylitta* se dévide très-bien; ceux des *Attacus Pernyi*, *assamensis*, *polyphemus*, bien. D'après Persoz, le cocon de l'*Attacus bauhiniæ* ou *Faidherbi*, du Sénégal, ne serait pas dévidable; mais plus tard M. Forgemol l'a dévidé.

Des expériences directes sur les cocons ouverts de l'*Attacus cynthia vera* (vers à soie de l'ailante) n'ont pas tardé à être provoquées en France par les assertions de M. de la Rocha. M. H. Givelet, à qui nous devons principalement la conservation assurée et définitive de cette espèce, a exposé dans la séance du 24 décembre 1867 de la Société d'acclimatation un résumé de ses observations. Comme il ne lui restait, à

(1) Maurice Girard, les *Auxiliaires du ver à soie*, p. 24. Paris 1864, J. B. Baillière et fils.

l'époque trop avancée de l'année, que très-peu de chenilles, M. Givelet commence par faire cette remarque que les expériences doivent être reprises l'année prochaine sur des sujets beaucoup plus nombreux, ce qui est nécessaire pour qu'on puisse être fixé d'une manière complète.

M. Givelet a étudié le coconnage de diverses chenilles de *Cynthia vera*, au bout de 30, 50, 70 heures de travail. Le cocon se compose de plusieurs couches qui ne prennent leurs teintes qu'au bout de quelque temps (1). Il n'y a pas d'enduit gommeux autour de l'orifice de sortie. Au bout de 120 heures ou 5 jours, le cocon est terminé, *sans aucune trace de coupure*. La chenille est d'ailleurs tout à fait épuisée et inerte. Les chenilles sécrètent une liqueur par la peau lors de la nymphose (et aussi aux mues). M. Givelet dit avoir placé un papier de tournesol à l'orifice de sortie du cocon, et que la couleur fut *détruite* là où la nymphe touchait (ce qui indiquerait, non une action acide ou alcaline, mais une corrosion à la façon de l'eau chlorée). L'animal produirait donc une corrosion des fils au guichet de sortie, et l'agent chimique servirait à aider la sortie. D'après M. Givelet il en résulterait une difficulté pour le dévidage, de sorte qu'il conseille d'étouffer les chenilles avant la nymphose, ce qui est, dit-il, plus facile que d'arrêter la vie de la chenille au moment précis où elle termine son travail.

M. Givelet a essayé de dévider les cocons de *Cynthia vera*. Il n'en possédait plus que 6. Les cinq premiers, étouffés à la vapeur, furent traités par un bain contenant 5 grammes de potasse pour 250 grammes d'eau et toujours le fil cassa. M. Givelet diminua alors la potasse et n'en mit plus que 2 grammes. Ici le dévidage eut lieu, mais à la condition de ralentir le dévidoir lorsqu'on arrivait à l'ouverture de nasse, par suite difficilement.

Il nous paraît très-probable que la solution de potasse, beaucoup trop forte, a causé toute la difficulté. Elle a altéré le fil à l'orifice, là où il n'est pas gommé, tandis qu'ailleurs l'enduit est seulement enlevé. L'eau de savon, qui n'est que faiblement alcaline, eût été préférable. On sait que les liqueurs potassées, si commodes pour le dévidage, altèrent et brûlent les soies grèges.

Ce qui nous permet d'émettre cette opinion, c'est que le dévidage des cocons de l'ailante et du ricin est connu depuis longtemps.

---

(1) C'est là un fait général, la coloration des fils n'est pas immédiate, soit par l'action propre de la chenille, soit par oxydation à l'air.

Outre les expériences de Persoz, il a été effectué par M. Aubenas fils, à Loriol, avec l'appareil inventé pour les cocons doubles du ver du mûrier. On a obtenu, avec beaucoup de déchet, des soies grèges, qu'on peut voir chez M. Guérin-Méneville et que ce savant présentait à l'Académie des sciences en 1865.

M. le D$^r$ Forgemol, de Tournan, enfin a inventé un moyen spécial pour dévider ces cocons, et a été honoré, sur ce chef, d'une médaille d'or de la Société d'acclimatation. Son procédé se divise en deux méthodes, selon que les cocons sont vides ou contiennent la chrysalide, ce qui paraît infirmer les assertions de M. Givelet. Dans une conférence, suivie d'expériences publiques, le 4 septembre 1868, on a pu constater ce dévidage à l'Exposition des insectes. L'article suivant, de M. Forgemol, lève tous les doutes à cet égard.

En outre pour terminer ce qui concerne M. Givelet, la nécessité d'étouffer les cocons avant la nymphose serait encore une difficulté considérable en éducations industrielles.

---

### Dévidage des cocons percés,

PAR M. LE D$^r$ FORGEMOL.

Comme on le sait, les vers à soie forment deux espèces de cocons, les uns des cocons à ouverture (ricin, ailante, jujubier, etc.), et les autres des cocons entièrement fermés (mûrier, chêne, etc.). Jusqu'à ces dernières années, on ne cultivait en France que le ver du mûrier qui appartient à sa seconde catégorie, c'est-à-dire qui produit des cocons fermés. Mais les maladies de ce ver du mûrier décimant nos magnaneries et compromettant considérablement l'industrie séricicole, quelques savants et expérimentateurs (M. Guérin-Méneville en tête) songèrent à acclimater en France de nouvelles races de vers à soie saines et vigoureuses ; parmi ces races, les vers à soie sauvages du ricin et de l'ailante fixèrent tout d'abord plus particulièrement l'attention ; on en poursuivit avec ardeur l'introduction et l'acclimatation, et ces deux espèces furent bientôt définitivement acquises à l'agriculture (1). Mais comme ces nouveaux vers forment des cocons à ouverture, le dévidage

---

(1) Le ver du ricin (*Attacus arrindia*, Milne-Edwards) est abandonné maintenant en France à cause de ses générations trop rapprochées qui ne permettent ni à ses chrysalides ni à ses œufs de passer l'hiver.

de ces mêmes cocons en soie grége était, depuis leur acclimatation, déclaré impossible. La soie qu'on en retirait n'était que de la bourre, propre seulement aux plus médiocres applications de l'industrie. Il en résultait que la destinée de ces nouveaux vers était singulièrement compromise par l'impossibilité, bien reconnue, où l'on était d'obtenir de la grége, c'est-à-dire des fils continus.

Ce sont, tout d'abord, ces cocons du ricin et de l'ailante qu'après de nombreux essais, je suis parvenu à devider à l'aide d'une préparation spéciale et d'un apppreil particulier mis sous les yeux du public à l'Exposition des insectes de 1868, et dont nous nous occuperons plus longuement tout à l'heure.

La découverte du dévidage des cocons ouverts a donc eu, pour elle, l'opportunité, puisqu'elle a assuré désormais l'avenir des vers sauvages de l'ailante et du ricin, dont l'introduction et l'acclimatation ont trouvé par cela même une importance majeure pour notre industrie ; je dis pour notre industrie : en effet, si, au point de vue agricole, les espèces nouvelles étaient conquises, elles ne l'ont été réellement, au point de vue industriel, que du jour où le dévidage de leurs cocons a été découvert.

Constatons donc ce premier fait : que, sans cette découverte, l'acclimatation des nouveaux vers, qui font des cocons à ouverture, n'eût pas été complète et n'eût pas satisfait toutes les espérances qu'elles avaient primitivement fait concevoir.

Mais ce n'est pas seulement à assurer cette acclimatation que se borne la découverte que j'ai faite; et si, en cela, sa venue au monde industriel a été indispensable, l'application que j'en ai faite au dévidage des cocons dépapillonnés du mûrier et de ses congénères, offre, pour la sériciculture, une opportunité bien autrement grande encore.

En effet, depuis longues années, l'industrie séricicole se débat dans une défaillance des plus funestes, puisque de 130 millions qu'elle produisait annuellement en France, elle est tombée à 30 millions. Les terribles maladies qui ravagent nos magnaneries nécessitent un grainage considérable et tout spécial : pour rechercher des espèces saines et vigoureuses on fait beaucoup de graine, on force en graine, et pour avoir une graine privilégiée, on choisit avec le plus grand soin les plus beaux cocons des récoltes ; or, ces cocons contiennent la plus belle soie, et jusqu'à présent cette belle soie se trouvait perdue pour l'industrie, puisque celle-ci n'était pas parvenue à dévider les cocons dépapillonnés, c'est-à-dire les cocons devenus ouverts par la sortie du papillon. Pourquoi n'était-on pas arrivé plus tôt à dévider ces cocons dépapillonnés ? Cela a dépendu de deux erreurs. On disait : 1° le papillon, en sortant, coupe les brins de soie dont l'ensemble forme son cocon ; 2° le papillon, en sortant, brûle ces mêmes brins. Or, il n'en est rien, et il a fallu deux siècles pour arriver à redresser de si fausses suppositions.

1° Je dis que le papillon ne coupe pas la soie de son cocon au moment de sa sortie. En effet, le papillon au moment où il va quitter la coque dans laquelle il a vécu chrysalide, humecte, seulement au point de sortie, l'enveloppe qui l'entoure avec un liquide que sécrètent deux petites glandes qu'il a à la tête ; et, par des mouvements d'arrière en avant et de latéralité, il écarte seulement les diverses couches de soie qui constituent le cocon. Il ne coupe rien, et, à l'aide du microscope, il est facile de s'assurer qu'il n'y a là aucune section, mais bien réellement un simple écartement.

2° Je dis, en outre, que le papillon ne brûle pas la soie de son cocon ; en effet, le liquide sécrété par les glandules de la tête du papillon est un alcali qui lui sert, par une sorte de dégommage anticipé et naturel, à désagréger, au point de son émergence, les couches de soie du cocon, lesquelles sont acides : une petite expérience, que je conseille, permettra de s'assurer de ce que j'avance. Pour cela, coupez, au moment de la sortie du papillon, les bords encore humides de l'ouverture du cocon, et mettez-les dans un vase contenant un peu d'eau tiède ; jetez dans un autre vase, et dans une même eau tiède le fond du même cocon ; agitez l'eau des deux vases, et vous verrez à l'aide des plus simples réactifs chimiques (sirop de violette, papier de tournesol) que le vase où sont les bords contient un liquide alcalin et que, dans l'autre, où se trouve le fond, le liquide est acide.

Le cocon entier est donc formé de couches de soie réunies entre elles par une sorte de gomme de nature acide, que le papillon, en sortant, dissout avec le liquide alcalin formé par les petites glandes de sa tête. La soie du cocon n'est donc pas brûlée, elle est simplement dégommée.

Le dévidage que l'on a exécuté à l'Exposition des insectes permet du reste de voir que les liens de soie qui forment le cocon ne sont ni coupés ni brûlés, puisqu'il donne un fil à la fois aussi continu et aussi résistant que celui qu'on retire, par les moyens ordinaires, de tous les cocons fermés.

Or, si le papillon du mûrier ne brûle ni ne coupe la soie de son cocon en le quittant, ce cocon, devenu vide, se trouve placé immédiatement alors dans les mêmes conditions que les cocons naturellement ouverts. Ils sont percés tous deux ; et dévider les cocons à ouverture naturelle a pour conséquence immédiate et forcée le dévidage des cocons naturellement fermés, devenus ouverts par la sortie des papillons. On peut se convaincre qu'il en est ainsi, en voyant dévider aussi bien les cocons dépapillonnés du mûrier que les cocons naturellement ouverts de l'ailante et du ricin.

Le dévidage des cocons percés du mûrier donne, ainsi que je l'ai déjà dit, une immense importance à ma découverte. Cela devient de toute évidence en réfléchissant que désormais, grâce à elle, on retirera de ces beaux cocons dépapillonnés, jusqu'alors destinés à la bourre, une magnifique grége dont la restitution à l'industrie va constituer dorénavant la plus précieuse des ressources. En effet, les sériciculteurs pourront dorénavant largement choisir leurs cocons de graine sans crainte de perdre les belles soies qu'un dévidage, aussi nouveau que facile, leur assurera toujours. « Deux kilogrammes de cocons dépapil-
« lonnés (valant vingt francs) fournissent, avec mon procédé, un
» kilogramme de grége, de 70 à 90 francs. » Ce dévidage, toujours aisé dans les plus jeunes mains, facile dans les familles à temps perdu, me paraît destiné, par sa simplicité d'exécution, à constituer un véritable progrès, et à rendre à la sériciculture, en lui procurant les plus réels bénéfices, la splendeur de ses beaux jours d'autrefois.

Comme deuxième fait à noter, je signalerai donc encore, comme très-opportune et très-importante, l'application de mon dévidage de cocons ouverts naturellement, au dévidage des cocons dépapillonnés.

Je n'ai parlé, jusqu'à présent, que du dévidage en soie grége des cocons de l'ailante et du ricin ; mais tous leurs congénères, je n'ai pas besoin d'y insister, se dévident comme eux ; il en est de même du mûrier, dont les congénères, surtout ceux du chêne, se dévident parfaitement aussi par notre procédé, quand le papillon en est sorti. Sans doute, l'ailante et le ricin ont plus particulièrement été, parmi les cocons ouverts, l'objet de mes expériences, grâce aux travaux et à l'obligeance de MM. Guérin Méneville et A. Gélot, si autorisés en cette matière ; mais j'ai également réussi à retirer de la grége de tous leurs congénères, principalement des cocons du jujubier (*Attacus Faidherbi*) mis à ma disposition par M. le général Faidherbe, gouverneur du Sénégal, par M. Aubry Lecomte et par le ministère de la marine. Quant aux cocons fermés, devenus ouverts par la sortie du papillon, si j'ai expérimenté principalement sur le mûrier, c'est qu'il était sous ma main et le plus facile à me procurer. Mais, là encore, mon système s'applique admirablement à tous les congénères, surtout aux cocons du chêne (*ya-ma-maï*, *Pernyï* et *mylitta*) pour l'introduction et l'acclimatation desquels on connaît les soins si intelligents, la persévérance à toute épreuve, ainsi que les succès de S. Ex. M. le maréchal Vaillant, de M. Blin (d'Angers), etc.

De cette digression je conclus que dévider ailante, ricin et mûrier, c'est dévider tous les cocons percés provenant d'espèces analogues et de même état.

J'arrive maintenant au mode de fonctionnement de la machine exposée en 1868. Cette machine a été construite dans deux buts : 1° de dévider les cocons ouverts quand ils sont pleins et quand ils sont vides ; 2° de dévider les cocons fermés quand ils sont vides, c'est-à-dire dépapillonnés, c'est-à-dire quand le papillon en est sorti. Sous l'influence des deux erreurs indiquées plus haut, section et ustion de la soie de cocons par le papillon au moment de sa sortie, les industriels ne songeaient pas à dévider les cocons percés, convaincus qu'ils étaient d'avance que cela était impossible, puisqu'on ne pouvait aboutir qu'à en retirer un brin sans continuité et sans résistance. Une troisième raison qu'ils alléguaient, la seule bonne, c'était que ces cocons, étant percés, tombaient dans l'eau bouillante de la bassine, employée ordinairement au dévidage des cocons fermés. C'est vrai, en effet ; on ne songeait pas à sortir de cette vieille bassine.

H. FORGEMOL,
Doct.-méd., conseiller d'arrondissement à Tournan (Seine-et-Marne).

(*A suivre*.)

## GÉNIE RURAL

**Des appareils et des machines en usage pour détruire les insectes nuisibles aux jardins, aux serres, aux vergers, aux champs, aux bois et aux réserves des céréales,**

PAR M. MAURICE GIRARD.

(*Avec planche*.) Suite (1).

On doit ranger parmi les appareils secoueurs une machine inventée en

(1) Voir le journal de 1869, p. 76 et 117.

Normandie par M. Bénard, constructeur mécanicien à Ypreville-Biville, canton de Valmont (Seine-Inférieure) et que son auteur a nommée *épuceronnière*. Elle est en effet destinée à ramasser des petits Coléoptères, qui envahissent les fleurs de colza, mangent les jeunes siliques et rendent la fleur stérile ou donnant un fruit difforme, bosselé et vide. Les ravages de ces insectes sont considérables en certaines années ; ainsi au printemps de 1869, et comme, parmi eux, les paysans remarquent surtout des Chrysoméliens sauteurs, du groupe des Altises, et qu'ils nomment fort improprement *pucerons, pucerottes, puces de jardin*, etc., on s'explique le nom de la machine et son action : *épuceronner*. Nous verrons plus loin, à propos des espèces de Coléoptères nuisibles aux fleurs de crucifères, qu'il y en a appartenant à d'autres tribus et non sauteurs. L'appareil que nous allons décrire en détail est plus compliqué que la machine Badoua pour les luzernes, car les secousses doivent agir d'une manière alternative sur deux rangées latérales de colza, ce qui exige des transmissions de mouvement complexes. La machine a une certaine hauteur appropriée aux dimensions de cette plante oléagineuse. Elle ne pourrait servir pour les navettes, plantes basses qui sont attaquées par les mêmes insectes. On pourrait pour celles-ci employer la machine Badoua précédemment décrite.

Pour que l'épuceronnière soit en état de fonctionner facilement, il est nécessaire que le plant de colza soit motté, parfaitement disposé en lignes et avec au moins 30 à 35 centimètres d'écartement. Les insectes nuisibles paraissent ordinairement sur les plantations de colza dans les premiers jours de température douce du mois d'avril. L'apparition eut lieu tout au commencement de ce mois en 1868, mais en 1869 elle ne commença que vers le 8, à cause d'un printemps plus froid. Seulement les insectes se montrèrent en plus grand nombre à la fois, et plus difficiles par conséquent à détruire que les années précédentes. L'épuceronnière est poussée par un homme entre deux sillons de colza. Il est nécessaire, pour le travail d'une journée, d'avoir deux hommes qui se relayent. En 9 ou 10 heures on peut alors aisément lui faire parcourir de la sorte trois hectares. Cette année, on a ramassé jusqu'à six litres d'insectes à l'heure.

Il est très-malheureux que, malgré les efforts de M. Bénard depuis quatre ans et les grands sacrifices qu'il s'est imposés, cet utile instrument ne soit pas encore plus répandu. Les cultivateurs hésitent toujours, et ne savent pas dépenser à propos une petite somme pour (en sauver une grande. Il faut que l'épuceronnière soit installée et prête à fonctionner avant l'apparition des Coléoptères. Il est indispensable de commencer aussitôt l'apparition du fléau. Les cultivateurs ne pensent d'habitude à remédier au mal que quand il est trop tard, alors que toutes les nymphes sont écloses et que des millions de petits rongeurs sont installés dans les fleurs. On ne commence à les ramasser que quand les organes reproducteurs sont dévorés, c'est-à-dire inutilement. Cette incurie, due à la routine aveugle et obstinée, nuit beaucoup à la propagation de l'instrument, en mettant à son compte des insuccès dont il est innocent.

On ne saurait trop recommander aux cultivateurs de se mettre à l'œuvre dès qu'ils voient quelques insectes dans les fleurs de colza. L'instrument ne doit pas s'arrêter un seul instant, ni aux heures de repas, ni le dimanche. Il ne faut pas remettre au lendemain, la réussite n'est assurée que par la plus vigilante promptitude. Il faut faire repasser l'instrument plusieurs fois dans le même champ quand les insectes sont très-abondants, de sorte que la destruction est l'affaire d'une huitaine de jours, avec les soins exceptionnels indiqués.

Les chiffres suivants, d'après M. Bidard, chimiste de Rouen, donnent une idée de la quantité prodigieuse de ces petits insectes : un litre de *pucerons* pèse 412 grammes et contient 333,000 insectes. Il y en a 809,000 par kilogramme. Les diverses espèces confondues sous le nom champêtre sont à peu près de la même petite taille.

Nous allons procéder à la description de l'appareil, qui est assez compliqué pour exiger une certaine attention du lecteur. La difficulté provient de ce qu'il faut ici transmettre des secousses dans deux plans parallèles à la direction du mouvement, et non dans un plan perpendiculaire, comme dans l'appareil Badoua. A l'une des extrémités de la machine sont deux brancards entre lesquels se met l'homme qui sert de moteur et qui pousse l'engin droit dans la raie entre deux sillons plantés. Une bricole en cuir, qui l'entoure à la ceinture, l'aide à presser en avant. A l'extrémité opposée et antérieure de la machine se trouve la roue motrice, comme une roue de brouette. Au-dessus et de chaque côté de cette roue sont deux guides en fort fil de fer, légers, mais solidement attachés et contournés à angles arrondis en dehors, afin d'agir en même temps sur chaque sillon latéral qu'ils embrassent dans leur contour. Un pignon denté est disposé concentriquement à la roue motrice. Il transmet son mouvement circulaire, au moyen d'une chaîne articulée, à une poulie à six cames. Celles-ci secouent un montant vertical. Il communique par une bascule à deux ressorts auxquels est liée une barre horizontale parallèle à la direction du mouvement, et qui occupe l'axe de l'appareil. Celle-ci est armée de quatre bras courbes. Par cette disposition sont transmises alternativement les secousses aux guides. Des supports sont attachés aux bouts des guides, et sont unis aux deux extrémités de l'appareil par des barres à deux bras glissant dans des coulisses. Elles servent à régler la hauteur d'action et l'ouverture des guides.

Ce mécanisme secoueur agit sur les plantes sans chocs violents, de manière à ne pas les briser, mais assez fortement pour détacher des fleurs les insectes surpris. On sait que tous ces petits êtres timides ont l'instinct de faire les morts, et de se laisser tomber sur le sol dès qu'ils sont inquiétés. C'est précisément ce que produit sur eux la secousse qui leur donne l'idée immédiate d'un danger. Les insectes tombent sur une trémie présentant au fond un crible. La poulie transmet aussi à cette région inférieure de l'appareil une série de secousses au moyen d'une bascule, et toujours par le mouvement de la roue motrice. Ces secousses ont pour objet d'empêcher les insectes de se cramponner aux parois de la trémie et de remonter. Ils arrivent alors, toujours contractés et simulant la mort, à deux entonnoirs inférieurs au crible, et se rendent par deux tuyaux de descente dans une boîte fermée où l'on pourra recueillir les insectes et les transvaser dans un sac quand elle sera pleine. Cette caisse plate est vitrée en son milieu et au-dessus. Ceci est encore un détail où se montre l'esprit d'observation de M. Bénard. Il était à craindre que, dans les moments d'arrêt de l'instrument, les insectes rassurés ne cherchassent à sortir, et ne finissent à passer par les tuyaux de descente. Les insectes voient la lumière à travers le vitrage de leur tombeau, et, trompés par de prétendus orifices de salut, ils s'entassent avec acharnement sous le vitrage perfide, sans s'occuper des tuyaux obscurs, et attendent là paisiblement la mort.

M. Bénard a aussi construit une épuceronnière analogue pour les lins.

M. Bénard nous envoya vivants des insectes recueillis sur les colzas. Nous y avons reconnu le *Meligethes æneus* (Fabr.), du groupe des Nitidulides, de toute l'Europe et l'Algérie, qui se rencontre dans une foule de fleurs dont il mange probablement les anthères, le *Ceuthorhynchus assimilis* (Paykull), de toute l'Europe, Curculionien qui est un des fléaux des colzas et qui a déjà été signalé aux environs de Paris ; enfin, il s'y trouvait un *puceron* des paysans, l'*Altica* (*Phyllotreta*, Chevrolat) *obscurella* (Illiger), de France, d'Allemagne, d'Italie. Ce Chrysomélien n'est pas la seule espèce sauteuse qu'on puisse trouver sur les colzas. On y rencontre aussi fréquemment les *Altica* (*Phyllotreta*) *melœna* (Illig.) et *lepidii* (Hoffmansegg), espèces de toute l'Europe et qui dévorent diverses crucifères, des grandes cultures et des jardins. Il y avait aussi, dans l'envoi de M. Bénard, de minuscules insectes noirs, très-déformés quand je les reçus, et qui m'ont paru être un Thrips ou une larve allongée d'Hémiptère. Dans une des lettres de M. Bénard se trouve signalé ce fait que quand les colzas ont été bien nettoyés à l'épuceronnière les siliques sont ensuite très peu véreuses. Les petits vers dont parle M. Bénard sont très-probablement des larves du Curculionien cité plus haut et qui paraît l'ennemi le plus redoutable des colzas. Les Charançons, en effet mangent beaucoup de fleurs et piquent, peut-être avec leur rostre, les pistils où ils déposent leurs œufs.

Nous avons maintenant à faire connaître les nombreux certificats qui attestent l'emploi de l'épuceronnière Bénard et ses bons effets. Rien de plus important pour les cultivateurs que ces indications précises de personnes et de localités qui leur permettent de se renseigner directement.

Nous trouvons d'abord une lettre adressée à M. Bénard par M. L. Estancelin, président de comice agricole de Dieppe, en date du 24 juin 1869, constatant que les résultats obtenus par l'épuceronnière ont été très satisfaisants et lui annonçant que le comice a décidé l'achat d'une de ses machines.

Nous transcrivons ensuite divers certificats :

Je soussigné Auguste Dutot, cultivateur à Tourville, par Fécamp (Seine-Inférieure), certifie m'être servi de la mécanique dite *épuceronneuse*, construite par M. Bénard d'Ipreville, canton de Valmont (Seine-Inférieure) et m'en trouver très-satisfait. Elle fonctionne très-facilement et étant employée tout à fait au début de la floraison, et même au moment où se présentent les premiers boutons, si l'insecte y est arrivé. On peut atténuer de beaucoup le mal occasionné par l'insecte qui, dans des localités près d'Yvetot et Rouen, cette année, a fait tant de ravages, que beaucoup de cultivateurs ont été dans l'obligation de relabourer des pièces de colza qui étaient très-fournies en plantes et qui ne pouvaient produire aucune fleur. Je pense qu'en employant la machine de M. Bénard au moment opportun, on pourrait sauver les trois quarts de la récolte ou toujours au moins les deux tiers ; mais, comme je le répète, il est très-essentiel de veiller avec soin au moment de l'arrivée de l'insecte et de passer cinq à six fois à la même place si le besoin s'en fait sentir, à tous les vingt-quatre heures d'intervalle ou au plus tous les quarante-huit heures quand il en est gravement atteint.

J'ai aussi essayé une machine du même inventeur pour recueillir le puceron du lin, qui en est aussi très-souvent attaqué ; elle fonctionne aussi assez facilement, mais est moins efficace que celle au colza, ne pouvant recueillir encore à peine que le quart des insectes qu'il peut y avoir ; mais l'idée en est très-ingénieuse, et j'espère qu'avec quelques modifications, cet instrument est aussi appelé à rendre de grands services à la culture, tant pour les lins que pour les vesces qui, dans notre pays, sont aussi très-souvent attaquées de cet insecte.

Cet instrument est tout nouvellement inventé et c'est le premier essai que l'on en fait : il peut parcourir environ un hectare en deux heures.

Auguste DUTOT,<br>Cultivateur, à Tourville, par Fécamp (Seine-Inférieure).

Cette dernière pièce mentionne, on le voit, une autre intéressante invention de M. Bénard, encore à l'état d'essai.

Autres certificats :

Le 9 avril 1869, voyant mon colza commencer à être victime du puceron, je me suis hâté de faire marcher l'épuceronnière de M. Bénard d'Ypreville, que j'avais à ma disposition, car, dès 1866, je l'avais expérimentée et, en 1867, j'en avais acheté une pour être en mesure de combattre le puceron à son arrivée.

Mon colza n'étant pas couvert de très-nombreux insectes, le 9 avril 1869, je n'en ai recueilli qu'un demi-kilogr. en deux heures, dans 56 ares 75 centiares ; le 10, passé à nouveau dans le même colza, même quantité ; le 12, dans une autre pièce, recueilli un kilogr. dans 1 hectare 56 ares. Les jours suivants, étudiant les progrès que le puceron pouvait faire, j'ai remarqué qu'il avait disparu, peut-être le temps y a-t-il contribué.

Je n'en reste pas moins convaincu que l'épuceronnière doit rendre de bons services, étant employée en temps opportun, et à plusieurs reprises, selon l'utilité reconnue. J'ai la conviction qu'elle doit atténuer avec avantage les dommages causés par le puceron.

Annouville, ce 15 mai 1869, ferme de Petreval, contenant cent hectares en culture.

Cette même mécanique a fonctionné avec les mêmes avantages chez mon père, à la grande ferme du château de Daubeuf, route de Rouen à Fécamp.

Le 29 avril 1869, mon beau-frère et voisin, M. P. Lecaron, apercevant, mais trop tard, de grands dommages dans ses colzas, a employé la même épuceronnière et a eu le malheur de constater qu'en six heures de travail il avait recueilli cinq kilogr. de pucerons mêlés de quelques boutons de fleurs de colza trop avancés.

Le 30 avril, en continuant dans une autre pièce, il a recueilli 4 kilog. en six heures dans 1 hectare 70 ares.

Ces résultats prouvent à quel point on doit prendre en bonne considération la mécanique épuceronnière.

A. Dutot et Lecaron (Pierre).

Voici diverses indications concernant d'autres cultivateurs qui se sont servis de l'épuceronnière.

M. Joli, de Colleville près Fécamp, emploie l'appareil depuis trois ans à sa satisfaction ; cette année malheureusement les insectes se montrèrent dans les colzas de ce cultivateur, les 7 et 8 avril, et l'instrument ne fut mis à l'œuvre que le 12 dans l'après-midi. Il était trop tard, les ravages étaient faits, et M. Joli reconnaît que le mal tient à son défaut de surveillance.

M. Giffard, maire de Saint-Clair-sur-les-Monts près d'Yvetot, a subi le même sort, quoiqu'il ait ramassé près de deux hectolitres d'insectes ; il aurait fallu deux ou trois instruments et non un seul pour nettoyer tous ses colzas. M. Lingois, à Amélamar près Bolbec, se sert de l'épuceronnière depuis deux ans et était satisfait du résultat. Cette année, il a ramassé six litres d'insectes à l'heure et un hectolitre en tout, mais l'insecte avait paru en si grandes masses qu'un seul appareil a été insuffisant pour tout son colza. M. Lemaître, de Bolleville près Bolbec, a acheté l'an dernier une épuceronnière, mais, comme en 1869, il ne s'est mis au travail que le 13 avril, son colza a été victime de ce retard.

M. Thieullen fils, à Ypreville-Biville, se sert d'une épuceronnière pour la seconde fois, et, quoique cette localité ait été des moins attaquées par les insectes du colza, il en a ramassé un litre à l'heure. M. Thieullen estime beaucoup l'utilité de l'instrument. Une autre machine a été achetée par la Société pratique de l'arrondissement du Havre et a été employée chez plusieurs cultivateurs. En 1869, l'épuceronnière a été vendue à M. Joutel, de Langelot près Bolbec, et à M. Bénard, de Ricarville près Tanville (Orne), bien que leurs colzas fussent déjà ravagés, mais parce qu'ils en comprenaient un peu tard toute l'utilité. Ces dernières citations ne montrent que trop la nécessité absolue de se hâter, comme nous le disions au début de cet article. On a affaire à des ennemis qui ne vivent que peu de jours à l'état parfait, qui pullulent en raison de la plus déplorable fécondité, et qui reparaissent l'année suivante, à moins d'un changement de culture.

Nous ajouterons, comme dernière preuve de la terrible multitude de ces petits êtres, que M. Giroult, de Langelot près Bolbec, voyant son colza très-endommagé, voulut faire l'épreuve de l'épuceronnière. Le 12 avril 1869, M. Bénard recueillit dans ce colza quatre litres d'insectes en moins de quarante minutes. Le voisin, fermier comme le précédent, M. Joutel, dont il a été question précédemment, et qui ne commença que le 13 avril, a ramassé jusqu'à un demi-hectolitre par jour.

M. Bénard a obtenu, dans différents concours régionnaux et agricoles, quatorze médailles d'argent et de bronze, une médaille de la Société agricole de Rouen, avec un encouragement de cent francs. Il est fort à désirer que l'utile appareil de M. Bénard soit acquis par le ministère de l'agriculture et du commerce pour les fermes-écoles. Il est nécessaire que les petites exploitations en possèdent un et les grandes plusieurs, en raison de la nécessité d'opérer très-rapidement. Ce sont les commandes nombreuses qui permettront d'en abaisser le prix, encore assez élevé, de 225 à 250 francs, ce qui effraye beaucoup de petits cultivateurs. Nous espérons que la publicité du journal *l'Insectologie agricole* pourra concourir à amener cet heureux résultat et à récompenser les efforts d'un travailleur dévoué et intelligent.

## LÉGENDE EXPLICATIVE

### DE L'ÉPUCERONNIÈRE BÉNARD POUR LES COLZAS

$a, a,$ Brancards servant à pousser l'instrument.

$c, c,$ Guides en fil de fer pouvant embrasser deux sillons, et destinés à secouer les plantes au moyen des secousses que leur imprime un pignon denté $d,$ monté sur l'axe de la roue, et qui se transmettent par une chaîne articulée $f,$ et une poulie $g,$ au montant vertical $h;$ et par la bascule $i$ aux ressorts $jj$ reliés par la barre $k$ armée de quatre bras courbés.

$l, l,$ Trémie dont le fond est garni d'un crible où tombent les insectes et qui reçoit également un mouvement à secousse au moyen du levier $m$.

*n, n,* Tuyaux placés en dessous du crible et communiquant avec les boîtes *p,p,* où se rendent les insectes.
*q,* Verre dont la transparence est destinée à attirer l'insecte sans lui laisser d'issue pour sortir.
*s,* Garniture destinée à empêcher les herbes de s'enrayer dans les bras de la roue.
*t, t,* Traverses reliant les bras verticaux des guides, et permettant, au moyen de rainures, de placer ceux-ci à hauteur convenable, selon la force des colzas, et à distance parallèle nécessaire.  Maurice GIRARD.

(*A suivre.*)

## SÉRICICULTURE,

PAR M. MAURICE GIRARD.

Après la note si importante de M. Pasteur, en date du 4 octobre 1869, et qui a été analysée en détail dans notre dernière revue séricicole, les communications concernant les vers à soie sont devenues assez rares à l'Académie des sciences. Outre le travail de M. Duclaux (voir le n° 8 du journal, Sériciculture), nous ne trouvons que deux communications à signaler dans les comptes rendus de la savante assemblée. M. Brouzet, de Nîmes, adresse une note (18 octobre 1869) sur un procédé nouveau pour régénérer la graine de ver à soie, note qui est simplement citée au bulletin. Nous nous rappelons seulement que M. Brouzet avait préconisé autrefois un moyen de guérir les vers à soie atteints de la pébrine, en les immergeant dans des solutions convenables d'azotate d'oxyde d'argent. Il eût fallu, pour justifier ce procédé, que la maladie corpusculeuse eût eu son siége unique dans la peau, ce qui n'est pas. En outre des expériences directes de M. Pasteur, à Alais, qui a reconnu que cette solution ne tue pas les corpuscules et laisse subsister leur propriété contagieuse, sont en pleine contradiction avec l'opinion de M. Brouzet. Il est à désirer que M. Brouzet rencontre plus juste dans le nouveau procédé dont il est l'auteur, et que nous ferons connaître, dès qu'il aura reçu de la publicité. C'est également par un simple titre que nous pouvons indiquer (séance du 6 décembre 1869) une note de M. de Masquard sur « l'éducation rationnelle des vers à soie et de la décentralisation de la sériciculture en France. » M. de Masquard est l'auteur d'un travail, dont nous n'avons lu encore que la première partie consacrée à un bon historique de la question, sur la maladie actuelle des vers à soie. Nous rendrons compte de la note nouvelle de M. de Masquard.

Nous trouvons dans le Bulletin de novembre 1869 de la Société d'acclimatation quelques détails sur les essais d'éducations de l'*Attacus-ya-ma-mai* (G. M.) ou ver à soie du chêne du Japon, par M. Vidal, de Montbel (Ariége). En 1868 le petit nombre de sujets qu'il put se procurer périt sous l'action de la pébrine la plus intense, au moment de filer leur cocon, et Mlle Constance Dessaix, de Thonon, bien connue pour ses belles éducations de grainage, avait éprouvé le même échec complet et à la même période, sur 1200 chenilles. En 1869 M. Vidal a réussi à obtenir un très-petit nombre de cocons, tant de graine japonaise importée directement que d'œufs venant de la race acclimatée en Autriche par M. de Bretton.

M. Vidal a reconnu que le ver aime beaucoup l'humidité et le grand air. On sait qu'au Japon on récolte les cocons sur les arbres, en plein bois, la nuit, à la lueur des torches qui les fait apercevoir brillant dans le sombre feuillage.

M. Vidal n'a sauvé quelques chenilles qu'en les transportant dans un grenier exposé au grand air, et en les arrosant trois ou quatre fois par jour. Il a remarqué que les vers de race indigène réussissent bien mieux que ceux d'introduction japonaise immédiate, sont plus robustes et moins vagabonds.

Le succès définitif de l'introduction en France de l'*Attacus ya-ma-mai* est peut-être encore éloigné ; mais la conquête d'une espèce qui changera en soie la feuille inutile de nos chênes a une telle importance qu'on ne doit négliger aucun détail, et conserver, à l'usage de l'avenir, tous les renseignements. Ne perdons pas courage pour les insuccès de quelques années.

L'introduction du *Sericaria mori* en Europe a exigé plusieurs siècles et n'a marché qu'à lentes étapes.

Nous terminerons par un fait capable d'intéresser tous les sériciculteurs. M. Pasteur est en ce moment à Trieste. Par une généreuse initiative et dans une excellente pensée d'utilité générale, l'Empereur a mis à sa disposition, pour sa résidence et ses travaux, le domaine légué au Prince Impérial par Mme la Princesse Bacciocchi. M. Pasteur prépare sur une échelle considérable, les éducations de vers à soie d'après les principes dont la commission des soies de Lyon a constaté et consacré le succès.

Maurice GIRARD.

L'*Editeur-propriétaire* : E. DONNAUD.

# L'INSECTOLOGIE AGRICOLE

**Bulletin insectologique.**

*Pluralité des maladies de la vigne; opinions divergentes.* On signale de tout côté des maladies de la vigne, et partout des animaux articulés y apparaissent, cause première ou conséquence du mal. En Crimée ce sont des insectes, comme on le verra à l'article de notre savant collaborateur, le Dr Télèphe Desmartis. A la Société d'acclimatation on vient d'adresser une communication du Cap de Bonne Espérance. Les célèbres vignobles de Constance sont la proie d'un articulé, observé sur place par le Dr Becker. Il vit sur les racines et les écorces et se fixe par son suçoir entre le bois et l'écorce, faisant couler la sève, épuisant l'arbuste. C'est un Acarien, c'est-à-dire une Arachnide dégradée, à huit pattes. Les Acariens les plus connus vivent sur des animaux; mais il en est aussi qui attaquent les végétaux. Ainsi M. Fumouze a récemment fait connaître des Acariens vivant dans les oignons de jacinthe, les détruisant et empêchant la floraison. Les vignes chétives et mal cultivées sont seules attaquées par l'Acarien, et on observe sur elles des écoulements de liquide donnant du sucre solidifié. Ce serait conforme à l'opinion la plus répandue chez les forestiers que les insectes n'attaquent que les arbres déjà affaiblis et malades. Rien ne montre mieux, au reste, la discordance des opinions que la nouvelle maladie de la vigne en France. Voici en effet les conclusions d'un récent rapport à la Société linnéenne de Bordeaux : le *Phylloxera vastatrix* (hémiptères homoptères, aphidiens) n'est pas la cause directe de la maladie de la vigne; son développement exagéré sur les souches malades n'en est que l'effet (on n'en conteste plus l'existence comme autrefois, c'est à noter); les vignobles attaqués dans le voisinage de Bordeaux souffrent du desséchement du sol des palus, où de nombreux fossés, fermés aujourd'hui, apportaient à chaque marée les limons fertilisants de la Garonne. Dans le Bordelais le mal s'étend peu, et reste circonscrit dans les palus entre Bordeaux et Floirac et dans quelques endroits de la commune de St-Loubès.

*Nouveaux agents proposés pour détruire les insectes souterrains.* M. Stanislas Martin conseille d'essayer contre les insectes nuisibles qui vivent en terre (vers blancs, larves d'*Agriotes segetis*, chenilles d'*Agrotis segetum*, etc.) les solutions d'acide *hypo-phosphorique*. On sait qu'on désigne souvent sous ce nom le produit de la combustion lente du phosphore, mélange des acides phosphoreux et phosphorique. On peut le préparer à l'état de dilution convenable en mettant 500 gr. de phosphore par 50 litres d'eau aérée et remuant de temps à autre; ou bien, on place à la cave, à basse température, du phosphore sur une grille qui surmonte une terrine. Le mélange acide se dissout dans l'humidité de l'air ambiant et coule; il ne reste plus qu'à l'étendre d'eau. L'auteur de ce procédé rapporte avoir détruit par ce moyen des guêpes, des fourmis, des vers blancs, et il le propose contre le *Phylloxera vastatrix* de la vigne, mais sans l'avoir expérimenté, dit-il. Il faudra voir si cette liqueur acide ne nuira pas à certaines plantes.

D'autre part, un cultivateur du faubourg de Cambray (Nord), M. Boulanger, annonce avoir constaté toute l'efficacité de l'emploi des cendres noires ou pyriteuses, bien séchées et mélangées à la graine dans le semoir, pour faire les semis de betteraves. On sait que dans le nord de la France ces cendres sont associées aux cultures. Ce sont des terres imprégnées de sulfure de fer très-divisé, de l'espèce minéralogique, *sperkise* ou *pyrite blanche*, la même qu'on trouve en boules dans les pierres à chaux et qui s'oxyde lentement à l'air. M. Boulanger a reconnu que partout où ces cendres noires sont mêlées aux graines de betterave, les vers blancs sont chassés, soit par l'odeur sulfureuse qu'elles exhalent, soit par le sulfate de fer acide qui s'y forme peu à peu. Au contraire les champs de betteraves ensemencés sans ce mélange ont été ravagés par les vers blancs.

*Controverse intéressante au sujet des oiseaux insectivores.* On sait combien sont en faveur depuis quelques années les défenseurs des oiseaux, les inventeurs de nids artificiels, etc. Sans doute il y a chez eux une excellente initiative et d'utiles résultats sont obtenus. Mais il semble, dans l'ordre naturel et harmonique des choses, qu'on doive constamment réagir contre la tendance de notre esprit à une exagération exclusive. Une entomologiste très-distingué, émule en France du célèbre Ratzeburg en Allemagne, M. E. Perris, vient d'entrer en lice, apportant à la Société entomologique de France une opinion toute contraire aux idées en faveur. M. E. Perris est bien connu par son remarquable travail sur les insectes, du pin maritime, honoré d'une médaille d'argent au congrès des sociétés savantes. Il se pose presque en adversaire des passereaux insectivores diurnes (rossignols, traquets, fauvettes, etc.), dont on déplore d'habitude la disparition à la suite des déboisements. Ces oiseaux, dit-il, ne peuvent manger les chenilles poilues qui sont si nuisibles, parmi lesquelles figurent celles des bombyx processionnaires, des liparis, des chélonies, etc. Ils ne peuvent saisir les larves lignivores cachées sous les écorces, ni ces nombreuses chenilles cachées pendant le jour et ne sortant que la nuit. Au contraire, pendant le jour, ils dévorent de très-précieux parasites, les ichneumoniens, les braconiens, hyménoptères qui percent la peau des chenilles pour déposer leurs œufs, et les nombreuses espèces d'entomobies ou tachinaires, diptères qui pondent sur la peau de celles-ci. D'après M. Perris, l'homme n'a que peu d'empire sur les insectes nuisibles; les insectes sont seuls les grands ennemis des insectes, ce qui explique les rotations alternatives de phytophages et de carnassiers, la disparition presque complète d'une espèce nuisible, comme la fameuse pyrale de la vigne, sous l'action des insectes ennemis, etc. M. Perris aurait même remarqué pour le pin maritime que l'abondance des oiseaux diurnes coïncide avec celle des chenilles nuisibles, en diminuant énormément le nombre de leurs parasites. Nous ne prétendons pas qu'il faille accepter ces conclusions d'une manière absolue; il y a dans nos bois une grande destruction de chenilles, de pyralides et de tinéides par les petits passereaux. C'est un fait incontestable; mais les idées de M. Perris doivent être prises en considération dans bien des cas. Il y a des oiseaux qui sont toujours utiles; ce sont les petits rapaces, surtout ceux de nuit, dont l'estomac accepte les chenilles poilues qui sont nocturnes pour la plupart, et surtout les engoulevents qui saisissent au vol les papillons de nuit et jonchent des ailes de leurs victimes les allées des bois. Nos préfets devraient tenir à honneur de protéger l'engoulevent d'une manière spéciale, et de frapper d'amendes les paysans ignares qui clouent aux portes ce défenseur des bois et des champs.

*Destruction des insectes qui ravagent les semis.* Si on veut détruire les altises qui mangent les semis de choux, de radis et de colza, de même qu'une foule d'autres insectes qui attaquent les semis de tout genre, on prend un litre d'essence de térébenthine qu'on mélange avec vingt ou trente litres de purin ou d'eau ordinaire, suivant la quantité de terrain ensemencé, et l'on arrose les semis avec ce mélange deux ou trois jours avant que les graines aient poussé.

Si on ne se sert que du fumier pour engrais, il faut, avant de s'en servir, l'arroser avec un litre d'essence additionné de vingt litres d'eau pour deux tombereaux ordinaires de fumier, et on détruira non-seulement les altises et les vers blancs, mais tous les insectes qui ont déposé leurs larves dans les engrais à employer.

En un mot, l'essence de térébenthine, appliquée en lotion, détruit tous les insectes qui ravagent et font périr les arbres, de même qu'elle guérit leurs plaies récentes et anciennes, ainsi que les maladies qui affectent le pêcher, la vigne, etc. Jointe aux engrais liquides et solides, elle fait disparaître tous les insectes qui s'y réfugient, et si l'on fume les pommes de terre avec l'engrais arrosé ou additionné de cette essence, on les préservera de cette maladie qui en fait tant pourrir chaque année. — V. Gérin.

*Moyen d'empêcher les ravages du Charançon du blé Calandra granaria).* La *Gazette du Village* donne le moyen suivant : Pendant l'été, mettre dans des tonneaux en bois blanc de la contenance de 230 litres, deux hectolitres de blé; il restera environ 10 ou 15 centimètres de vide. Ces fûts entassés les uns sur les autres dans le grenier, seront roulés une ou deux fois par mois, pendant quelques minutes, afin d'empêcher l'agglutination ; puis, les chaleurs passées, on pourra, pendant l'hiver, remettre le blé en monceaux.

*Destruction des pucerons.* Il s'agit d'abord des pucerons des pêchers, etc. Lorsqu'il fait beau, saupoudrez de fleur de soufre les feuilles des pêchers attaqués par les pucerons. Sous l'influence de la chaleur et de l'air atmosphérique, le soufre enveloppant les feuilles brûle lentement et forme, avec l'oxygène de l'air, de l'acide sulfureux, gaz délétère qui tue les pucerons et chasse les fourmis, très-friandes du sucre sécrété par ces insectes. Les arbres, une fois débarrassés de ces redoutables ennemis, reprennent leur végétation et poussent avec vigueur.

Pour détruire le puceron lanigère, il suffit de badigeonner l'endroit où le puceron se fixe, avec une bouillie liquide composée d'huile de colza non épurée et de suie de bois; cette composition fait mourir les insectes, qu'on ne voit plus reparaître pendant de longues années.

*Destruction des courtilières.* M. Bronsvick indique le moyen suivant dans le *Bulletin de l'agriculture* : Au printemps, lorsqu'on bêche le jardin, on peut avec les engrais disséminer les débris d'une tonne d'huile. L'achat de ces vieilles tonnes est peu coûteux, le bois, les douves garnies de plâtres sont bien imprégnées d'huile. On hache menu bois et plâtre et l'on mêle ces débris au fumier. Les résultats que j'ai obtenus sont étonnants. Mon jardin, infesté de ces affreux insectes, qu'on nomme courtilières en est presque complétement débarrassé. — J'ai remarqué aussi que les dépôts d'huile versés dans les trous qui conduisent aux nids ont toujours fait périr quantité de ces insectes broyeurs, même l'huile bien étendue d'eau.

*Échenillage.* Février et mars sont propices pour cette opération. Il faut avoir soin de brûler les nids de chenilles enlevés sur les arbres, sinon les chenilles engourdies sortent à la première chaleur et vont regagner les arbres.

*Destruction du Phylloxera.* M. Planchon fait part au *Messager agricole* de l'Hérault de deux substances qui peuvent détruire le *Phylloxera vastatrix*.

La première de ces substances, bien connue des vétérinaires par son usage contre la vermine des bestiaux, est tout simplement l'huile de cade. Mon confrère, M. Jeanjean, professeur à l'école de pharmacie, m'a suggéré les moyens de dissoudre cette huile dans l'eau par l'intervention d'une petite quantité de carbonate de soude. Par cette voie on arrive à faire avec un centimètre cube d'huile de cade dans 500 centimètres cubes d'eau, un liquide qui tue sûrement le *Phylloxera*, même après avoir filtré à travers une colonne de terre de 75 centimètres de hauteur. Ainsi donc un litre d'huile de cade du prix de 4 fr. pourrait fournir au moins 500 litres de liquide insecticide et même 5,000, si l'on admet la dilution au dixième comme suffisante.

La seconde substance, connue jusqu'ici seulement comme produit de laboratoire, est le bisulfure de calcium. Elle se présente en dissolution, comme un liquide d'une belle couleur orangée, susceptible de s'additionner d'eau dans toutes les proportions. Ce produit présente plusieurs avantages: 1° de se préparer aisément par l'ébullition dans l'eau d'un mélange de soufre et de chaux vive (32 grammes de soufre, autant de chaux, pour 400 gr. d'eau, se réduisent à 300 grammes par l'ébullition); 2° d'être d'un prix modéré, puisque, d'après MM. Jeanjean et Diacon, 100 litres de liqueur normale (non diluée) coûteraient environ 2 francs; 3° de n'être pas dangereux, ni d'odeur désagréable, l'hydrogène sulfuré ne s'y développant que graduellement pendant son altération; 4° d'être parfaitement soluble, de ne pas se laisser altérer immédiatement par le sol; mais de déposer du soufre profondément, sous la terre même, sur les racines, sur les insectes, soufre qui, sous l'influence du sol et de l'air, peut devenir le point de départ de nouvelles transformations.

En un mot ce liquide va permettre de faire contre le *Phylloxera* une sorte de soufrage souterrain et par voie humide, qui rappellera dans ses effets le soufrage extérieur et à sec de l'oïdium.

H. HAMET.

## Note de la rédaction au sujet du procédé de destruction de M. Planchon.

La communication importante de M. Planchon, qu'on vient de lire précédemment, exige quelques observations. Le composé jaune soluble qu'on obtient avec le soufre, l'eau et la chaux est un sulfure de calcium sulfuré, c'est-à-dire le sulfure analogue à la chaux, qui est insoluble, rendu soluble par un excès de soufre. En outre il y a de l'hypo-sulfite de chaux dans la liqueur, corps très-probablement inerte et sur l'insecte et sur la plante. Le sulfure sulfuré de calcium existe en abondance dans le midi dans les marcs des fabriques de soude; on y fait maintenant passer des courants d'air afin d'y régénérer le soufre, par réaction des acides hypo-sulfureux et sulfhydrique. Ce sulfure soluble de calcium serait donc un produit à vil prix. Nous conseillons fortement à M. Planchon, avant d'en préconiser l'emploi, de bien vérifier s'il n'est pas nuisible à la vigne, et s'il ne la tue pas avec le *Phylloxera*, ou du moins ne l'affaiblit pas. Les réducteurs sont en général funestes aux végétaux, et voici un exemple qui doit donner matière à réflexion avant d'opérer le soufrage souterrain de M. Planchon. A Versailles une petite rivière passe dans les égouts pour les nettoyer, et les limons sont amenés à Sèvres dans un dépotoir. Ces limons récents contiennent des sulfures alcalins, notamment le bi-sulfure ou sulfure sulfuré de calcium. Or il est reconnu qu'à cet état ils sont mortels aux végétaux, et tuent toute plante sur laquelle on les verse; on les amoncelle en tas, on les remue à l'air, et au bout de quelques mois, les sulfures étant oxydés, ces mêmes boues sont devenues un excellent engrais.

Maurice GIRARD.

### Moyen proposé pour la destruction des Hannetons,

#### par M. A. Pillain.

De tout temps l'homme s'est préoccupé et désespéré des ravages occasionnés dans toutes ses cultures par le *Hanneton commun*, soit à l'état de larve, soit à celui d'insecte parfait.

Bien des moyens ont été tour à tour préconisés et employés afin d'arriver à détruire cet insecte qui nous cause, dans notre seul département de la Seine-Inférieure, environ pour 25 à 30 millions de pertes par an.

Mais, malgré tous ces moyens, l'entière destruction des larves ou vers blancs sera toujours difficile pour ne pas dire impossible dans la grande culture. Elle sera partout plus facile et beaucoup moins dispendieuse

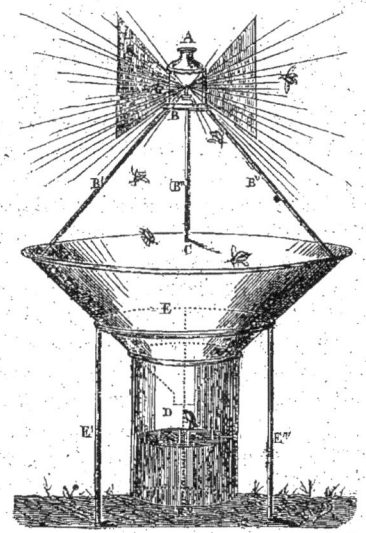

à l'égard des insectes parfaits; mais aussi, pour pouvoir arriver à un résultat satisfaisant, il faudrait que leur chasse fût générale et incessante, d'avril à juin.

Nul jusqu'à ce jour n'a songé à leur faire une chasse nocturne. C'est cette lacune que je viens essayer de combler.

Mettant à profit deux observations :

1° Qu'après le coucher du soleil on voit les hannetons quitter leurs lieux de repos, et s'élancer dans les airs afin de rechercher à s'accoupler. (Leur vol dure parfois jusqu'à minuit.)

Leur vol est tourbillonnant et souvent le jouet du vent, aussi se heurtent-ils contre tout ce qu'ils rencontrent, ce qui leur occasionne presque toujours de lourdes chutes.

2° Que la lumière les attire.

J'ai donc imaginé un appareil qui doit être placé à la nuit tombante dans un endroit découvert et bien en vue du jardin.

Cet appareil se compose d'une lanterne A, à foyer vif, posée sur un plateau B soutenu par les branches B', B", B''' soudées dans l'intérieur d'une vaste cuvette en zinc, en forme d'entonnoir C. Cet entonnoir s'ajuste sur un récipient D.

Vers le crépuscule on allume la lanterne, et si l'on veut obtenir un plus grand rayonnement de lumière on ajoute deux réflecteurs, ce qui en même temps donne une plus grande surface de choc.

En cas de grand vent, on consolide l'appareil en appuyant l'entonnoir sur un cerceau de gros fil de fer E porté par trois montants E' E" E''' fichés en terre.

On remplit le récipient aux 3/4 avec de la sciure de bois imprégnée de goudron. L'on pourrait également employer l'insectivore Peyrat, l'élixir insecticide de Zacherl, etc., etc.

Les Hannetons, attirés par la lumière, viennent se heurter violemment contre les glaces et les réflecteurs de la lanterne, et tombent dans la cuvette, d'où ils sont entraînés, par leur propre poids, dans le récipient, où ils sont retenus captifs par la sciure goudronnée qui s'attache sur tout leur corps; ou ils sont détruits par les caustiques mis au lieu et place de la sciure.

Afin de propager ce moyen de destruction, je laisse cet appareil dans le domaine public, libre de tout brevet et de tout perfectionnement.

A. H. C. PILLAIN.

## Note sur deux espèces nouvelles de Coccides vivant sur les Bambous cultivés au jardin du Hamma,

PAR LE Dr BOISDUVAL.

Depuis plusieurs années, les bambous attirent l'attention des amateurs et des horticulteurs ; prédilection que nous partageons volontiers, car ces végétaux, après les céréales, sont bien les plus intéressants de la famille des graminées. Ils rivalisent avec les palmiers par la dimension de leur tronc et par l'élégance de leur port. Ces arbres, aussi utiles que majestueux, forment d'immenses forêts dans les régions intertropicales; leur bois dur, mince et très-léger, sert dans l'Inde à une foule d'usages. Avec le tronc des grandes espèces coupé dans les entre-nœuds, on fabrique toutes sortes d'ustensiles, tels que mesure de capacité, seaux, barriques et autres vases destinés à contenir des liquides. Les espèces à tige plus grêle, découpées en lanières, sont employées à faire des nattes, des paniers très-solides, des clôtures de toute nature, des barres de palanquin et même des charpentes légères. Les bambous dont on fait les cannes et les manches de parapluie sont de jeunes tiges de ces graminées.

Le genre *bambos*, aujourd'hui *bambusa*, paraît être assez nombreux ; cependant toutes les espèces ne sont pas encore connues. Linné n'en a décrit que deux, *l'arundo bambos* et *l'arundo arbor*, Humboldt et Bonpland en ont découvert plusieurs dans l'Amerique centrale, mais le savant botaniste Kunth, qui a fait une étude spéciale des espèces américaines, les a séparées des bambous de l'ancien continent, et en a fait des genres particuliers, sous le nom de *guadana*, de *chusquea*, de *platonia* et de *merostachys*.

M. Rivière, l'habile directeur du jardin du Hamma, comprenant les services que ces gigantesques graminées ornementales étaient appelées à rendre dans les régions méridionales de l'Europe et surtout dans notre colonie de l'Algérie, se livre avec autant de zèle que d'ardeur à l'introduction et à la multiplication de ces beaux végétaux. Les membres de la Société centrale d'horticulture de France ont pu voir à nos séances, les magnifiques échantillons qu'il a présentés, et applaudir aux efforts de cet intelligent cultivateur. Le jardin d'expérience du Hamma près Alger renferme déjà plus de vingt espèces de bambous, depuis l'humble *nigra* jusqu'au superbe *arundinacea*.

Malheureusement, comme ces végétaux ne fleurissent que très-rarement, même dans leur patrie, on a été obligé de faire venir des jeunes sujets de l'étranger; avec ceux-ci M. Rivière a reçu en même temps les germes des deux parasites inconnus qui font le sujet de cette petite note.

Kermès du bambou, *Chermes bambusæ*. Cette espèce, que nous devons à l'obligeance de M. Rivière, a été observée par lui sur les *B. arundinacea* et *distorta*. La coque est bombée, oblongue, d'un gris roussâtre, un peu pubescente, principalement sur les bords, assez mince, se déprimant facilement et très-légèrement transparente. Les insectes, complétement désséchés sous leurs carapaces, adhérent à peine à l'écorce. Ils étaient encore vivants, au moins en apparence, lorsque nous les avons reçus, mais ils sont morts de froid sous le climat de Paris. Ils sont disséminés en grand nombre sur la tige des bambous dont il vient d'être question, mais ils sont bien plus éloignés les uns des autres que dans l'espèce suivante.

KERMÈS MILIAIRE, *Chermes miliaris*. Ce kermès très-petit, est à peu près de la taille de notre *conchyformis*. Il est, comme le précédent, d'un gris roussâtre, un peu convexe, arrondi postérieurement, avec l'extrémité antérieure pointue. Les individus, excessivement nombreux, sont si rapprochés les uns des autres qu'ils semblent ne former qu'une masse confluente.

Ce petit parasite n'a été encore observé que sur le *B. distorta*.

Jusqu'à présent ces coccides ne paraissent pas avoir beaucoup nui à la végétation rapide des bambous en Algérie, mais quoique ces végétaux, qui poussent comme des turions d'asperges ou comme notre *arundo phragmites*, ne grossissent plus une fois qu'ils sont sortis de terre, il est incontestable que si les hémiptères dont il s'agit venaient à se multiplier outre mesure, ils nuiraient beaucoup au développement de ces gigantesques graminées.

Le moyen de débarrasser les bambous de ces deux parasites nous paraît assez simple. Il suffira de les faire tomber avec une brosse de chiendent ou d'enduire les points où ces insectes se sont établis avec une solution de colle forte.

Dʳ BOISDUVAL.

### Nouvelle maladie de la vigne en Crimée.

#### PAR LE DOCTEUR TÉLÈPHE DESMARTIS.

Si l'ancienne maladie de la vigne, l'oïdium, cause par son développement l'asphyxie et la destruction du raisin, le Phylloxera, en se multipliant par millions sur les racines, absorbe la séve au moyen de son bec mobile et produit l'anémie et la consomption de l'arbre à vin.

C'est à cette conséquence fatale, amenée par la destruction de la séve dans ce végétal, qu'en France on a donné le nom de nouvelle maladie de la vigne.

Depuis l'apparition de l'oïdium et surtout depuis que l'épiphytie phylloxérienne a été signalée, les agriculteurs, étant devenus plus attentifs sur l'état de santé du *Vitis vinifera*, ont constaté que parfois les champs de vigne sont plus ou moins ravagés et se sont trop hâtés de l'attribuer au puceron viticide.

Le Phylloxera tend à l'envahissement, c'est vrai, mais il est d'autres causes morbides qui peuvent fatiguer l'arbuste qui donne à la fois l'énergie et la faiblesse.

L'altise, l'eumolpe, le rhynchite, la pyrale et d'autres insectes, qui n'appartiennent nullement à la famille des pucerons, peuvent occasionner de grands dommages aux propriétés vinicoles (1).

Il a récemment été parlé des plantations de vignes en Algérie, et on a prétendu que cet arbuste était frappé par la même cause qui détruit les récoltes du midi de la France.

Un rapport officiel nous a été adressé par M. le maréchal Mac-Mahon, gouverneur général de l'Algérie, et ce rapport nous apprend que la nouvelle maladie de la vigne est causée par un hémiptère, le *Nysius cymoïdes*. Cet insecte nous a été présenté et nous avons pu en déterminer l'espèce.

Ce ravageur africain est bien le *Nysius cymoïdes*. Il nous a été donné de savoir qu'en 1869, ce *Nysius* avait également attaqué les vignobles du département de l'Aude.

Nous avons parlé à plusieurs reprises, dans nos publications antérieures, de la nouvelle maladie qui a atteint les vignes de Crimée; là ce n'est point le *Phylloxera vastatrix*, comme on l'avait encore supposé, c'est le *Coccus vitis* (Nedelsky) qui n'est peut-être pas le même que son homonyme des auteurs français et allemands.

Si les viticulteurs de la Russie méridionale supposent que les ravages de leur vignoble sont amenés par la même cause que dans nos contrées, on croyait en France que la récente épiphytie avait une étiologie similaire à celle de Crimée.

Ici c'est le *Phylloxera vastatrix*, et sur les rives de la mer Noire, c'est le *Coccus vitis* de Nedelsky, et selon nous le *Lecanium vitis* (de Schrank).

Nos correspondants prétendent aussi que les vignes d'Allemagne sont

---

(1) La vigne est attaquée, parmi les coléoptères, par plusieurs *Altica*, par les *Rhynchites bacchus, betuloti* (Fabr.) et *populi* (Linn.), et par l'écrivain, ou *Eumolpus* ou *Bromius vitis* (Fabr.). Les lépidoptères les plus nuisibles sont l'*Œnophthira pilleriana*, la fameuse pyrale de la vigne, aujourd'hui à peu près détruite par les parasites, et la teigne de la grappe ou *Cochylis roserana* (Treitschke). (*La Réd.*)

malades et que cette affection est causée par un puceron que l'on nomme *Phytotoma vitis* et que, d'après la description qui nous en est faite, ne saurait être que le *Phylloxera vastatrix*.

C'est en 1868, vers le mois de septembre, que les Coccides ont commencé à attaquer les vignes de Crimée; ces attaques ont continué en 1869. Pendant cette dernière année, les insectes pernicieux ont commencé leurs ravages dans les premiers jours de juin, ces ravages ont sensiblement diminué les récoltes.

Les premières apparitions de Coccus ont eu lieu à Livadia, propriété de Sa Majesté l'Impératrice de Russie, et à Magaratsch qui est une école de viticulture.

D'après les naturalistes russes, ce *Coccus vitis* est voisin du *Coccus adonidum*; il est visible à l'œil nu, attaque les feuilles, les jeunes rameaux, les bourgeons, les grappes et le raisin lui-même. C'est là qu'il s'étale pendant la belle saison, mais en hiver, il descend jusque dans la profondeur des racines. Cet insecte aurait une demi-ligne (???) de longueur. Les individus jeunes sont nus et d'un blanc verdâtre; dans le courant du mois d'octobre, la plupart se recouvrent d'une masse de duvet blanc. Ils piquent l'épiderme des parties végétales, sur lesquelles ils se sont fixés, absorbent la séve et épuisent ainsi l'arbuste.

En automne, on voit les femelles descendre jusqu'aux racines et établir leur nid de toutes parts, entre les écorces, dans les trous et principalement sous terre. Chaque nid est composé d'un assez grand nombre d'individus; le duvet blanc qui les revêt les fait découvrir facilement, et là on les rencontre avec toute leur nichée abritant leurs œufs.

Au mois de septembre, on les trouve souvent à la profondeur d'un demi-mètre, et pendant l'hiver ils descendent plus encore, sans doute pour se préserver du froid, mais on n'a point remarqué qu'ils produisissent des galles comme les *Phylloxera*. T. DESMARTIS.

(*Indicateur vinicole de la Gironde.*)  (*A suivre.*)

---

**Des conditions d'éducation des vers à soie,**
Par M. P. SIRAND, pharmacien à Grenoble.
(*Suite. Voir* p. 228.)

DIVERS SOINS PENDANT L'ÉDUCATION. — Je résume ainsi les soins à donner dans le cours de l'éducation : précocité dans la mise à l'éclosion, grande propreté, litière sèche, délitements fréquents, pas d'agglomération., nourriture de bonne qualité composée de feuilles de mûriers non taillés venus de préférence dans un terrain sec ; les feuilles luisantes, souples, paraissent supérieures aux feuilles coriaces qui, suivant probabilité, contiennent plus de matière non assimilable. Enfin, renouvellement d'air incessant et température convenable.

J'entre dans quelques détails à propos de ce qui précède : le phénomène de la transpiration joue un très-grand rôle dans la vie du ver à soie. Comme il n'urine pas, c'est par les fonctions de la peau que s'échappe toute l'eau absorbée dans l'alimentation. La suppression de la transpiration peut amener des perturbations dans son existence. Il convient que la magnanerie soit à une température suffisante, sans que pour cela elle soit exagérée ; elle doit être autour de 16 à 17° Réaumur (1) dans la journée. Il faut faire du feu pour les raisons que voici : le tirage de la cheminée est un moyen très-efficace pour enlever l'air de l'appartement et faire appel à celui du dehors, et ce mouvement incessant enlève l'eau de la transpiration des vers et sèche la litière ; souvent le feu a moins pour but d'élever la température que d'entraîner la vapeur d'eau et de donner un air pur ; au moyen du rideau de tôle dont j'ai parlé, il sera possible de ne pas donner trop de chaleur, tout en faisant un peu de feu nécessaire au tirage. Quand l'atmosphère est humide, quand il pleut, par exemple, il y a nécessité d'élever la température pour que l'air augmente son pouvoir de saturation d'humidité, et qu'il se charge de la vapeur d'eau à entraîner : je dirai qu'il faut dans ce cas *sécher* l'air, expression qui est comprise de tout le monde, mais qui est très-impropre. Très-souvent le printemps nous amène des pluies abondantes et répétées, et si on ne lutte pas contre l'humidité qu'apporte la feuille mouillée, contre l'humidité de l'air, on peut redouter des échecs par la flacherie. Qu'on pénètre dans une chambrée après la 4° mue, on pourra avoir une idée de la quantité d'eau à éliminer de la magnanerie par la quantité de feuille ingérée. Le feu est donc nécessaire, et il doit être réglé par une appréciation bien comprise et non exagérée. L'emploi des thermomètres, très-généralisé depuis longtemps, peut être une mesure utile ; malheureusement, dans les instruments ordinairement en usage, il n'est pas rare d'en trouver dont les indications sont plus ou moins éloignées du degré vrai, soit parce que la colonne est rompue, soit par suite d'une autre défectuosité. Il arrivera

(1) Ou 20° à 21°,2 cent. (*La Réd.*)

donc plus d'une fois que l'impression ressentie en entrant dans la chambrée pourra être un guide utile, mais approximatif, soit au point de vue de la température, soit au point de vue du degré hygrométrique. La nourriture est donnée habituellement en quatre repas, sauf à la grande frèze où ce nombre est augmenté. Cette règle paraît très-bonne, et l'on doit autant que possible donner chaque fois la quantité de feuille qu'on suppose être mangée dans l'intervalle de deux repas; de cette façon il y a moins de litière et celle-ci craint moins de fermenter. On doit éviter de donner des coups de froid aux vers pendant les mues, qui sont des maladies toujours plus ou moins critiques. Enfin, la ventilation par des feux clairs doit se continuer pendant la grande frèze pour éviter la *touffe* causée souvent par les orages; et pendant la montée, la même précaution est nécessaire.

Si des années meilleures viennent relever le courage des sériciculteurs, ils s'occuperont alors des améliorations diverses à apporter à cette branche importante de nos produits agricoles. Ce sera le cas de les engager à arriver à posséder dans leurs propriétés quelques mûriers un peu abrités pour commencer l'éducation huit jours plus tôt, par exemple. On pourrait aussi ne défeuiller les mêmes mûriers que tous les deux ans : par ce mode, les vers ayant subi une éclosion précoce, s'il arrive que des froids tardifs arrêtent l'évolution des bourgeons, on prendra au besoin ceux-ci dans la partie des mûriers laissés en repos cette année, jusqu'à ce que ceux qui doivent être cueillis aient leurs feuilles développées.

Je crois avoir suffisamment motivé l'emploi de tous les moyens que je viens de conseiller. On trouvera peut-être que l'ensemble des connaissances sur les vers, leurs maladies et leur élevage, est chose un peu complexe; mais faut-il s'en étonner? la vie se compose d'un grand nombre de phénomènes et de fonctions diverses dont l'étude réclame un travail suivi et attentif. J'insiste sur l'importance qu'il y a de ne plus dire que les vers ont péri *de la maladie;* ce mot vague est très-insuffisant. Qu'on apprenne à distinguer autant que possible la pébrine de la flacherie : ce sont deux maladies qui se partagent les ravages et qu'il ne faut pas confondre.

P. SIRAND.

(*Sud-Est.*) (*A suivre.*)

# ÉTUDES
## SUR LES
# INSECTES CARNASSIERS
**Utiles aux champs, aux bois, aux vignobles,
aux prairies, aux jardins ;**

PAR

M. MAURICE GIRARD,
Docteur ès sciences naturelles.

(*Suite*, avec planche.) (1).

Les carnassiers dégradés par les élytres réduites, dont nous avons parlé sous le nom de Staphylins, ne présentaient plus le double palpe maxillaire des Cicindèles et des Carabiques. Il en sera de même des carnassiers de types assez divers dont il nous reste à parler dans l'ordre des Coléoptères. Nous laisserons de côté la troupe funèbre des Nécrophores, parfois entièrement noirs, plus souvent à élytres d'un jaune rougeâtre avec des bandes noires dentelées. Ils ne s'attaquent pas aux insectes vivants; leur rôle est d'enfouir les petits cadavres de Vertébrés et de dépecer les gros. Ils y déposent leurs œufs, et leurs larves, voraces et peu mobiles, achèvent l'œuvre de destruction des adultes. Si ces insectes sont utiles en contribuant à la salubrité atmosphérique et en disséminant dans le sol les matières azotées, ils ne rentrent pas dans notre cadre d'étude.

Il en est de même de la plupart des espèces d'une famille voisine, qu'on connaît vulgairement sous le nom de Silphes ou Boucliers. Ce dernier nom tient à l'aspect de leur corselet, large, plus ou moins semi-circulaire et sous lequel ils retirent volontiers la tête, qui est petite. Les mandibules sont robustes, les antennes droites, grossissant peu à peu en massue allongée vers l'extrémité. Les élytres sont larges, à bords à peu près parallèles, souvent munies de côtes, laissant parfois plus ou moins à découvert l'extrémité de l'abdomen. Les pattes, munies de cinq articles aux tarses, sont moins robustes que celles des Nécrophores et impropres à fouir. Quand on saisit les Silphes, ils rejettent par la bouche une salive brune et infecte. Leurs larves vivent, comme les adultes, le plus souvent de chairs putréfiées. Elles sont très-agiles, aplaties de manière à se glisser dans tous les interstices des cadavres,

(1) Voir Journal 1869, 92 et 156.

noires, souvent luisantes et paraissant élargies par les prolongements dentelés des bords latéraux de leurs anneaux.

Quelques espèces de Silphes vivent plus particulièrement, en partie au moins, de petites proies vivantes, et doivent, à ce point de vue, appeler notre attention. Le *Silpha thoracica* (Linn.), de toute l'Europe, dévore beaucoup de chenilles, surtout celles qui courent par les sentiers où elles vivent de plantes basses. On reconnaît immédiatement cette espèce à son aspect velouté, à ses élytres noires, carénées sur les bords, et surtout à son corselet fauve à reflet soyeux sur les bords. Elle mange aussi fréquemment les colimaçons, et se trouve également sous les petits cadavres, dévorant probablement des larves comme les gros Staphylins. On fera bien de propager cette espèce dans les jardins. Plus utile encore peut-être est le *Silpha quadripunctata* (Linn.), également de toute l'Europe, noir, avec le corselet bordé de jaune et les élytres jaunes, chacune avec deux gros points noirs. Cette espèce est celle qui vole le mieux. Par les beaux jours on voit ce Silphe étalant ses ailes d'un jaune enfumé et les élytres relevées, voler entre les feuilles des taillis de chêne, à la recherche des nombreuses chenilles que nourrit cet arbre, et surtout des funestes chenilles processionnaires (*Bombyx processionea*, Linn.) Il se laisse souvent tomber avec la chenille et la dévore sur le sol. Nous conseillons de porter dans les parcs et les jardins anglais cet utile insecte.

Plusieurs Silphes se nourrissent volontiers de Limaces et d'Hélix. Outre le *Silpha thoracica*, nous devons encore citer le *Silpha obscura* (Linn.), de Suède, de France, d'Allemagne, d'Italie et du Caucase, entièrement d'un noir mat, à corselet très-développé, très-chargé de petits points, à élytres carénées. Le mangeur de colimaçons par excellence, et qu'il faut introduire dans les potagers, est le *Silpha lœvigata* (Fabr.), de toute l'Europe et du Caucase. Il est plus convexe que les autres Silphes, d'un noir assez brillant, semblant lisse au premier aspect, car les points qui le couvrent sont très-petits et très-serrés. Son corselet est assez rétréci en avant et sa tête est petite, allongée, très-mobile. On le voit courir partout à la recherche des Hélix, grimper sur les végétaux, introduire sa tête étroite par la bouche de la coquille. La larve, d'un noir luisant, a les mêmes goûts et s'introduit profondément dans la coquille, au point d'y disparaître pour manger les dernières parties spiralées du mollusque. On rencontre cette espèce sur tous les coteaux secs et vignobles des environs de Paris. Elle est excessivement abondante sur les falaises crayeuses de nos côtes normandes, en chasse au milieu des prairies et des maigres luzernes où l'on foule aux pieds l'*Helix variabilis* si abondante sur tous nos littoraux.

Un autre groupe de Coléoptères carnassiers de proie vivante est constitué par les Téléphores qui vivent surtout dans les taillis, sur les arbres et sur les plantes à leur pied, dans les buissons, sur les fleurs en ombelles, etc. Ces insectes appartiennent à l'ancienne tribu des Malacodermes, de Latreille, ou Apalytres ou Mollipennes, de C. Duméril, nom bien plus ancien, caractérisé par des téguments mous. Les Téléphores se trouvent à l'état adulte dans le mois de mai et au commencement de juin. Ils volent assez lentement et leurs élytres flexibles battent l'air en même temps que leurs ailes, au lieu de rester étalées en parachutes immobiles comme celles des hannetons. On reconnaît ces insectes à leurs longues élytres à bords parallèles, recouvrant tout l'abdomen, bien plus longues que larges. Le corselet, à peu près de la largeur des élytres, est semi-circulaire en avant, un peu relevé au milieu ; la tête assez bien dégagée est munie d'antennes dont les articles sont grêles et cylindriques et partout d'égal diamètre. Le dessus du corps et des élytres est souvent revêtu d'une fine pubescence soyeuse. Les pattes sont grêles, assez longues, et munies toutes de cinq articles aux tarses. Les Téléphores sont extrêmement carnassiers, tellement qu'ils se dévorent souvent entre eux. Ils mangent beaucoup de mouches et doivent être propagés dans les jardins où beaucoup de Diptères, Tipules, Cécidomyes, Anthomyes, etc., nuisent aux légumes et aux fleurs. Les larves des Téléphores sont carnassières comme les adultes, et dévorent leur proie avec de fortes mandibules falciformes. Leur corps est allongé, formé de segments à bords parallèles, avec de petites antennes et six pattes thoraciques assez courtes. Au-dessous du dernier segment est un mamelon aidant à la progression, comme chez beaucoup de larves de Coléoptères. Ces larves sont tellement multipliées que l'on doit regarder les Téléphores comme de fort utiles insectes. Elles se cachent souvent sous terre et y passent l'hiver au pied des arbres ou sous les gazons. D'après d'anciens récits, les violentes tempêtes qui déracinent les sapins du nord emportent beaucoup de ces larves qui sont dispersées sur la neige ; de là le nom de *Telephorus* (porté au loin). Peut-être, plus probablement, ces larves sortent pour respirer quand la neige obstrue leurs retraites. C'est au printemps qu'elles se changent en nymphes, au corps arqué, se remuant vivement si on les touche. Elles deviennent adultes en une quinzaine de jours, et ceux-ci ont des téguments d'abord pâles et très-mous, se colorant au bout d'une journée.

Nous indiquerons quelques espèces de Téléphores des environs de Paris, dont l'apparition se succède à peu d'intervalle. Une des plus grandes est le *Telephorus fuscus* (Linn.), de toute l'Europe, d'un noir brunâtre, avec le corselet d'un fauve ferrugineux, obscurci au centre. Cette utile espèce, très-commune partout, est malheureusement souvent employée comme amorce par les pêcheurs à la ligne sous le nom de moine. La larve, décrite par M. E. Blanchard (1), est d'un beau noir velouté, avec quelques lignes longitudinales un peu plus claires sur la partie dorsale. Elle forme un trou en terre, assez profond, sous les pierres, et n'en sort guère qu'après les grandes pluies qui inondent son terrier. Elle laisse sortir la tête de son trou d'abri guettant les insectes au passage. La nymphe est de couleur jaune rougeâtre. Une autre espèce fort commune est le *Telephorus lividus* (Linn.), de toute l'Europe et du Caucase, roussâtre sur le corselet et au bout de l'abdomen, à élytres jaunes, avec des ailes à nervures brunes, et un espace clair au sommet. Sa larve, étudiée aussi par M. E. Blanchard, est un peu amincie aux deux extrémités, d'une couleur lie de vin foncée et veloutée. De même que l'adulte, elle est un peu plus petite que celle de l'espèce précédente et lui ressemble beaucoup, et la nymphe encore plus. Les mœurs sont pareilles. Nous citerons encore les *Telephorus rusticus* (Fallen), de îles Britanniques, de Suède, de France, d'Allemagne, *nigricans* (Illiger), des mêmes pays et du Caucase, *fulvicollis* (Fabr.), de France et d'Allemagne, espèces foncées à corselet ferrugineux, et des espèces d'un jaune grisâtre plus ou moins foncé, comme les *Telephorus pallidus* (Fabr.) et *testaceus* (Linn.), tous deux de toute l'Europe, le *T. fulvus* (Scopoli), ou *melanurus* (Oliv.), à bout de l'abdomen noir, de toute l'Europe, etc. Cette dernière espèce est, dans nos environs, la plus tardive; on la trouve encore au commencement de juillet, très-commune sur les peupliers.

Maurice GIRARD.

LÉGENDE DE LA PLANCHE DU N° 10.

1. *Silpha quadripunctata*, volant.
2. *Silpha thoracica*.
3. *Silpha lævigata*.

(1) Revue et magasin de zool. 1836.

3 *a*. Larve enfoncée dans la coquille d'une *Helix* qu'elle dévore.
3. *b*. Partie antérieure de la larve.
4. *Telephorus fuscus*.
4 *a*. Sa larve, sous terre.
5. *Telephorus lividus*, volant.

### Ne tuez pas vos amis!

par M. H. LASSÈRE.

(*Suite. Voy. p.* 82, 136.)

C'était un coup de fusil, qui interrompait notre conversation; et, regardant d'où il partait, nous vîmes tomber d'un arbre voisin, en battant de l'aile douloureusement, une pauvre petite fauvette. En même temps, un jeune garçon sortait du taillis pour relever sa proie, qu'il nous montrait d'un air triomphant. Jean-Claude reconnut son fils et le complimenta sur son beau coup.

Encore des amis que vous tuez, lui dis-je. Ces charmants chanteurs de nos jardins, auxquels un âge sans pitié jette ainsi sa poudre, ont été chargés tout particulièrement par le bon Dieu, non-seulement de nous égayer par leurs joyeuses chansons, mais surtout d'empêcher le trop grand développement des insectes nuisibles. Un grand nombre d'espèces vivent exclusivement d'insectes. C'est par millions que les hirondelles, les rossignols, les fauvettes, les grimpereaux, les hoche-queues, détruisent vers, chenilles, mouches et fourmis. Une seule hirondelle en consomme jusqu'à mille par jour. Les bergeronnettes (lavandières), les étourneaux, font la chasse aux mouches et aux taons qui tourmentent le bétail.

Le coucou, dont on plaisante, mange environ 150 chenilles par jour; et il paraît préférer les chenilles velues, les processionnaires, que les autres évitent, et dont le contact est malsain pour l'homme (1).

Le soir, les martinets et les engoulevents (crapauds volants) font disparaître bon nombre de hannetons, de blattes, de cloportes, de phalènes et d'autres rongeurs nocturnes. Le guêpier livre une rude guerre aux guêpes affamées de nos fruits. Dans les prairies humides, les corbeaux et les cigognes piochent la terre pour s'emparer des vers, des limaces et des escargots.

---

(1) Si le tiers seulement sont des femelles dont chacune, transformée en papillon, pondra 500 œufs, c'est 30,000 œufs de processionnaires qu'il détruit chaque jour.

Le pic, dont les coups de bec sonores nous amusent quelquefois, se nourrit des insectes qui, cachés sous les écorces, ravagent nos vergers et nos forêts. Ne croyez pas qu'il s'attaque aux arbres sains ; il n'y trouverait pas grand'chose. Il les ausculte avec son bec, et sous une apparence de santé, reconnaît au son les cavernes intérieures qu'y ont creusées les fourmis et les bostriches. Alors il s'y établit, frappe à la porte, et court à toutes les issues pour happer les fuyards ; à quoi lui sert fort bien sa longue langue gluante, qu'il darde comme un serpent. Les creux qu'il fait pour sa nichée servent en hiver de retraite aux mésanges et autres oiseaux insectivores.

La plupart des insectes passent l'hiver à l'état d'œuf ou de ver ; alors ils sont activement recherchés par les merles, qui vont retourner les feuilles sèches où ils s'abritent ; par les roitelets, qui les poursuivent sur les branches les plus déliées et jusque dans les racines des arbres ; par les mésanges, dont le regard perçant découvre sur les rameaux les anneaux d'œufs de la chenille *livrée* et les nids du *bombyx* qui dévastent nos pommiers (1).

Le grimpereau et la fauvette d'hiver en fouillant au pied des arbres y détruisent les cloportes qui gâtent les fruits de nos vergers, et les femelles de guêpes qui s'y hivernent.

Ainsi, même dans cette saison où les chasseurs les poursuivent sans merci, les oiseaux ne cessent pas de nous rendre service.

— Ta, ta, ta ! vous ne dites rien de ceux qui mangent le meilleur de nos graines et de nos raisins ! s'écria Jean-Claude impatienté de mon long discours. Regardez donc ce vol de moineaux qui s'est abattu là-bas sur la chènevière au vieux Durand ; ils ne lui en laisseront pas une graine, bien sûr. Va donc, petiot, file le long de la haie, et tire-leur un bon coup à petite grenaille...

— Il est vrai, repris-je, que je vous ai parlé d'abord des oiseaux qui ne vivent que d'insectes. Mais remarquez que ceux qui mangent nos grains, mangent aussi des insectes, et ce n'est même que d'insectes qu'ils nourrissent leurs petits, pour qui les graines seraient trop dures. Les mésanges (lardines), les alouettes, les moineaux, les geais, les cailles, les perdrix, les gelinottes, qui font quelques déprédations dans nos campagnes, les compensent eux-mêmes largement par la quantité d'insectes qu'ils apportent à leur couvée.

(1) Le *Bombyx neustria* (Linn.), le *Liparis chrysorrhea* (Linn.)   (La Réd.)

On a calculé qu'au printemps un couple de moineaux détruit ainsi plus de trois mille vers et chenilles par semaine. Et parce qu'en automne il nous demande de notre abondance quelques graines pour sa peine, nous maudissons le moineau comme un pillard, et nous ne pensons qu'à l'exterminer. Quoi ! pas un grain à l'oiseau qui, même en hiver, poursuit les larves des insectes à venir, et des sacs de froment ou de de fèves au charançon, des champs entiers à la sauterelle, que l'oiseau aurait combattus si on l'eût laissé vivre ! Voilà la justice et la reconnaissance de l'homme. (1) !

Mais ce n'est pas impunément qu'on porte atteinte à l'équilibre que Dieu a établi dans la création.

Il y a une quarantaine d'années, voulant mettre les environs de Vienne à l'abri de la voracité de ces oiseaux, maudits des jardiniers, on mit leur tête à prix. « Biens perdus, biens connus, » dit le proverbe. Les moineaux disparurent; mais les chenilles se multiplièrent tellement qu'il fallut annuler le décret d'extermination. En Prusse, aussi, on avait proscrit le moineau ; il avait eu l'impudence de goûter les cerises préférées du grand Frédéric.

Pour s'en défaire plus sûrement, chaque paysan fut taxé à un dépôt de douze de ces oiseaux. Qu'arriva-t-il ? En peu d'années les cerises disparurent, et bien d'autres fruits aussi. Le pays fut dévoré par les hannetons, les chenilles et maint et maint autres ravageurs ; et pour lutter contre l'insecte dévastateur qui détruit les récoltes, qui tourmente les hommes et le bétail, il fallut ramener cette vaillante landwehr ailée qui sauve plus de grains qu'elle n'en mange. De semblables expériences ont été faites en Suède pour les corneilles et aux États-Unis pour les geais.

(*A suivre.*) H. LASSÈRE.

## SÉRICICULTURE,

### PAR M. MAURICE GIRARD.

Nous consacrerons cette revue uniquement à l'*Attacus ya-ma-maï* ou ver à soie du chêne du Japon. Voici le moment de se munir de graine pour élever cette précieuse espèce, et les succès qui ont été obtenus dans

---

(1) « Rien que la mort n'était capable
   » D'expier son forfait. »
*Michelet*, L'oiseau. (Citation de Lafontaine.)

divers pays doivent nous engager à redoubler d'efforts, afin de triompher de nos échecs en France.

Nous allons faire connaître les éducations heureuses de 1869, de façon qu'on sache où s'adresser pour acquérir des œufs permettant de réussir les éducations de 1870.

Nous ne faisons que rappeler la race acclimatée par M. de Bretton, (écrire : hôtel Novak-Léopoltadt Jaborgasse, à Vienne, Autriche). Au même titre nous devons recommander les graines récoltées par M<sup>me</sup> Baumann, à Bamberg (Bavière). Nous trouvons à ce sujet des renseignements pleins d'intérêt dans le Bulletin de septembre 1869 de la Société d'acclimatation.

Depuis 1865, cette dame, femme du directeur des postes de la ville, élève l'*Attacus ya-ma-maï* avec les feuilles de chêne.

En 1868, 12,000 œufs ont été obtenus, 4,000 réservés pour l'éducation de 1869, 8,000 vendus en Allemagne, Suisse et Russie. En 1869, l'élevage s'est fait en plein bois, à plus de quatre lieues de la ville, concurremment à un élevage en chambre au rameau. Les vers ont résisté aux pluies, aux orages, aux gelées même et n'ont souffert que de quelques accidents par les oiseaux et les araignées. Aucune trace de maladie n'a eu lieu, et on a récolté, malgré les pertes, environ 3,000 cocons.

On peut donc regarder la race comme acclimatée à Bamberg, et les œufs, d'excellente qualité, sont tarifés à 7 fr. 50 le cent et 45 fr. le mille.

Nous devons indiquer une éducation assez heureuse, sur une moindre échelle, signalée à la Société d'acclimatation, et dont nous publions un résumé inédit.

Cette tentative, sous le ciel inclément du nord de l'Europe, est pleine d'intérêt; nous ferons remarquer combien est heureuse l'idée de faire coïncider l'éclosion des mâles avec celle des femelles, en refroidissant un peu les cocons des premiers. Sans cette précaution, comme les mâles éclosent toujours un peu avant les femelles, d'après une loi providentielle qui assure la reproduction, les premiers mâles meurent inutiles, ainsi que les dernières femelles.

Résumé des essais d'éducation de vers à soie japonais (*Attacus ya-ma-maï*) faits à Riga (Livonie) par M. Berg (1).

---

(1) Les températures sont traduites en centigrades au lieu de l'échelle Réaumur, usitée en Russie. — (*La Réd.*)

Avec des graines envoyées par M. Baumann, de Bamberg, une première tentative avait été faite au mois d'avril 1868 ; mais par accident l'éclosion ayant eu lieu avant qu'on eût de feuilles à donner aux jeunes chenilles, l'éducation fut manquée. Il y avait : 10 p. 100 d'œufs non fécondés, 25 de chenilles asphyxiées dans l'œuf, 55 écloses avant l'époque où tout pouvait être prêt, 10 retardées artificiellement, mais trop faibles ensuite pour être élevées.

La Société des naturalistes de Riga chargea encore M. Berg de faire venir des graines ; mais, afin d'échapper aux influences qui avaient occasionné le premier insuccès, celui-ci se procura les œufs dès le mois d'octobre de la même année, et les distribua pour y passer l'hiver dans différents endroits secs et bien aérés, comme hangars, bûchers, entre les vitres de croisées doubles, etc.

Les œufs les plus exposés subirent une température de —15° et —16°,2 pendant 3 jours consécutifs. Le thermomètre montant à 5° et 7°,5 avant l'apparition des premières feuilles aux chênes, les graines furent mises dans des vases de verre entourés d'eau qu'on renouvelait tous les jours. Le 7 mai on les transféra dans un milieu de 17°,5 à 20°. Les graines qui avaient été le plus abritées pendant la saison d'hiver laissèrent éclore les petites chenilles le jour même ; celles ayant subi —15° mirent 3 jours à se développer, tandis que les œufs qui avaient été exposés à un froid de —16°,2 furent perdus ; 6 p. 100 se trouvèrent non fécondés.

L'éducation roula par conséquent sur 84 p. 100 des graines.

La première nourriture consista en bourgeons à peine ouverts. A mesure que les vers se développèrent, ils furent nourris de feuilles et branchettes de plus en plus grandes. Beaucoup d'humidité dans l'air de la magnanerie paraît une condition essentielle. La chenille a besoin d'eau ; ses migrations sont presque toujours entreprises en quête de cet élément. M. Berg abreuva ses élèves par des éponges mouillées qu'il fixait dans les branches de chêne. Il y attacha de même de petits godets remplis d'eau, et couverts de gaze, de manière à laisser tremper celle-ci.

Les chenilles eurent l'air d'apprécier beaucoup cette innovation.

Les tables de la magnanerie furent isolées en mettant leurs pieds dans des verres afin d'empêcher les chenilles de s'égarer.

M. Berg exposa son éducation à l'influence du ciel de Riga en laissant les fenêtres presque toujours ouvertes ; plusieurs fois les vers eurent à supporter du vent et de la glace. La température minimum fut de 10°,6 (entre la 2e mue et la 3e) le maximum de 22°,5 tomba dans les 9 premiers jours et dura 18 heures. Les mues s'opérèrent en 2 à 3 jours chacune. Plusieurs vers trahirent les effets de la pébrine après la 3ᵉ mue.

Les cocons furent achevés en 4 à 6 jours.

Le repos de chrysalides fut de 45 à 46 jours.

Les cocons mâles furent gardés par une température de 18°,1 à 18°,7; ceux des femelles par 21°,2 à 21°,9 afin d'obtenir une éclosion simultanée.

Le poids moyen des cocons de la première espèce fut 4 gr., 872, pour les mâles et pour les femelles de 6 gr., 679.

L'éclosion eu lieu le soir entre 6 et 8 heures.

Les papillons furent assortis le même jour; mais l'accouplement ne se fit que la seconde nuit après. Les femelles pondirent pendant 4 à 8 jours.

La vie du *ya-ma-maï* embrasse dans cette éducation environ 16 semaines et demie, dont 9 pour la phase de chenille, 6 pour l'état de chrysalide et 2 et demie pour celui de papillon.

Cette seconde tentative a donné les résultats suivants qu'améliorerait probablement l'expérience, 60 p. 100 chenilles arrivées à l'état de papillons, 4 ayant succombé aux mues, 2 noyées, 10 égarées, 8 mortes de la pébrine, 10 tuées avant l'éclosion par un froid de —16°, 2; 6 œufs non fécondés:

Outre les graines des éducations acclimatées d'Autriche et de Bavière, nous devons faire connaître aux amateurs que M. Guérin Méneville a reçu de la graine japonaise, et peut disposer d'échantillons sains. M. A. Geoffroy-Saint-Hilaire, directeur du Jardin d'acclimation du bois de Boulogne, a reçu du Japon, par M. de Montebello, des œufs de *ya-ma-maï*, et se propose d'en offrir gratuitement; il a bien voulu nous en envoyer un petit lot qui sera distribué à divers membres de la Société entomologique de France. Malheureusement beaucoup des œufs sont déjà éclos ou éclosent; mais, par la réfrigération, on pourra en sauver et en retarder un certain nombre, jusqu'aux premiers bourgeons de chêne. On a bien proposé divers végétaux pour les chenilles écloses prématurément; mais voici l'inconvénient bien connu des amateurs qui élèvent des chenilles. Quand des chenilles ont été commencées avec une plante, et qu'on veut plus tard les remettre au végétal le plus convenable pour leur espèce, la plupart dépérissent et meurent. Ainsi les vers à soie commencés à la scorsonère et qu'on remet au mûrier. Nous devons avertir que les graines déjà acclimatées sont préférables aux graines japónaises directes, malgré leur prix très-élevé, car elles offrent incontestablement plus de chance de succès.

Maurice GIRARD.

**Glossaire insectologique** (V. p. 138 et p. 193);
PAR M. H. HAMET.

C.

CACHÉ, E. Se dit d'une pièce entièrement recouverte par une pièce voisine, ainsi de la tête se plaçant sous le thorax, etc.

CALANDRE, genre de coléoptères, curculioniens, très-nuisibles, vivant de fécules diverses (calandre du blé, du riz. Syn. : *Sitophile* des palmiers, etc.)

CALLEUX, SE, formé d'une substance sèche, épaisse, dure.

CANALICULÉ, E, ayant un sillon creux ou canal, rectiligne ou courbe.

CAPITALES. Se dit des pièces qui prennent naissance sur la tête (terme peu usité).

CAPITÉES. Se dit des antennes dont les articles terminaux se renflent subitement et forment la massue.

CAPUCHON (en), pièce redressée et contournée de manière à en recouvrir une autre, ainsi le bord antérieur du thorax relativement à la tête.

CARABE. Genre de coléoptères carnassiers de proie vivante, très-utile aux champs, aux bois, aux jardins.

CARÈNE, partie saillante, de section triangulaire, à bord extrême tranchant, comme une carène de navire.

CARÉNÉ, E, en carène.

CAUDAL, E, qui tient à la queue. Pattes caudales, placées sous la queue (crustacés, chenilles, etc.), filets caudaux de divers insectes.

CAVICOLE. Se dit particulièrement des larves qui habitent dans certaines cavités.

CELLULE, coque de bois ou de terre, à grains agglutinés, où se renferment beaucoup de larves pour devenir nymphes.

CELLULE ou ALVÉOLE, cavités dans lesquelles les hyménoptères élèvent leur couvain. Les cellules des abeilles ont la forme d'un prisme hexagonal, terminé au fond par une pyramide à trois pans.

CELLULES ou ARÉOLES, espaces membraneux circonscrits par les nervures, dans les ailes des insectes : *cellules basilaires*, de la base de l'aile ; *costales, sous-costales, médianes, sous-médianes, anales,* etc.

CÉPHALÉMYE. Genre d'œstrides (diptères brachocères), dont les larves se logent dans la tête de leurs victimes, ainsi dans les sinus frontaux des moutons.

CÈPHE. Genre d'hyménoptères, tenthrédiniens, avec espèces nuisibles aux céréales.

CÉPHÉNÉMYE. Genre d'œstrides parasites des rennes, et d'autres grands animaux.

CHAGRINÉ, E, parsemé de petits tubercules rugueux, plus ou moins approchés, imitant la peau de chagrin, la peau de certains squales, roussettes, etc.

CHAPERON. Partie antérieure de la tête au-dessus de la bouche ; elle déborde parfois la tête en avant et sur les côtés.

CHÉLIFORME. En forme de pince.

CHENILLE. Larve de lépidoptères, la première des trois formes par lesquelles passent les insectes de cette famille.

CHRYSALIDE. Etat moyen d'un lépidoptère (à nu, ou dans un cocon ou une coque) avant de se transformer en papillon. On étend parfois ce nom à tous les insectes, à métamorphoses complètes, lorsqu'ils se préparent dans le repos à subir leur dernière métamorphose. (Voir *Nymphe.*) Ce nom vient des taches brillantes, dorées, dues à de l'air intercalé qu'on y voit chez quelques lépidoptères diurnes. Syn. : Aurélie et Fève.

CICATRICE (en), tache élevée ou enfoncée, à surface plissée ou chiffonnée, comme du tissu cicatriciel de nouvelle formation.

CILIÉ, E, garni de poils roides, longs, sur une ou plusieurs rangées.

CLYPÉIFORME, CLYPÉACÉ, E, d'apparence de bouclier, ainsi le corselet de certains coléoptères (silphes, etc.)

CŒUR (en), ou CORDIFORME, se dit de toute pièce offrant un

bord échancré au milieu, avec les angles arrondis et le bord postérieur plus étroit, imitant un cœur de vertébré ; ainsi pour le corselet, la languette de la lèvre inférieure, tel ou tel article des tarses, etc.

COLÉOPTÈRE. De *koleos*, étui et *pteron*, aile (mots grecs). Insecte broyeur dont les ailes coriaces sont en forme d'étui (hanneton, altise, carabe, etc.)

COLLIER. Premier segment du thorax, ou prothorax, dans les Lépidoptères, les Libellules, etc.

COMPRIMÉ, E. Se dit d'un organe aplati latéralement, c'est-à-dire de droite à gauche et de gauche à droite (l'insecte étant en position naturelle) ; ainsi pour les diverses pièces des pattes, les segments du corps, les articles des antennes, etc.

CONCOLORE, tout entier de la même couleur.

CONIQUE, OBBONIQUE. Pièce en forme de tronc ou de cone ; se dit souvent des articles des antennes, des articles des pattes, etc.

CONNÉES. Se dit des antennes réunies à leur base.

CONNIVENTES. Se dit des ailes relevées verticalement et s'appliquant les unes contre les autres ; parfois de nervures ou de stries ou de lignes de points parallèles, etc.

CORBEILLE. Enfoncement bordé de poils courts que l'on remarque sur une des faces des jambes postérieures, des bourdons, des abeilles, des anthophores, des xylocopes, etc. Ce terme est synonyme de palette. Dans cet enfoncement se loge une boulette de pollen recueilli sur les anthères des fleurs.

CORIACÉ, E, approchant de la consistance du cuir. Se dit des ailes épaisses, souvent opaques par la nature de leur tissu interne, de divers segments, etc.

CORNES. Pointes inarticulées, coniques ou cylindriques qui se voient au nombre de deux à l'extrémité de l'abdomen des pucerons. On donne aussi ce nom à certains appendices allongés que quelques insectes portent sur leur tête. (Divers scarabées, coléoptères.)

CORNICULES, spécialement pour les pucerons.

CORSELET. Nom donné à la seconde pièce du corps, celle qui vient après la tête. Chez les coléoptères et orthoptères, c'est le prothorax seul,

portant les premières pattes en dessous; chez beaucoup d'autres insectes c'est tout le thorax portant ailes et pattes.

COSTAL, E, qui tient à la côte, bord costal, nervures costales.

H. HAMET.

### Cours des produits des insectes.

*Soie, cocons, graines.* Après l'animation des affaires signalée à la fin de 1869, un moment de calme est revenu. A Lyon, à Avignon et à Valence, le prix des soies reste tenu mais avec peu de transactions. Les derniers avis de Marseille, annoncent que la demande de cocons s'est quelque peu ranimée depuis quelques jours, et les ventes opérées indiquent des cours assez soutenus. Les Japonais divers ont été cotés 22 fr. 50 à 25 fr. 50 le kil.; les Syrie, 28 fr. 25 à 28 fr. 50; les pays, 31 fr.; cocons percés divers, 6 fr. 25 à 10 fr. 60.

Les approvisionnements de graines se complètent. Les beaux cartons ont été tenus de 20 à 25 fr. à Marseille. A Valreas, les cartons non souscrits se cotent : Japons verts et blancs, annuels garantis, 28 fr., graines confectionnées en France (origine portugaise), 15 fr. les 25 grammes.

*Abeille, miel, cire.* Les bonnes colonies d'abeilles se payent de 12 à 20 fr. selon localité. La récolte dernière ayant été faible, les miels sont en faveur et se cotent de 110 à 200 les 100 kil. Cires jaunes de 4 fr. 10 à 4 fr. 50 le kil.

*Cochenille des Canaries.* Les derniers cours de Marseille mettent les grises de 6 fr. 90 à 7 fr. 10 le kil., et les noires de 7 fr. 50 à 8 fr. 25.

*Cantharides.* Provenance de Russie et de Sicile, même prix : 16 fr. le kil.

H. HAMET.

*Erratum important.* Dans le n° 9, p. 244, lire 50 à 55 centim. de distance entre les deux raies de colza (au lieu de 30 à 35), distance indispensable pour que l'épuceronnière Bénard puisse fonctionner.

(*La Réd.*).

L'*Éditeur-propriétaire* : E. DONNAUD.

Paris. — Imprimerie de E. DONNAUD, rue Cassette, 9.

# L'INSECTOLOGIE AGRICOLE

**Bulletin insectologique.**

*Feuilles de chêne fraîches pour les éclosions précoces de l'Attacus ya-ma-maï.* — On sait qu'un des grands embarras que présente l'acclimatation du ver à soie du chêne du Japon, c'est l'éclosion précoce des œufs de cette espèce, surtout quand ils ont subi un échauffement accidentel. On fait souvent venir à grands frais des feuilles d'espèces précoces du genre *Quercus* du midi de la France ou de l'Algérie. Un entomologiste collaborateur de notre journal, M. Fallou, vient de constater que nos bois des environs de Paris, même le bois de Boulogne, nous offrent sous ce rapport une ressource peu connue. Sous les épaisses couches de feuilles sèches dont ils sont jonchés en hiver on trouve des feuilles de chêne très-fraîches au pied des taillis de chêne. Elles proviennent de semis naturels, chaque gland offrant une tigelle ayant de deux à six feuilles. En outre, il y a des feuilles provenant de bourgeons des rameaux rampants. De là, une manière possible peut-être, pour tous ceux qui voudront élever cette précieuse espèce, de ne pas craindre de voir leurs petites chenilles périr faute de feuilles; il suffira de semer des glands sous une épaisse couche de feuilles sèches, litière protectrice qui conserve les feuilles malgré le froid de l'hiver.

Il ne faut au reste, avant des expériences nombreuses, ne pas s'exagérer la valeur de ce moyen. Peut-être, en effet, beaucoup de petites chenilles du *Ya-ma-maï* trouveront ces feuilles trop dures et refuseront de les entamer. Il faudra, comme on le fait souvent pour le ver du mûrier, les hacher en petits fragments, de manière à mettre à nu du parenchyme plus tendre que les épidermes. On les maintiendra sur des linges humides; on pourra aussi essayer de les humecter et surtout au moyen d'un appareil *pulvérisateur* de l'eau, procédé si efficace pour l'éducation des chenilles. Peut-être certaines chenilles mangeront. On sait que le *Ya-ma-maï* aime beaucoup l'eau.

L'indication de M. Fallou pourra toujours être très-utile aux entomologistes qui élèvent en hiver des espèces méridionales et sont souvent embarrassés pour les nourrir.

*Réapparition des chauves-souris.* — Les premiers jours de mars, on a pu voir voltiger les chauves-souris avec une activité fébrile. Les chauves-souris qui se montrent les premières appartiennent aux espèces les plus petites : le Noctilion-oreillard et surtout la Pipistrelle. Pendant l'hiver, elles dorment cachées dans de petits trous, dans les fentes de murailles, partout où elles peuvent se blottir. Elles se réveillent quand les insectes dont elles font leur nourriture commencent à voltiger. Leur apparition est donc un double symptôme. Elle prouve l'éclosion des insectes qui ont passé l'hiver à l'état de larves ou de chrysalides. — Les chauves-souris ne peuvent manger que des insectes. Elles leur donnent la chasse pendant les heures de crépuscule.

*Ver à soie du mûrier.* — On écrit de Turin au *Journal officiel* : Le déficit de la graine de ver à soie nécessaire pour le prochain élevage est évalué à la proportion d'un tiers; aussi les cartons japonais sont-ils très-recherchés et se vendent-ils jusqu'à 35 et 40 francs pièce. L'insuffisance des arrivages de graines japonaises cause partout en Europe une disette réelle pour l'industrie séricicole. L'exportation du Japon a fourni à peine un million d'onces de graines. L'époque est trop tardive pour qu'il soit possible de songer à de nouvelles expéditions; le marché de Yokohama était déjà clos, pour l'article en question, au commencement de décembre dernier.

La reprise des affaires pour les soies ne se soutient pas, et cependant la situation de cette branche de commerce est assez satisfaisante. Les grèges sont toujours demandées; les déchets, et notamment les frisons, sont également assez recherchés pour que les prix soient en hausse.

*Derniers documents sur le ver à soie du chêne du Japon.* — Les œufs de l'*Attacus ya-ma-maï* reçus récemment du Japon et qui ont été distribués à diverses personnes par M. Guérin Méneville et par M. A. Geoffroy-Saint-Hilaire, directeur du jardin d'acclimatation, avaient malheureusement subi des échauffements accidentels, de sorte que beaucoup d'œufs sont éclos, ce qui, avec les œufs stériles, ne permet de compter que sur le cinquième des œufs. Un certain nombre de ces œufs sont attaqués par des petits Chalcidiens (Hyménoptères parasites), d'un beau violet métallique, avec des ailes à demi enfumées. Ces insectes chétifs sont donc des ennemis sérieux de cette précieuse espèce. En ce moment S. Exc. M. le maréchal Vaillant, si dévoué à toutes les questions d'entomologie appliquée, nourrit avec succès, au moyen de feuilles très-jeunes de *Photinia* et de *Cydonia*, les chenilles provenant des éclosions prématurées.

M. Guérin-Méneville s'est empressé, dans sa Revue de zoologie, de livrer à la publicité les renseignements qu'il a reçus du Japon par M. de Montebello, et qui sont bons à connaître pour ceux qui tenteront d'élever l'*Attacus ya-ma-maï*. C'est surtout au centre de l'île de Nippon que l'espèce est élevée sur un grande échelle. Elle se plaît principalement sur le *Quercus serrata* (Thunberg). C'est un chêne dont les feuilles à dentelures aiguës rappellent la feuille de châtaignier. On voyait de ces feuilles séchées dans le cadre qui contenait les *Ya-ma-maï*, dans la section japonaise à l'Exposition universelle de Paris de 1867. Vers le milieu d'avril, les œufs, soigneusement réfrigérés depuis le mois d'août précédent, sont portés dans des chambres sur de jeunes branches de chêne trempant dans l'eau. Après la première mue, qui a lieu au bout d'environ une semaine, on porte les vers sur des taillis de chênes maintenus à deux mètres de hauteur. Les chenilles y achèvent leurs mues et filent leurs cocons sur les feuilles. On ne garde pour la reproduction que des cocons femelles. On les fait éclore sous des paniers d'osier, et les mâles sauvages du dehors viennent, attirés de plusieurs lieues de distance (fait général pour les mâles de Bombyciens à grandes antennes pectinées), s'accoupler aux femelles à travers les mailles des paniers. Il faut avoir soin d'éloigner les oiseaux des chênes chargés de chenilles.

Les pluies, si fréquentes au Japon, redonnent de la vigueur au ver du chêne. Notre journal a déjà signalé à plusieurs reprises que les éducateurs européens s'accordent à reconnaître la nécessité de l'humidité pour mener à bien les éducations de l'*Attacus ya-ma-maï*, et permettre aux chenilles de boire.

Les Japonais dévident le cocon de l'*Attacus ya-ma-maï* de la même manière que le cocon du ver du mûrier, fermé comme lui. Ils ont toutefois soin de mettre un peu de cendre dans la bassine lors du dévidage. La cendre contient du carbonate de potasse, lessive alcaline qui décreuse légèrement le cocon et détache les fils, plus fortement agglutinés que dans le cocon du *Sericaria mori*.

*Cynips nuisibles aux chênes.* — On sait qu'un grand nombre de petits Hyménoptères piquent les tiges ou les feuilles de divers végétaux en y déposant leurs œufs; ceux-ci s'entourent de tissus modifiés, de réservoirs de fécule où vivent les larves au sein de *galles* de formes diverses. Le chêne est de tous les végétaux celui qui nourrit le plus grand nombre des espèces de ces petits insectes, et les chênes de Syrie donnent le tannin le plus estimé pour l'encre et les teintures noires dans les galles du *Cynips gallæ tinctoriæ*. Habituellement on ne peut pas dire que les Cynipsiens soient des insectes nuisibles. Parfois ils arrêtent la végétation des rameaux de chêne, comme le fait le *Cynips terminalis* dont on voit au bout des branches de chêne les galles, de forme irrégulière et grisâtres, ressemblant un peu à de petites pommes de terre. Comme le chêne a de multiples bourgeons et que ses branches pullulent, on ne peut pas dire qu'il y ait dommage. Voici un fait intéressant que nous communique M. Puton. Vers 1855, en Lorraine, une pépinière étendue de jeunes chênes, parvenus à la seconde année seulement, fut envahie par des galles nombreuses, appliquées vers la région du collet et arrivant jusqu'à la base. Il sortit de ces galles des Cynips entièrement d'un jaune testacé et qui furent reconnus par le D<sup>r</sup> Giraud comme appartenant au *Cynips corticalis*, fréquent sur le *Quercus pedunculata* qui était très-probablement l'espèce de la pépinière. Cette espèce appartient au vrai genre *Cynips*, pour lequel, ainsi que cela a lieu pour le Cynips de la galle à teinture, on ne connaît que des femelles. Ou bien il y a parthénogénèse ou bien des mâles, sans doute extrêmement petits, ont une existence très-éphémère. L'important pour nous, c'est que les plants envahis périrent ou s'affaiblirent considérablement. Nous citons ce fait, déjà un peu ancien, pour provoquer de nouvelles recherches, et appeler l'attention des forestiers sur des ennemis possibles dont on n'a pas encore pris ni souci ni défiance.

*Emploi thérapeutique des piqûres d'insectes hyménoptères.* — On doit à notre savant correspondant le D<sup>r</sup> T. Desmartis l'essai souvent heureux ou l'indication raisonnée de l'usage des venins de poissons, de reptiles et d'insectes pour guérir diverses affections graves. Dans l'*Indicateur vinicole* de la Gironde, le D<sup>r</sup> Corbiot, médecin naturaliste, nous rend compte de diverses observations pleines d'intérêt sur les venins d'insectes. M. Lukomski regarde les venins comme de profonds modificateurs de l'organisme et assure que ceux des Hyménoptères sont d'excellents anti-périodiques. M. Corbiot dit avoir guéri par la piqûre des porte-aiguillons des névralgies intermittentes. Il cite une fille, âgée de trente-cinq ans, résidant à Cazau, atteinte depuis six ans d'une violente névralgie faciale et qui a été guérie pour toujours après l'application de six Hyménoptères à la nuque. Nous rappellerons qu'on a spécialement cité les douloureuses piqûres de Guêpes comme pouvant guérir les sciatiques. Ce serait une compensation aux graves accidents qu'elles peuvent produire. Ainsi on a vu des cas de mort par suffocation résultant du gonflement subit de la base de la langue ou de l'arrière-bouche par une guêpe demeurée au fond d'un fruit introduit sans examen dans la bouche.  H. HAMET.

---

## Des conditions d'éducation des vers à soie,

### Par M. P. SIRAND, pharmacien à Grenoble.

*(Fin. Voir p. 228 et 264.)*

Relativement à la maladie des morts-flats, je désire placer ici quelques observations. C'est habituellement plusieurs jours après la 4e mue que la maladie se déclare et qu'elle fait périr souvent la plus grande partie de la chambrée. On est surpris de voir la flacherie éclater d'une manière aussi soudaine sur des vers qui, jusque-là, avaient une apparence vigoureuse. Bien que cette maladie puisse arriver vers le milieu du 5e âge par l'effet des seules causes agissant à ce moment, et sans qu'un affaiblissement héréditaire ou que des défectuosités durant l'éducation aient préparé le mal, il y a aussi bien d'autres cas où les choses se passent autrement. Lorsqu'il y a prédisposition originelle, malgré l'issue souvent fatale qui attend les vers, rien n'accuse d'abord le moindre trouble dans leur organisation, et d'ordinaire ils franchissent toutes les mues sans peine. Mais, s'il est vrai que leur constitution affaiblie a pu triompher jusque-là et suffire au travail des fonctions vitales, elle va succomber devant l'énorme travail digestif du 5e âge pendant lequel la quantité de feuille consommée est environ le double de celle employée pendant tout le reste de l'élevage. En pareil cas, la cause de l'échec remonte loin, puisqu'elle a son origine dans la constitution des parents, d'où est résulté pour les descendants un affaiblissement de l'organisme : néanmoins la vie commence, et les diverses fonctions s'opèrent sans difficulté apparente ; mais après la 4e mue, soit que la débilité existe d'une manière égale dans tous les organes, soit qu'elle existe plus spécialement dans le tube digestif, c'est dans celui-ci que sera le siège de la maladie, et à ce moment les forces manquent pour suffire au surcroît du travail digestif ; la feuille fermente et détermine la mort. Je prends maintenant le cas de la flacherie accidentelle, frappant des sujets où toute disposition héréditaire a été soigneusement évitée. Il pourra arriver que les vers, doués d'une constitution parfaite, soient affaiblis pendant toute la durée de l'élevage par les mauvais soins : alors ces êtres suffiront aux exigences des fonctions digestives jusqu'au moment où celles-ci prendront une proportion énorme, et ils auront vécu jusque-là préparant ainsi de longue date la maladie en restant dans de mauvaises conditions, résistant d'abord à ces influences pour mourir enfin brusquement. Je veux insister particulièrement sur une circonstance qui paraît jouer un certain rôle parmi les causes multiples qui amènent la flacherie. Je suis porté à croire que l'humidité de la litière, que l'humidité de l'air, que la feuille mouillée, sont capables d'amener cette maladie, soit en arrêtant la transpiration, soit en amenant la fermentation de la feuille. Je ne serais pas surpris que des vers qui ont résisté en apparence à de telles conditions pendant les quatre premiers âges, fussent emportés ensuite en un instant par le fléau. J'ai vu quelques chambrées industrielles dont la maladie des morts-flats pouvait être attribuée à l'humidité. Au mois de juillet, j'ai prélevé parmi des vers parfaitement sains arrivés au milieu du 5$^e$ âge, dix sujets que j'alimentais avec de la feuille que je plongeais dans l'eau pure. Ils étaient tous incommodés, ils prenaient la tête grosse, et j'ai même obtenu deux morts-flats. Je me propose d'essayer le même traitement sur des vers aux premiers âges, afin de voir si, en effet, ils éprouveront facilement la maladie, tandis qu'il m'a paru difficile de la faire contracter dans le cas précité. En résumé, bien que je reconnaisse que ce qui précède a besoin d'être corroboré par des expériences plus complètes, j'insiste sur les conséquences qui suivent : Il faut chercher à éviter la maladie des morts-flats, non pas seulement en soignant les vers après la 4$^e$ mue, mais en prenant de mesures préventives, qui sont de deux ordres : 1° il faut avant tout se mettre à l'abri de la disposition héréditaire; 2° ce premier point acquis, il faut élever les vers tout le temps dans des conditions irréprochables sous le rapport du régime et de l'hygiène. — On est habituellement très-surpris de la rapidité foudroyante avec laquelle la mort arrive dans la flacherie. Par les détails qui précèdent, je fais voir que déjà le mal se préparait souvent pendant les premiers âges par l'affaiblissement de l'organisme, et je pense que le rapprochement qui suit complétera la marche de cette affection. N'y a-t-il pas quelque similitude entre la météorisation des ruminants et la flacherie? Dans le premier cas, c'est l'herbe mouillée qui fermente dans l'estomac et, si l'on n'y porte pas remède, la mort est très-rapide. Dans le second cas, c'est aussi une fermentation de la feuille déterminant encore la mort brusquement. Il ne faudrait pas cependant exagérer cette similitude : chez les ruminants, l'accident n'est pas précédé par un état maladif des organes, et il ne reconnaît comme cause que la nature de l'aliment ; il est certain aussi que les produits de la fermentation sont différents dans les deux cas, mais ce qu'il y a de commun, c'est la cessation prompte de la vie par suite d'une fermentation de la substance alimentaire.

(*Sud-Est.*) P. SIRAND.

## Nouvelle maladie de la vigne en Crimée.

### PAR LE DOCTEUR TÉLÈPHE DESMARTIS.

(Suite et fin.)

On a observé en Crimée pendant la belle saison que, sous les pieds de vigne attaqués par les *Coccus vitis*, la surface du sol était couverte d'une matière sucrée qui est recherchée par les mouches et par divers hyménoptères.

Dès que la vigne est atteinte par l'action absorbante des Coccus, les feuilles perdent leur verdure, et, au mois de septembre, les branches et le feuillage sont en partie desséchés ; les grappes surtout sont à l'état de dessiccation complète.

Au milieu de ces grappes, qui semblent avoir subi l'action du feu, on peut voir facilement un grand nombre de Coccus recouverts de leur duvet blanc ; à cette époque, la grappe seulement, et non le fruit, est atteinte par le ravageur, ce qui se comprend très-bien, puisque le grain du raisin ne contient plus de suc nourricier.

Sur la vigne cultivée en espalier, nous assure-t-on, les Cochenilles passent l'hiver, et on les rencontre en quantité sur les branches, sur le bois contigu aux murs, dans les crevasses des palissades et dans les interstices des murailles; ces petits destructeurs paraissent s'attaquer avec autant d'acharnement à toutes les espèces de vignes.

Notre correspondant nous dit que le sol où les vignes sont malades par le *Coccus* se trouve couvert d'une substance sucrée. Il pense que cette matière saccharine est le produit d'un autre insecte qui, l'an dernier, attaquait les chênes voisins des vignobles, insecte qu'il nomme

*Phylloxera quercûs*. Diverses Cochenilles et les Aphis, en effet, répandent une quantité de gouttelettes plus ou moins sucrées qui attirent d'autres insectes. Cette exsudation donne lieu au phénomène nommé fumagine, fort connue dans le Midi, sur l'olivier, l'oranger, le citronnier; cette fumagine constitue une espèce de cryptogame.

Notre correspondant ajoute que le *Phylloxera quercûs* n'émigre jamais du chêne à la vigne ; que son habitation est sur les feuilles et sur les branches du chêne, et que, sur ces feuilles, chacune de ses piqûres produit toujours un point en relief; ce point revêt au début une couleur verte, et, à la fin de l'automne, une coloration rouge cramoisie.

En France, nous avons constaté de semblables taches en relief, mais nous avons eu tort de ne pas examiner au microscope.

Les moyens conseillés en Crimée pour la destruction du Phylloxera sont les suivants :

1° Faire nettoyer profondément les souches en enlevant la mousse et les vieilles écorces. Ce travail doit être fait pendant l'automne, et tous les débris que l'on recueille sont brûlés avec soin.

2° Pour détruire les insectes qui se trouvent à la surface du sol, on fait des arrosages avec un mélange de 3 livres d'eau et de 3 livres de pétrole.

3° Après la taille et le piochage, on arrose encore une fois la terre avec l'eau chargée de pétrole, et, pour empêcher les insectes de monter sur l'arbuste, on frotte chaque pied de vigne, depuis le tronc jusqu'aux branches bisannuelles avec un mélange de corps gras et d'un tiers de pétrole.

On assure que ce mélange de corps gras et de pétrole n'a aucune influence fâcheuse sur le tronc ni sur le bois bisannuel.

Presque tout ce qui précède a été traduit de la langue russe; peut-être s'est-il glissé des erreurs : mais nous admettons avec la science que le *Coccus vitis* puisse sécréter une matière saccharine analogue à celle produite par les Aphis; le *Coccus mammiparus*, d'Ehrenberg, fort commun sur le Mont-Sinaï, produisit, dit-on, la manne du désert (1). D'après ce

---

(1) La résine laque, qui nous vient de la Chine et du Bengale, transsude de certains arbres par suite de la piqûre faite par les femelles de *Coccus lacca*. « En Chine, on emploie pour la fabrication des bougies une espèce de cire ayant un peu l'apparence du *Sperma-ceti*, qui est exsudée par une cochenille, le *Coccus sinensis*, de M. Westwood. »

« Le *Coccus ceriferus* (Rabz), dont le nom indique une propriété analogue, vit au Bengale. »   T. D.

qu'il nous a été donné de savoir, nous ne croyons pas que le *Phylloxera quercùs* puisse être classé parmi les *Phylloxérées* des auteurs français ni des auteurs allemands. Il y a donc là plusieurs points qui restent à élucider.

Nous constatons seulement que la nouvelle maladie de la vigne, existant en France et en Corse, est produite par le *Phylloxera vastatrix*, tandis que celle qui s'est manifestée en Crimée et dans les parages de la mer d'Azof a pour cause le *Coccus vitis* de Nedelski, qui, selon nous, est le *Lecanium vitis*.

### Note sur la fumagine.

A la science à prouver si nous avons tort.

Non-seulement la fumagine, dont nous venons de parler dans l'article précédent, est une production cryptogamique, mais elle appartient à un genre d'une organisation assez complexe dans la série mycologique.

Les feuilles de plusieurs végétaux ligneux et même herbacés en sont souvent infectés, surtout dans les serres. Dans le Midi, en Algérie, etc., les orangers et les oliviers ont beaucoup à en souffrir. Toutes ces formes ont été comprises par Link, dans son *Clodosporium fumago*. Depuis, ce champignon mieux étudié, a été avec raison distrait du genre *Clodosporium* pour constituer le genre *Copnodium*, où les espèces ont été distinguées et décrites. M. Durieu de Maisonneuve, directeur du Jardin des Plantes de Bordeaux, en a découvert, dans les environs de Paris, une espèce sur les feuilles de saule marceau qui a beaucoup contribué à la connaissance du genre *Copnodium*, parce qu'il l'avait rencontrée en bon état de fructification, ce qui est assez rare. Ces champignons se multiplient le plus souvent par les conidies, mode plus inférieur de reproduction, que par les spores qui est le mode de fructification le plus élevé, ainsi qu'il arrive chez nous pour l'*Erysiphe vitis* (l'oïdium). Du reste, le dernier mot n'est pas dit encore sur ces sortes de cryptogames, de sorte qu'il nous suffit, je crois, de les comprendre sous le nom collectif de *Clodosporium fumago* (Link), sans entrer dans des détails critiques qui emmèneraient trop loin.

D$^r$. Télèphe DESMARTIS. (1)

(*Indicateur vinicole de la Gironde.*)

(1) Dans une lettre récente notre savant collaborateur nous signale que le *Nysius cymoïdes*, qu'il a indiqué dans sa note précédente (voir p. 263), a dérogé à ses habi-

# GÉNIE RURAL.

## Des appareils et des machines en usage pour détruire les insectes nuisibles aux jardins, aux serres, aux vergers, aux champs, aux bois et aux réserves de céréales,

PAR M. MAURICE GIRARD.

(Avec planche.) Suite (1).

### Appareil de chauffage des grains du D<sup>r</sup> Vergier.

Les céréales conservées en magasins à l'état de grains, ou cariopses des botanistes (fruits secs indéhiscents où la graine adhère intimement au péricarpe), sont attaquées par plusieurs petits insectes qui produisent parfois de grands dégâts et qui, au dernier siècle, ont plusieurs fois amené de véritables disettes. Le froment, d'une si haute importance pour l'alimentation de la France, car il donne presque seul la farine de la panification (l'orge, le seigle, l'avoine, le maïs, le sorgho, le fruit de l'arbre à pain, le manioc, etc., y suppléent d'une manière notable chez d'autres peuples), est principalement attaqué dans les greniers où on le conserve en tas par trois espèces d'insectes. Deux appartiennent à l'ordre des Lépidoptères ; ce sont des Microlépidoptères de la famille des Tinéides, la Teigne des grains et l'Alucite (voir : *Insectologie agricole*, 2<sup>e</sup> année, 1868, p. 8 et p. 101) ; une troisième espèce est un Coléoptère de la tribu des Curculioniens ou Charançons, la Calandre

---

tudes comestibles et s'est lancé sur la vigne qu'il dévore, c'est-à-dire de carnassier est devenu phytophage. Ce fait intéressant du changement de régime d'un hémiptère se rencontre dans les divers ordres d'insectes. Ainsi, dans les Coléoptères, le *Zabrus gibbus* du groupe des Carabiques, ces carnassiers de proie vivante, vit des Graminées ; la larve du *Silpha opaca*, renonçant à vivre de charognes, attaque parfois les betteraves dans le nord de la France. Les entomologistes qui élèvent des chenilles savent qu'il ne faut pas laisser ensemble, dans le même pot, certaines chenilles de Noctuelles. Elles dévorent les chenilles de leur espèce et d'autres. Dans la nature, où certaines espèces attaquent leurs semblables, il est probable que cette habitude contribue à arrêter leur multiplication et à restreindre leurs dégâts. Nous pouvons signaler parmi ces chenilles qui mangent leur propre espèce ou d'autres espèces la *Scopelosoma satellitia*, les *Orthosia*, certaines *Cucullia*, la *Cosmia trapezina*, une des plus voraces. Comme l'a remarqué notre collaborateur M. Goossens, on reconnaît tout de suite les chenilles créophages à l'inspection de leur tête, qui est large et plate, à leurs mandibules en pinces, très écartées et aiguës. En outre, fait-il remarquer, ces chenilles sont vives, agiles, actives.

(*La Réd.*)

(1) Voir le journal de 1869, p. 76, 117, 243.

du blé (genre *Sitophilus* de certains auteurs) ; une espèce voisine, la *Calandra orizæ*, attaque les réserves de riz, et nous a été amenée par les navires.

Depuis longtemps l'homme a cherché à se garantir de ravages qui constituent parfois de véritables fléaux. On peut subdiviser en trois groupes les moyens employés dans ce but : 1° la chaleur ; 2° les actions mécaniques; 3° les substances anesthésiques ou toxiques.

On sait que les insectes et leurs œufs ne peuvent pas supporter sans périr une certaine température continuée quelque temps et notablement inférieure à celle de l'ébullition de l'eau. Avant l'emploi des substances toxiques volatiles, les entomologistes se servaient, pour tuer dans leurs boîtes de collections les Dermestes, les Teignes, les Psoques et les Acariens qui vivent du corps des insectes desséchés, d'un instrument nommé *nécrentome* : c'était une caisse métallique dans laquelle circulait de la vapeur d'eau, de sorte que la boîte à préserver, placée dans une enceinte interne, supportait pendant plusieurs heures une température à laquelle les matières liquides des tissus vivants se coagulent, de façon à amener une mort certaine des germes, même à vitalité la plus tenace. Le même principe peut s'appliquer aux grains. Qu'on les laisse séjourner dans une étuve chauffée à la vapeur d'eau, les espèces nuisibles seront tuées. Le point important à résoudre sera de choisir la température la moins élevée qui puisse remplir ce but, en même temps que la plus courte durée d'exposition des grains; car il faut détériorer le moins possible la farine du grain, tout en frappant de mort les insectes destructeurs.

Le point très-important, bien constaté dans les expériences de Doyère, c'est qu'il ne faut pas dépasser, dans les diverses parties des tas de grains, les températures de 50° à 55° centigr. Elles n'altèrent pas la farine, n'empêchent pas la pâte de lever, laissent au blé de semaille sa faculté germinative, et cependant tuent les insectes nuisibles et leurs œufs. Au contraire, la faculté germinative se perd entre 65° et 75°. Les insuccès fréquents des appareils de chauffage et leur discrédit s'expliquent par leurs imperfections. Dans les procédés où le grain n'était pas remué il fallait chauffer très-fortement la partie externe des tas, pour obtenir à l'intérieur des grains les températures nécessaires pour tuer les insectes; de là un mélange de blés altérés et infertiles très-préjudiciable pour le marché. Il est nécessaire de produire une agitation dans le blé chauffé, afin que tous les grains soient exposés à la même chaleur sans la dépasser. L'emploi du thermomètre est très-utile dans tous ces appareils, et on ne le remplace que très-imparfaitement par la sensation de chaleur de la main, très-variable selon l'habitude.

Lors de la mission dont Duhamel et Tillet furent chargés au milieu du XVIII<sup>e</sup> siècle, dans l'Angoumois ravagé par l'Alucite, ils trouvèrent établie la pratique du *chauffourage*, c'est-à-dire du chauffage des grains infectés dans les fours à pain. Duhamel avait cherché à régler ce moyen par l'emploi du thermomètre et en recommandant de remuer et de mélanger le blé. Il indiqua malheureusement des températures trop élevées, ce qui donnait lieu à des altérations. On essaya également le chauffage à la vapeur d'eau bouillante, pour les blés non de semaille. Il est inutile de rappeler ces appareils, fondés sur la croyance inexacte que des températures de 100° et plus n'altéraient pas la farine. Les vrais principes du chauffage des grains furent mis en œuvre dans l'étuve rotative ou hélice insecticide de M. Terrasse-Desbillons. Le grain est balloté dans des spirales d'Archimède placées dans une caisse où l'air est échauffé par un fourneau en tôle. La température était très-mal réglée dans cette étuve. L'appareil fut perfectionné par Doyère (1), les spirales remplacées par un cylindre incliné et tournant où glisse le grain, cylindre logé dans une chambre chauffée par un calorifère à tuyaux multiples, et dont la température est continuellement indiquée par un thermomètre plongeant dans une boîte de bois où se rendent les grains. Elle ne doit varier que de 57° à 62°, et on la règle soit par un registre du calorifère, soit par introduction plus ou moins rapide du blé froid, soit par la variation de vitesse rotative du cylindre.

Ces appareils ont conduit M. le D<sup>r</sup> Vergier à l'idée du dernier système de chauffage des grains qui ait été proposé et expérimenté en France. M. Vergier a fait exécuter deux séries d'appareils de chauffage, l'un continu, l'autre intermittent. Ces appareils ont été présentés à l'Exposition universelle de 1867 et ont obtenu une médaille de bronze. Le principe nouveau de M. Vergier est d'employer la vapeur d'eau pour produire l'échauffement de l'air chaud dans lequel séjourne le grain. On comprend qu'on réglera mieux la température de l'air par ce

---

(1) Doyère. — Recherches sur l'Alucite des céréales, l'étendue de ses ravages et les moyens de les faire cesser, suivies de quelques résultats relatifs à l'ensilage des grains. Paris, 1852, in-8° : Id. Ann. de l'inst. agronom. de Versailles, 1852.

moyen que par les poëles et les registres, car la vapeur d'eau produite sous une pression donnée est essentiellement à température constante.

L'appareil de M. Vergier, à fonction continue, se compose d'une trémie qu'on a soin de tenir toujours remplie de blé. Elle est placée au dessus d'un cylindre fixe, en tole, dans lequel un double serpentin fait passer un courant de vapeur produite par un générateur spécial ou par une chaudière à vapeur pouvant servir à d'autres usages (locomobile, machine à battre, etc.). La partie inférieure du cylindre est occupée par une hélice à axe horizontal (c'est un emprunt à l'appareil Terrasse-Derbillons), qui, en vidant peu à peu le cylindre, produit dans le blé un mouvement continuel, soumettant également tous les grains à une chaleur modérée de 50° à 60°. La vapeur du serpentin se condense, en dégageant à l'état libre sa chaleur latente, et l'eau s'écoule par un robinet.

Cet appareil, propre surtout à la petite culture, est déposé à Paris, dans les magasins de la maison Peltier, 40, rue Fontaine-au-Roi. Il est destiné, non seulement aux céréales charançonnées et alucitées, mais aux légumes secs, pois, haricots, lentilles, etc., attaqués par les larves des Bruches, aux graines diverses de colza, moutarde, etc., logeant des larves de charançons. Enfin, il sert également à opérer la dessiccation rapide des grains ou graines avariés par l'humidité.

Nous continuerons l'étude des autres appareils de chauffage du D$^r$ Vergier.

LÉGENDE EXPLICATIVE

DU PREMIER APPAREIL VERGIER POUR LES CÉRÉALES EN GRAINS ATTAQUÉES PAR LES INSECTES
(planche du n° 11).

- e. Entonnoir pour l'introduction des grains.
- t. Tuyau d'arrivée de la vapeur.
- V. Chambre à vapeur communiquant avec les serpentins SS destinés à chauffer les grains.
- H. Agitateur héliçoïdal, recevant le mouvement au moyen de la manivelle m et destinée à effectuer leur sortie par l'orifice O.
- r. Robinet de condensation.

Maurice GIRARD.

## Dévidage des cocons percés,

PAR M. LE Dr FORGEMOL.

(*Suite,* voir p. 239.)

On persistait dans l'emploi des vieux moyens ordinaires de dévidage, et comme ces moyens étaient vite reconnus impraticables pour les cocons percés, on y avait renoncé à jamais.

La raison tirée de l'ouverture du cocon percé était admissible; mais les deux erreurs de la section et de l'ustion présumées des brins de soie du cocon étaient évidentes et palpables.

Redressant donc les croyances anciennes, et désireux d'éviter, pendant le dévidage, la chute des cocons dans l'eau de la bassine, je me suis arrêté, après de longues tentatives, au moyen suivant :

J'ai construit un appareil composé de deux parties séparées et distinctes. 1° La première que j'appellerai porte-aiguilles, est ainsi établie :

Sur un trépied repose un bassin percé latéralement de trous nombreux, dans lequel est placée une lampe d'esprit de vin ; au-dessus, un second bassin contient l'eau, et sur ce second bassin, se placent, soit la plaque à godets, destinée au dévidage des cocons naturellement ouverts qui sont encore pleins, soit l'épinglier appelé à supporter les aiguilles, chargées de recevoir les mêmes cocons devenus vides. La plaque contient 18 ou 20 godets, dont le fond est en communication directe avec le deuxième bassin, où l'eau peut être tenue chaude, et dont on peut supprimer, élever ou abaisser la température à volonté. Les aiguilles à tête olivaire pour ne pas trop user vite le fond des cocons, sont mobiles sur le pivot qui les supporte.

Je dis que les cocons naturellement ouverts, qui sont encore pleins, se dévident dans les godets, parce que la chrysalide qu'ils contiennent encore, y offre un contre-poids naturel à la force chargée de tirer les brins ; rigoureusement même, on peut se servir des aiguilles pour ces cocons pleins, le dévidage en est simplement un peu gêné ; car le cocon tourne un peu difficilement sur leur olive, à cause de la présence de cette chrysalide.

Je dis que l'on met sur les aiguilles, les cocons naturellement ouverts quand ils sont vides ; car, tout en tournant sur les aiguilles, les cocons vides, y trouvent un certain point d'appui, avec résistance suffisante pour éviter la rupture des brins de soie à dévider, et ce point d'appui rémédiant à leur légèreté, les empêche de suivre, ce qui arriverait sans cela, la force chargée de tirer et de colliger les fils.

2° La seconde partie de mon appareil, que je nommerai fileuse, se compose :

A. D'un vase destiné à contenir de l'eau pour faciliter l'agrégation des brins entre eux, dans le cas où les cocons, en donnant leurs brins, se seraient trop séchés durant l'opération.

B. D'une tige horizontale comprenant une première filière, un premier épinglier, une deuxième filière et un deuxième épinglier. Cette tige est brisée vers sa terminaison, de manière que la partie antérieure se meut dans un sens et la partie postérieure dans l'autre, pour assurer la torsion du fil.

C. D'un va-et-vient qui distribue le fil, une fois formé sur le rochet, de telle façon qu'il n'y a point d'emmêlement des fils recueillis.

D. D'un rochet, enfin, où les fils viennent se placer.

E. Par un mécanisme calculé, deux pédales font mouvoir une roue inférieure qui transmet son mouvement à une autre roue supérieure, laquelle fait marcher la tige à filières, le va-et-vient, et le rochet. Je dis par un mécanisme calculé ; car il fallait combiner l'action générale de la fileuse, de telle façon que les brins pussent se dévider sans rupture, se réunir et se tordre suffisamment en fil, et se récolter sans emmêlement. L'expérience constate que la marche de mon appareil satisfait à ces exigences indispensables à un bon résultat.

Ceci exposé, disons que pour faire fonctionner les deux parties de mon appareil, l'ouvrière place 1° à sa gauche le porte-aiguille, sur lequel se trouvent ou la plaque à godets ou les aiguilles, l'une chargée, les autres coiffées des cocons à dévider ; et 2° à sa droite, la fileuse à laquelle ses pieds donnent l'impulsion à l'aide de deux pédales. Les cocons se dévident comme un bas qu'on démaille ; l'ouvrière agrège, tord et récolte le fil qui passe devant elles et il ne lui reste plus qu'à surveiller avec soin la régularité de ce fil, c'est-à-dire à le produire toujours avec le même nombre de brins. Aussi, en dehors des brins qui sont en train d'être filés, l'ouvrière tient-elle en réserve d'autres cocons, qui laissent pendre, tout prêts, leurs brins recherchés et disposés à l'avance, de telle sorte qu'elle puisse les saisir et les réunir rapidement aux brins qui se filent.
D<sup>r</sup> FORGEMOL.

(*A suivre.*)

## Bibliographie,

### PAR M. MAURICE GIRARD,

*Le Vigneron du Midi.* — Remèdes divers proposés pour détruire le *Phylloxera* de la vigne, par M. Planchon.

Nous souhaitons la bienvenue à un nouveau-né de la presse paisible des bois, des vignobles et des champs, *le Vigneron du Midi*, annuaire viticole, par M. le D$^r$ Cazalis, directeur du *Messager agricole*. C'est d'un bon augure pour l'avenir que ce réveil dont nous sommes témoins de l'opinion publique pour les questions d'agriculture, et cette tendance de substituer l'initiative privée aux lenteurs indifférentes de tant d'employés officiels.

Ce recueil, spécialement consacré à la culture de la vigne, ne pouvait laisser de côté la question de la redoutable épidémie qui commence. Aussi nous empressons-nous d'analyser un excellent article d'un des savants les plus autorisés en pareille matière, M. le D$^r$ Planchon, qui attribue l'influence prédominante dans le fléau à l'Aphidien dont on lui doit la découverte, le *Phylloxera vastatrix*.

M. Planchon suppose avec raison que l'impatience légitime des propriétaires demande avant tout des remèdes contre le fatal insecte, plutôt que des discussions d'entomologie et de botanique. Il expose une série d'expériences dans lesquelles des racines couvertes de *Phylloxera* ont été soumises à l'action de diverses liqueurs, et il indique celles qui ont tué les insectes, et les autres substances qui, au contraire, n'ont amené qu'un engourdissement passager.

L'immersion dans l'eau pendant plus de huit jours ne tue nullement le *Phylloxera*, et ceci est d'accord avec ces anciennes expériences de Réaumur, de Straus-Durckheim, sur la longue résistance qu'offrent les insectes à l'asphyxie en fermant leurs stigmates et en conservant de l'air dans leurs trachées. L'eau mêlée de glycérine n'a pas tué les pucerons. L'urine de vache les tue, mais on sait que ce liquide est difficile à se procurer dans bien des points du midi de la France. La décoction de tabac, suffisamment concentrée, amène aussi la mort de ces insectes. Beaucoup d'entomologistes tuent d'une manière foudroyante les gros insectes au moyen du jus de pipe, riche en nicotine, et notre journal a souvent préconisé les solutions de tabac contre les insectes des jardins et des serres. Les eaux de purin, les solutions d'aloès, de noix vomique, de *Quassia amara* et de staphysaigre, ont été inefficaces. Cette dernière solution, comme le remarque M. Planchon, est celle que recommande M. Cloëz, du Muséum, pour détruire les pucerons aériens des feuillages. Le sulfate de fer, l'acide phosphorique et les phosphates acides tuent les *Phylloxera*, mais M. Planchon fait observer avec raison que la chaux du calcaire des sols arables peut neutraliser ces acides et les rendre inefficaces.

M. Planchon s'abstient d'exposer son opinion sur l'emploi des chlorures alcalins solubles et des lessives alcalines, car il attend le résultat d'essais actuels, ainsi que pour les matières à acide phénique et à créosote. La solution d'acide sulfhydrique, gaz si délétère sur tous les animaux quand il agit sur les organes respiratoires où l'absorbent les vaisseaux ou les lacunes à sang révivifié, tue les *Phylloxera*, mais son odeur est insupportable et sa préparation un peu compliquée. M. Planchon donne la préférence, comme moyens insecticides, à l'huile de cade en soluté alcalin, et surtout au bisulfure de calcium dissous dans l'eau. Ces deux procédés ont été annoncés à nos lecteurs dans le Bulletin insectologique du numéro précédent (voir page 257 et 258).

Nous rendrons compte plus tard de la Revue séricicole de 1869 que nous trouvons dans *le Vigneron du Midi*.

MAURICE GIRARD.

---

### Emploi du microscope pour le choix de la graine de vers à soie,

PAR M. DE LACHADENÈDE,

Président de la sous-commission d'Alais (1).

*(Rapport à la commission départementale de sériciculture du Gard.)*

On peut considérer aujourd'hui comme démontré, par les résultats des expériences que M. Pasteur poursuit depuis quatre ans au Pont-Gisquet, près d'Alais, que l'un des plus sûrs moyens pour faire de bonne graine de vers à soie, consiste à choisir au microscope les papillons que l'on destine au grainage, après que l'on s'est assuré préalable-

---

(1) Les attaques intéressées ne peuvent obscurcir longtemps la vérité ; on reconnaît maintenant, toute théorie à part, que le choix de la graine doit être la première préoccupation des magnaniers. Beaucoup de personnes s'effraient de prétendues difficultés pour l'essai au microscope. L'instruction que nous reproduisons peut leur rendre les plus grands services. (*La Réd.*)

ment que ces papillons proviennent d'une chambrée ayant offert un aspect très-satisfaisant de la quatrième mue à la montée.

Quelques instructions sur la manière de se servir du microscope sont donc opportunes, maintenant surtout qu'il devient si difficile de se procurer, même à un prix très-élevé, de la bonne graine et que les éducateurs sont convaincus de la nécessité de faire grainer eux-mêmes.

On sait que les vers malades présentent souvent, dans leurs tissus examinés au microscope, de petits corps ovoïdes, de dimensions très-ténues, que l'on nomme *corpuscules*; que ces corpuscules se rencontrent non-seulement dans le ver malade, à l'état de larve, mais encore dans l'œuf, dans la chrysalide et dans le papillon.

Il s'en trouve même, et en grande quantité, dans les poussières des magnaneries où ont eu lieu des chambrées qui n'ont pas réussi, parce que les vers malades se desséchant après leur mort, se réduisent en poussière qui se répand partout dans l'atelier. La présence de ces petits corps dans l'organisme du ver constitue la maladie des corpuscules, maladie très-répandue aujourd'hui et à laquelle il faut attribuer le plus grand nombre des échecs des éducations.

Les expériences du Pont-Gisquet ont démontré, de la manière la plus évidente, que cette maladie est héréditaire et contagieuse.

Les personnes qui croient encore que la maladie n'est pas héréditairement constitutionnelle se rendent un compte très-inexact des résultats acquis. On peut dire qu'elles les ignorent.

En ce qui concerne la contagion, il faut, pour y soustraire les vers, les élever loin de tout autre provenance infectée, dans un local séparé, parfaitement propre, nettoyé avec le plus grand soin, et ne se servir que d'agrès débarrassés, par un lavage énergique, de toutes les poussières et débris d'une précédente éducation. Il faut, en outre, prendre toutes les précautions les plus minutieuses pour ne pas introduire dans l'atelier le germe de la maladie, surtout le germe qui peut être apporté par une autre éducation courante; car la contagion est infiniment plus facile avec des poussières fraîches qu'avec des poussières sèches et vieilles. Un seul ver corpusculeux, qui traîne son corps et ses déjections sur les feuilles, peut empoisonner un nombre considérable de vers sains.

Quant à l'hérédité, M. Pasteur a montré, par des expériences souvent répétées, que les papillons corpusculeux produisent de la graine infectés, surtout quand les chrysalides de ces papillons ont offert, encore jeunes, des corpuscules. Aussi l'examen des chrysalides peut-il rendre de grands services. Il est donc indispensable de ne prendre, pour reproducteurs, que des papillons exempts de corpuscules quand on veut avoir la certitude d'éloigner, d'une manière absolue, la maladie des corpuscules dans la graine et dans les vers qui en naîtront.

Ces précautions ne suffisent pas encore pour assurer la récolte. Il faut, de plus, que les papillons proviennent d'une éducation ayant parfaitement marché, car s'ils proviennent, par exemple, d'une chambrée dans laquelle il s'est trouvé des morts-flats, leur graine peut échouer complétement à l'éducation.

Et pourtant les papillons d'éducation avec morts-flats peuvent très-bien ne pas être corpusculeux; mais des expériences récentes de M. Pasteur prouvent que cette maladie, d'un genre différent, est héréditaire comme celle des corpuscules et fait souvent autant de ravages qu'elle.

En résumé, deux conditions principales sont nécessaires pour obtenir un bon rendement en cocons :

1° Éducation soignée des vers;
2° Emploi d'une graine saine.

Que signifient ces mots : Éducation soignée des vers ? Ils signifient qu'il faut tout faire pour éviter la contagion du mal. Ils veulent dire aussi, comme au temps de la prospérité, qu'il ne faut pas s'exposer, par manque de soins, à provoquer des maladies accidentelles dans l'éducation.

Que signifient ces mots : Emploi d'une graine saine ?

Ils signifient qu'il faut employer uniquement des graines ne portant pas en elles-mêmes, dans leur constitution intérieure, le germe des deux maladies, aujourd'hui redoutables, mises en lumière par les expériences de M. Pasteur, la maladie des corpuscules et la maladie des morts-flats. Quel sont les moyens de se procurer de la graine exempte de ces maladies héréditaires ?

Avant tout, il faut choisir parmi les chambrées que l'on désire éprouver, celles qui ont le mieux réussi et dans lesquelles, nous le répétons, on n'a pas remarqué de mortalité appréciable principalement à la quatrième mue, et depuis ce moment jusqu'à la montée. Toutes les autres, surtout celles où on a remarqué des morts-flats, doivent être proscrites.

Inutile d'ajouter qu'il faut aussi tenir compte de la qualité des cocons.

L'examen microscopique des papillons, on le comprend, n'a de valeur que lorsqu'il porte sur un assez grand nombre de sujets, cinquante au moins et sans choix. Pour plus de facilité dans cet examen, il faut avoir à sa disposition l'outillage convenable.

Un bon microscope d'un grossissement d'au moins 400 diamètres, muni des accessoires ordinaires; — un assez grand nombre de lames et lamelles pour ne pas être obligé d'en laver à chaque instant; — deux ou trois verres pour mettre à tremper les lames et lamelles ayant déjà servi; — des pinces pour saisir les papillons et les lamelles; — quelques baguettes et tubes de verre; — des ciseaux; — un mortier en porcelaine émaillée pour broyer les papillons; — un récipient quelconque, rempli d'eau propre pour les divers lavages (1), muni d'un siphon fermé par une pince de Mohr (2); — deux serviettes, quelques morceaux de vieux linge de toile fine; — un flacon d'eau distillée ou d'eau de pluie; — une table d'assez grande dimension, de couleur sombre et surtout assez massive, afin qu'elle ne soit pas ébranlée au moindre choc; — enfin un siége solide, sans bras, pour laisser au corps l'entière liberté des mouvements : tels sont les objets indispensables pour faire des observations suivies.

Avant de commencer, on s'assure d'abord que tous les objets placés sur la table sont d'une parfaite propreté. En second lieu, on doit s'occuper de l'éclairage, car c'est chose très-essentielle pour la précision des observations et surtout pour ménager l'organe de la vue (3).

De Lachadenède.

(*A suivre.*)

(1) Les cruches ordinaires dont on se sert dans les campagnes sont très-commodes pour cet usage. Le tube en caoutchouc, placé dans le goulot de la cruche, se maintient très-bien dans cette position; il est ainsi porté en avant et rend l'opération très-facile.

(2) La pince de Mohr est une petite pince métallique, serrant d'elle-même par un ressort le siphon en caoutchouc, et s'ouvrant par une légère pression des doigts, de manière à faire office de robinet. (*La Réd.*)

(3) L'emploi d'un écran adapté au microscope et fixé à l'instrument par un cordon élastique est fort commode et très-utile; nous ne saurions trop en recommander l'usage.

## De la sériciculture dans le Royaume-uni de la Grande-Bretagne (Angleterre, Ecosse et Irlande),

PAR M. A. DELONDRE.

Diverses causes paraissent tendre à donner en ce moment à la culture de la soie un développement réellement sérieux en Angleterre. Une société, la *Silk supply association*, s'est formée pour stimuler et encourager la production de la soie dans tous les pays où cette culture pourrait être entreprise avec succès. Le 18 février 1869, les promoteurs de la fondation de cette association se réunissaient à Londres dans l'une des salles des bureaux de la stubbs' Merchants agency, Gresham street, pour lui donner une organisation définitive. Dès cette première séance, M. Thomas Dickins faisait ressortir la possibilité de réaliser avec succès la culture de la soie en Angleterre, et faisait observer qu'il avait vu de la soie provenant de vers à soie élevés dans le comté de Cornouailles et dans le comté de Devon, et qu'elle était d'une qualité tout à fait équivalente à celle de France : il ajoutait qu'il n'était pas déraisonnable de penser que la culture du ver à soie pourrait être réalisée avec succès dans certaines localités de la partie méridionale de l'Angleterre. Le compte rendu de cette première séance, dans laquelle M. Th. Dickins a été nommé président de la Silk supply association, a été inséré par extrait dans le *Bulletin de la société impériale zoologique d'acclimatation*, 2ᵉ série, t. VI, p. 169.

Le 2 avril 1869, M. P. L. Simmonds, qui était à cette époque secrétaire honoraire de la *Silk supply association*, faisait à la *Society of arts* de Londres une conférence *sur la culture et la production de la soie dans l'Inde* que nous avons traduite et publiée avec notes dans la *Revue des cours scientifiques*. Le *Bulletin de la Société impériale zoologique d'acclimation* a reproduit cette traduction dans ses numéros de septembre et d'octobre 1869, t. VI, p. 533 et 594, en supprimant toutefois les notes que leur étendue ne lui permettait pas d'insérer : nous renverrons à l'une de ces deux publications ceux de nos lecteurs que cette question intéresserait.

Le 24 novembre 1869, M. Thomas Dickins, président de la Silk supply association, faisait aussi à la *Society of arts* une conférence sur la production de la soie (*on Silk supply*) dont nous espérons publier ultérieurement en France une traduction, et annonçait la publication d'un manuel de sériciculture (*Guide to sericiculture*) et d'un journal mensuel, sous le nom de *Journal of the silk supply association*, destiné à répandre les renseignements utiles au développement de la sériciculture : dans cette conférence, M. Th. Dickins insistait de nouveau sur la possibilité de réaliser avec succès la culture de la soie en Angleterre.

D'autre part, M. Alex. Wallace, bien connu par ses efforts pour répandre l'ailanticulture en Angleterre et par ses écrits relatifs à la sériciculture, notamment son *Essay on ailanticulture*, publié dans les *Transactions of the entomological society*, 3ᵉ série, vol. V, 2ᵉ partie, qui a obtenu le prix annuel de la Société d'entomologie de Londres pour 1865, son *prize essay for 1866, on the oak feeding silkworm from Japon*, son article *on some variations observed in the Bombyx cynthia in 1866* et différents articles publiés dans *the Entomologist's* et dans *the Entomologist's Monthly magazine*, dans les *Transactions of the Entomological society* de Londres, dans lesquelles ont été publiés son *Essay on the ailanticulture* et son *Essay on the oak feeding silkworm from Japon*, etc., etc., a publié en 1869 et en 1870 dans l'annuaire d'entomologie (*the Entomologist's annual*) de Stainton des rapports sur la sériciculture, rendant compte des progrès qu'elle a faits durant l'année précédente dans tous les pays, mais surtout en Angleterre et dans les colonies anglaises.

Nous rappellerons encore que M. W.-B. Lord a publié en 1867 un véritable manuel de sériciculture intitulé : *The silkworm Book or silkworms, ancient and modern, their Food and mode of management*, dans lequel il parle aussi de la sériciculture en Angleterre.

*Élevage du ver à soie ordinaire.* — Ce n'est pas toutefois pour la première fois que cette question est agitée en Angleterre. Sous la reine Élisabeth, des encouragements considérables furent offerts par le gouvernement aux personnes qui voudraient s'adonner à la culture du mûrier et à l'élevage des vers à soie. Toutefois, il paraît que c'est surtout le roi Jacques Iᵉʳ qui donna le véritable élan à la culture du mûrier, et c'est de l'impulsion ainsi produite que paraît provenir le grand nombre de mûriers que l'on rencontre dans certains comtés de l'Angleterre (*The South-Midland counties*). Les premiers mûriers cultivés en Angleterre sembleraient, si l'on en croit le dicton populaire, être ceux que l'on voit encore à Sion House, propriété du duc de Northumberland où ils auraient été plantés en 1548.

Une compagnie séricicole britannique, irlandaise et coloniale, s'était bien formée en Angleterre en 1825. Cette compagnie avait fait l'acquisition d'une ferme d'une étendue de 80 acres (l'acre = 40 ares, 1671), près de Michelstown, dans le comté de Cork, qu'elle voulait convertir en exploitation séricicole : elle y avait fait planter 100,000 mûriers blancs; elle s'était procuré des œufs de vers à soie et avait mis à la tête de l'exploitation, comme surintendant, le comte Dandolo, sériciculteur très-expérimenté; mais, par une suite de circonstances restées encore inexpliquées, l'entreprise, quelque favorables que fussent les conditions qui avaient présidé à sa naissance, prit fin prématurément. Il fut dit que le climat de l'Irlande était trop froid : telle ne peut pas avoir été la raison, puisque la culture des vers à soie a été et est encore réalisée avec succès dans des climats beaucoup plus froids, comme en Russie et en Suède : en Russie, toutefois, l'éducation du ver à soie paraît être bornée surtout à la région méridionale, à la Caucasie et à la Transcaucasie. Pékin est, à tout prendre, d'une température assurément aussi froide que celle de l'extrême nord de l'Angleterre et de l'Écosse.

A. DÉLONDRE.

(*A suivre.*)

## Enseignement agronomique.

### *Entomologie appliquée.*

#### NOTIONS GÉNÉRALES SUR LES INSECTES (suite) (1).

Les deux ordres qui suivent, à métamorphoses complètes, ont des larves à pièces de la bouche courtes et broyeuses. Il n'en est plus de même des adultes dont le régime devient tout différent. Le vol s'opère par les quatre ailes, dont les supérieures sont toujours plus développées que les inférieures, et il est souvent puissant. Les *hyménoptères*, à ailes constamment nues et membraneuses, constituent un ordre intermédiaire par l'organisation de la bouche des adultes. Les mandibules sont encore fortes. C'est avec elles que les frelons coupent avec une sorte de fureur les mouches diverses abondant en été sur les fleurs de nos bois et qui s'éloignent terrifiées en entendant leur bourdonnement, que les guêpes en automne déchiquètent en morceaux nos meilleurs fruits et déchirent en parcelles les viandes dans les boucheries de village. Mais les pièces sui-

(1) Voir : Journal, 1869, p. 108, 165, 221.

vantes se sont allongées et forment une espèce de longue langue, servant à lécher les liquides sucrés qui pénètrent dans la bouche par un canal intérieur.

Les Hyménoptères sont les insectes les plus intelligents; ce sont d'admirables architectes. A côté des bienfaisantes abeilles, illustrées par les

Bourdon terrestre.

vers harmonieux de Théocrite et de Virgile, et qui sculptées en or, sur la pourpre des Césars, participent à la majesté impériale, nous devons malheureusement placer les fourmis pillardes et ces mouches à quatre ailes,

Tenthrède des rosiers.

les tenthrèdides, dont les larves ou fausses-chenilles dévastent un grand nombre de nos cultures.

Rivaux des fleurs les plus brillantes par l'éclat de leur parure, les *Lépidoptères* ou papillons ont les ailes recouvertes d'une poussière farineuse qui reste entre les doigts, et sous laquelle demeurent quatre ailes membraneuses; cette poussière est formée de petites écailles ou poils élargis de formes élégantes et très-diverses. A partir de cet ordre disparaissent les mandibules chez les adultes, du moins sous leur forme ordinaire. Ces mandibules existent encore chez les chenilles qui sont les Lépidoptères à leur première phase, et leur servent à ronger les feuilles. Il faut bien remarquer que les chenilles (à l'exception des très-petites espèces appartenant à ce que les entomologistes nomment les *microlépidoptères*) rongent toujours les feuilles à partir des bords du limbe ; quand on voit au contraire les feuilles percées de trous, leur contour restant intact, on a affaire à des Coléoptères, à des Orthoptères, ou à des limaces ou des escargots.

Les Lépidoptères à l'état parfait ne nous causent pas de dommage quand ils mangent, c'est seulement le suc miellieux des fleurs qu'ils aspirent avec une trompe longue, flexible, roulée en spirale au repos, et représentant les mâchoires des broyeurs. Les uns volent pendant le jour, d'autres au crépuscule du soir, plus rarement du matin.

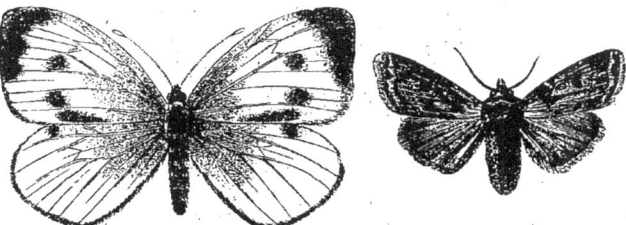

Piéride du chou, femelle.        Noctuelle des potagers.

Si beaucoup d'espèces de papillons nous sont funestes par leurs chenilles c'est à cet ordre qu'appartient le ver à soie, source de la plus belle de nos matières textiles, qui se payait sous les Romains au poids de l'or. Les femmes des ouvriers et des paysans portent aujourd'hui ces robes de soie qu'Aurélien, le maître du monde, refusait à l'impératrice. Un vil insecte est devenu l'origine d'une industrie de premier rang, et l'on ne peut évaluer à moins d'un milliard par année les capitaux qu'il met en œuvre dans toutes les contrées de la terre. Les maladies d'une humble chenille ont pris en Europe les proportions d'une calamité publique. Ce sont surtout les très-petites espèces de papillons qui sont dangereuses pour l'agriculture, ainsi la teigne verte des forêts, la pyrale de la vigne, l'yponomeute des pommiers etc. Leurs chenilles se tordent au contact comme des petits serpents et se pendent aux feuilles par un fil de soie.

Pyrale de la vigne.   Teigne ou Tordeuse verte (*Tortrix viridana*).

Yponomeute des pommiers (chenilles et adulte grossi).

Les *Hémiptères*, à métamorphoses incomplètes, se distinguent par une trompe rigide, articulée, placée au repos sous le corps, formée par les mâchoires et la lèvre inférieure modifiées. Tantôt les quatre ailes sont membraneuses (sous-ordre des *homoptères*). Telles sont les *Cigales*, trop communes dans le midi de l'Europe, dont les larves pompent les sucs des racines des arbres. On ne les rencontre pas au nord de la France ni près de Paris, où l'on donne souvent, fort à tort, le nom de cigale à la grande sauterelle verte. La vraie Cigale remonte quelquefois jusqu'à Fontainebleau. Ici encore, comme chez les Lépidoptères, les petites espèces sont les plus nuisibles. Rien de plus redoutable, en cer-

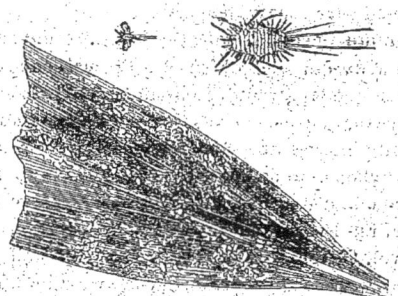

Cochenille des serres; mâle ailé, femelle grossie.

tains cas, que les pucerons, comme le puceron lanigère du pommier, le puceron vert des rosiers, le puceron des racines de la vigne (*Phylloxera*

Pentatome ornée.   Pentatome des baies.

*vastatrix* Planchon), qui nous prépare de nouveaux désastres ; nos végétaux ont aussi beaucoup à souffrir de la grande famille des cochenilles. L'autre sous-ordre (*hétéroptères*) n'offre plus que les secondes ailes membraneuses. Les ailes supérieures, coriaces dans leur plus grande partie, ne sont plus membraneuses qu'à l'extrémité. On trouve dans ce groupe la punaise des lits, très-rarement pourvue d'ailes, qui paraît nous être venue des Indes, qui s'est surtout naturalisée dans la région moyenne de l'Europe et que l'amélioration des conditions d'existence tend heureusement à faire disparaître. De nombreuses espèces piquent les végétaux et les épuisent en suçant leur sève.

Le dernier ordre important pour l'agriculture comprend les insectes les plus nombreux qui existent, encore fort mal connus en raison du grand embarras que les savants éprouvent à séparer les espèces, par la difficulté d'observer les premiers états de leurs métamorphoses complètes. Ils sont les seuls insectes qui subsistent dans les régions glacées voisines du pôle arctique. Au premier abord les *Diptères* semblent, comme l'indique leur nom, n'avoir que deux ailes membraneuses; en réalité ils en ont quatre. En dessous sont deux ailes modifiées, mais indispensables pour le vol. Ce sont des petits boutons portés sur des tiges plus ou moins longues et qui sont animés de rapides vibrations. On les appelle *balanciers*, car on a trouvé dans leur forme quelque analogie avec l'instrument dont se servent les funambules pour s'équilibrer sur la corde raide. On distingue deux sous-ordres chez les Diptères. Les *némocères* ont de longues antennes : l'homme compte parmi eux de nombreux ennemis. Les uns enfoncent dans sa peau leur trompe effilée, ainsi les cousins. Dans les pays humides, soit de l'Amérique du Nord au bord

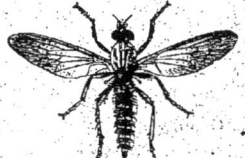
Asile germanique (avec balanciers très-développés).

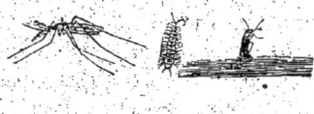
Cousin commun, larve et nymphe.

des grands lacs, soit des régions tropicales, les *moustiques*, les *maringouins* rendent certains lieux tout à fait inhabitables pour l'homme et les animaux domestiques. D'autres némocères, inoffensifs à l'état parfait, détruisent les chaumes des céréales, comme la *Cécidomye du froment*, se nourrissent en larves de racines et nuisent à beaucoup de cultures des jardins et des champs.

Maurice GIRARD.

*L'Editeur-propriétaire* : E. DONNAUD.

Paris. — Imprimerie de E. DONNAUD, rue Cassette, 9.

# L'INSECTOLOGIE AGRICOLE

**Bulletin insectologique.**

*Destruction des Hannetons.* Prix proposé. La Société des agriculteurs de France vient de créer un prix de 3,000 fr., qui sera décerné en 1872 à l'inventeur d'un procédé efficace et pratique, qui puisse être applicable en grande culture pour la destruction des Hannetons et de leurs larves. Dès ce moment le concours est ouvert, et il sera clos fin décembre 1871. Se faire inscrire, au secrétariat, rue du Bac, 43, à Paris.

A propos des Hannetons, M. Pillain nous écrit : « Il est impossible de se faire une idée de la quantité de vers blancs qui ravagent les récoltes de la Seine-Inférieure. Je viens de recevoir une note m'annonçant que M. Maximilien Lasnel, agriculteur à la ferme du Capendu, section de la commune de Clairville-Motteville, a détruit en 1869, 2,320 kilog. de ces larves malfaisantes. — Il est à désirer que tous les cultivateurs dont les terres sont infectées de vers blancs ou mans, comprennent tous aussi bien leur intérêt que M. Lasnel et suivent son exemple. Il est évident qu'il en résulterait des avantages considérables pour l'agriculture. Malheureusement, il n'en est pas ainsi, et voici un exemple des avantages de l'aveugle routine : un cultivateur des environs de Fécamp dont les terres étaient ravagées par les larves des Hannetons ne s'en préoccupa nullement depuis trois ans. Il avait une foi aveugle dans les pluies, la neige, la gelée. Aujourd'hui il est complétement ruiné. »

Ces plaintes ne sont pas nouvelles pour les lecteurs de l'*Insectologie agricole*; elles continueront par l'extension du fléau avec les cultures réitérées et les sols meubles et aérés qui leur conviennent. M. Maurice Girard nous fait connaître qu'il n'y a pas, selon lui, d'autre remède efficace que celui indiqué autrefois par Duponchel. Il faut au printemps, *avant l'accouplement et la ponte*, organiser des battues sur les buissons, les arbres des vergers et des lisières de bois, ramasser les *adultes* et les tuer par le feu. On se servira des enfants et des femmes, travailleurs à bon marché, et surtout on rendra ce hannetonnage *sévèrement général et obligatoire*, au moyen d'amendes, peine très-légitime devant un véritable fléau public. Il faut employer pour secouer les arbres la *mailloche* des entomologistes, masse de plomb entourée de cuirs épais, donnant un choc sec qui ne déchire pas l'écorce. Le Hanneton tient peu et tombe aussitôt. Le temps du sommeil prolongé dans toute la matinée est celui à choisir pour cette récolte. Ce procédé sera le seul efficace pour diminuer le nombre des Hannetons. Il détruit environ cent Hannetons par femelle, et est bien préférable au ramassage des vers blancs à la main ou par les volailles, ainsi qu'aux substances destructrices projetées sur le sol, qui, si elles chassent ou font périr les vers blancs, sont très-souvent nuisibles aux végétaux, de sorte que le remède est pire que le mal.

*La Cétoine velue attaquant la fleur du poirier.* — Dans une séance du Comice de Toulon, un membre, M. Astier, a présenté quelques spécimens d'un insecte qui attaque principalement la fleur du poirier et, dans certaines localités, détruit la fructification de cet arbre. M. Revellat, après l'avoir étudié, a reconnu dans cet insecte la Cétoine velue (*Cetonia hirta*, Fabr.). (1) Voici un extrait de la note lue au Comice par cet entomologiste : « M. le Dr Boisduval n'indique, dans son *Essai d'entomologie horticole*, que deux espèces de ce genre comme nuisibles aux jardins : ce sont la Cétoine dorée et la Cétoine stictique (*Cetonia stictica*, F.). C'est la première fois que la Cétoine velue est signalée comme nuisible aux horticulteurs. » Après une courte description de la Cétoine dorée et de la C. stictique, l'auteur décrit ainsi la Cétoine velue : « Elle a 14 millimètres. Son corps est noirâtre, obscur et tout hérissé de petits poils soyeux, jaunâtres ou roussâtres, avec quelques petites taches grisâtres sur les élytres. Une carène longitudinale occupe le milieu du corselet. — On trouve cet insecte au mois de mai, dans les environs de Paris ; mais il est beaucoup plus commun dans la France méridionale et particulièrement en Provence. Il vit sur les fleurs, de préférence sur celles des arbres fruitiers, et particulièrement des poiriers, qu'il rend stériles en dévorant les organes de la fructification, ainsi que l'a fort bien remarqué M. Astier. Cette observation de notre honorable collègue est d'autant plus digne d'intérêt qu'elle est nouvelle en ce qui concerne la Cétoine velue, et qu'elle vient à l'appui de ce que l'on sait depuis peu d'années de la Cétoine stictique. »

Quant aux moyens de se garantir des déprédations des Cétoines, ainsi

---

(1) *C. hirtella* (Linn.) — De Marseul, Catal. des coléoptères, 1863, p. 131.

que des Hoplies et des Trichies, les uns et les autres voisins des Hannetons, on n'en connaît pas d'autres, ajoute M. Revellat, que de leur faire la chasse dès leur apparition en mai, juin et juillet, et de détruire leurs larves, qui vivent trois ans, sous le sol, à l'état de petits vers blancs, et qui dévorent les racines des plantes, qu'elles font périr de la même manière que les gros vers blancs des Hannetons.

*Sériciculture.* — On écrit de Turin au *Journal officiel* :

On attribue l'insuffisance de l'importation des graines de vers à soie japonaises aux ravages exercés au Japon, sur les vers à soie, par un parasite inconnu en Europe, qu'on appelle l'*Ugi*. C'est une petite chenille qui vit enveloppée dans la coque, à côté de la chrysalide, et dévore celle-ci dans la dernière phase de son développement. Les ravages varient entre 40 et 50 p. 100; parfois ils montent jusqu'à 80 et 85 p. 100. Ce parasite se multiplie selon que les pluies sont plus prolongées ou plus abondantes.

Pour combler ce déficit et parer aux ressources de plus en plus insuffisantes de l'extrême Orient, les sériciculteurs se retournent du côté du Turkestan.

Le commerce des graines de vers à soie de ce pays a appartenu jusqu'ici aux marchands moscovites; ceux-ci répugnaient à partager avec des étrangers un négoce qu'ils considèrent comme leur propriété exclusive; mais leur ignorance et la grande expérience spéciale des Italiens ont permis à ceux-ci de surmonter les obstacles. Les arrivages de cette provenance ne sauraient, toutefois, être bien nombreux; mais ils permettront d'obtenir un type de cocon plus riche en produit que le cocon japonais. La graine de Turkestan ne présente aucun indice de maladie et donne un cocon excellent, pourvu qu'on la maintienne dans une atmosphère constante de 18 à 20 degrés centigrades.

Nous ajouterons à cette note que le fléau de l'*Ugi* ou *Oudji*, commun au Japon et à la Chine, est très-probablement ce qui a été autrefois indiqué par le comte Castellani, dans les Bulletins de la Société impériale d'acclimatation, sous le nom de *Maladie de la mouche*, exerçant ses ravages sur le ver à soie. Comme cet insecte sort d'un cocon fermé, il paraît au premier abord probable que c'est un Hyménoptère pourvu de mandibules et non un Diptère. Les Ichneumoniens piquent les chenilles en déposant leurs œufs dans les tissus, *sous la peau*; les larves vivent d'abord des amas graisseux, puis, à la fin de leur existence, tuent la chenille en dévorant ses organes essentiels. Nous avons en France de grands Ichneumoniens, ainsi les *Metopius dentatus* ou *fasciatus*, *micratorius*, etc., dont la larve est unique par chrysalide, comme celle de l'*Ugi*, et qui sortent du cocon, entièrement fermé et papyracé, du *Bombyx quercûs*, en perçant sa paroi. Des Diptères du groupe des Mouches tachinaires ou Entomobies peuvent aussi faire périr les utiles chenilles qui sécrètent la soie chez diverses espèces de Bombyciens, sans empêcher la confection du cocon, ce qui est aussi au reste le cas de l'*Ugi*, mais arrêtant la reproduction. Les Diptères, dépourvus de tarière perforante, pondent leurs œufs *sur la peau* de la chenille. M. Maurice Girard a le premier fait connaître des faits de ce genre constatés en France sur les vers à soie du mûrier (*Ann. Soc. entom. de France*, 1864, p. 155). D'après d'autres renseignements l'*Oudji* sortirait du cocon à l'état de larve, en le perçant de sa tête effilée et passant par le petit trou en étirant ses anneaux ; il se métamorphoserait au dehors. Ce mode serait plus en rapport avec les mœurs des Entomobies (Diptères). On reste donc, jusqu'à présent, incertain sur l'ordre auquel appartient le parasite. Au contraire, dans une lettre adressée à M. A. Geoffroy Saint-Hilaire, M. de Montebello écrit que les Japonais lui ont assuré qu'il sort des cocons un insecte qui pique et fait beaucoup de bruit, probablement en bourdonnant. Rien de plus contradictoire, comme on le voit ; l'adulte reste à découvrir (1).

*Application du procédé Pasteur à la reproduction de la graine de vers à soie de race indigène.* — M. Cristophoro Bellotti rend compte, dans une note lue à la Société italienne des sciences naturelles, des bons résultats obtenus par ce procédé combiné avec celui des pontes cellulaires. Voici ses conclusions :

1° Le procédé que M. Pasteur a indiqué le premier pour la reproduction de la graine saine, et qui consiste à ne consacrer à l'éducation pour graine que les œufs pondus par des papillons reconnus au microscope exempts de corpuscules, est le seul, parmi tant d'autres recommandés, qui puisse sauver nos précieuses races à cocons jaunes et rendre à la sériciculture en Europe cette prospérité qui la distinguait avant l'invasion de la maladie actuelle (2).

2° Les éducations destinées à la reproduction devront être faites sur

---

(1) Voir derniers renseignements, p. 335.

(2) On évalue approximativement à trente mille onces la quantité de graine à cocons jaunes produite cette année en France par l'application du procédé Pasteur.

une petite échelle, en proportion très-peu supérieure au besoin de chacun, avec de la graine préparée d'après le système cellulaire indiqué précédemment, dans un local isolé et aussi éloigné que possible des autres éducations, avec de la feuille de mûriers qui par leur position ne soient pas exposés à être facilement infectés par les poussières des magnaneries voisines.

3° Comme il est difficile, dans bien des localités, de se placer dans de pareilles conditions d'isolement pour le local et les mûriers, le moyen le plus sûr pour arriver au même but est d'anticiper autant que possible l'éclosion des vers destinés à la reproduction, et de faire en sorte qu'ils arrivent à la bruyère lorsque la généralité des éducations industrielles du pays arrivent à la quatrième mue.

4° La cause première de l'infection étant uniquement l'introduction dans le corps du ver d'éléments hétérogènes, tels que le sont les corpuscules, toutes les hypothèses de dégénérescence des races de vers à soie tombent d'elles-mêmes. La cause enlevée, les effets sont supprimés (1).

5° Le manque d'expérience et de soins pendant l'éducation peut causer la diminution ou même la perte totale de la récolte, mais il ne peut causer le développement de l'infection dominante lorsque le germe n'en existe pas dans l'œuf ni dans l'atelier, et qu'il ne peut être apporté du dehors.

6° La nature des corpuscules n'étant pas encore bien définie, ni la durée de leur aptitude à se reproduire, il faudrait, dans les locaux où ont lieu les éducations pour graine, soumettre tous les ans à des lavages abondants, faits avec beaucoup de soin, les murs, les pavés, les plafonds et tous les agrès qui doivent être employés. Les fumigations avec du chlore se recommandent principalement à cause de leur efficacité pour la destruction des corpuscules.

7° L'infection des mâles étant sans influence sur les œufs, l'examen des chrysalides et des papillons des couples doit se borner aux femelles (2).

(1) Cette conclusion n'est pas à l'abri de toute objection. La contagion est incontestable, mais un affaiblissement des races ne la rend-elle pas en outre plus aisée et plus fréquente, de même que les insectes destructeurs attaquent plus facilement les arbres déjà malades ?   (*La Réd.*)

(2) Le fait important que les papillons mâles corpusculeux, s'ils s'accouplent à une femelle saine, n'infectent pas la graine pondue par celle-ci, a été parfaitement expliqué par notre collaborateur M. Balbiani, dans une note adressée à l'Académie des sciences (Comptes rendus, 1re sem., t. LXVIII, p. 781), d'après la structure des organes reproducteurs femelles.

8° Le développement de la maladie étant continu dans le même individu déjà infecté, l'examen des papillons sera plus facile et plus sûr, si l'on attend qu'il ait péri naturellement. Cet examen, du reste, pourra être fait à n'importe quel moment, en automne ou en hiver.

9° La graine préparée d'après les règles ci-dessus devra toujours être soigneusement lavée et conservée dans un endroit frais et sec.

*Derniers renseignements sur les feuilles de chêne et les éducations de l'Attacus ya-ma-maï.* — Nous avons parlé dans le bulletin précédent, des semis naturels de chêne trouvés au bois de Boulogne par notre collaborateur M. Fallon, et pouvant servir à donner des feuilles fraîches au début du printemps, et lors des éclosions prématurées du ver à soie du chêne. On a reconnu depuis que c'est sous les pins et sapins qu'on trouve surtout ces petits chênes naissants conservant leurs feuilles vertes tout l'hiver. Il est probable que le feuillage épais et persistant de ces conifères, a protégé contre le rayonnement nocturne ces jeunes feuilles que les gelées dessèchent habituellement. Chez M. Fallon les jeunes chenilles de l'*Attacus ya-ma-maï*, ont commencé à éclore à la seconde semaine d'avril 1870. On leur donna d'abord des feuilles hachées et mouillées, conservées comme il vient d'être dit, puis bientôt des bourgeons de chêne coupés en tranches, ainsi que des bourgeons de charme qui sont un peu plus précoces. Ces chenilles les mangent très-bien, et de même les jeunes feuilles de charme.

Au jardin d'acclimatation du bois de Boulogne, dont la magnanerie est placée sous l'habile direction de M. J. Pinçon, les œufs du *ya-ma-maï* ont commencé à éclore le 19 avril. On leur donna aussitôt des bourgeons assez développés de chênes très-précoces exposés au midi ; cela vaut mieux que la feuille de chênes forcés en serre, cette feuille étant peu goûtée par les jeunes vers. Les petites chenilles sont élevées comme on le fait au Japon, selon les derniers renseignements envoyés par M. de Montebello. De jeunes rameaux de chêne sont placés à une fenêtre dans des carafes. Des petites feuilles de chêne sont disposées sur la graine étalée sur une table, et, à mesure que naissent les petites chenilles, elles se placent sur ces feuilles. On porte chaque feuille ainsi chargée de vers sur les bouquets de rameaux, en ayant soin de ne pas toucher les délicates larves.

H. HAMET.

## Notes entomologiques sur le Phylloxera vastatrix,

PAR MM. J. E. PLANCHON ET J. LICHTENSTEIN.

Le genre *Phylloxera* appartient à l'ordre des Hémiptères, et plus particulièrement au sous-ordre des *Homoptères*, dont les Cigales, les Pucerons et les Cochenilles sont les représentants les plus connus. Il constitue du reste, à lui seul, une petite famille qu'on pourrait nommer des Phylloxérées, et qui forme la transition entre les Pucerons ou Aphidiens et les Cochenilles ou Coccidées.

Ses rapports avec les Pucerons s'établissent par le genre *Chermes* de Linné (*Chermes abietis*, L., et *affinis*), dont Ratzeburg fait une Coccidée, tandis que la plupart des auteurs le rangent parmi les Aphidiens. Sa transition aux Cochenilles se fait surtout par le *Coccus adonidum* de Linné ou Cochenile des serres, devenu pour Costa et Adolpho Targioni-Tozzetti le type du genre *Dactylopius*.

La discussion de ces affinités du *Phylloxera* exigerait, du reste, des détails qui pourraient sembler ici déplacés. Constatons seulement que les rapports du *Phylloxera* avec les Pucerons souterrains du genre *Rhizobius* sont plus apparents que réels, la similitude des conditions d'existence entraînant, là comme ailleurs, des ressemblances superficielles que démentent les caractères plus profonds.

Voici, du reste, sous forme succincte, les caractères du genre *Phylloxera* :

Femelles aptères ou ailées. Mâles inconnus.

Forme aptère ; souterraine ou aérienne, s'enfermant parfois dans des galles bursiformes des feuilles, toujours ovipare, à plusieurs générations successives dans le courant de l'année.

Antennes à trois articles, les deux premiers courts, le troisième plus allongé et plus gros, obliquement tronqué (comme taillé en bec de plume), portant sur la troncature une sorte de chaton ou noyau lisse, d'ailleurs finement annelé par des rides transversales.

Taches pigmentaires simulant des yeux des deux côtés de la tête, au-dessous de l'insertion des antennes.

Rostre ou suçoir placé, comme celui des Cochenilles, en dessous du corps, presque entre les pattes antérieures, renfermant dans un étui à trois articles trois soies, extensibles et protractiles, qui constituent l'appareil actif de la succion.

Pas de traces de cornicules ni de pores excréteurs sur l'abdomen.

Jeune : relativement agiles, palpant le plan de progression au moyen de leurs antennes alternativement abaissées, vaguant quelque temps avant de se fixer à la place qui leur convient, bientôt immobiles, appliqués contre l'écorce ou la feuille nourricière, passant graduellement à l'état de mères pondeuses. Celles-ci peuvent, du reste, changer de place, bien que leurs mouvements soient plus lents que ceux des jeunes.

Nymphes des femelles ailées : tantôt fixes, tantôt vagabondes, remarquables par leur forme plus étranglée dans le milieu, par leur corselet à segments et bosselures plus accusés, et surtout par les fourreaux d'ailes qui, de chaque côté de leur corps, forment comme deux petites languettes triangulaires.

Femelles ailées : représentant d'élégants petits Moucherons dont les quatre ailes sont horizontalement croisées sur le corps.

Ailes supérieures cunéiformes-obovales.

Nervure radiale confondue avec le bord externe de l'aile ; une nervure cubitale aboutissant à un point épais allongé. Une nervure oblique se détachant de la cubitale en avant du point épais et n'atteignant pas le bord de l'aile. Deux nervules partant du bout arrondi de l'aile et disparaissant avant d'avoir rejoint la première nervure oblique.

Ailes inférieures petites, étroites, un peu rhomboïdales, à une seule nervure parallèle au bord externe.

Antennes (de la femelle ailée) plus grêles que celles de l'aptère, à trois articles (abstraction faite d'un tubercule basilaire). Premier article court, obconique ; deuxième article plus long, claviforme, lisse, portant sur une partie de sa longueur une sorte de chaton lenticulaire ; troisième article, allongé, finement ridé d'annulations, portant près de sa pointe, dans une légère dépression linéaire, un chaton lisse plus ou moins saillant.

Des yeux relativement gros, saillants, un peu relevés en pointe conique sur leur milieu, à granulations (non à facettes) assez grosses, portant chacune une dépression punctiforme dans son milieu.

*Œufs*. — Les Aphidiens par excellence, vivipares pendant toute la période d'été par générations successives de femelles non fécondées, ne deviennent ovipares que dans la période tardive des mois d'automne, après l'apparition des mâles. Encore même cette *ponte* (par opposition aux parturitions estivales) n'est-elle pas un fait nécessaire ; car le séjour dans un lieu chauffé, dans une serre, dans une chambre d'étude, dans les endroits abrités d'une région naturellement chaude ou tempérée, suffit pour faire continuer d'un été à l'autre ces générations de femelles vierges dont on pourrait justement dire : *Prolem sine patre creatam.*

En tout cas, lorsque les Aphidiens ordinaires font des œufs, ils n'en pondent qu'une fois dans la même année ; les Cochenilles elles-mêmes, à peu près toujours ovipares, ne font qu'une ponte par an ; les *Chermes*, très-voisins, à notre avis, des *Phylloxera*, ont probablement deux pontes. Le *Phylloxera* de la vigne et celui du chêne (pour ne parler que de ceux à nous connus) comptent des pontes successives, encore en nombre indéterminé.

Ces pontes, chez le *Phylloxera vastatrix*, commencent dès le premier printemps, au moins chez les individus gardés en bocal dans une chambre non chauffée.

Le nombre des générations qui, sorties d'une première femelle, se succèdent depuis les premiers jours du printemps méridional (15 mars) jusqu'aux premiers froids de l'hiver (commencement de novembre), ce nombre est encore indéterminé ; mais il ne saurait être, en général, de moins de huit pontes, car nous estimons à un mois, en moyenne, le temps qu'il faut à chaque génération pour être pondue, éclore, muer trois ou quatre fois, et commencer une génération nouvelle. Cet intervalle est naturellement plus long dans les mois de premier printemps, plus court pendant les mois chauds, et de nouveau plus long dans les mois d'automne.

Mais la cause qui semble le plus influer sur la rapidité d'évolution des *Phylloxera* d'une génération donnée, c'est l'abondance plus ou moins grande de la nourriture. Fixés sur des racines succulentes, par exemple sur les radicelles adventices encore jeunes et renflées en nodosités féculentes, les insectes grossissent plus vite, prennent une teinte verdâtre clair, muent là de plus courts intervalles et pondent avec plus de fréquence. Attachés, au contraire, à des racines affaiblies ou plus ou moins desséchées, gagnées par la moisissure, les *Phylloxera* languissent, prennent une teinte fauve sale, grossissent à peine et n'arrivent que lentement à l'état adulte, que caractérise la faculté de pondre.

Quant au nombre d'œufs qu'une même femelle peut produire, il varie aussi suivant les circonstances. Dans le corps écrasé d'une mère sur le point de pondre, nous avons vu l'ovaire avec vingt-sept œufs à divers degrés d'évolution. Trente œufs sont le *maximum* de ponte que nous ayons observé chez une femelle, du 15 au 24 août 1868, ce qui donne une moyenne de cinq œufs par jour, dans une période chaude de l'année.

En prenant approximativement le chiffre vingt comme une moyenne raisonnable quant au nombre d'œufs, et le chiffre huit comme celui des pontes possibles, entre le 15 mars et le 15 octobre, on trouverait par le calcul cette progression effrayante du nombre croissant des individus ayant pour point d'origine une seule femelle : en mars, 20 ; en avril, 400 ; en mai, 8,000 ; en juin, 160,000 ; en juillet, 3,200,000 ; en août, 64,000,000 ; en septembre, 1,280,000,000 ; en octobre, 25,600,000,000, — c'est-à-dire, en définitive, plus de 25 milliards.

Il est vrai que de pareils calculs ne doivent être acceptés qu'avec prudence, car il n'est pas tenu compte des déchets inévitables par les accidents. Ici, nous regardons moins aux chiffres en eux-mêmes qu'à la progression géométrique de l'accroissement des insectes destructeurs. Cette progression explique très-bien comment des ravages à peine perceptibles au printemps, encore contenus en été, deviennent un vrai désastre à l'automne.

Du reste, la ponte d'octobre doit être singulièrement subordonnée à l'état de la température pendant ce mois. Des froids précoces doivent la restreindre.

La date la plus tardive où nous ayons noté des œufs chez une femelle en captivité est le 26 novembre 1868. Il y en avait quatre d'un brun clair, comme ceux qui sont près d'éclore, mais nous ne les avons pas vus donner des jeunes. Si quelques œufs égarés restent çà et là, pendant l'hiver, ce doit être une très-rare exception. Car, au contraire des Pucerons ordinaires qui traversent d'habitude à l'état d'œuf les mois de forte gelée, c'est à l'état de jeune que le *Phylloxera* passe, plus ou moins engourdi, cette période hibernale.

Les œufs du *Phylloxera vastatrix* sont de petits ellipsoïdes allongés, longs d'environ 32 centièmes de millimètre sur 17 centièmes de millimètre de diamètre transversal. Groupés autour de la mère en petits tas irréguliers, ils sont d'abord d'un jaune clair et deviennent après cinq ou six jours d'un jaune sale passant au gris terne. Sous leur première couleur ils se détachent très-nettement sur le fond souvent brun de la racine, et font reconnaître aisément la présence des mères pondeuses.

Ces œufs ne doivent pas être confondus avec ceux de certains Coléoptères du groupe des Méloïdes (Cantharides, Meloë, Sitaris), qui sont déposés en tas dans la terre, et desquels nous avons vu sortir ces petites larves si singulières connues sous le nom de Triongulins.

*Hivernage du Puceron.* — La présomption la plus naturelle qui se présentait à l'esprit, c'est que le *Phylloxera vastatrix* devait traverser l'hiver à l'état d'œuf. L'observation positive a démontré le contraire en constatant l'absence à peu près totale d'œufs pendant cette période et la présence à l'état disséminé des jeunes de la dernière génération automnales. A partir des froids de novembre les femelles adultes ont disparu, épuisées par leur dernière ponte et peut-être décimées par la température froide et humide. Les jeunes qui leur survivent, réfugiés en petit nombre dans les fissures de l'écorce, souvent cachés sous les lambeaux du périderme (couches corticales externes, d'apparence feuilletée), restent plus ou moins engourdis, immobiles, attachés par la trompe au tissu nourricier, mais ne prenant d'accroissement manifeste que sous l'influence des premières chaleurs du printemps. Leur couleur est rarement jaune clair; le plus souvent elle est fauve terne, comme l'est, en été, celle des individus mal nourris ou qui souffrent d'une cause quelconque.

Il ne faudrait pas croire, du reste, que tous les individus indifféremment grossissent et deviennent aptes à pondre dans un temps donné. Un très-grand nombre restent comme atrophiés des mois entiers, prenant alors la teinte fauve qui caractérise l'état de souffrance de l'insecte. C'est probablement aux conditions imparfaites de nutrition qu'est dû cet arrêt dans leur développement. Quelques-uns changent de place et, trouvant de meilleures conditions de subsistance, arrivent rapidement à l'état de mère adulte et pondeuse.

*Femelles aptères adultes des racines.* — Les dimensions de l'insecte sous cet état définitif sont d'environ 3/4 de millimètre de longueur, un peu plus de 1/2 millimètre de largeur. La forme est tantôt largement ovoïde, tantôt ovoïde avec la partie postérieure plus ou moins conique, ce qui lui donne l'apparence turbinée ou en toupie. C'est surtout dans l'acte de la ponte ou dans les instants qui le précèdent que se produit cette élongation de l'abdomen. Les derniers anneaux de cette région du corps se déboîtent plus ou moins pour laisser échapper l'œuf, dont on suit aisément la sortie graduelle, et qui se colle légèrement sur le plan de position ou contre les œufs déjà déposés.

C'est par des inflexions latérales de l'abdomen que la mère peut à la rigueur disséminer ses œufs autour d'elle, dans un rayon naturellement très-étroit; mais elle peut également changer de place, soit par un mouvement de simple conversion dans son attitude, en tournant autour du même point, soit par une marche lente vers un nouveau point de repos.

Cette faculté de locomotion à courte distance se montre surtout chez quelques individus de forme particulière, en ce sens que, rebondis comme les femelles pondeuses, ils ont l'abdomen plus court, presque tronqué, les derniers anneaux étant plus rentrés l'un dans l'autre. Ces individus ne montrent jamais par transparence les œufs tout près d'être pondus que l'on voit au nombre de un à trois chez les femelles bien caractérisées. Leur couleur est presque toujours d'un jaune orange assez vif. Ils restent à l'état d'énigme, mais nous croyons devoir les signaler dès à présent, en attendant d'avoir pu découvrir leur vraie signification, dans un groupe aussi étrangement polymorphe que les Aphidiens.

*Nymphes.* — On donne ce nom, chez les Hémiptères, à l'état transitoire des individus qui de la forme de larve aptère passent à l'état d'insectes ailés. Chez les individus les plus nombreux du *Phylloxera* de la vigne, cette distinction entre larve, nymphe et état parfait se fait par de simples mues (trois ou quatre?), sans être accusée au dehors par des caractères bien sensibles. Chez la forme ailée, les phases d'évolution sont plus distinctes, la nymphe accusant déjà par son corselet plus séparé de l'abdomen, par les petits appendices triangulaires qui constituent les fourreaux d'ailes, les traits ébauchés de l'élégant Moucheron dont elle n'est que le masque. Nous n'avons aperçu ces nymphes qu'à partir du mois de juillet; mais elles doivent apparaître de meilleure heure, puisque dès le 15 juillet nous en avons vu sortir l'insecte parfait. Toujours peu nombreuses par rapport aux myriades d'insectes aptères, elles forment çà et là, sur les radicelles ou les racines, de petits groupes d'individus à des degrés d'évolution différents, fixés par la trompe au tissu nourricier de la racine tant que leur accroissement n'est pas complet, mais errantes et comme agitées lorsque, leur croissance terminée, elles vont se dépouiller de leur maillot et passer à l'état parfait d'insecte ailé.

Dans quel milieu se fait cette transformation de la nymphe? Est-ce dans la terre même, sur les racines plus ou moins profondes? Serait-ce plutôt à l'air libre, au pied du cep ou sur le sol? Question encore indécise, attendu que le phénomène n'a été vu que dans des flacons, hors des conditions de la vie normale du *Phylloxera*. Mais toutes les analogies sont pour la dernière hypothèse. Les allées et venues rapides de la nymphe cherchant à se transformer, la délicatesse des ailes qui doit redouter tout froissement, la nécessité d'un air sec pour donner à ces mêmes ailes leur consistance de gaze, l'exemple des Cigales qui laissent sur les troncs des arbres leurs dépouilles de nymphe souterraine, tout nous fait penser que la transformation du *Phylloxera* en insecte ailé se fait à l'air libre.

Quel est le point de départ de ces nymphes et, par suite, de l'insecte ailé? Naissent-elles, à une période donnée, des insectes aptères ordinaires? Ont-elles pour mères primitives des individus aptères semblables aux autres en apparence, mais déjà prédisposés par quelques modifications organiques à donner des générations ailées? Les circonstances de nutrition, de milieu, sont-elles seules en cause pour expliquer l'apparition des nymphes destinées à prendre des ailes? Sur tous ces points les données positives manquent encore et l'hypothèse n'a pas le droit de se substituer à l'observation.

*Femelles ailées.* — C'est la découverte de cette forme parfaite du Puceron de la vigne qui nous a permis de le rapporter avec certitude au genre *Phylloxera* de Boyer de Fonscolombe. Rien de plus semblable, en effet, sauf les différences de coloris et de mœurs, que le *Phylloxera quercûs*, type primitif du genre, et le *Phylloxera vastatrix*. On dirait des ménechmes sous une livrée un peu différente. La couleur même est variable chez les *Phylloxera* ailés du chêne, les individus vus au mois de mai étant noirs et ceux de l'été et de l'automne plus ou moins rouges. Le *Phylloxera* de la vigne, observé dans les mois d'été et d'automne, a l'ensemble du corps jaune pâle, avec une bande d'un brun très-clair occupant tout le demi-arc qui représente le dessous de la partie moyenne du corselet (*mésothorax*), sur lequel s'insèrent les deux pattes intermédiaires. Ses ailes, presque deux fois plus longues que le corps (nous voulons dire les deux ailes supérieures), sont incolores et diaphanes, sauf sur une légère étendue de leur bord externe qui constitue ce qu'on appelle le point épais, et qui, chez notre *Phylloxera*, présente une teinte brun clair. Dans le repos, les quatre ailes sont horizontalement croisées, au lieu de former toit comme chez le plus grand nombre des Aphidiens.

Le petit nombre de nervures de ces ailes exclut l'idée d'un vol puissant et soutenu. Dans le fait, nous avons vu le *Phylloxera* du chêne relever à la fois ses quatre ailes dans une direction presque verticale, les faire vibrer un petit nombre de fois, s'élever brusquement à près d'un centimètre de hauteur et retomber à quelques centimètres plus loin sur la table où se faisait l'observation. Plus prudent avec le *Phylloxera* de la vigne, nous n'avons pas osé lui laisser prendre un essor quelconque en dehors de sa prison de verre. Mais l'identité d'allures entre cette espèce et celle du chêne, la manière toute pareille de relever les ailes et de les faire vibrer, nous induisent à penser que le vol dans les deux espèces doit être de même nature, c'est-à-dire peu étendu par lui-même, mais très-apte à se faire aider par le vent pour le transport à grande distance. Ce fait, plutôt soupçonné que directement prouvé, trouve ses analogues bien établis dans l'exemple de l'encombrement des rues de Gand, en 1834, par des nuées de Pucerons verts du pêcher (*Aphis persicœ*, Morren), comme aussi dans l'espèce de neige produite il y a quelques années à Montpellier par les flocons cotonneux qui couvrent le corps d'un Puceron sorti des galles des feuilles du peuplier (*Pemphigus bursarius*). Cette influence presque inévitable du vent sur la dispersion des *Phylloxera* ailés mérite d'être soigneusement étudiée, parce qu'elle peut rendre compte de la marche de l'invasion des vignobles dans telle direction donnée.

Si, du reste, tout le monde admet sans trop de contestation l'invasion de proche en proche par les insectes aptères, on se représente surtout la contagion à distance par le transport des mères ailées. Seulement, comme l'observation directe de ces migrations manque absolument, on en est réduit aux conjectures sur la façon dont les femelles ailées propagent le mal et répandent leur funeste progéniture.

Une de ces conjectures mérite en tout cas d'être soigneusement étudiée. C'est celle qui concerne la présence, dans certaines galles des feuilles de vigne, de *Phylloxera*, tout pareils aux *Phylloxera* aptères des racines du même arbuste. C'est donc le lieu de résumer à cet égard une note que nous avons publiée et de rendre à M. Laliman, de Bordeaux, la part de mérite qui lui revient dans cette intéressante découverte.

*Phylloxera aptère des galles de feuilles de vigne.* — Le 11 juillet dernier nous découvrions à Sorgues, dans une vigne de M. Henri Leenhardt, sur les feuilles de deux pieds de vigne, de nombreuses galles verruciformes, ouvertes à la face supérieure de la feuille par un orifice étroit, faisant saillie à la face inférieure des mêmes organes et recélant dans leur étroite cavité des *Phylloxera* femelles, entourées de quelques jeunes et de quelques œufs. Les femelles adultes étaient grosses, dodues, semblables d'ailleurs aux *Phylloxera* sans ailes des racines de la vigne et présentant comme ces derniers six rangées de tubercules sur leur corselet et leur abdomen. Les jeunes semblaient un peu plus agiles et pourvus de pattes un peu plus longues que les jeunes du *Phylloxera* des racines. L'idée qui nous traversa l'esprit fut que les mères pondeuses de ces galles pourraient bien être la progéniture directe des *Phylloxera vastatrix* ailés des racines et que la génération de ces mères, c'est-à-dire les jeunes habitants des galles, pourraient bien sortir de ces logettes des feuilles pour aller recommencer sous terre des générations de dévoreurs des racines. Mais cette conjecture nous parut à nous-même trop hardie et doit être entourée de réserve. Vers les premiers jours du mois d'août, M. Laliman nous envoya de Bordeaux des galles en tout semblables à celles que nous avions découvertes à Sorgues. M. Laliman avait très-bien vu que ces galles recélaient des *Phylloxera*.

Ces *Phylloxera* de Bordeaux, les jeunes du moins, s'échappaient par centaines des galles qui les avaient abrités. Mis sur des feuilles fraîches, ils ne s'y reposaient qu'avec peine, sans y fixer manifestement leur trompe. Il fut à peu près évident pour nous qu'ils étaient en voie de migration, en quête d'une nourriture appropriée et l'idée nous vint qu'ils pourraient vivre sur des racines de vigne. Expérience faite dans un tube de verre, nous en vîmes dès le second jour, 7 août 1869, se fixer en assez grand nombre, s'y conserver vivants (5 du moins) jusque vers le 10 septembre, dans des conditions de nutrition très-restreintes, qui ne leur ont pas permis d'arriver à l'état adulte, mais qui les ont fait assez grossir pour donner l'idée qu'ils doivent être sur les racines comme sur un aliment naturel. Répétée par M. Laliman à Bordeaux, l'expérience a donné les mêmes résultats positifs.

Revenant alors à nos soupçons primitifs sur la signification réelle des galles observées à Sorgues, et rapprochant les deux faits de Sorgues et de Bordeaux, nous avons imaginé, sous toutes réserves, que le *Phylloxera* gallicole n'est qu'un état transitoire du *Phylloxera* radicicole, un terme de la migration du *Phylloxera vastatrix*. M. Laliman a depuis exprimé la même opinion sans l'entourer des mêmes réserves. Il partage, ce nous semble, avec nous le mérite de la découverte, et, comme nous, dès le premier jour il a compris l'intérêt qu'il y aurait à supprimer en les ramassant et les brûlant ces feuilles de vignes infectées de galles à *Phylloxera*.

En supposant admise, du reste, l'identité spécifique des *Phylloxera* des racines et des *Phylloxera* des galles, il resterait à déterminer sous quelle influence se forment les galles verruciformes des feuilles de vigne. Sont-elles le résultat de la piqûre des femelles ailées sorties de terre ? La femelle en question pond-elle des œufs, d'où sortiraient la première génération d'insectes aptères qui, piquant les feuilles, y détermineraient la formation des galles ?

En tout cas, chaque galle ne renferme qu'un très-petit nombre de mères pondeuses (1 à 3), tandis que les jeunes issus de ces mères et qui désertent les galles sont parfois au nombre de 100. Or chaque femelle ailée de *Phylloxera* des racines ne renferme dans son abdomen qu'un à trois œufs, et nous supposons, d'après l'examen de l'ovaire sous le microscope, que, ces œufs une fois pondus, la femelle n'en fait pas de nouveaux.

Ce rapport entre le nombre d'œufs des *Phylloxera vastatrix* ailés des racines et le nombre restreint des femelles pondeuses des galles mérite d'être noté. C'est une présomption favorable à l'identité des deux types.

On a pu voir, par l'exposé qui précède, combien de lacunes restent à combler dans l'histoire des mœurs du *Phylloxera*. Quelques faits sont bien établis néanmoins : son existence à l'état aptère ou ailé ; son hivernage à l'état de jeune engourdi ; la fréquence de ses pontes souterraines ; sa multiplication prodigieuse au mois d'automne, concordant avec l'augmentation de ses ravages, en cette saison tardive ; son activité dans les premières périodes de sa vie ; sa torpeur pendant la période de ponte. Un jour encore douteux commence à se faire sur son mode de vie et de propagation à l'air libre. L'obscurité la plus complète couvre son mode de fécondation, en supposant que cette intervention des mâles soit nécessaire, au moins pour renouveler de loin en loin la prolificité des femelles vierges.

(*Extrait abrégé du bulletin de la Société des agriculteurs de France.*)

LÉGENDE DE LA PLANCHE DU N° 12.

1. Phylloxera aptère jeune, d'après nature, vu en dessous.
2.    Id.         en dessus.
3. Femelle aptère et ovipare, adulte, d'après la figure du Bulletin de la Société des agriculteurs de France.
4. Femelle ailée, d'après le même Bulletin.
5. Racines et radicelles de vigne altérées, où séjournent les Phylloxera souterrains.

NOTE DE LA RÉDACTION AU SUJET DES OBSERVATIONS PRÉCÉDENTES.

Pendant l'impression du n° 12 du journal, a paru un travail fort important sur la nouvelle maladie de la vigne et sur le *Phylloxera* (Ann. Soc. ent. de France, 1869, p. 549), par M. le Dr Signoret, reconnu, d'un aveu unanime, comme l'entomologiste le plus instruit que possède la France pour les insectes hémiptères. M. Signoret ne se prononce pas encore au sujet de l'identité des *Phylloxera* des galles et des racines, admise, sous toutes réserves aussi, par MM. Planchon et Lichtenstein. Ce point doit encore demeurer en litige.

Dans l'état actuel de la question, on connaît dans les galles des femelles aptères adultes, des larves, des œufs; sur les racines des femelles aptères d'abord, avec jeunes et œufs, plus tard des femelles ailées, très-rares. On ne sait trop ce que deviennent celles-ci. Il n'est pas prouvé qu'elles produisent les galles. L'apparition d'un mâle, encore inconnu, doit coïncider avec celle de ces femelles ailées; autrement elles resteraient aptères. Selon M. Signoret, la femelle ailée va à la lumière pour faciliter les recherches du mâle, s'accouple, puis se fixe aux feuilles et forme les galles, d'après ce qui est probable, mais non entièrement prouvé. Vers les froids, les individus des galles descendent aux racines; on ne sait encore ce que deviennent les mères aptères des galles qui ont donné les pontes de l'été, car on ne trouve en hiver sur les racines que de très-jeunes individus, tous de même force.

M. Signoret aborde en outre un point de vue beaucoup plus important pour nous que la question scientifique pure. Il se range à l'opinion de MM. Naudin et Guérin-Méneville, déjà exposée dans ce journal (voir *Insect. agricole*, 1869, n° 5, p. 110; n° 8, p. 200; n° 9, p. 227; n° 10, p. 253), c'est-à-dire que la maladie de la vigne a une cause botanique et non entomologique, sans nier le tort qu'un nombre immense d'insectes suceurs peut causer à la plante déjà affaiblie par le mal. M. Signoret regarde la cause de la maladie comme multiple et due : 1° à la sécheresse occasionnée par le manque de pluie qui se manifeste en France depuis plusieurs années d'étés chauds; 2° à la mauvaise culture, c'est-à-dire surtout à des défoncements de profondeur insuffisante; 3° à la mauvaise qualité des terrains, la maladie se montrant surtout dans les terrains secs, à cailloux siliceux. De là le remède : arroser, défoncer profondément, refaire le sol par des engrais.         Maurice GIRARD.

### Dévidage des cocons percés,

PAR M. LE Dr FORGEMOL.

(*Fin,* voir p. 239, 294.)

Tel est le mécanisme de mon appareil. Je comprends que la machine dont je me sers est l'enfance de l'art; je suis convaincu que nos habiles industriels trouveront facilement le moyen d'en appliquer les principes en grand : ce qui en constitue la nouveauté, me paraît plus particulièrement résider dans ma plaque à godets et dans mes aiguilles à tête olivaire. Mais cette plaque et ces aiguilles, tout indispensables qu'elles soient pour le dévidage des cocons percés, ne sont rien, si préalablement ces cocons n'ont pas subi un dégommage spécial, dont je vais vous parler.

En effet, si le dévidage ordinaire sur la bassine d'eau chaude est facile et expéditif, quand il s'agit des cocons fermés, il est impossible pour celui des cocons percés qui tomberaient au fond de l'eau. En outre, comme ces cocons percés doivent se dévider en dehors de l'eau, dans les godets ou sur les aiguilles, il faut absolument suppléer, par un moyen quelconque, à l'action de cette eau bouillante qui, dans le cas ordinaire de dévidage, dégomme suffisamment les cocons et permet d'en avoir facilement les brins continus. Dès lors, j'ai du faire subir, à ces cocons percés, un décreusage préliminaire à l'aide d'une préparation spéciale. Une fois les cocons décreusés, ils se dévident parfaitement, ainsi qu'on peut le constater, soit sur la plaque à godets, soit sur les aiguilles. Ma préparation pour le décreusage diffère dans son emploi, selon la nature même des cocons percés. Ainsi le décreusage de l'ailante, du ricin, du jujubier, cocons sauvages, à contexture dense et serrée, n'est plus du tout le même que celui des cocons du mûrier, citadins et délicats, dont l'enveloppe est lâche et peu gommée. Les vers à soie de l'ailante, du ricin, du jujubier sont sauvages et vigoureux : ils ont besoin d'une coque épaisse pour les protéger. Ils possèdent une ouverture naturelle par laquelle la chrysalide reçoit aisément l'air qui lui est nécessaire pour assurer son existence. Les vers à soie du mûrier, au contraire, sont, je l'ai dit, citadins et délicats, et comme il leur faut vivre au fond de leur coque qui est entièrement fermée, cette coque est un véritable crible parfaitement perméable à l'air ambiant. Il en résulte, pour les uns et les autres, la nécessité d'un décreusage particulier.

Quant aux cocons de chêne, quoique congénères de ceux du mûrier, comme ils sont sauvages, ils subissent la même préparation que les cocons à ouverture naturelle. Je me résumerai comme il suit, en disant :

1° Que ma découverte a pour elle une opportunité rare et que son importance doit être considérée comme immense ;

2° Que sa nouveauté réside principalement dans la plaque à godets et dans mes aiguilles à olive ;

3° Et que, tout imparfait qu'il est, mon appareil peut rendre dès maintenant à l'industrie de la soie les plus grands services, surtout s'il pouvait être répandu dans les pays séricicoles. Il arriverait alors dans ce cas ce qui arrive pour la soie même. Ce ne sont pas les grands éducateurs de vers qui seuls fournissent toute la soie qu'on récolte; ce sont bien réellement au contraire, et pour la majeure partie, les petits sériciculteurs qui l'apportent au marché en multiples échantillons. L'appoint général est le fait de récoltes divisées et d'apports partiels. Quoique l'expérience de mon procédé n'ait pas encore été faite en grand, je suis convaincu que si, dans les pays où l'on fait de la soie, chaque famille possédait mon appareil, au lieu de vendre à un prix relativement bas les cocons dépapillonnés, elle les dériverait facilement à son temps et à son heure, dans ses moments de loisir à l'aide de ses plus petits enfants, et en retirerait une grège bien autrement précieuse et lucrative que la bourre qui seule en était autrefois le produit. Cela me paraît incontestable, et j'appelle votre attention sur ce fait d'une aussi grande portée.

C'est avec la machine placée en 1868 à l'Exposition des insectes que j'ai obtenu les gréges avec lesquelles j'ai fait fabriquer les diverses étoffes exposées dans ma vitrine. On a d'abord dit que les cocons percés ne pouvaient pas se dévider; j'en ai retiré des gréges. On a demandé ensuite de produire des étoffes; j'en ai produit. Que faut-il de plus ? Un fonctionnement en grand de mon appareil, tel quel ou modifié ? Ce sera certainement l'œuvre de l'avenir.

Je termine en rappelant que j'ai été le premier, en France, à prendre un brevet pour le dévidage en question ; que, le premier, j'ai obtenu des cocons percés des gréges qui ont été montrées à l'Académie des sciences; que, le premier, j'ai produit des étoffes avec ces gréges et qu'enfin dans le cours de mes travaux des récompenses nombreuses, les conseils si écoutés de M. Alcan, le savant professeur du Conservatoire, l'obligeant appui de MM. Guérin-Méneville, Aubry-Leçomte, A. Gélot, Jacques Valserre, de la Valette et celui de nombreux sériciculteurs, sont venus m'encourager et me soutenir.

H. FORGEMOL,<br>Doct.-méd., conseiller d'arrondissement à Tournan (Seine-et-Marne).

A l'exposition des insectes, au Palais de l'industrie, le 4 septembre 1868, Mlle Forgemol a dévidé des cocons de l'ailante, du ricin, du mûrier, du mylitta, du Ya-ma-maï, etc., et si la chaleur extraordinaire de la salle a nui à l'opération pendant laquelle les cocons séchaient trop rapidement, il reste acquis cependant, d'une manière évidente et palpable, que ce dévidage est possible, qu'il est facile et que l'appareil manœuvré, d'un fonctionnement ingénieux, est parfaitement approprié au but que l'inventeur s'est proposé. Du reste il a le mérite incontestable d'arriver le premier à la vue du public et dans le monde industriel. M. Forgemol n'a pas craint de compromettre ses intérêts en le montrant à tous et en le faisant fonctionner devant tout le monde. C'est une abnégation dont il est bien naturel de lui tenir compte.

(La Réd.)

## De la sériciculture dans le Royaume-uni de la Grande-Bretagne (Angleterre, Écosse et Irlande),

### PAR M. A. DELONDRE.

*(Suite. Voyez p. 301.)*

Quelques personnes, dans le but de tenter l'entreprise, ont fait planter plus de 70,000 pieds de mûriers près de Slough; mais une mode défectueux de culture, plutôt que l'effet du climat, a engagé les personnes qui étaient à la tête de l'entreprise à y renoncer en Angleterre : tous les plants de mûriers ont alors été transportés à Malte.

Malgré ces essais infructueux pour introduire la sériciculture en Angleterre, une dame, mistress Witby, de Neuland, dans le comté de Southampton, n'a pas hésité à faire plus récemment de nouveaux essais. En 1846, après dix ans d'expériences poursuivies avec persévérance, mistress Witby communiquait les résultats de ses tentatives. Elle s'était d'abord occupée de reconnaître la variété du mûrier qui convenait le mieux au ver à soie : ses essais l'avaient conduite à admettre que le *morus multicaulis* des îles Philippines, qui fournit un poids relativement très-considérable de feuilles, était la variété la mieux appropriée à la nourriture du ver à soie. Cette variété du mûrier fut introduite par mistress Witby en Angleterre : élevée avec soin dans un terrain bien pourvu d'engrais, elle donna des feuilles d'un volume très-considérable ; elle se propage du reste aisément en plein air. Les œufs qui, par leur éclosion, avaient fourni les vers à soie que mistress Witby avait élevés, venaient d'Italie et avaient été importés de Turin. La soie produite était d'une valeur égale à celle produite soit en Italie, soit en France. Les efforts de mistress Witby l'ont conduite à un résultat plus heureux que ses devanciers et ont été loin d'être improductifs : en effet, elle a pu présenter à S. M. la reine Victoria une pièce de 20 yards (le yard carré = $0^m,8361$) de beau damas fabriqué entièrement avec de la soie provenant de sa propre magnanerie. Ceux qui ont visité l'Exposition universelle de Londres en 1851, ont pu y voir figurer une bannière en soie fabriquée avec de la soie provenant des éducations de mistress Witby; mais la mort ne lui permit pas d'assister à ce résultat heureux de ses longs efforts.

En 1845, un M. John Hodson, de Truro, voulut faire aussi des essais de culture du ver à soie, et un échantillon de soie provenant de ses éducations fut soumis par lui à un fabricant expérimenté qui la déclara de qualité égale à la meilleure soie de provenance italienne. M. Hodson fut informé en même temps qu'une centaine de balles de soie conformes à l'échantillon pourraient facilement être vendues à 26 schellings (1 schelling, 1 fr. 25) la livre.

M. Alex. Wallace, dans l'*Entomologist's annual* pour 1869, émit le premier, autant du moins que je puis le savoir, l'idée de cultiver en Angleterre le *Sericaria mori* au point de vue du grainage. « Je me suis fait expédier dans ces deux dernières années, » dit M. Wallace, à la p. 96 du livre indiqué, « des œufs des variétés japonaises du *Sericaria mori* et j'en attends davantage cet hiver : je pense que plusieurs de nos lecteurs voudront bien cultiver cette race dans le but de vendre la graine produite. Une dame m'écrit : « En 1868, la graine que j'ai reçue m'a fourni 1500 vers à soie de l'espèce ordinaire (*Sericaria mori*) : je les ai élevés dans ma serre et les ai nourris avec des feuilles du mûrier ordinaire d'Angleterre. Quant à la graine produite, je l'ai vendue pour le marché italien pour une somme de 2 livres 8 schellings, à raison de 6 schellings l'once. J'espère dans la prochaine saison en obtenir trois ou quatre fois autant. »

Comme on le voit, M. Wallace pouvait être jusque-là partisan de l'élevage du ver à soie en Angleterre, au point de vue du grainage ; mais il n'était pas partisan de son élevage dans ce pays comme producteur de soie.

Dans l'*Entomologist's annual* pour 1870, p. 147, M. Alex. Wallace insiste de nouveau sur l'appropriation du climat de l'Angleterre à l'élevage du ver à soie pour en obtenir de la graine bonne et bien saine de ver à soie, et il dit, en s'appuyant sur l'assentiment d'un sériciculteur français bien connu, mais dont le nom nous paraît estropié, qu'il considère l'Angleterre comme devant prendre ultérieurement le rang le plus élevé parmi les pays importateurs de graines ; il ajoute : « J'ai tant de confiance dans la parfaite exactitude de mon opinion, que je compte la mettre pratiquement à l'essai, et je suis convaincu que l'automne prochain, je serai prêt à me présenter sur le marché du continent avec un approvisionnement de graines de *Sericaria mori* obtenu sur le territoire même de la Grande-Bretagne. »

« Mais je puis maintenant aller encore plus loin et me considérer comme entièrement fondé à reconnaître que, depuis trois années, une soie de la qualité la meilleure, égale à celle des meilleures soies italiennes, a été produite en Angleterre près Farnboroug, par M. le capitaine Mason » qui nourrit ces vers à soie avec des feuilles de mûrier blanc : M. Mason a établi à cet effet une plantation de mûriers blancs d'environ 3 acres. En Angleterre, le mûrier blanc (*morus alba*) est du reste considéré comme convenant mieux que le *morus nigra* à l'alimentation du ver à soie. Nous rappellerons ici que des expériences très-importantes et très-intéressantes ont été faites à Nottingham, en 1839, dans le but d'étudier l'influence qu'exerce le mode d'alimentation sur le développement des vers à soie. Il résulterait de ces expériences que le mûrier blanc (*morus alba*) devrait être préféré au *morus nigra*. Toutefois le *morus multicaulis* paraît devoir être préféré même au *morus alba*.

M. le capitaine Mason a rigoureusement mis à l'épreuve toutes les circonstances de ses expériences : sa magnanerie est bien tenue ; ses dispositions pour la culture du ver à soie sont parfaites autant que simples : il a entièrement démontré la bonne qualité du produit : ses essais de cette année doivent lui permettre de se rendre compte de la quantité de soie produite : les statistiques, qu'il a l'intention de publier après ces derniers essais, permettront d'apprécier la valeur de sa méthode ; il assure du reste dès à présent que la valeur de la récolte peut être estimée à un bénéfice net de 10 livres sterlings par acre, après déduction préalablement faite de toutes les dépenses. Il n'a observé aucune maladie chez ses vers à soie, et ses cocons sont remarquables par leur beauté, leur dimension et leur fermeté. Il ne nous serait pas possible d'entrer dans le détail des expériences de M. Mason qui, du reste, n'ont pas encore été publiées ; mais elles nous paraissent montrer définitivement d'une manière parfaitement claire que le climat de l'Angleterre est loin d'être défavorable tant à l'élevage du ver à soie du mûrier qu'à celui du mûrier même.

M. Thomas Dickins, dans la conférence mentionnée plus haut qu'il a faite à la Society of arts le 24 novembre 1869, a montré à ses auditeurs des cocons et de la soie provenant des éducations de M. Mason et un petit nombre de cocons provenant d'une seconde récolte obtenue durant l'année au jardin royal de Kew : M. Dickins insiste avec raison sur le fait intéressant d'une double récolte obtenue en Angleterre dans une même année.

M. Dickins, en ce qui concerne le mûrier dont les feuilles sont nécessaires à l'alimentation du ver à soie, fait cette observation que, bien que, habituellement, les mûriers soient élevés dans le voisinage des magnaneries, cette condition n'est pas indispensable et qu'on peut laisser à l'agriculture le soin d'élever les mûriers pour approvisionner de feuilles ceux qui élèveraient les vers à soie : quant à l'éducation des vers à soie, elle pourrait avoir lieu dans une localité toute différente où se trouveraient des locaux convenables, et où l'on pourrait trouver des personnes jeunes et des enfants qui y seraient avantageusement employés.  A. DELONDRE.

(A suivre.)

## Note relative à l'état des soies dévidées,
### PAR M. GUÉRIN-MÉNEVILLE.

On trouve dans les auteurs (par exemple dans L. Leclerc, La petite magnanerie, etc., p. 147 et 243) qu'un fil de soie *grége* est la réunion de plusieurs *bouts* (fils de cocon) COLLÉS ensemble au moment du dévidage, pour composer un *brin*.

S'il fallait entendre qu'il n'y a de soie *filée* que celle qui est à l'état de *grége*, il faudrait, pour faire de la soie filée, découvrir un autre ver à soie du mûrier, car l'on ne connaît que cette espèce jusqu'à présent, dont les fils sont enduits d'une gomme qui se ramollit à l'eau chaude et qui colle ensemble plusieurs bouts pour en faire ce *brin* ou fil unique nommé *grége*.

Pour qu'une soie puisse être dite filée, il n'est pas indispensable que ce soit de la grége, il suffit que ses brins soient continus, et que l'on puisse en associer un plus grand nombre ensemble.

Donc, si l'on ne considère pas les bouts isolés *de la soie filée*, si l'on s'obstine, comme certains sériciculteurs routiniers ou de mauvaise foi, à comparer les autres vers et leurs produits à ceux du mûrier, il faut laisser M$^{me}$ Corneillan et M. Forgemol sans récompense ; il faut même supprimer le programme, car, je le répète, jusqu'à présent l'on ne connaît que le cocon du mûrier dont le bout soit pourvu d'une gomme susceptible de coller plusieurs bouts pour en faire un brin unique, une *grége* (1).

Les autres soies *filées* connues jusqu'à présent et qui proviennent des diverses espèces de vers du chêne, au Bengale et en Chine, ces soies *Tussah*, si usitées dans le commerce et l'industrie, ne seraient pas des soies filées gréges selon la rigueur de ce nom. En effet, leurs fils, leurs *brins* composés de plusieurs *bouts*, montrent ces bouts désagrégés, seulement juxtaposés, mais non collés ensemble, ainsi qu'on peut le voir en examinant les flottes de Tussah au microscope, soie cependant très-bien *filée*, puisqu'elle est parfaitement *moulinée* (réunie en plusieurs brins

(1) Les observations de l'éminent sériciculteur qu'on lit dans cette note ont été présentées autrefois verbalement à la Société d'acclimatation, lorsque la commission des récompenses délibérait sur les nouvelles soies présentées au concours et soumises à son examen. Il fait remarquer avec raison que les industriels exigent des soies gréges, peut-être sans trop s'en rendre compte, car ils les mettent à l'état de brins désassociés par le décreusage lors de la fabrication des tissus. La différence indiquée dans la note vient de ce que les cocons du mûrier se filent à l'eau bouillante qui désagrége seulement les fils sans enlever leur colle naturelle, et celle-ci les unit entre eux par la croisade à la filière. Les cocons des autres espèces exigent au contraire pour être dévidés un décreusage qui détruit l'adhérence des fils bien plus fortement collés que dans le cocon du *Sericaria mori*, mais en outre enlève leur glu naturelle, et ne permet plus leur réunion en vraie grége. M. Forgemol indique (p. 326) que chaque espèce de cocon exige un décreusage spécial; c'est après cette opération, qui varie selon les espèces, que les cocons ouverts ou percés sont soumis au procédé général qu'il a fait connaître. (*La Réd.*)

tordus ensemble) par les filateurs de Lyon, et que ses fils servent à la fabrication de tissus dont les échantillons ont été soumis au public à diverses expositions.

Quand on a décollé les *bouts* d'une grége au moyen du *décreusage*, qui dissout la gomme et la matière colorante des fils, on met la soie grége du mûrier dans l'état de soie filée à bouts isolés, comme la soie filée Tussah des vers à cocons fermés du chêne.

Dans cet état de décollement des bouts, on lui fait subir une torsion sur elle-même pour lui donner de la force et c'est alors le fil nommé *Poil*.

Les fils présentés par M. Forgemol et composés de 3, 4 ou 5 bouts tordus ensemble, sont du véritable *Poil*.

Or, comme le poil est de la soie filée, les fils de poil présentés par M. Forgemol sont de la soie filée. Donc, encore, tous les cocons naturellement ouverts que M. Forgemol a dévidés, filés, sont des cocons *bons à filer*.

GUÉRIN-MÉNEVILLE.

## Bibliographie,

### par M. Maurice Girard.

L. Pasteur. — Etudes sur la maladie des vers à soie. — Paris, Gauthier-Villars, 1870 2 vol. in-8°.

Nous sommes heureux de terminer la troisième année du journal l'*Insectologie agricole* en annonçant un ouvrage qui est un événement scientifique. Le livre de M. L. Pasteur a sa place marquée d'avance dans la bibliothèque des savants comme dans celle de tous les praticiens. Le premier volume est le partie dogmatique de l'œuvre de l'éminent académicien. Après la *muscardine*, affection presque disparue aujourd'hui, l'auteur s'occupe des deux fléaux actuels. La *pébrine* y est d'abord étudiée dans le plus grand détail, sa contagion démontrée, puis, ce qui est un point capital, sa transmission d'une génération à l'autre par les graines seules. L'examen des femelles non corpusculeuses au moyen du microscope est donc le préservatif certain et naturel. La *flacherie*, également contagieuse, peut être évitée par l'examen des femelles et combattue par le choix des feuilles de mûrier, exemptes de fermentation, par la disposition de la magnanerie. Des planches gravées et d'un coloriage magnifique, des héliolithographies de champs microscopiques, des photographies et des bois apportent le concours de l'enseignement par les yeux à l'étude intellectuelle. Le second volume rassemble tous les documents justificatifs. Dans sa quatrième année notre journal donnera de longues analyses de cette œuvre si importante, et reproduira certaines planches.

MAURICE GIRARD.

---

**Glossaire insectologique** (V. p. 138, p. 193 et p. 277)

PAR M. H. HAMET.

COU. Portion rétrécie entre la tête et le prothorax de beaucoup d'insectes.

COUVAIN. Progéniture au berceau des Hyménoptères mellifiques, à l'état d'œuf, de larve ou de nymphe. Se dit surtout des sociaux (abeille, mélipone, bourdon, guêpe, frelon, poliste).

COTE. Bord antérieur de l'aile.

COXAL, E, se rattachant à la hanche.

CRIN. Poil raide, dur, un peu arqué, existant en-dessus à la base de l'aile inférieure (c'est une nervure détachée) de beaucoup de Lépidoptères (Chalinoptères de M. E. Blanchard). Il entre dans une coulisse en demi-anneau, ou frein qui est en-dessous de la base des ailes supérieures, de manière à maintenir les deux paires d'ailes étalées dans le vol. Il n'est pas indispensable pour le vol, mais le rend plus soutenu. Le crin est très-développé chez les Sphinx, Lépidoptères de vol puissant.

CROCHET. Ongle crochu, assez long, parfois mobile qui termine le tarse de plusieurs insectes ; il y en a très-souvent deux.

CROCHET ALAIRE, CROCHETON. Petits crochets placés vers le milieu de la côte extérieure des ailes inférieures de beaucoup d'insectes hyménoptères, contribuant à les unir aux supérieures lorsque l'animal vole.

CUCULLÉ, E, en forme de capuchon.

CUCURBITACÉ, E, en forme de courge ou de melon.

CUEILLERON, *cuilleron, aileron*. Petites lames simples ou doubles de forme demi-circulaire imitant la coquille d'huître qui existent à la base de l'aile de beaucoup des diptères, recouvrent les balanciers et aident à l'action du vol chez ces insectes. On donne aussi le nom de cueilleron à la corbeille ou palette des pattes postérieures des abeilles et des bourdons.

CULTRIFORME, en forme de couteau à tranchant convexe.

CUIRASSE. (Mulsant) Plaque métasternale à la partie inférieure du métathorax.

CUISSE. 4ᵉ appendice de la patte, le plus robuste d'ordinaire, articulé supérieurement avec le trochanter, inférieurement avec la jambe.

CUNÉIFORME, en forme de coin.

CUPULES. Petites ventouses concaves placées sous les articles des tarses de certains Coléoptères, ainsi les Dytiques, certaines Coccinelles; aux tarses antérieurs des mâles ces ventouses servent à maintenir le mâle en accouplement sur le corps poli de la femelle.

CUPULÉ, E, CUPULIFORME, en cupule ou petite coupe.

CUSPIDÉ, E, syn. : *mucroné*, prolongé en pointe plus ou moins aiguë ; ainsi l'extrémité des élytres de divers Coléoptères.

CUTÉRÈBRE. Genre d'œstrides dont les larves vivent sous la peau des lièvres, lapins, etc., et même de l'homme.

CUTICOLE. Se dit des larves qui se logent dans la peau de leurs victimes.
H. HAMET.

## Supplément au Bulletin insectologique.

*Note complémentaire sur l'oudji.* — D'après les observations de M. Adams, secrétaire de la légation d'Angleterre au Japon, qui a pu voir à la fois le ver, la pupe et l'adulte, et qui a publié les figures de l'insecte à ces trois états, on a constaté que l'*oudji* est un diptère, comme la mouche chinoise signalée par M. Castellani et la mouche française qui s'attache à la chenille de l'*Attacus cynthia vera* (ver à soie de l'ailante) et qui est la *Phorocera pumicata* (Meigen). Le diptère japonais a été nommé par M. Adams sous l'indication provisoire de *Tachina oudji*. Ces observations toutes récentes, et qui tranchent la question discutée dans notre bulletin, ont été signalées à l'Académie des sciences par M. Guérin-Méneville. (Comptes rendus de l'Acad. des sciences, tome LXX, 1870, p. 844.) Il est probable toutefois que cette mouche, très-grosse et ne se trouvant qu'au nombre d'une seule par chrysalide, n'est pas une vraie *Tachina*, genre dont les espèces offrent de nombreux sujets sortant d'une même chenille. C'est plutôt quelque forte *Échinomya* ou genre voisin.

*Sériciculture.* — On lisait dans le *Réveil* de la première quinzaine de mai 1870 :

Les nouvelles qui nous parviennent sur les éducations des vers à soie du mûrier sont jusqu'à présent assez satisfaisantes pour la France. Les éclosions se font bien, quoique celle des annuels soit un peu lente et difficile ; malheureusement, la feuille semble partout en avance d'une dizaine de jours sur les vers ; c'est jusqu'ici le seul *point noir*.

Quant à l'Espagne, la perspective commence à se rembrunir ; les jaunes sont menacées d'un complet insuccès et les vers japonais donnent lieu à des avis complétement contradictoires.

En Italie, les éducations sont également d'un résultat contradictoire ; mais les avis ne permettent pas encore de juger la situation ; somme toute, rien de bien précis. (*La Réd.*)

## AVIS DE L'ÉDITEUR

PROPRIÉTAIRE DU JOURNAL.

La *Société d'insectologie agricole* va se réorganiser prochainement sur des bases nouvelles. L'exposition des insectes qui avait été annoncée pour 1870 est remise à 1871.

A la suite de l'exposition des insectes, en 1868, un procès s'était élevé entre MM. Bixio et Donnaud. Il a reçu sa solution à l'audience du tribunal civil de la Seine (présidence de M. Feugère des Forts), le 20 avril 1870.

Sur les conclusions conformes du ministère public, le tribunal a rendu le jugement qui suit :

« Le tribunal,

» Attendu que Bixio ne rapporte pas la preuve du fait qui sert de base à sa demande, à savoir d'une décision régulière par laquelle une récompense lui aurait été accordée au concours ouvert par la Société d'insectologie ;

» Par ces motifs,

» Déclare Bixio mal fondé en sa demande, l'en déboute et le condamne aux dépens. »

# TABLE DES MATIÈRES.

## A

Abeille ligurienne ou alpine, 209.
Abeilles (suppression de l'étouffage des), 12.
Altise de colza (destruction), 33.
Appareils pour détruire les insectes, 76, 117, 290.
Appréciation de l'insectologie, 5.
Arrivage de graine de vers à soie, 10.
Asticots (fosse aux), 36.
Attrape-mouche, 59.

## B

Bibliographie, 46, 70, 180, 296, 333.
Blattes et locataires (procès), 150.
Bombyx neustria, 147.
Bruches inédites, 97.
Bulletin insectologique, 9, 33, 57, 85, 113, 169, 198, 225, 253, 281, 307.

## C

Cétoine velue, 310.
Charançon du blé (Calandre), 256.
Chauves-souris, 282.
Chenilles, 12.
Chenilles du genre amphidasys, 207.
Chenilles processionnaires, 48.
Cigales (ravages des), 169.
Coccides (espèces nouvelles), 260.
Coccus vitis (ennemi de la vigne), 262.
Cocons percés (dévidage des), 239, 294, 326.
Cours des produits des insectes, 108, 148, 195, 280.
Courtilières (destruction des), 58, 227, 256.
Criocère brune, 44.
Criquets et sauterelles, 57.
Cynips nuisibles aux chênes, 283.

## D

Dermestes, 114.

## E

Echenillage parisien, 146, 257.
Epuceronnière Bénard, 147, 243.

Escargots (ravages des), 35.
Essaimage artificiel, 63.
Etourneaux (protection des), 176.
Eumolpe de la vigne (gribouri), 113.

## F

Flacherie (remède), 114.
Fourmilières (utilisation des), 39.
Fourmis (chasser les), 38.
Fumagine, 52.

## G

Glossaire insectologique, 148, 193, 277, 334.
Guyots, larve de diptères pour les faisans, 115.

## H

Hannetons, hannetonnage (procédé de destruction), 9, 148, 259, 287.
Heliothis armigera (destruction), 205.
Histoire naturelle populaire, 57.
Hiver trompeur, 10.

## I

Insectes (analyses), 25, 135.
Insectes dans la Brie (ravages des), 37, 60.
Insectes carnassiers, 92, 156, 267.
Insectes dévorants, 98.
Insectes grimpants, 86.
Insectes ravageurs de semis, 255.
Insectes utiles (ne tuez pas vos amis), 82, 146, 271.
Insecticides, 176.
Insectologie générale (enseignement agronomique), 106, 165, 221, 303.

## L

Lépidoptères nuisibles, 15.
Lépidoptères nouveaux, 98.
Limaçons (destruction des) 35, 146.
Liparis cul doré, 128.
Liquides destructeurs, 198.

## M

Maladies (études sur les) des vers à soie, 320.

Mans. Voir *Vers blancs*.

### N

Nids artificiels, 12, 36.

### O

Oiseaux insectivores (protection, utilité des), 42, 202, 254.
Orangers (maladie des), 126.
*Otiorhynchus* ennemi de la vigne, 74.

### P

*Phylloxera* de la vigne, 25, 29, 34, 65, 143, 145, 184, 200, 225, 253, 257, 310.
Piérides, 175.
Piqûre des hyménoptères (remèdes), 163.
Pluie d'insectes, 115.
Protecteurs des prairies, 15.
Puceron (destruction), 34, 170, 200, 256.
Puceron du houblon, 59.
Punaise du pêcher, 199.

### S

Sauterelles en Algérie, 148.
Sériciculture, 56, 101, 129, 193, 214, 251, 273, 301, 307.
Sériciculture dans la Grande-Bretagne, 301, 328.

*Sphenoptera gemellata*, insecte qui attaque le sainfoin, 20.
Soies du commerce (analyse des), 164.
Soies dévidées, 331.
Soufre et insecticide, 176.
Symbiote commun, 23.

### T

Table des matières, 337.
Taupe commune, 231.
Tipule des jardins, 203.
Transport d'abeilles (précaution), 199.

### V

Vers à soie (considérations sur l'éducation des) 228, 264, 285.
Vers à soie (éducation en plein air des) 88, 123, 141.
Vers à soie (cause de la maladie des), 10.
Vers blancs (ravages, destruction des), 38, 115, 174, 177.
Vers gris (destruction des), 62, 85.
Vigne (nouvelle maladie de la), 262, 287.

### Y

Ya-ma-maï, 281, 282.
Yponomeutes, 61.

# TABLE DES FIGURES ET DES GRAVURES.

*Figures dans le texte* : 1, 2, 3. Chenille et Papillon du Bombyx disparate. 4 et 5, Ichneumoniens. 6, 7, 8 et 9. Larve, Nymphe et Insecte qui attaquent le sainfoin. 10, Criocère. 11, Vers gris. P. 109, Larve de hanneton ; p. 110, Larve de taupin, Tenthrède, Chenille de l'orgye antique ; p. 111, Chenille de Noctuelle antique ; p. 117, l'Écrivain ; p. 119. Injecteur Peltier ; p. 146, Liparis (Chenille et papillon) ; p. 147, Bombyx neustrien ; p. 148, Orgye antique ; p. 152, Blatte ; p. 153, Brise-jet ; p. 166, Chenille et Chrysalide du chou ; p. 167, Grand Paon (Chenille et Chrysalide) ; p. 168, Cossus gâte-bois (Chenille et Papillon) p. 222, Carabe, Coccinelle, Cantharide ; p. 223 Sauterelle, libellule ; p. 224, Hémérobe perle ; p. 259, Miroir destructeur des hannetons ; p. 304, Bourdon de champ, Tenthrède des rosiers ; p. 305, Picride du chou, Noctuelle ; p. 306, Pyrale de la vigne, Tordeuse verte, Yponomeute ; p. 307. Cochenille des serres, Pentatome ; p. 308, Asile germanique, Cousin commun.

*Planches*. I, Symbiote. II, Chenilles processionnaires. III, Appareils pour détruire les insectes ; Masque pour s'approcher des insectes ; Fumigateur, IV, carabiques. V, Appareil Badoua pour les insectes nuisibles aux prairies artificielles. VI, Cicindèles et Staphilins. VII, Poulailler roulant. VIII, Abeille ligurienne (femelle développée, ouvrière et mâle), Cellules. IX, Epuceronnière Bénard. X, Silphes et Téléphores. XI, Appareil Vergier pour tuer les insectes des grains. XII, Phylloxera aptère jeune, va en dessous ; 2, ou en dessus ; 3, Femelle aptère ; 4, Femelle ailée ; 5, Racines et Radicelles de vigne altérées par le Phylloxera.

# TABLE DES AUTEURS.

**J. Besnard.** Brise-jet, 162.

**Boisduval.** Les chenilles processionnaires, 48. Bruches inédites et lépidoptères nouveaux, 98. Maladies des orangers, 126. Ravages de la grande tipule dans les fraisiers, 207. Note sur une espèce nouvelle de coccide, 260.

**Fr. Casalis.** Du phylloxera, 25, 29.

**E. Crugy.** Education en plein air de vers à soie, 88.

**A. Delondre.** De la sériciculture dans la Grande-Bretagne, 301, 328.

**T. Desmartis.** Insecticides, 76. Nouvelle maladie de la vigne, 202, 287.

**Ducarpe.** Nouvel insecte ennemi de la vigne, 74.

**Dumont-Carment.** Echenillage de liparis cul doré, 128.

**E. Ebrard.** Appréciation de l'insectologie, 5.

**J. Fallou.** Ravages de l'*Heliothis armigera*, 205.

**Forgemol.** Dévidage des cocons percés, 239, 294, 326.

**Giot.** Destruction des vers blancs.

**M. Girard.** Petits protecteurs des prairies, 15. Utilisation des fourmilières, 39. Bibliographie, 46, 70, 180, 296. Appareils contre les insectes, 76, 117, 290. Bulletin, 85. Les insectes carnassiers, 92, 156, 267. Enseignement agronomique, 106, 165, 303. Sériciculture, 129, 193, 214, 251, 273.

**F. Goossens.** Ravages des chenilles du genre Amphidasys, 207.

**Guérin-Méneville.** Sériculture, 80. Etat des soies dévidées, 331.

**H. Hamet.** Bulletin insectologique. Essaimage artificiel, 63. Cours des produits des insectes. L'abeille ligurienne, 209.

**Jeannel.** Sériciculture de M. de Gintrac, 123.

**H. Lassère.** Ne tuez pas vos amis, 82, 146, 271.

**Lichtenstein.** Note sur un insecte qui détruit le sainfoin, 20. Phylloxera, 65, (et Planchon), 345.

**Marnière** (de la). Piqûre des insectes, 163.

**Martragny** (de). Les chenilles, 12.

**Mégnin.** Le symbiote commun, 23.

**Ch. Mène.** Analyses d'insectes, 25, 135. Analyse des soies, 164.

**A. Pillain.** Destruction des hannetons, 259.

**Planchon.** De la fumagine, 52, et (**Lichtenstein**) Phylloxera, 345.

**P. Siraud.** Conditions d'éducation des vers à soie, 228, 286.

**Thiriat**, Criocère brune, 44.

**Vanden Broeck.** Protection aux petits oiseaux, 42.

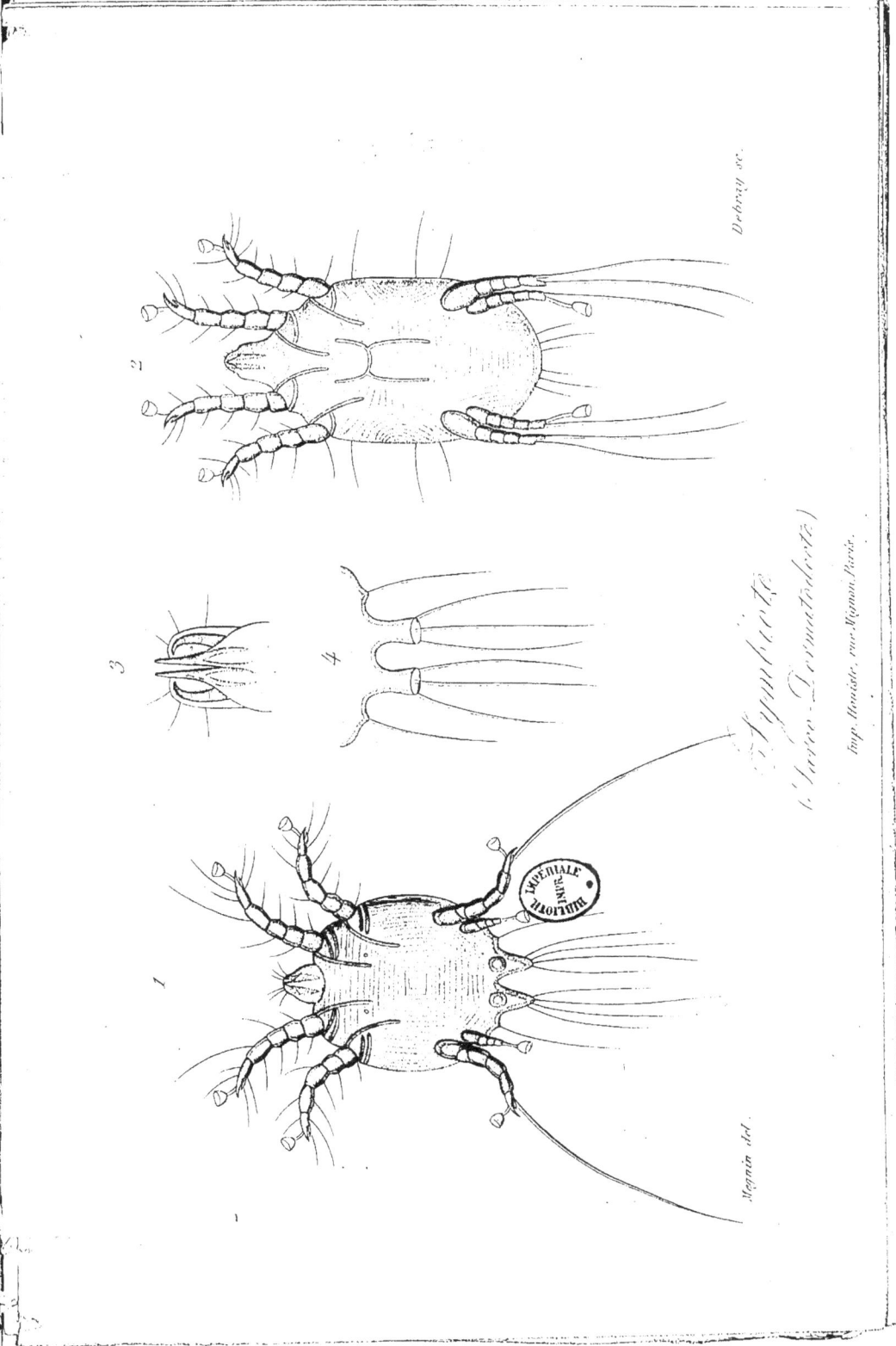

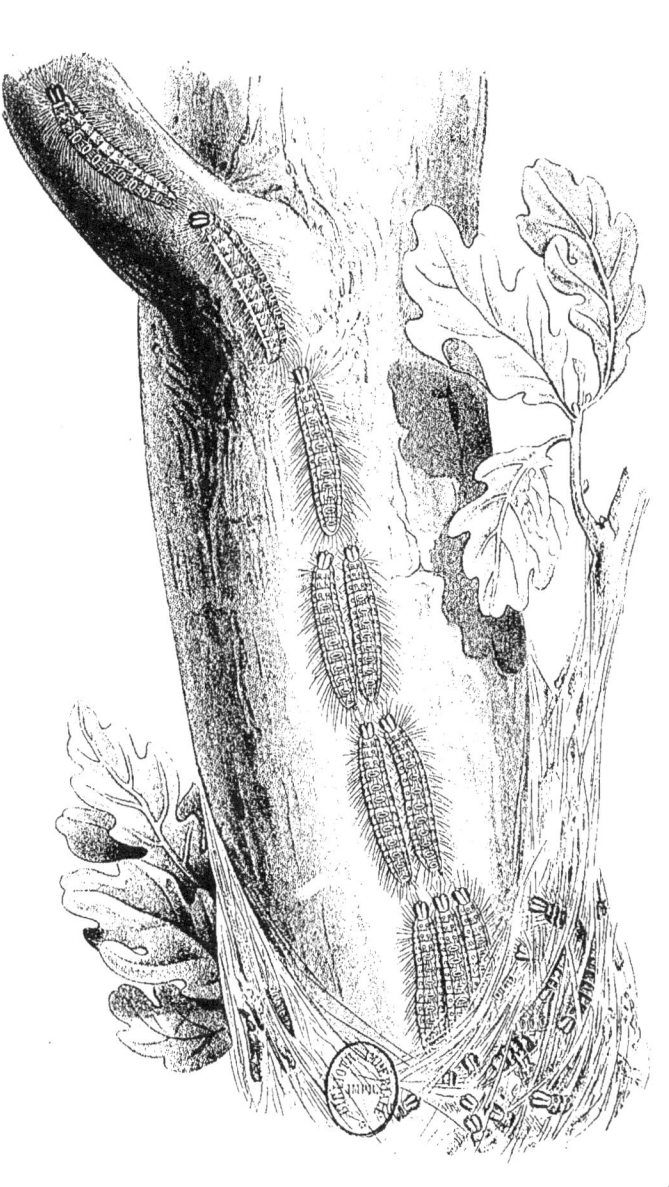

Chenilles de la processionnaire du chêne.

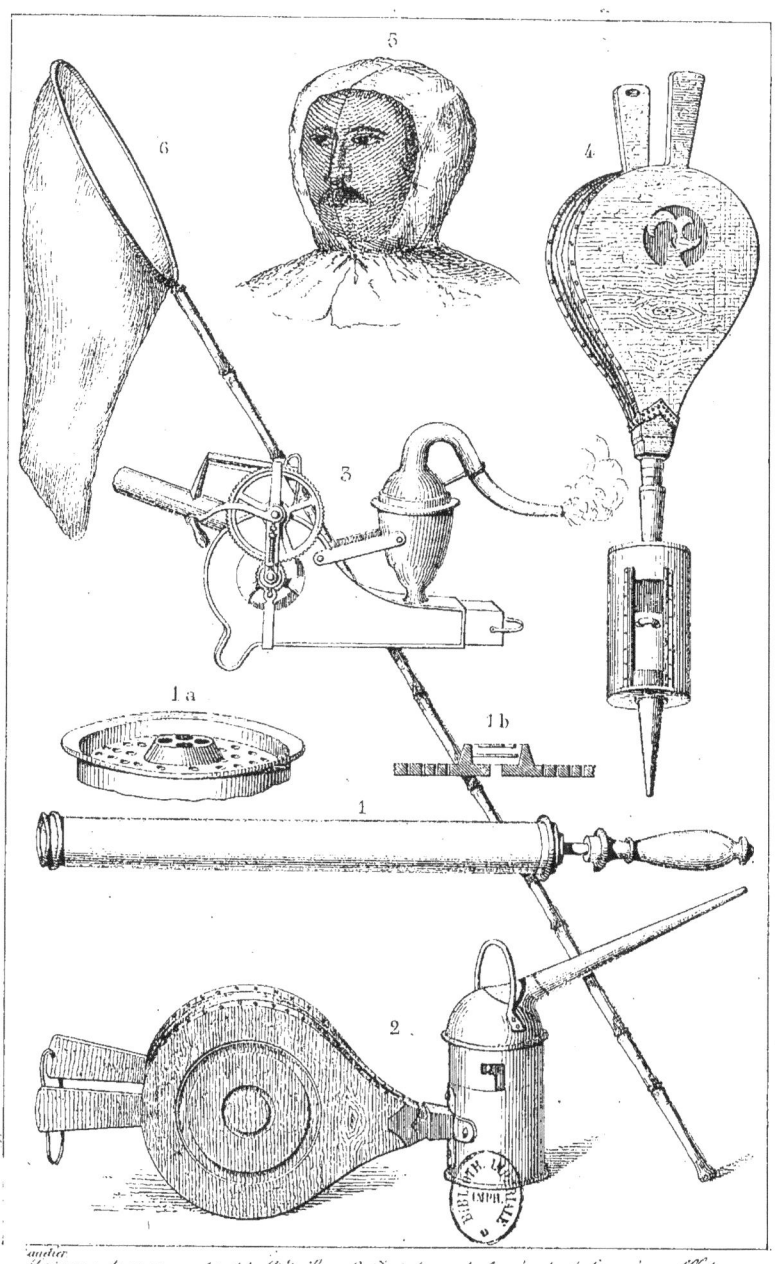

Seringue de serre. — 1a, 1b Détails. — 2. Injecteur de fumée de tabac à soufflet. — 3. Injecteur à engrenages. — 4. Enfumoir à abeilles. — 5. Masque à abeilles. — 6. Filet.

Carabiques.

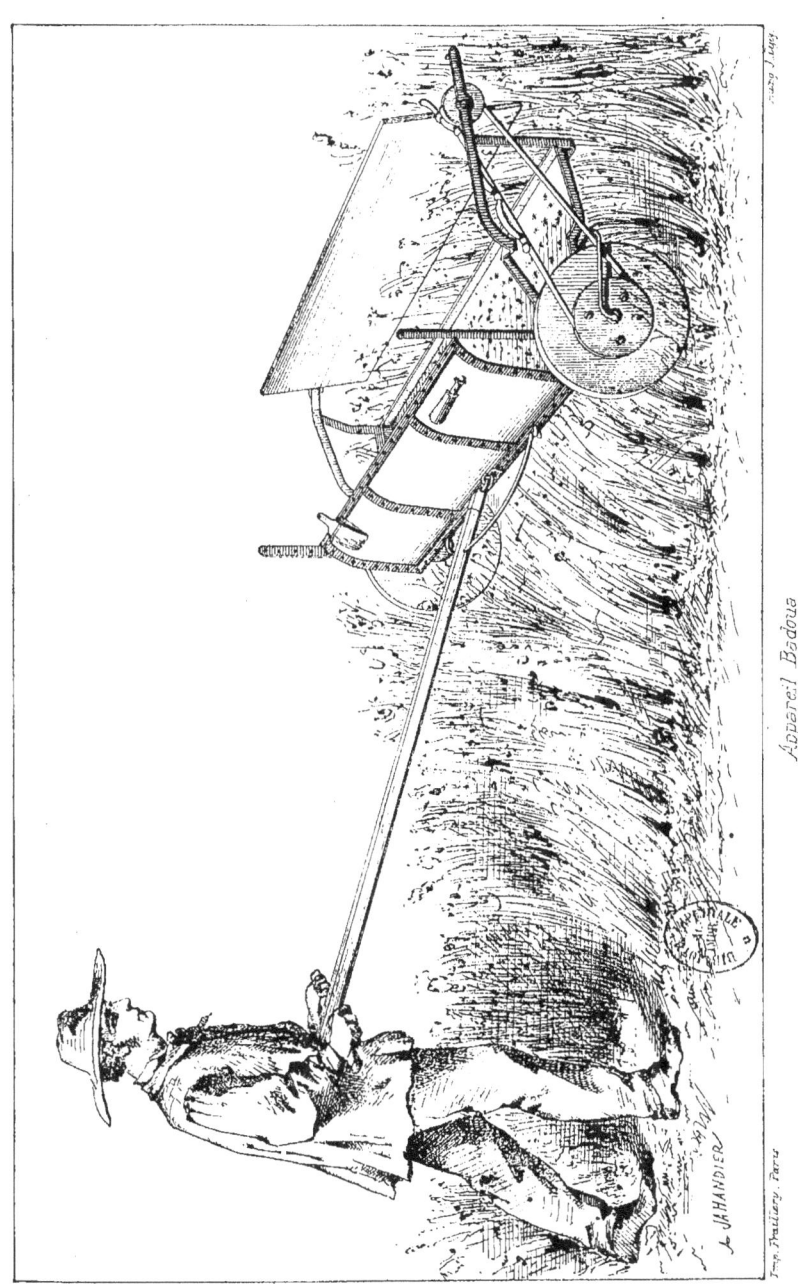

Appareil Badois
pour les insectes nuisibles aux prairies artificielles

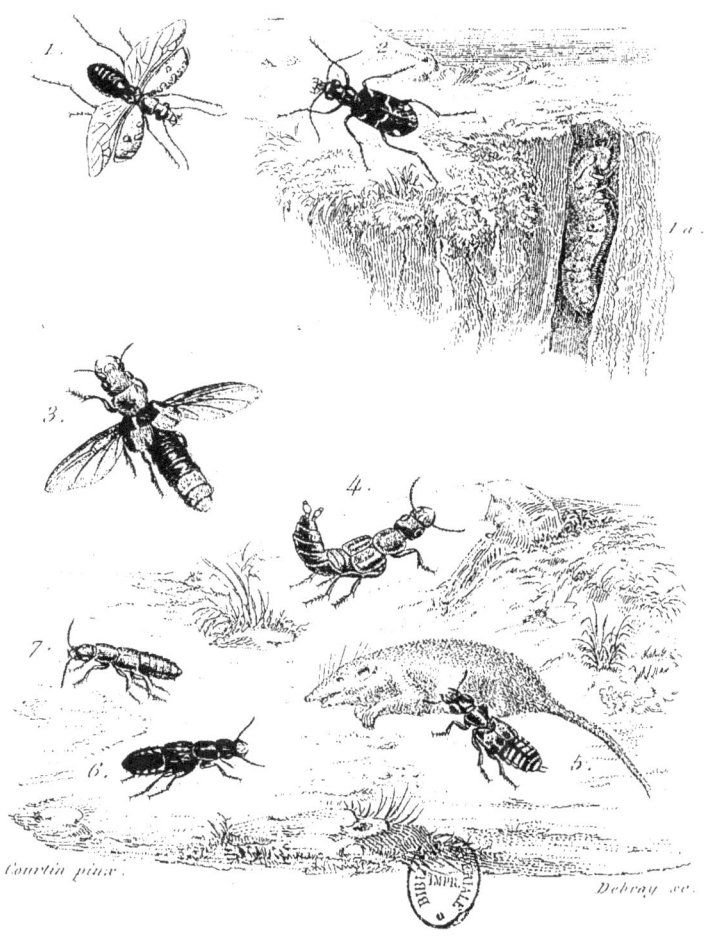

Cicindèles et Staphylins.

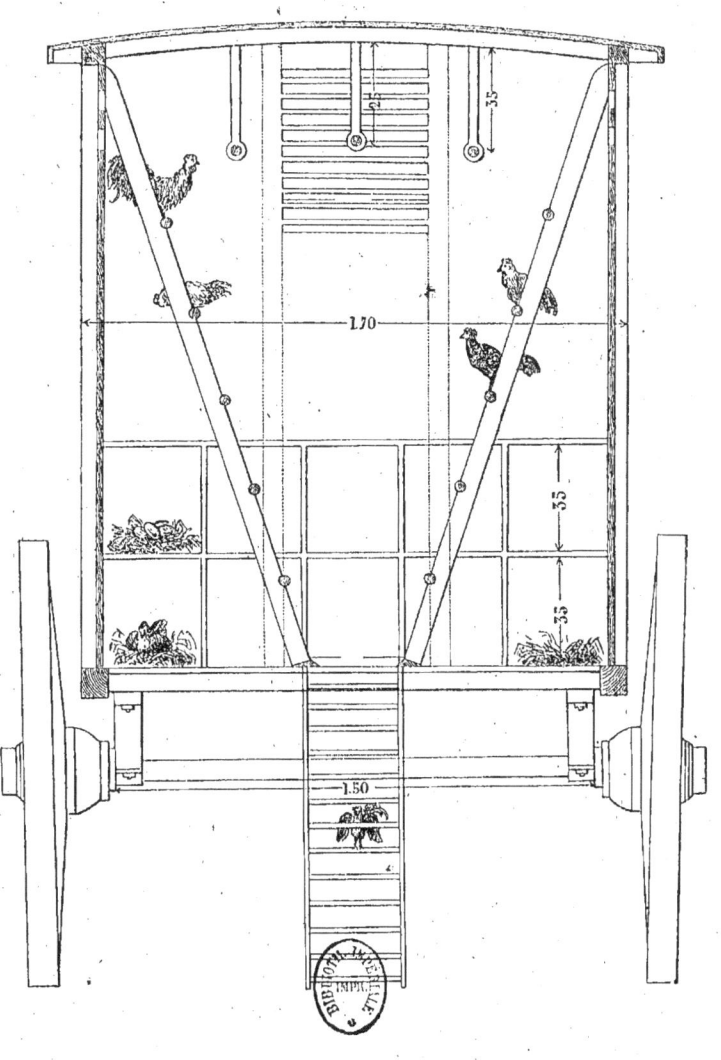

POULAILLER ROULANT DE GIOT AÎNÉ POUR 300 POULES
*(Grande médaille d'or à l'EXPOSITION UNIVERSELLE de 1867 à PARIS.)*

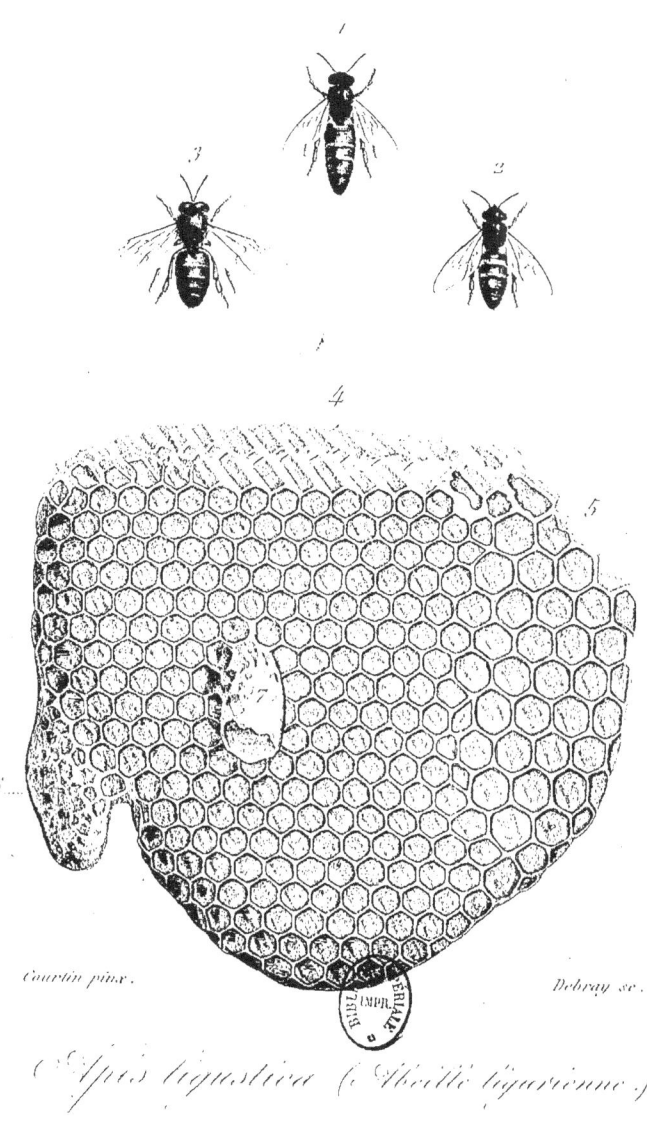

Courtin pinx.   Debray sc.

*Apis ligustica (Abeille ligurienne)*

Imp. Nouiste, 5, rue Mignon, Paris.

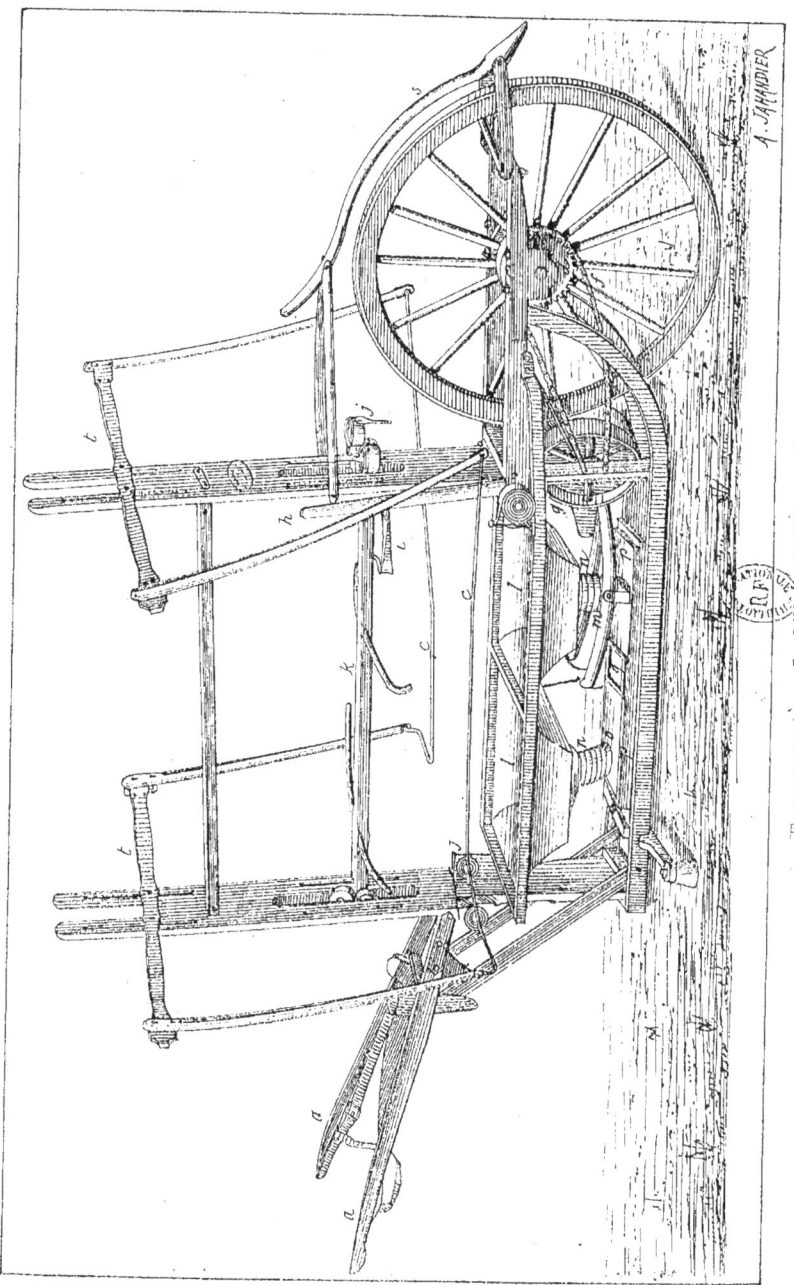

Épuceronnière de M. BENARD pour les colzas

Silphes et Téléphores

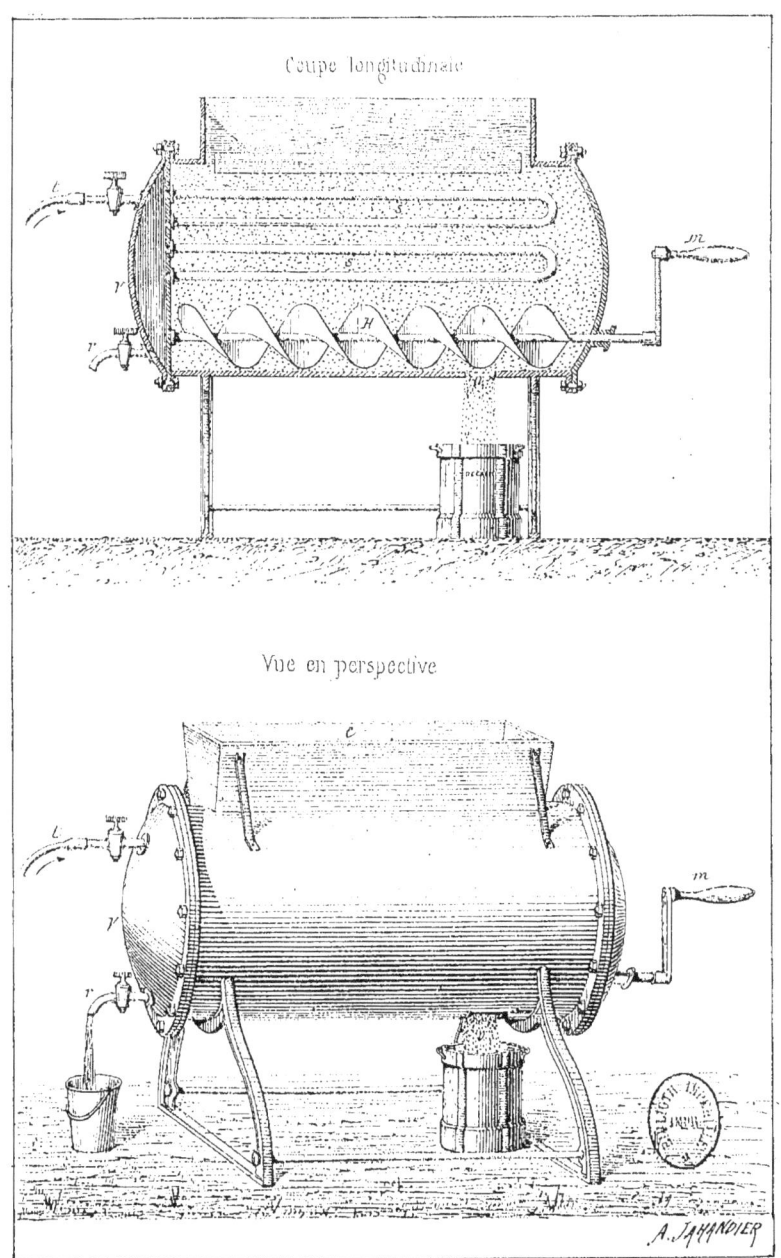

Appareil à air chaud de Mr VERGIER pour les céréales en grains attaquées par les insectes

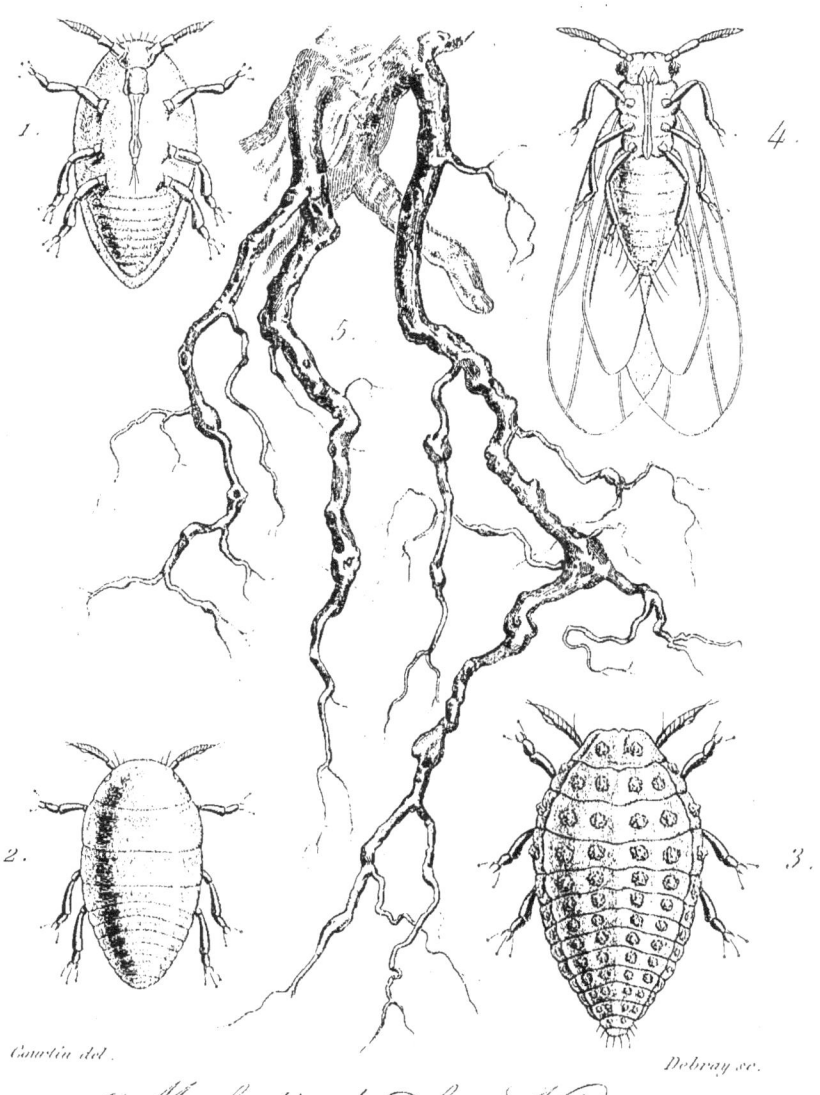

Maladie de la Vigne
Phylloxera vastatrix

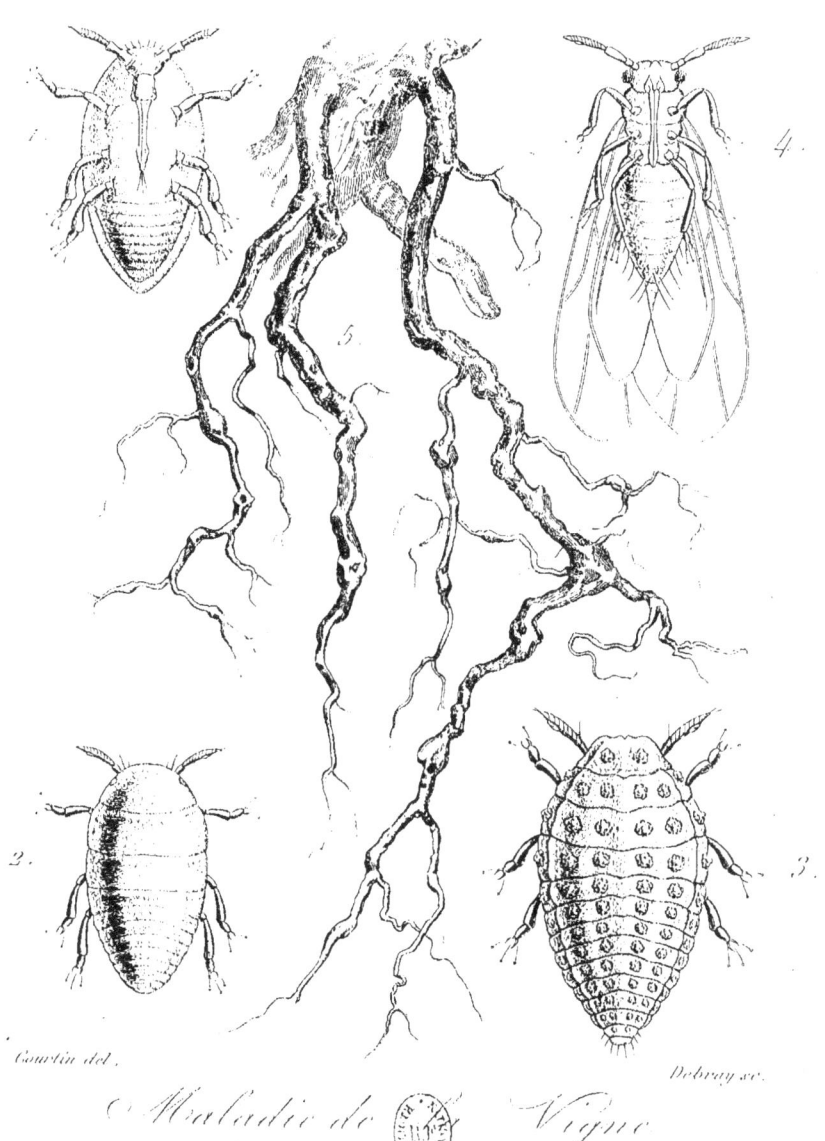

Maladie de la Vigne
Phylloxera vastatrix.

# LIBRAIRIE DE E. DONNAUD, ÉDITEUR

9, RUE CASSETTE, 9

**ESSAI SUR L'ENTOMOLOGIE HORTICOLE**, comprenant l'histoire des insectes nuisibles à l'Horticulture, avec l'indication des moyens propres à les éloigner ou à les détruire, et l'histoire des insectes et autres animaux utiles aux cultures, par le D$^r$ Boisduval, chevalier de la Légion d'honneur, vice-président de la Société impériale et centrale d'horticulture de France, etc., etc.

Un beau vol. in-8, enrichi de 125 gravures dans le texte et d'un magnifique portrait de l'auteur, gravé sur acier.

Prix, broché : 8 fr.

**L'HORTICULTEUR FRANÇAIS**, de mil huit cent cinquante-huit, Journal de jardinage, rédigé par des Amateurs et des Horticulteurs; F. Hérincq, rédacteur en chef, attaché au jardin des plantes de Paris.

Ce journal paraît du 5 au 10 de chaque mois, par livraison de 32 pages de texte et d'une planche coloriée.

L'abonnement part du mois de janvier de chaque année.

Prix de l'abonnement : Paris, 10 fr. — départements, 12 fr.
Étranger, 15 fr.

**LE NOUVEAU JARDINIER** illustré, rédigé par MM. F. Hérincq, A. Lavallée, — Neumann, — B. Verlot, — Gris, — J.-B. Verlot, — Courtois-Gérard, — A. Payard, — Duhel.

Un beau volume grand in-18 jésus de 1800 pages, avec plus de 600 dessins intercalés dans le texte.

Prix, broché : 7 fr. — Cartonné, 8 fr. — Relié, 9 fr.

**L'APICULTEUR**, Journal des cultivateurs d'abeilles, sous la direction de M. H. Hamet, professeur d'Apiculture au Luxembourg.

Paraît mensuellement en livraisons de 32 pages et couverture (13$^e$ année).

Prix : 6 fr. par an. Bureaux, rue de Jussieu, 41, et rue St-Victor, 117, à Paris.

**COURS PRATIQUE D'APICULTURE**, culture des abeilles, professé au jardin du Luxembourg, par M. H. Hamet. 1 fort in-8 jésus de près de 400 pages, avec de nombreuses figures intercalées dans le texte et des planches. 3$^e$ édition. Prix : 8 fr. 50, franco.

Cet ouvrage a été encouragé par S. Exc. le ministre de l'agriculture.

Paris. — Imprimerie horticole de E. Donnaud, rue Cassette, 9.